双碳导向下的绿色城市设计丛书｜徐小东主编

国家自然科学基金面上项目（51978144、51678127）

能源绩效驱动的城市形态生成与优化

徐小东　刘可　王伟　等著

东南大学出版社
SOUTHEAST UNIVERSITY PRESS
·南京·

内容提要

城市是节能减排的主战场，在“双碳”背景下，针对能源绩效驱动的城市设计展开理论与实践探索有着重要的意义和价值。本书第一部分在梳理气象学等相关原理的基础上，结合传统研究阐明了城市形态与建筑能源绩效的相关性及其影响机理，并以建湖为例，基于参数化模拟技术重点阐述了能源绩效驱动的城市形态优化方法与路径。本书第二部分针对机器学习算法在城市建筑能源优化和城市设计中的具体运用，选取了四个案例进行重点分析与阐释，并对相关方法在城市设计实践中的应用做了进一步的展望。

本书立论新颖，资料翔实，理论、方法和实践应用并重，既适合建筑学、城乡规划学、风景园林学、建筑环境与能源应用工程以及相关领域的专业人士、建设管理者阅读，也可用作高等院校相关专业师生选修课的参考教材。

图书在版编目（CIP）数据

能源绩效驱动的城市形态生成与优化 / 徐小东等著 .
—南京：东南大学出版社，2024.5
（双碳导向下的绿色城市设计丛书 / 徐小东主编）
ISBN 978-7-5766-0519-8

Ⅰ.①能… Ⅱ.①徐… Ⅲ.①城市－能源管理－研究－中国②城市规划－研究－中国 Ⅳ.① F206 ② TU984.2

中国版本图书馆 CIP 数据核字（2022）第 242859 号

责任编辑：孙惠玉　　责任校对：子雪莲　　封面设计：余武莉　　责任印制：周荣虎

能源绩效驱动的城市形态生成与优化
Nengyuan Jixiao Qudong De Chengshi Xingtai Shengcheng Yu Youhua

著　　者：徐小东　刘可　王伟　等
出版发行：东南大学出版社
出 版 人：白云飞
社　　址：南京四牌楼 2 号　　邮编：210096
网　　址：http：//www.seupress.com
经　　销：全国各地新华书店
排　　版：南京凯建文化发展有限公司
印　　刷：南京玉河印刷厂
开　　本：787mm × 1092mm 1/16
印　　张：21
字　　数：515 千
版　　次：2024 年 5 月第 1 版
印　　次：2024 年 5 月第 1 次印刷
书　　号：ISBN 978-7-5766-0519-8
定　　价：79.00 元

总序

20 世纪是人类创造空前繁荣的物质文明的时代，同时也是人类对地球生态环境和自然资源产生严重破坏的时期。城市、建筑与环境之间的矛盾日益严峻和尖锐，自然环境的持续恶化和不可再生资源的迅速枯竭，这些都已成为人类能否延续和生存下去的紧迫问题，也给城市自身的发展带来了前所未有的压力和阻碍。

就目前而言，城市可持续发展主要面临以下两大挑战：其一，是人、城市与自然环境的矛盾。建筑和城市以一种控制自然的机器形象出现，难以融入环境，反而会造成对自然环境的破坏，致使“城市固有风土和历史传统被抹杀……形成冷漠的无机的城市”[1]。其二，是城市发展和能源过度耗费所带来的潜在危害，建成环境日益成为环境退化的主要动力。其中，最令人忧虑的是二氧化碳的排放致使全球变暖的趋势日益严峻。

从国际上来看，城市设计及相关领域学者已经提出的理论学说极大地丰富了人们对城市建成环境的认识，城市设计的发展大致经历了四个阶段：1920 年以前的第一代城市设计，主要采用古典建筑美学及视觉有序的原则，关注场所的形态赋形。第二代城市设计基本遵循技术美学和经济性准则，共同尊奉“物质形态决定论”，关注城市功能、土地分配合理性及场所意义的空间形态揭示。第三代城市设计——绿色城市设计，把城市看作一个与自然系统共生的地球生命有机体，关注城市的可持续性和韧性，主张“整体优先”和“生态优先”的准则[2]。最新崛起的数字化城市设计（即第四代城市设计）则通过多源数据集取分析、模型建构和综合运用，试图较为科学地建构起计划和市场作用相结合的城市空间和用地属性，揭示更深层和复杂的城市形态作用机制[3]。

通过上述城市设计发展主线的回溯与认识可以发现，绿色城市设计强调一种底线思维的理性，即生态底线的维系[3]。与以往相比，绿色城市设计已经突破了绿化、美化的旧有框架，基于自然与人类协调发展，强调生态平衡，保护自然，关注人类健康，以及“双碳”背景下的能源利用和资源的高效整合，更加注重城市建设的内在质量而非外显数量。当下，相关的绿色设计、生态设计的理念与方法层出不穷，并与数字技术日益融合。

首先，表现在城市设计对生态思想及其发展的关注。1973 年，石油危机引发了太阳能建筑和城镇建设的热潮，这一时期城市资源和能源的保护得到关注。1974 年，E. R. 舒马赫提出“小的是美好的”，为自足性设计提供了完整的哲学理论。1975 年，罗杰斯等人发起的城市生态组织在美国加利福尼亚州成立，其宗旨在于“重建与自然平衡的城市”。与此同时，I. L. 麦克哈格、J. O. 西蒙兹、J. 拉乌洛克、M. 霍夫、雅涅斯基、赫尔佐格等也在绿色城市设计与建筑创作实践方面进行了成功的探索。

其次，呈现出结合生物气候条件的设计思路。从 1960 年代对太阳能的收集和利用，到 1970 年代对零能耗建筑和城市的探索，再到 1980 年代以后对地域和场所感的追求，对生物气候设计和绿色城市设计的研究一直都处于不断变化之中。1970 年代，生物气候设计主要集中于对建筑物高效节能的制冷、采暖措施以及日光照明的研究。1980 年代起，人们对可持续发展的研究开始向纵深发展，关注人类健康、空气质量以及自然要素对城镇建筑环境所造成的影响等诸多问题。1990 年代，B. 吉沃尼开始将这一研究拓展到城市设计领域。城市和建筑领域结合生物气候条件的研究日益成为学术探讨的前沿课题，相关成果大量涌现。

最后，关注城市形态与建筑能耗关联性的研究。目前，城市形态和能源绩效相关性研究逐渐成为西方学者所关注的主题，其研究主要集中在以下方向：其一，从城市规划视角或者从能源基础设施布局、能源模式优化等切入进行以定性研究为主的理念凝练与策略铺陈；其二，基于真实环境的城市能源绩效的机器学习模式，或是基于虚拟环境下的城市能源绩效的仿真模式，采用定量分析与机器学习，研究结果更具科学性和准确性。与此同时，不少学者如努尔基维（Nuorkivi）和阿霍宁（Ahonen）、基尔斯特德（Keirstead）和沙（Shah）以及巴虎（Bahu）等人积极展开了相关工程实践的探索；城市建筑能耗模拟与分析平台 CityBES、建筑能耗模拟软件 EnergyPlus、城市仿真模型 UrbanSim、城市能源分析师软件 City Energy Analyst、模拟城市软件 CitySim、城市建模平台 UMI、城市能源模拟平台 SimStadt、通用城市三维信息模型 CityGML 等创新型软件或基于网络的应用平台亦迅速发展，已能够分析和预测城市规模的能源使用情况。

总体来看，在“双碳”背景下，绿色城市设计在理论探索和实践层面出现了方向、内容和成果的多元化发展趋势，从自然资源利用、能源高效整合、气候适应性设计等方向入手取得了积极成效。但就当前而言，我国学界有关气候适应性城市设计、城市形态与能源绩效相关性研究多限于综述，或是对国外先进技术的追踪与应用，原创性略显不足；或重现象揭示，或重理论阐释与分析，不同技术路径、不同学科视野之间整合不充分；技术方法的科学性、数据的规模范围也有待提升与累积；同时，已有不少研究都集中在定性描述领域，模拟仿真、机器算法等量化分析的应用虽日益丰富，但缺少有效整合；相关指标体系、驱动因子的选择还存在欠缺，量化评价标准缺位。

因此，面对全球气候变暖与快速城镇化所带来的日益严重的城市能源紧缺、环境恶化与人文失范，如何建设高质量城市环境、关注人类健康和降低能源消耗成为当下亟待解决的关键问题。未来绿色城市设计将以可持续发展理念指引理论构建和技术协同创新为技术路线，一如既往地关注基于整体优先、生态优先原则，结合自然要素的绿色城市设计；重点聚焦全球性气候变化，开展气候适应性城市设计方法研究，并坚持绿色发展，构建持续有序的城市能源高效运行体系。为此，须直面挑战，针对绿色城市设计存在的若干需要拓展的新领域展开理论、方法与技术的创新研究，以此助力“双碳”目标的实现。

这套丛书得以顺利出版，首先要感谢东南大学出版社的徐步政先生和孙惠玉女士的头脑风暴，精心策划了“双碳导向下的绿色城市设计丛书”的编书构思。在“双碳”背景下，我们深感展开绿色城市设计系列责任重大、意义深远，遂迅速组织实施这一计划。

由于时间仓促，书中不足与谬误之处在所难免，恳请各位读者在阅读该丛书时能及时反馈，提出宝贵意见与建议，以便我们在丛书后续出版前加以吸收与更正。

徐小东

2022 年 3 月

总序参考文献

[1] 岸根卓郎 . 环境论：人类最终的选择[M]. 何鉴，译 . 南京：南京大学出版社，1999.

[2] 王建国 . 生态原则与绿色城市设计[J]. 建筑学报，1997(7)：8-12，66-67.

[3] 王建国 . 从理性规划的视角看城市设计发展的四代范型[J]. 城市规划，2018，42(1)：9-19，73.

前言

1980 年代以来，快速的城镇化进程使我国城乡面貌发生了翻天覆地的变化，与此同时也给能源与环境带来了沉重负担。建筑、交通与工业并列能源消耗的三大部门，其中城市建筑部门能耗在全社会总能耗中占 25% 以上，且呈现逐年增长趋势。此前，我国政府承诺将于 2030 年实现碳达峰，2060 年实现碳中和。在此背景下，降低城市建筑能耗并提高整体能效迫在眉睫，探索可持续发展理念下的城市建筑部门节能减排新路径与新方法受到广泛关注。

既往的建筑节能研究多聚焦于单体建筑层面，通常从影响建筑能耗的相关要素，如建筑形体、用户用能行为、维护结构热工性能和建筑设备设施效率等入手进行研究。然而对城市层面的节能研究则关注不足，事实上，建筑处于特定的建成环境当中，与周边环境存在复杂的物质能量交换，建筑能耗在很大程度上受到外界环境尤其是城市形态的影响。城市形态建构是城市设计的主要工作内容之一，因此以能源绩效为驱动的城市形态优化与设计开始成为城市设计与建筑节能领域所广泛关注的前沿课题。能源绩效驱动的城市形态优化与设计研究重点在于挖掘城市形态与能源绩效的内在作用原理与影响机制，探寻使能源与环境性能同时达到最优的城市形态模式及其特征。

近年来，迅猛发展的数字化技术开始深度介入城市设计研究与实践，其中备受关注的是性能仿真与机器学习算法，性能仿真技术具有操作简单、人机交互效果好、结果准确等优势，而机器学习算法的特长则突出表现在对关键影响要素的挖掘、分类以及快速预测与评估上，相关方法有力推进了能源绩效驱动的城市形态优化的相关探索与发展。

本书以上述两种研究方法为依托，以中观层面的城市街区形态作为研究对象，以能源绩效作为评价指标，结合已有的绿色城市设计理念，探寻能源绩效与城市形态的耦合机理，并借此实现街区层级城市形态的自动生成与优化，为创造节能的城市空间形态，创建生态、健康、宜居的城市环境提供技术支持。

本书核心内容分为仿真优化与算法优化两大部分。在仿真优化部分，首先，本书以犀牛（Rhino）和参数化设计插件 Grasshopper、瓢虫工具（Ladybug Tools）性能仿真软件以及多目标优化算法为技术手段，提取江苏省建湖县具有代表性的建筑形态原型，构建理想实验街区，采用街区建筑平均能源强度、可再生能源利用潜力、平均月负荷匹配指数以及建筑首层南向平均日照时长作为优化目标，以控制性城市形态因子作为变量，在单一建筑类型、容积率可变和容积率限定三种条件下，分别进行高能效街区形态优化实验。其次，利用统计学软件——统计产品与服务解决方案（Statistical Product and Service Solutions，SPSS）和计量经济学软件 STATA，针对城市形态自动寻优实验过程数据，以形态因子为自变量，以各项城市形态优化评价指标为因变量，运用皮尔逊（Pearson）相关性分析法来分析两者的内在关联性；借助最小绝对值收敛和选择算子算法（Least Absolute Shrinkage and Selection Operator，LASSO）回归筛选出对因变量具有重要影响的关键形态因子，构建关键形态因子与因变量的多元线性回归模型，获取关键形态因子在不同模型中的影响系数。最后，综合优化算法运算得出的帕累托最优解方案和城市形态因子与建筑能源绩效的量化关系，提出能够满足减少建筑能源消耗、提升可再生能源利用潜力、维持较佳日照时长的夏热冬冷地区居住街区的城市形态优化策略及其模式。

在算法优化部分，重点介绍了基于机器学习算法的城市形态与能源绩效耦合的四项案例研究：第一项案例研究针对东南大学四牌楼校区建筑，创新性地运用社会网络描述建筑间的关系，并使用人工神经网络学习建筑群的能源使用模式。该技术有效地学习了建筑群的能源使用的建筑特征与网络，为分析大型区域的建筑能源使用模式提供了参考框架。此外，基于实际数据，使用建筑群对所提出的算法进行了验证，结果表明该算法具有较高的准确性。第二项案例研究以建湖县 42 个住宅小区共 539 栋住宅建筑和 153 栋公共建筑的能源数据集为样本，在街区层级展开城市建筑能源预测的综合研究，提出了五种城市街区建筑能源预测方法。利用城市建筑能耗模型，对 K 近邻、支持向量回归和长短期记忆三种典型预测算法的表现进行了评估。第三项案例研究则提出了一种低能耗城市街区形态生成与自动寻优的技术框架，利用城市建筑群能耗模型中所常用的城市能源模拟和数据驱动方法，并结合长短期记忆网络算法来探索城市形态所蕴含的节能潜力。第四项案例研究结合城市设计相关因素和气候条件，提出了一种基于机器学习的高能耗检测系统。该系统包括两种模式：其一，基于城市形态参数和城市气候数据识别城市背景下能源需求增加的建筑；其二，从城市形态参数和城市气候数据中识别影响建筑能源需求的关键能源相关参数，然后去识别哪些建筑增加了能源需求。

徐小东

2022 年 3 月

目录

第一部分　仿真优化部分

第二部分 算法优化部分

1 绪论

1.1 研究背景

为了共同应对全球能源紧缺、气候变暖、突发自然灾害等挑战，回应社会大众对于建设高能效城市的关注，亟待探索提升能源绩效、减少城市建筑能耗、利用可再生资源、适应气候环境的城市形态生成与优化，这同时关系到在“双碳”背景下实现节能减排和可持续发展等战略目标，促进国民经济的永续健康发展。

1.1.1 城市能耗现状与城市建筑节能

自改革开放以来，随着城市化进程的持续推进，我国城镇规模急剧扩张，农村人口不断向城市聚集，城乡面貌发生了翻天覆地的变化。统计数据表明，截至 2019 年末，常住人口城镇化率已经达到了 60.60%，比 1949 年末提高 49.96%，年均提高 0.71%[1]。然而，在取得举世瞩目的现代化建设成就的同时，我们也应认识到在过去的 40 余年里，经济和社会的高速发展以及城镇建设给人居环境带来了巨大挑战，导致温室气体排放加剧以及能源消耗持续增长。

城市消耗了全世界 2/3 以上的一次能源，排放了全球 70% 以上的温室气体[2]。从末端使用的角度来看，建筑位列城市能源消耗的三大领域之一。根据英国石油公司（BP）发布的《BP 世界能源展望》(2020 年版）显示，2018 年建筑碳排放占全球碳排放总量的 28%（图 1-1）。据估算，在未来的一段时间内全球建筑能耗将会继续增长，尤其是处于发展阶段的广大亚洲与非洲地区[3]。一些发达国家，如美国，由于自身产业已向高端化、智能化方向发展，工业、交通能耗占比逐渐下行，建筑能耗持续增长，占比已超过全国能源消耗总量的 60%[4]。

据最新统计资料显示，2018 年我国建筑消耗的能源总量约为 10 亿 tce（吨标准煤），建筑能耗在总能源消费中的占比为 21.7%，其中城镇住宅能耗占建筑总能耗的 38%[5]（图 1-2）。随着人们生活水平的不断提高，预计建筑能耗需求将继续保持增长，并成为所有能耗类别中占比最大的领域。

能源是社会经济发展的命脉，是人类生存与进步的基础。因此，为

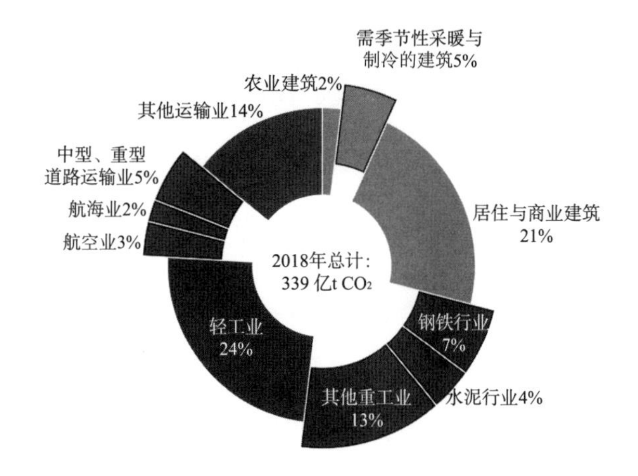

图 1-1　2018 年全球碳排放统计

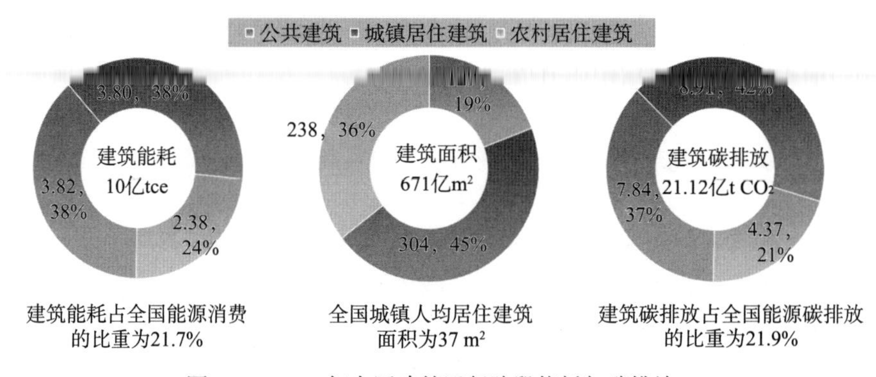

图 1-2　2018 年中国建筑运行阶段能耗与碳排放

了应对日益增长的城市建筑能耗，城市建筑应践行可持续发展战略，提升能源利用效率，优化能源结构，降低建筑能耗，如果不采取必要的行动，人们将会面临日益严重的能源困境。

1.1.2　国家节能减排战略与太阳能利用

近年来，不少国家相继提出了减少能源消耗和温室气体排放的计划。欧盟为自己设定了到 2050 年逐步减少温室气体排放的长期战略目标，即到 2050 年碳排放量比 1990 年下降 80% 至 95%，同时预计到 2050 年可再生能源占全部能源需求的比重将从目前的 10% 上升到 55% 以上[6]。日本政府则声称未来将加大风能、太阳能等可再生能源利用，逐步淘汰老旧燃煤发电机组[7]。

我国政府针对节能减排和落实《巴黎协定》开展了大量工作。2020 年 9 月，习近平总书记在第七十五届联合国大会一般性辩论中宣告："中国将提高国家自主贡献力度，采取更加有力的政策和措施，二氧化碳排放力争于2030年前达到峰值，努力争取2060年前实现碳中和。”[8]同年11月，党的十九届五中全会强调要“加快推动绿色低碳发展，发展绿色建筑。开展绿色生活创建活动。降低碳排放强度，支持有条件的地方率先达到碳排放峰值，制定2030年前碳排放达峰行动方案”[9]。同年12月21日，国务院新闻办公室发布《新时代的中国能源发展》[10]，提到“要提升新建建筑节能标准，深化既有建筑节能改造，优化建筑用能结构”。此外还强调要大力推进低碳能源替代高碳能源、可再生能源替代化石能源，其中将太阳能放在首位，特别强调要全面推进太阳能多方式、多元化利用。

太阳能被普遍认为是利用潜力最大的可再生能源之一，据预计，到2050年它可能会成为世界上最主要的电力来源。近年来，太阳能借助其突出的发展潜力与优势在全世界得以迅速推广。到2050年，可再生能源发电量预计将增长至全球总发电量的49%，其中太阳能发电将会在可再生能源中名列前茅[4]。太阳能除了拥有可再生和零碳排放的优点之外，还有一个明显的优势，即能源的供应方与需求方可以位于相同的空间位置，不需要经过复杂、长距离的能源网络传输便可使用。通过在建筑物的立面、屋顶上安装太阳能接收装置来捕获太阳辐射便能够便捷将其转化为热能或电能加以使用，这一特点使得太阳能尤其适用于城市地区。

西方国家很早便开始在城市中推广太阳能的利用，1993年由多名建筑大师共同签署的《在建筑和城市规划中应用太阳能的欧洲宪章》便提到了要在城市建设中积极利用太阳能[11]。全球性的太阳能城市相继出现，并得到迅速发展。由此可见，未来在城市中大规模地利用太阳能已成为必然趋势。

1.1.3 高能效城市设计

面对能源与环境危机，如何建设高能效城市、探索高能效城市设计与方法备受公众和业内人士关注。2014年6月，北京市建筑高能效与城市生态工程技术研究中心成立，该研究中心聚焦建筑能源和环境绩效驱动的城市规划、建设管理等方面，试图挖掘高能效建筑群和城市规划设计模式。2018年10月，中德两国联合举办的“高能效建筑和未来城市发展”主题研讨会在北京召开，聚焦高能效城市与建筑规划和建设问题。

学界也对高能效城市设计展开相关探索，陈文宇等人总结了德国在高能效城市研究计划中城市社区节能更新改造的经验，以期为我国的高能效城市研究提供参考[12]。曼弗雷德（Manfred）从城市规划的角度出发讨论了城市高能效发展之路[13]。达勒曼等人介绍了德国弗莱堡的高能效城市总体规划[14]。周艺南则从城市形态优化角度探索了高能效城市设计的方法[15]。目前针对高能效城市设计的讨论逐渐从专业内部向社会外部扩散，受到愈来愈多的关注。

1.2 相关概念界定

1.2.1 建筑能耗

建筑能耗，广义上系指建筑材料生产、运输阶段，建筑施工阶段，建筑运行阶段乃至建筑拆除阶段的全生命周期能耗[16]。从狭义的角度来看，建筑能耗指建筑运行阶段的能耗，具体如采暖空调能耗、照明能耗、设备设施能耗等；主要的能源种类有水、电、天然气、煤、生物质能等。

本书中的建筑能耗特指建筑运行阶段的用电能耗。

1.2.2 能源绩效

能源绩效（energy efficiency）狭义上是指在能源利用的过程中，实际发挥作用的能源与消耗的能源之比。广义而言，能源绩效泛指在保持提供的服务与产品品质不变的情况下减少的能源。例如，与传统的白炽灯泡相比，换用发光二极管（Light Emitting Diode，LED）灯泡能够减少获得相同照度水平所需的能量。在建筑领域，衡量一栋建筑或是城市片区的能源绩效，通常用实际能源需求总量与总建筑面积的比值，即能耗强度（Energy Use Intensity，EUI）来表示。提升建筑能源绩效可以从两个方面出发：一是节流，即减少建筑能耗；二是开源，即增加建筑的可再生能源供应。按照具体的操作措施，提升建筑能源绩效可分为主动与被动两类，例如，通过提升建筑围护结构性能、改善设备效率、增加可再生能源的利用等主动式措施来提升能效，亦可通过增加自然采光、减少建筑夏季得热、增加建筑冬季得热、优化建筑周边微环境等被动式策略来提升能效。

本书立足城市设计中观层级，聚焦于如何通过城市形态的调控与优化，在减少建筑总体能源需求的同时增加可再生能源的供应量，进而达到提升街区整体能源绩效、构建高能源绩效（下文简称“高能效”）城市街区的目的。

1.2.3 城市形态

“形态”一词起源于古希腊，从词源学角度解读，意指形式构成的逻辑。“形态学”这个词最初在生物科学中被使用，主要研究生物体在进化过程中表现出的某种形式状态[17]。近年来，该词越来越多地被应用于地理、地质和其他学科领域。

城市形态一般有广义和狭义之分：狭义的城市形态是指城市实体所构成的物质空间形态[18]；广义的城市形态不仅仅是指城市物质组成部分所表现出来的几何特征，且涉及经济、文化和社会诸多方面，是在一定的地理空间和社会经济背景下人类活动与自然因素耦合作用的结果。它是人们通过各种方式去认识、感知并反映城市整体的意象总体[19]。

本书所研究的城市形态特指狭义的城市形态，重点关注由城市中建筑实体所构成可以被度量和感知的具体的物质空间形态，并将描述物质空间形态的因子分为城市密度、城市肌理与建筑类型三类。此外，根据王建国院士对城市设计尺度的分类[20]，本书将城市形态的优化操作限定在城市中观层面即片区（或街区）。总而言之，本书的研究对象为狭义上的街区城市形态。

1.3 国内外相关研究现状

1.3.1 城市建筑能耗研究的技术与方法

随着人口的持续增长与城市化进程的不断推进，城市发展面临巨大的考验。城市消耗了全社会 2/3 以上的能源和资源，占全世界温室气体排放总量的 70% 以上[2]。建筑与工业、交通共同组成了能源消耗的三大领域。在美国，建筑与交通合计约占全国碳排放的 69%[21]。因此，城市建筑节能是实现全球节能减排的关键所在[22]。在过去相当长的一段时间内，“节能”“绿色”“被动房”“近零能耗”“（净）零能耗”等概念层出不穷，并且作为应对气候变化、能耗增长的可持续发展手段受到全社会的广泛关注，辅助其设计和运营以及推动实现节能目标和政策制定的建筑能源模拟（Building Energy Modeling，BEM）技术也应运而生，并且蓬勃发展。根据美国能源部统计，目前全世界建筑能耗模拟软件已有 400 多种，其中最具代表性的工具有 EnergyPlus、DOE-2、DeST 等[23]。

近年来，随着相关研究的不断深入，单体层面的能源分析工具愈发不能满足人们对于复杂环境下的建筑能耗建模、区域层级建筑能耗评估的应用要求，难以满足城市宏观层面节能目标和能源政策的制定与评估要求[24]。此外，城市环境对单体建筑有着重要影响，将城市建筑视为城市系统的一部分来统筹考虑能源规划，比仅仅将它们视为单个建筑的简单相加能够实现更高的能源性能[25]。因此，当下迫切需要研究城市规模的综合能源模型，以便更好地使设计者、规划者和决策者了解当前的城市能源现状，并为利益相关方提供不同发展情景下能够预测和评估模型对能源与环境影响程度的工具。

当下，不少学者将视野由单体建筑能耗建模技术转向城市建筑能源建模（Urban Building Energy Modeling，UBEM）技术（图 1-3）。城市建筑能源建模暂无明确定义，总的来说是指对处于城市环境中的群体建筑的性能进行计算和模拟，不仅考虑其中各单体建筑的动态模拟，而且考虑建筑之间的相互影响和城市微气候的影响[26-27]，其目标是量化分析不同时空尺度下城市建筑能源性能（如年度或季节性的能源使用与需求、可再生能源的发电潜力等），为城市规划与设计、建筑设计和运营以及能源政策制定提供参考[28]。

图 1-3　城市建筑能源建模概况

注：GIS 即 Geographic Information System，指地理信息系统。

斯旺（Swan）等综述了区域和国家尺度的建筑能源建模，较早提出了自上而下（top-down）和自下而上（buttom-up）的城市尺度建筑能源模型的分类原则与方法[29]。后续有大量学者继承了这一分类原则，托拉比（Torabi）等对可持续发展背景下的城市和区域能源规划方法进行了系统性回顾，也主张将城市能源建模方法分为自上而下法与自下而上法[30]（图 1-4）。本书延续这一分类方法，并结合目前国内外最新研究成果，重新审视自上而下与自下而上两个方面的相关研究。

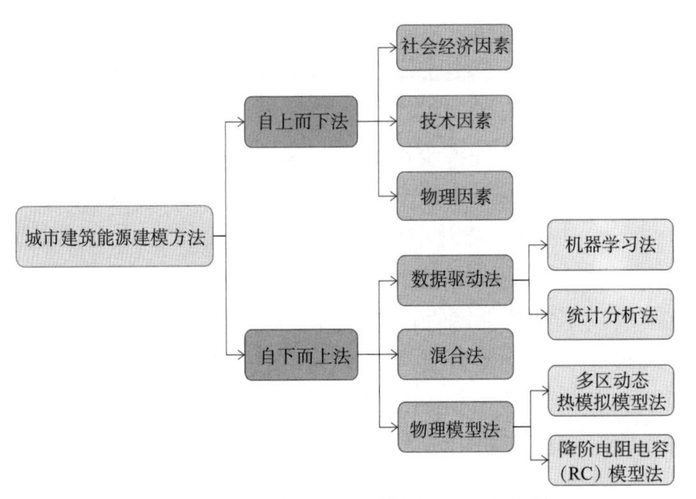

图 1-4　城市建筑能源建模主要方法分类

1）自上而下法

早在 1970 年代末，随着能源危机的到来，在西方多个国家，自上而下的城市建筑能源建模方法作为辅助国家宏观能源规划的重要工具而得到广泛关注。该方法通常根据能源消耗和碳排放的历时数据，多使用统计分析方法从宏观层面来研究能源与经济的内在关系[31]，因此也被称为宏观方法[32]。由于该方法重点关注能源与经济的相互作用，因此通常不需要城市建筑中所使用的能源技术类型及其详细能耗数据。该方法正是由于具有简便易用等特点，因此已被广泛用于估算城市能耗。

（1）国外相关领域研究

在具体实践中，自上而下模型通常依据能源消耗与相关主要驱动因子之间长时间、一定周期的关系来确定驱动因子对能源消耗的影响，并用来预测和决定能源供给量。根据驱动因子的类别可以将自上而下模型分为社会经济、技术以及物理三种自上而下的模型[33]，但有时其界限不一定十分明确，不少研究中亦会同时考虑多个因素（表 1-1）。

表 1-1　自上而下国内外相关文献对比

	作者	年份	宏观因素类别	宏观因素	研究对象	研究方法
国外研究	赫斯特（Hirst）等[34]	1977	社会经济因素、技术因素	设备效率、家庭结构、住房类型、能源价格、家庭收入	美国城市尺度的住宅年能耗	改良计量经济学模型
	本特赞（Bentzen）等[35]	2001	社会经济因素	家庭收入、能源价格	丹麦住宅能耗	自回归分布滞后模型
	张清源[36]	2004	物理因素	气候条件、采暖天数	中国城市各省区市住宅能耗以及日本、加拿大、美国住宅能耗	回归模型
	卡扎（Kaza）[37]	2010	社会经济因素、物理因素	房屋类型、住房面积、房屋所有权类别、房屋建造年代、家庭结构、家庭收入、能源价格、区位、采暖天数、城市气候	美国 4 382 户家庭住宅能耗	分位数回归
	萨默菲尔德（Summerfield）等[38]	2010	社会经济因素、物理因素	能源价格、气候条件	英国住宅能耗	回归模型
国内研究	张欢等[39]	2012	社会经济因素	城市常住人口、城市生产力、第三产业发展、居民消费水平	广东省城市民用建筑能耗	一元线性回归模型、因素敏感性分析
	张涑贤等[40]	2015	社会经济因素	人口总数、城镇化率、居民消费水平、陕西省生产总值、第三产业增加值、单位建筑面积能耗	陕西省民用建筑能耗	多元线性回归模型
	胡浩[41]	2015	社会经济因素	人口、人均国内生产总值（Gross Domestic Product，GDP）、万元国内生产总值（GDP）能耗、城镇化率及第三产业比重	中国夏热冬冷地区的八个省市民用建筑能耗	面板数据回归模型
	马晓雯等[42]	2017	社会经济因素、物理因素	社会经济水平、经济发展模式、城市气候	深圳市民用建筑能耗	数据对照分析、情景分析
	张露等[43]	2020	社会经济因素、技术因素	城市化率、总人口、城市生产力、人均第三产业不变价增加值、居民消费价格指数、商品零售价格指数、建筑总面积、技术水平	山东省民用建筑能耗	灰色关联分析法、岭回归模型、反向传播（Back Propagation，BP）神经网络模型、灰色预测模型

赫斯特（Hirst）等最早尝试使用计量经济学对美国城市尺度的住宅年能耗进行了建模研究，选择了多个社会经济变量用于估算住宅能耗，此外还同时考虑了其他驱动因子如人口与技术[34]。本特赞（Bentzen）等使用简单的回归模型模拟了丹麦的能源消耗，发现能源消耗与家庭收入和能源价格之间均存在紧密的联系[35]。

除经济变量外，一些自上而下的模型中还包括了气候条件等物理因素。张清源根据气候特征将中国分为七个区域。他利用统计数据，分析了不同地区城市住宅的电力、煤气、液化石油气、天然气、煤炭以及区域供热的年能耗，同时比较了中国、日本、加拿大和美国的每户年能耗与采暖天数之间的关系[36]。

卡扎（Kaza）利用分位数回归方法探讨了不同宏观因素对住宅能耗的影响，结果表明，房屋大小对能耗影响较大，房屋类型的影响微乎其微，邻里密度似乎对能耗没有影响[37]。萨默菲尔德（Summerfield）等根据公开的数据，比较了 1970 年英国的住宅总能耗和温度变化。使用多元线性回归分析家庭能源消耗以及室外温度和能源价格之间的关系。研究表明，随着采暖季节温度升高 7 ℃，平均每个家庭用能需求下降了约 1 MW · h /a[38]。

（2）国内相关领域研究

由于我国社会经济以及能耗数据统计工作起步较晚，因此与国外研究相比，国内相关研究稍显迟缓，但近年来有大幅度增加，并取得了一定的成果，具体内容如表 1-1 所示。

张欢等以广东省城市民用建筑为例，根据能源统计年鉴数据，分析了城市常住人口等宏观要素与建筑能耗的关系[39]。张涑贤等采用多元线性回归探讨了影响陕西省民用建筑能耗的关键因素[40]。胡浩基于通过回归对人口、富裕程度和技术的随机影响（Stochastic Impacts by Regression on Population，Affluence，and Technology，STIRPAT）模型选取五个指标对夏热冬冷地区的民用建筑能耗进行实证研究，并结合回归分析结果，运用情景分析法对该区域的民用建筑能耗进行预测[41]。

马晓雯等以深圳市民用建筑能耗数据为基础，对三项影响城市建筑能耗的宏观因素进行了分析，并运用情景分析法预测了该市此后的建筑能耗[42]。张露等以山东省民用建筑为研究对象，同时考虑经济与技术因素，通过灰色关联分析法分析了影响建筑能耗的宏观因素[43]。

自上而下模型的优势在于其操作方法较为简易，建立城市建筑能源模型的输入数据要求有限，能够很便捷地根据历史统计数据进行能耗预测。然而，能源使用情景预测在很大程度上依赖于历史数据趋势，尤其需要城市能源消耗和社会经济指标的长期历史数据。如社会经济、自然条件不同于过去情况，得到的预测结果可能不够准确[29, 44]。此外，自上而下的方法很难考虑新建筑对既有建筑物的影响，如新建建筑物改变了周边的微气候环境，对周边建筑形成了遮挡，从而影响了周边建筑的能耗，而自上而下的方法很难将这样的影响考虑进去。自上而下的方法只适合预测城市、区域、国家或其他大尺度的城市能源消耗，该方法将所有建筑视为单一的能源消费实体进行考虑，未能充分关注到各个建筑物设备末端或最终能源用途之间的差异，因此不太适用于强调建筑细节及技术运用的能源建模。

2）自下而上法

与自上而下的方法不同，自下而上的城市能源建模方法充分考虑了每栋建筑的性能、末端设备和运行特点，基于对每栋建筑的能耗计算，进而汇总扩展到区域乃至城市层面。这是当下城市建筑能源建模最主要和最适用的方法[29, 45]。自下而上的方法主要可归纳为物理模型法（白箱法）、数据驱动法（黑箱法）和混合法（灰箱法）三种[46]，表 1-2 对比了这三种自下而上方法的优势与劣势。

表 1-2　三种自下而上方法类型的优势与劣势比较

自下而上方法类型	优势	劣势
物理模型法（白箱法）	物理参数作为输入数据； 结果可以从实体层面进行解读； 不需要训练数据； 能够详细描述末端能源使用特点； 结果具有较高的准确性	需要输入详细的物理参数； 未能考虑宏观经济、市场因素； 使用不易，需要具有相关操作经验； 需要假定模型内人员行为； 运行速度一般
数据驱动法（黑箱法）	历史能源数据作为输入数据； 考虑了宏观社会、经济、市场等因素； 易于开发和使用； 运行速度较快	依赖历史能源数据； 需要大量的训练数据； 分析结果难从实体层面进行解读； 未能详细描述末端能源使用
混合法（灰箱法）	物理参数与历史能源数据作为输入数据； 结果可以从实体层面进行解读； 能够详细描述末端能源使用特点； 考虑了宏观社会、经济、市场等因素； 结果具有较高的准确性	一般采用原型建筑，建筑精度不高； 使用不易，需要具有相关操作经验； 运行速度较慢

（1）国外相关领域研究

① 物理模型法

物理模型法是广大研究人员所普遍使用的一种方法，其根据建筑的物理特征［如建筑几何特征、非几何特征（如供暖、通风和空调系统、使用模式和建筑围护结构热工参数）］、用户特征以及室外气候特征等要素，通过数值方程式来计算城市建筑能耗，图 1-5 为物理模型的一般工作流程。为了节约计算时间、提高计算效率，城市能源建模的物理模型一般采用简化手段进行计算。例如，区域建筑的三维几何特征数据主要从地理信息系统（GIS）和通用城市三维信息模型 CityGML 获得[47-49]而非几何数据，如建筑物的供暖、通风与空调（Heating，Ventilation and Air Conditioning，HVAC）参数、建筑热工性能参数和用户行为特征等参数则是由建筑“原型”所决定[50]。同属一种原型的建筑物将表现出相似的物理特征和与外界环境交互特征。最终，所有三维（3D）建筑模型将被转化为热区（thermal zone）进行能耗模拟计算。

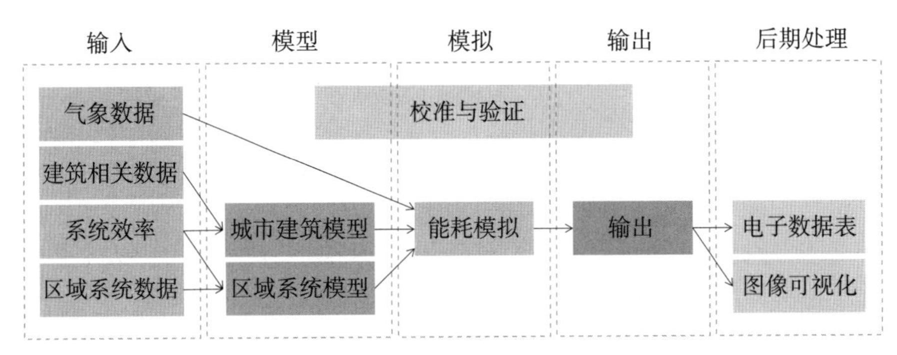

图 1-5　自下而上物理模型的一般工作流程

近10年来，西方多个国家的大学，科研机构相继开展了基于物理模型的城市尺度建筑能源建模等研究工作，并开发了众多优秀的运算、仿真、决策、评估平台及工具，取得了一系列前沿的研究成果，如城市建筑能耗模拟与分析平台 CityBES、城市建模平台 UMI、城市能源分析师软件 City Energy Analyst（CEA）、模拟城市软件 CitySim 等（表 1-3）。根据学界主流研究方向，物理模型可以进一步细分为多区动态热模拟模型和降阶电阻电容模型两种[45-46]。

表 1-3　自下而上的物理模型比较

类型	工具名称	开发者	开发年份	工具简介	计算内核	运算平台	时间精度	可否获取
多区动态热模拟模型	UMI	美国麻省理工学院（MIT）	2013	用于街区能源性能分析的城市建模平台	热平衡物理模型 EnergyPlus	个人电脑	—	免费
	CityBES	美国劳伦斯伯克利国家实验室（LBNL）	2015	基于网络的城市建筑能耗模拟与分析平台	热平衡物理模型 EnergyPlus	网页平台	小时（分钟）	免费
	MIT UBEM Tool	美国麻省理工学院（MIT）	2016	全市每小时能源需求负荷计算工具	热平衡物理模型 EnergyPlus	16 核计算机	小时	未公开发行
	COFFEE	美国国家可再生能源实验室（NREL）	2016	用于提高能效的公用事业客户优化工具	热平衡物理模型 EnergyPlus 和 OpenStudio	网页平台	小时	未公开发行
	UrbanOPT	美国国家可再生能源实验室（NREL）	2016	区域层面整合能源负荷和可再生能源的建模工具	热平衡物理模型 EnergyPlus	高性能计算机	小时	未公开发行
	CESAR	瑞士联邦材料科学与技术实验室（EMPA）	2018	用于评估既有建筑的能源需求和未来改造潜力的工具	热平衡物理模型 EnergyPlus	—	小时	未公开发行

续表 1-3

类型	工具名称	开发者	开发年份	工具简介	计算内核	运算平台	时间精度	可否获取
降价电阻电容模型	CitySim	瑞士洛桑联邦理工学院（EPFL）	2009	为城市能源规划师和利益相关者提供决策工具，以最大限度地减少能源使用和排放	降阶电阻电容（Resistor-Capacitor，RC）模型 CitySim solver	个人电脑	小时	免费
	SimStadt	德国斯图加特应用科技大学（HFT Stuttgart）	2013	用于城区能源分析的城市能源工具	降阶 RC 模型	个人电脑	月	未公开发行
	LakeSIM	美国阿贡国家实验室（ANL）、芝加哥大学（UChicago）	2014	基础设施建模工具，辅助分析开发新城区的能源绩效	降阶 RC 模型	超级计算机	月	未公开发行
	Open IDEAS	比利时鲁汶大学（KU Leuven）	2015	综合地区能源评估的开源框架	降阶 RC 模型 FastBuildings	个人电脑	—	免费
	CEA	瑞士苏黎世联邦理工学院新加坡未来实验室（FCL-ETH Zürich）	2016	分析和优化邻里与区域层级能源系统的计算框架	降阶 RC 模型	个人电脑	小时	免费
	TEASER	德国亚琛工业大学（RWTH）	2018	对存量建筑进行建筑能源绩效评估的工具	降阶 RC 模型	网页平台、个人电脑	—	免费

多区动态热模拟模型类似于单体建筑能耗模拟工具，使用详细的动态热平衡方程，对每一栋建筑进行热力学和传热计算，最后进行能耗汇总。能耗运算准确度高、精度高，但运算时间长。

CityBES[51]由美国劳伦斯伯克利国家实验室洪天真等人开发，是一款面向城市建筑的能耗数据可视化和计算的开放式网络平台（图 1-6）。CityBES 提供城市尺度的建筑能源建模和分析，整合了 100 多种建筑技术，可以对各种节能改造方案效果进行评估，拥有数百种性能和成本数据以及波士顿、芝加哥、洛杉矶等美国城市的众多建筑能耗基础数据[52]。

图 1-6　CityBES 的网络界面截图

注：不同灰度表示不同的建筑能耗强度。

UMI[53]既可以对区域和城市范围内的建筑能源和环境性能进行建模和评估，还可以对采光、室外舒适度和步行性进行分析。该工具由麻省理工学院可持续城市化实验室开发，软件基于三维（3D）建模软件犀牛（Rhino）平台，使用建筑能耗模拟软件 EnergyPlus 作为能耗模拟引擎。此外 UMI 还可以与微气候模拟软件 UWG 耦合使用，用于计算城市微气候影响和太阳能潜力。

塞雷佐·达维拉（Cerezo Davila）等根据波士顿市的官方地理信息系统（GIS）数据集和自定义的建筑原型库，使用犀牛（Rhino）作为建筑几何形体构建平台，调用建筑能耗模拟软件 EnergyPlus 作为能耗模拟内核，开发了波士顿全市范围的城市建筑能源建模（UBEM），该工具旨在辅助波士顿当地能源规划和能源政策的决策[50]。

COFFEE 是用于美国国家电网公用事业领域的建筑能源基准生成模型。该工具使用建筑能耗模拟软件 OpenStudio 建立模型，调用建筑构件库对建筑进行改造评估，使用建筑能耗模拟软件 EnergyPlus 进行能耗模拟[54]。

UrbanOPT[55]用于模拟近零能耗地区的能源性能，涵盖供热和制冷。它采用建筑能耗模拟软件 OpenStudio，依靠建筑能耗模拟软件 EnergyPlus 对单体建筑进行详细的动态能耗模拟。

王东红等提出了名为 CESAR[56]的瑞士地区城市能源模型，该模型分为需求模型（Demand Model，DM）与改造模型（Retrofitting Model，RM）两个部分。需求模型以建筑能耗模拟软件 EnergyPlus 作为模拟引擎，考虑建筑周边环境的影响，对区域建筑进行能源需求预测。改造模型根据能源需求，提供符合瑞士能源政策的存量建筑改造方案，并对该方案进行评估，同时对能源需求和减排潜力进行分析。此外，该模型还可以评估气候变化下的建筑能源绩效。

降阶电阻电容模型则采用简化公式，将建筑传热过程与电路中的电阻和电容理论（RC 模型）进行类比[57]，将建筑的蓄放热能力视为热容，以类比电路中的电容元件，将建筑的传热阻力视为热阻，以类比电路中的电阻元件[58]。一般将每栋建筑视作一个单独的热区，进而进行能耗模拟，该方法能够极大地加快能耗模拟运行速度，其代价则是需要牺牲一定的准确性[59-60]。

2009 年，来自瑞士洛桑联邦理工学院的研究人员开发了一款名为 CitySim[61]的软件，该软件旨在辅助城市住区的可持续规划，能够模拟几栋乃至几万栋建筑的能耗。模拟城市软件 CitySim 使用建筑热网络模型（RC 模型）作为建筑动态冷、热负荷模拟的内核，与精确的动态模拟模型相比，这种简化导致几种不同类型墙壁的年能耗误差约为 6%，每小时室内温度误差为 5℃[62]。

SimStadt[63]是一个城市能源模拟平台，能够进行供热需求、光伏发电、建筑改造和可再生能源利用的模拟，为城市规模的能源转型规划提供了支持。此外，城市能源模拟平台 SimStadt 是以 JavaScript 格式被开发出来，支持使用高精度［基础模型（LOD2）[64] 级别］的 CityGML 格式的通用城市三维信息模型，并将通用城市三维信息模型 CityGML 及其扩展模型 Energy ADE [65] 结合使用。

LakeSIM [66] 由美国阿贡国家实验室与芝加哥大学合作开发，试图将城市设计与科学分析结合起来，对城市设计方案在建筑能源效率、交通系统、可再生能源或微电网应用表现等方面进行高精度模拟与评估，为城市设计师在复杂的设计条件之间进行综合决策提供技术支撑。

OpenIDEAS [67] 是一个基于降阶动态模拟模型库 Modelica、用于建筑和区域能源模拟的开放框架。

CEA [68] 由苏黎世联邦理工学院下属新加坡未来实验室开发，该工具使用欧洲标准化委员会建议的电阻电容（RC）热网络模型对建筑供热和制冷负荷进行计算，旨在提供地区范围内的建筑能源需求与供应分析，以辅助当地能源规划的政策制定 [69]。此外，该工具具有良好的可视化界面（图 1-7），可与城市设计紧密结合，允许结合分布式发电统筹评估不同城市设计方案的能源、碳排放和经济效益。

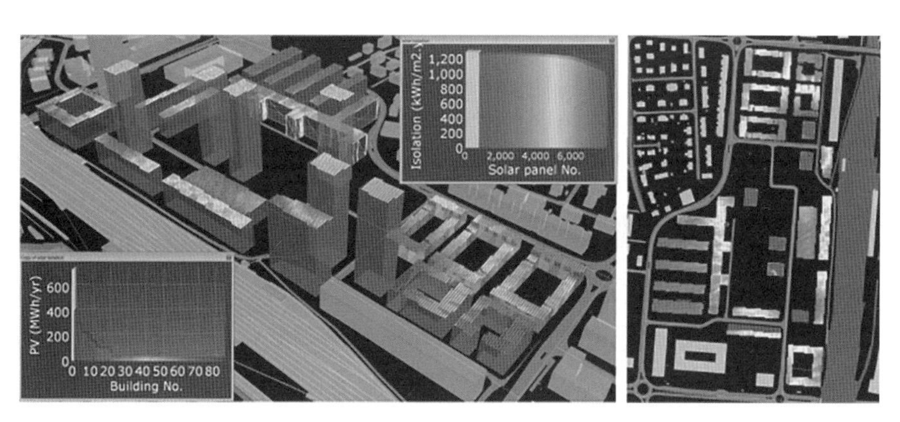

图 1-7　区域年太阳能利用潜力分析的 CEA 界面

TEASER [70] 由亚琛工业大学开发，是一款用于城市能源建模的开源工具。TEASER 是一个基于 Python 语言编写的平台，支持使用通用城市三维信息模型 CityGML 格式语言进行城市建模，能够通过较少的输入参数快速生成原型建筑，并可为 Modelica 模型库导出单独的动态仿真模型。该工具可进行几何和空间信息、建筑构造特征、动态模拟分区和用户行为特征的自主设定。

表 1-3 总结了目前主要的自下而上的物理模型的主要特点，由于不同开发者对研究目标、对象和应用范围的设定不同，所以模型的建构方式和分析方法也各有侧重。总体而言，物理模型依据单体建筑的物理与技术特征来计算区域能源需求，这些模型在评估技术发展和进行能效情景预

测方面具有高度的灵活性，但也不可避免地存在一些问题：第一，物理模型未能考虑经济与社会方面因素的影响。第二，物理模型依靠有限数量的简化建筑原型来提高计算速度，减少城市规模建模所需的计算工作量，却在一定程度上影响了城市建筑物理特征等因素的真实表达[71]。例如，对建筑用户行为特征的人为假定在一定程度上忽略了城市建筑中用户行为的差异性，对最终能源计算结果的准确性将造成较大影响。第三，目前开发的大多数城市建筑能源建模（UBEM）物理模型，都未能充分考虑建筑与周边建筑、城市微气候的能量交互关系，实验表明能源绩效受城市环境影响，未来物理模型的重要发展方向应是考虑与城市交通、城市微气候等其他城市系统模型的耦合建模。第四，虽然通过简化模型等方式，城市能源模拟速度有所提高，但相较于数据驱动和混合方法，物理模型计算速度较为一般。第五，开发和使用物理模型需要相关专业知识基础，具有一定的技术门槛。

② 数据驱动法

数据驱动法是利用统计分析和机器学习技术来评估城市建筑能耗[72]（图 1-8）。数据驱动的城市建筑能源建模方法不需要动态模拟，而是依赖于真实的能耗数据，以及包含建筑类型、年份、位置等相关信息的基础数据库，克服了物理模型复杂参数输入的局限性。因此，近年来数据驱动法在城市建筑能耗预测中引起了极大关注[73]。

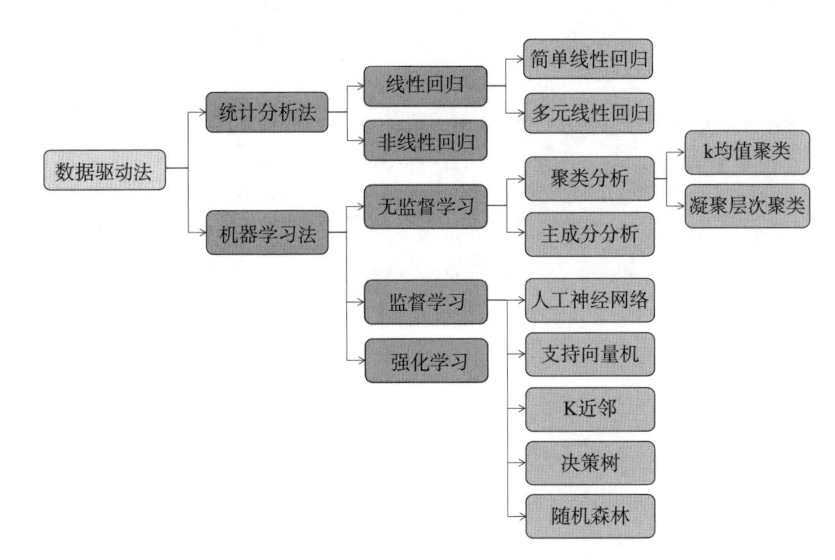

图 1-8　数据驱动的城市建筑能耗建模主要方法分类

统计分析法是建筑乃至城市建筑能耗分析中的经典方法，其中最常用的是线性回归方法。线性回归方法的主要优点在于使用简单，直观易懂，无须调整任何参数；各个变量对预测结果的贡献可以直接依据回归系数进行判断。此外，线性回归拓展为非线性回归，可以解决非线性问题，故其适用范围也得以进一步拓展。

阿尔-加尼（Al-Garni）等利用回归模型将用电能耗与相关的气候变量（气温、相对湿度与太阳辐射）和用户人数相关联，以预测沙特阿拉伯东部地区的总体用电消耗[74]。卡尔德拉（Caldera）等以 50 多栋住宅作为研究样本，采用统计模型计算了建筑采暖能源需求[75]。霍华德（Howard）等利用回归分析方法对美国纽约市八种类型建筑的单位面积能耗强度进行了预测，同时探讨了不同空间位置的能耗使用特征[76]。卡塔莉娜（Catalina）等使用多元回归模型基于建筑的整体热损失系数、南向等效表面以及加热设定点温度与环境温度之差三个变量来预测罗马尼亚住宅的供暖能源需求[77]。穆罕默德（Mohammed）等使用回归模型对沙特阿拉伯学校的建筑能耗进行预测，结果显示其预测准确性要高于神经网络模型[78]。此外，有的论文使用多种方法进行能耗预测比较。措（Tso）等提出了三种用于能耗预测的建模技术。除了传统的回归分析之外，还考虑了决策树和神经网络。就预测的准确性而言，这三种方法之间没有发现显著差异[79]。邓恒方等使用美国商业建筑能耗调查数据对两种回归方法和四种机器学习方法进行了能耗预测性能比较，结果显示，支持向量机和随机森林算法其准确性和稳定性较高。机器学习方法在建筑总能耗强度预测上比线性回归方法表现得要好，但线性回归方法在插座负荷预测上略胜于机器学习方法[80]。

但是，线性回归方法也有其劣势：首先，如果输入与输出数据之间存在非线性关系，一般的线性回归模型难以处理，需要对其进行非线性转换；其次，扩展线性回归的预测性能高度依赖于期望函数的选择；最后，输入参数如果存在多重共线性则会极大影响回归的预测结果和精度。

相反，机器学习方法在预测准确性和线性与非线性数据处理等问题上均有良好的表现，因此受到了广泛的关注。近 10 年来，基于机器学习的负荷预测文章呈现爆炸式增长[81]。机器学习是通过自动“学习”训练数据、集中能源数据的模式来模拟城市建筑的实际能源使用，进而拟合模型并找到能源使用和影响因子（如建筑特征、城市特征和居住特征）之间的数学关系[71]。本书将从预测范围、数据预处理、算法选择与评估指标四个方面对相关文献进行综述。

第一，预测范围。

预测范围可按照建筑功能、研究尺度、预测时间与能耗类型进行分类。目前，大部分的研究文献都以民用建筑能耗预测为主，因此可以按居住、办公、商业、教育四种主要的民用建筑功能进行分类。城市能耗建模的研究尺度小至群体建筑，大至区域、城市层级。预测时间根据研究目标与实际需要决定，一般以每小时、每天、每月、每年为主。在预测的能耗类型中，主要关注总能耗，其次是制冷与采暖能耗，最后是照明能耗与其他能耗。

第二，数据预处理。

数据一般可分为真实数据与模拟数据。真实数据包括通过智能电表、传感器、建筑管理系统和气象站收集的数据，此外还包括公用事业账单，能源消耗统计报告中提供的数据。模拟数据是指使用建筑能源模拟软件模拟出来的数据。

数据特征：机器学习模型基于一组特征数据预测能耗。这些特征数据可以包括诸如气象条件（太阳辐射、风速、风向、相对湿度、干球温度、露点温度、云量、大气压力、降雨量和蒸发量等）、室内环境条件（室内温度、湿度、照度）、建筑几何特征（建筑尺寸、建筑面积、建筑体积、不同墙面开窗面积）、热工参数（传热系数、窗户遮阳系数）、时间（白天、夜间、工作日、周末、节假日）、用户用能行为、建筑使用时间表等与能耗相关的数据。

数据尺度：机器学习对数据的要求很高，短时间内的小数据集经过训练后未必能够把握代表性的数据样本。所以大部分的研究文献都采用的是长时间、大尺度的数据集，时间一般在 4 个月（一个采暖或制冷季的时间）以上。

数据预处理：数据预处理是开始进行机器学习的关键步骤，因为错误的数据会误导分析结果。数据预处理包括数据清理、数据集成、数据转换和数据简化[82]。数据清理是指对数据中不正确、不相关、不完整的低质量数据进行检测与处理的过程。数据集成是对不同来源的数据进行整合。数据转换是将数据转换成算法所需数据。数据简化是对复杂高维数据进行降维，从而加快算法的运算过程。

第三，算法选择。

目前，监督学习、无监督学习是城市建筑能耗建模领域应用较多的两类机器学习算法。其中，监督学习主要包括：人工神经网络（Artificial Neural Network，ANN）、支持向量机（Support Vector Machines，SVM）、决策树（Decision Tree，DT）、随机森林（Random Forest，RF）、K 近邻（K-Nearest Neighbor，KNN）。无监督学习主要包括：聚类算法（如 k 均值聚类、层次聚类等）、主成分分析（Principal Components Analysis，PCA）。有研究表明，目前在建筑能耗建模领域使用的机器学习常用算法多达十几种[74]，因此本书在这里仅选取三种算法分类中具有代表性的相关文献进行综述。

人工神经网络（ANN）：人工神经网络是建筑能耗预测应用中使用最广泛的人工智能模型[83]。人工神经网络模型擅长解决非线性问题，同时是解决该类型问题最有效的方法之一[84]。该模型的构想来源于神经科学研究，试图模拟人类大脑神经网络进行信息处理、交互的模式与方法。如图 1-9 所示，典型的人工神经网络通常由三层组成：输入层、隐含层和输出层。

迪纳尔普（Aydinalp）等立足国家和地区尺度，开发了两个人工神经网络（ANN）模型对加拿大住宅的供暖和生活用水加热能耗进行预测[85]。奥瓦诺维奇（Jovanović）等为了预测大学校园的供暖能耗，使用

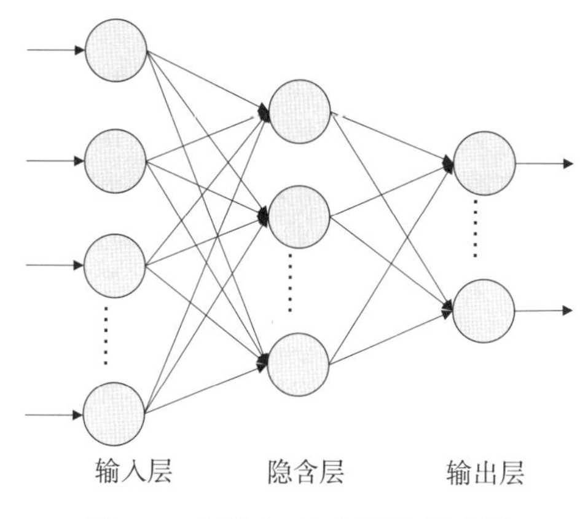

图 1-9　典型人工神经网络示意图

了三种人工神经网络，即前馈神经网络（Feed Forward Neural Networks，FFNN）、径向基函数网络（Radial Basis Function Networks，RBFN）和自适应神经模糊推理系统（Adaptive Neuro-Fuzzy Inference System，ANFIS），将实际的测量数据用于训练和测试模型。结果表明，上述三种神经网络都可以非常准确地预测采暖能耗，并且集成使用可以达到更好的预测效果[86]。贝卡利（Beccali）等基于意大利南部四个地区 151 栋现有公共建筑的能源数据，使用带有多层感知器的两层人工神经网络开发了一款便于使用辅助能源决策的工具，可以快速预测商业和教育建筑的总能耗[87]。

支持向量机（SVM）：马军等使用多元线性回归、人工神经网络和支持向量回归（Support Vector Regression，SVR），以及地理信息系统（GIS）集成的数据分析框架来估算纽约市 3 640 栋住宅的年度能耗强度（Energy Use Intensity，EUI）值。他们的结果表明，与其他方法相比，基于支持向量回归的方法具有更高的准确性[88]。康托科斯塔（Kontokosta）等使用普通最小二乘（Ordinary Least Square，OLS）、随机森林（RF）和支持向量回归（SVR）算法预测城市中能源使用强度，结果表明将普通最小二乘（OLS）模型推广到整个城市时，其效果最佳，而支持向量回归（SVR）的平均绝对误差最低[89]。

聚类分析（Cluster Analysis，CA）：杨俊经等利用 k 均值聚类和动态时间规整方法对 10 栋教育建筑的建筑能耗模式进行聚类。他们的结果显示 k 均值聚类比动态时间规整方法具有更高的准确率[90]。马振军等人使用聚类分析预测教育建筑的日供热负荷分布，以确定典型的日负荷分布，并根据这些分布对建筑物进行分类。同时使用皮尔逊相关系数确定差异度度量，根据变化相似度对日负荷曲线进行分类[91]。

决策树（DT）：卡阿佐利（Capozzoli）等比较了多元线性回归和分类与回归树（Classification and Regression Tree，CART）在预测教育建筑的年供热和制冷需求方面的性能，而这两种方法都提供了良好的准确性。结果表明，所研究的学校建筑的供暖能耗主要受总热量、传热面积、锅炉尺寸和窗户传热系数的影响[92]。

随机森林（RF）：塔迪奥利（Tardioli）等使用随机森林、k 均值聚类和主成分分析法构建起机器学习模型，以识别城市数据集中的代表性居住与商业建筑和建筑群。他们在研究中确定了 67 栋具有代表性的建筑物[93]。鲁滨逊（Robinson）等在商业建筑能耗调查中使用随机森林、支持向量回归和梯度提升来预测纽约市商业建筑的年度能耗[94]。

第四，评估指标。

评估预测效果是检验模型质量的重要步骤，相应的评估指标有很多。如平均绝对误差（Mean Absolute Error，MAE）、平均偏差误差（Mean Bias Error，MBE）、均方误差（Mean Squared Error，MSE）、R 平方值（R^2）、误差率（δ）和变异系数（Coefficient of Variation，CV）。此外，如果预测数据有对应的实测数据，也可以用来进行预测精度评估。

表 1-4 总结了部分基于机器学习的城市建筑能耗建模的相关文献。建立数据驱动的模型因耗时少和良好的预测性能而成为近年来建筑能源领域最流行的方法。尽管如此，由于数据驱动法是作为黑箱方式运行的，因此对输出结果进行恰当的物理解释会变得非常困难。此外，需要大量关于能源使用和与社会人口、经济、能源使用行为和建筑特征相关的数据对模型进行训练，从而来预测城市中的能源需求。因此，缺乏合适的数据是数据驱动法的城市建筑能源建模发展过程中所面临的最大挑战之一。

表 1-4　基于机器学习的城市建筑能耗建模相关文献对比

作者	年份	建筑类型	建筑尺度	输入数据属性	输入数据来源	算法	预测时间步长	输出数据类型
奥瓦诺维奇（Jovanović）等[86]	2015	教育	35 栋建筑	气象数据	实测	前馈神经网络、径向基函数网络、自适应神经模糊推理系统	日	采暖能耗
卡阿佐利（Capozzoli）等[92]	2015	教育	80 栋建筑	供热系统数据、围护结构数据、气象数据	实测	多元线性回归、分类与回归树	年	采暖能耗
马军等[95]	2016	居住	3 608 栋建筑	建筑数据、教育数据、人口家庭数据、经济数据、环境数据、交通数据	实测	随机森林、多元线性回归、支持向量机	年	总能耗
马军等[88]	2016	居住	3 640 栋建筑	建筑数据、教育数据、人口家庭数据、经济数据、环境数据、交通数据	实测	人工神经网络、支持向量回归、多元线性回归	年	总能耗
杨俊经等[90]	2017	教育	10 栋建筑	能耗数据	实测	k 均值聚类、支持向量回归	周、小时	总能耗
贝卡利（Beccali）等[87]	2017	商业、教育	151 栋建筑	围护结构数据，供暖、通风与空调（HVAC）数据，气候数据，建筑数据，用户行为数据	实测	人工神经网络	年	总能耗

续表 1-4

作者	年份	建筑类型	建筑尺度	输入数据属性	输入数据来源	算法	预测时间步长	输出数据类型
鲁滨逊(Robinson)等[94]	2017	商业、教育	13 223 栋建筑	用户行为数据、气候数据	实测	随机森林、支持向量回归、梯度提升	年	总能耗
马振军等[91]	2017	教育	19 栋建筑	能耗数据	实测	聚类分析	日	采暖
康托科斯塔(Kontokosta)等[89]	2017	办公、居住、工业	23 000 栋建筑	建筑数据、用户行为数据、环境数据、经济数据	实测	线性回归、随机森林、支持向量机	年	天然气、电力
邓恒方等[80]	2018	商业	—	建筑数据，用户行为数据，围护结构数据，供暖、通风与空调(HVAC)数据，设备数据	实测	人工神经网络、随机森林、支持向量机、梯度提升	年	照明、插头总能耗
丘拉(Ciulla)等[96]	2019	办公	2 184 栋建筑	建筑数据、围护结构数据、气候数据、供热系统数据	模拟	人工神经网络	年	采暖能耗
莫哈马齐亚兹(Mohamm-adiziazi)等[97]	2020	商业	5 252 栋建筑	气候数据，建筑数据，建筑更新与改造参数，围护结构数据，供暖、通风与空调(HVAC)数据，设备数据，末端用途	实测	多元线性回归、单一回归树、随机森林、极端梯度提升	年	总能耗
王璐帆等[98]	2020	居住商业	16 000 栋建筑	建筑数据、周边环境数据	实测	装袋算法、自适应增强、梯度提升、极端梯度提升、支持向量机	年	总能耗
西法尔(Seyrfar)等[99]	2021	居住	1 325 栋建筑	建筑数据、围护结构数据、人口家庭数据、经济数据、用户行为数据	实测	反向传播神经网络、极端梯度提升、随机森林	年	总能耗

③ 混合法

物理模型与数据驱动的模型在城市尺度的能源建模方面都存在一定的局限性。特别是物理模型，它要求使用者掌握研究区域内所有建筑的几何特征和非几何特征（设备负荷、建筑热工性能、用户活动特征等），而城市建筑能源建模研究区域尺度往往较大，因此获取完整的城市建筑相关特征信息的难度也较大。此外，数据驱动的方法同样对输入数据的要求非常高，为了确保实现较好的预测效果，需要使用大量的数据训练模型。然而，将两种方法相结合的“混合法”（灰箱法）则在一定程度上削弱了它们的缺点，展现出较好的应用前景[100]。

在混合模型中，虽然也需要如同在物理模型中一般根据建筑物物理特性进行建模，但是建模数据（如建筑用户行为特征）并非由人为假设，而是使用统计分析方法或机器学习算法从历史能源数据中提取出来的，因此使用混合法能够实现更加复杂的模型构建[101-103]。

斯旺（Swan）等人综合神经网络和物理模型方法开发了一个混合模型，用于对加拿大住宅能源进行预测。其中神经网络模型用于预测用户的生活热水、电器和照明能源，物理模型用于预测采暖和制冷能源[104]。努特基耶维茨（Nutkiewicz）等人提出了一个“数据驱动的城市能源模拟”（DUE-S）框架，该框架结合残差神经网络（ResNet）与物理模型，可在不同时间和空间尺度上模拟建筑能源消耗[103]。罗思（Roth）等人提出了一种新的增强型城市建筑能源模型 A-UBEM，该模型结合了数据驱动和基于物理的能源仿真方法，可为城市中的每栋建筑物生成每小时负荷曲线[105]。许小齐等人开发了一个将人工神经网络与建筑能耗模拟软件 EnergyPlus 耦合的模型，该模型将建筑物、居民和邻里环境的影响纳入考虑，以预测建筑物能源。建立由能源模拟结果构成的数据库，并用作人工神经网络的输入，该模型能够预测通过建筑改造获得的能源效率[106]。图胡斯 - 杜布罗夫（Tuhus-Dubrow）等将建筑能耗模拟软件 DOE-2 与遗传算法相结合，开发了一个混合模型，以确定不同参数集和输出标准的最有效的建筑形状，从而最大限度地减少住宅建筑的能源消耗[107]。董冰等人将数据驱动技术集成到物理模型中，对住宅建筑每小时或一天的负荷进行预测。上述研究表明，混合模型提高了预测精度，并降低了传统物理模型的计算复杂性[108]。

虽然混合模型在一定程度上克服了物理模型与数据驱动模型的局限性，但是混合模型在数据精度、操作难度与运行速度上仍不具有较大优势。

（2）国内相关领域研究

国内对自下而上的城市能源建模的研究起步相对较晚，主要研究集中在以下两个方面：

① 相关研究概述

此类研究主要对国外城市尺度能源建模进行方法介绍、概念引入，其中综述性文章占主要部分。例如，哈尔滨工业大学冷红等介绍了有关城市建筑能源建模的国际最新研究进展，对不同类型能源模型的优势、劣势以及适用场景进行了梳理、总结，并对今后相关研究进行展望[109]。田玮等综述了国内外城市建筑能耗研究现状，探讨了城市能耗建模研究所面临的主要问题以及未来的发展机遇[110]。琼斯等综述了城市能耗模拟软件发展的最新进展，随后重点介绍了由卡迪夫大学开发的名为“能源与环境预测”（Energy and Environment Prediction，EEP）的城市尺度能耗模拟模型及其应用[111]。

同济大学杨峰等简要回顾了目前主流的城市能耗建模的物理工具，并提出了一种将城市建筑能源建模（UBEM）整合到城市设计中，通过优化城市形态进而实现建设绿色与节能街区的构想[112]。东南大学李艳霞等简要概括了目前城市能源模拟方法的类型，总结出城市能源模拟的一般性流程，在此基础上重点介绍了四种能源模拟方法并进行比较[113]。李艳霞等比较了几种自下而上的城市能耗模拟方法，并以杭州南站地区为例，评估了不同城市能耗模拟方法的有效性和所面临的挑战[114]。冷红等对比了伦敦、纽约、东京、多伦多四市在城市节能规划方面的经验，详细阐述了影响城市建筑节能规划的主要因素，并提出目前所面临的困难与挑战，以及对未来发展方向的思考[115]。

② 研究进展情况

目前，具体研究多聚焦于数据驱动的城市能源建模领域，基于物理模型的能源建模方法较为缺乏。

在数据驱动的方法中具有代表性的工作包括：景锐等使用反向传播神经网络和多元线性回归来预测我国香港地区 30 栋商业建筑的能源消耗总量[116]。徐小东等结合社会网络分析（Social Network Analysis，SNA）法和人工神经网络（ANN），对东南大学数 10 栋建筑物进行能耗预测，结果显示使用该方法后的平均预测准确率达到了 90.28%[117]。王伟等提出了一种深度学习预测方法，该方法将建筑网络模型与长短期记忆网络（Long Short Term Memory Networks，LSTMs）学习模型融合在一起，用于区域尺度建筑能源建模。他们选择了东南大学两个校区中具有 2015 年至 2018 年能源使用数据的五个典型建筑群，并使用开放源代码软件库 TensorFlow 进行验证实验[118]。李向锋等基于由 539 栋居住建筑与 153 栋公共建筑构成的城市建筑数据集，使用主成分分析法识别影响建筑能耗的主要城市形态因子[119]。

在物理建模方法探索方面，清华大学走在了国内前列。清华大学建筑节能研究中心于 2000 年开发了一款名为 DeST 的建筑能耗模拟软件，它能够在给定边界条件和初始条件的情况下计算建筑能耗[120-121]，在国内得到了广泛的认可与使用，但在三维空间地理信息的导入、图形可视化界面的设计、多种城市信息平台的耦合、区域尺度能耗建模的拓展方面仍存在不足。清华大学祝泮瑜等提出了一种在街区尺度进行建筑能耗估测的方法——建筑街区能源评估（Building Blocks Energy Estimation，BBEE），该方法分成 BBEE 算法部分与能源数据库两个部分。验证案例表明在乌鲁木齐、北京和上海的气候背景下，街区建筑的年供热需求估测和建筑能耗模拟软件 DeST 全模型仿真之间的差异均小于 6%[122]。田玮等提出了一种基于地理信息系统的城市能耗建模方法流程，核心在于使用地理信息系统（GIS）建立城市三维模型，调用建筑能耗模拟软件如 EnergyPlus 进行能耗模拟[123]。

总的来看，受技术力量、基础数据、起步时间等因素影响，国内对于自下而上方法的研究主要以介绍性、应用型为主，原创性、引领性的能源基础平台开发研究则相对不足。

1.3.2 城市形态与微气候相关性研究

城市微气候历来是城市气候学的重点研究方向之一，随着学科交叉发展以及气候变化、城市建成环境质量日益受到广泛关注，城市微气候作为评价建成环境质量的重要指标在城市设计中愈发受到重视。由于城市微气候受城市实体物质的共同塑造与影响，因此城市形态与城市微气候的关联性深受建筑与城市设计学科关注。

1）国外相关领域研究

国外学者对城市形态与微气候的研究起步相对较早。1990 年代，吉沃尼系统性地总结了气候对人、建筑与社会的影响，并提出如何在建筑和城市设计中应对不同气候条件塑造气候适应性的建筑与城市的策略与建议[124]。

总的来看，国外学者对于城市形态与微气候关联性的研究可以分为实地测量、科学实验与计算机模拟三类。计算机模拟技术具有可视化效果好、量化分析准确等优势，是目前大多数国外学者普遍采用的研究方法；专业人士开发出了大量相关的分析技术及软件，积累了相当丰富的经验。1997 年，一款用于日照和热工性能模拟的名为概念（concept）的工具被开发出来[125]。又比如，计算流体动力学（Computed Fluid Dynamic，CFD）技术的引入以及相关模拟软件的不断迭代更新使得风环境研究拥有了更有力的工具。1998 年，德国波鸿大学开发出城市微气候模拟软件 ENVI-met，目前已是国际上最主流的微气候模拟软件之一。如今，像日照分析软件 Ecotect、瓢虫工具（Ladybug Tools）等功能更加强大的软件也不断被开发出来并受到广泛关注与使用。

部分学者着重从城市实体（建筑、建筑群）形态层面出发探讨两者的关联性，包括组团布局、街道层峡和朝向等。阿里－图德特（Ali-Toudert）等使用城市微气候模拟软件 ENVI-met 探讨了炎热气候条件下城市街道设计与其热舒适性的关系，其中重点研究了朝向和街道层峡高宽比对环境辐射的影响，结论是当街道层峡高宽比增加时，气温略有下降［生理等效温度（Physiological Equivalent Temperature，PET）有所改善］[126]。索尔森（Thorsson）等在瑞典哥德堡的模拟研究中发现，空旷地区在夏季比狭窄的街道层峡更温暖，而冬季则更寒冷。此外还发现，密集的城市建筑物减轻了平均辐射温度和室外热舒适度的波动，改善了夏季和冬季的户外舒适性[127]。哈姆丹（Hamdan）等人使用参数化设计插件 Grasshopper 和瓢虫工具（Ladybug Tools）参数化工具探讨了在炎热干旱的气候条件下城市形态因子对微气候的影响。结果表明，较大的街道层峡高宽比（1—2）和南北向的街道可以产生更舒适的城市环境[128]。穆尼兹－盖尔（Muniz-Gäal）等使用城市微气候模拟软件 ENVI-met 分别在冬季和夏季条件下模拟了 36 个城市街道峡谷场景，探讨了城市街道层峡对微气候和行人热舒适度的影响。结果显示，高宽比较大的街道层峡会增加建筑物的风速和阴影，尤其能够改善夏季室外热舒适度。相反，街道层峡长高比的增加对室外热舒适度没有显著影响[129]。阿塞罗（Acero）等对热带地区新加坡的城市几何形态对室外热舒适度的影响进行了评估[130]。

另有部分学者重点关注城市下垫面如植被、绿化、水体分布对城市微气候的影响[131-133]。索杜迪（Sodoudi）等通过城市微气候模拟软件 ENVI-met 设计并模拟了具有 5 种布局和 5 种植被类型绿地的 25 种理想布局模式，从而调查了绿地的空间布局对微气候以及室外舒适度的影响[134]。特什内赫德尔（Teshnehdel）等以伊朗某住区为研究对象，使用城市微气候模拟软件 ENVI-met，在典型的夏季和冬季，模拟了四种具有不同树种和模式的场景，进而探讨了城市绿化对微气候和行人舒适度的影响[135]。

2）国内相关领域研究

国内学者对于城市形态与微气候关联性的研究虽然起步较晚，但近些年也做了大量扎实且富有成效的探索，涌现出一批具有一定影响力的成果。王振探讨了夏热冬冷气候背景下的街道层峡特征与城市微气候之间的关系[136]。徐小东等针对湿热地区的气候环境通过经验总结和计算机模拟提出一种气候适应性的节能舒适型城市空间形态与模式[137]。丁沃沃等明确了城市形态与微气候等相关概念，探讨了城市形态与城市微气候的关联性，并对未来研究进行了展望[138]。金虹等以哈尔滨市为例，选择典型的住宅小区进行测试，分析水体对住宅区夏季微气候的影响，并应用城市微气候模拟软件 ENVI-met 模拟具有不同水体配置形式的城市住区的微气候表现[139]。

部分学者以微气候性能为导向探索了气候适应性的城市设计方法。胡友培等基于参数化设计插件 Grasshopper，运用遗传算法，以天空可视域为评价指标，在高密度发展背景下探讨了通过优化城市形态进而改善城市热岛效应的潜力[140]。孙欣等以南京新街口为研究对象，利用城市微气候模拟软件 ENVI-met 模拟，探讨了城市空间形态指标和城市下垫面材质与热环境的相关性，并提出了一套基于热环境提升的城市中心区优化策略[141]。徐小东等基于不同的气候条件，借助参数化设计插件 Grasshopper、瓢虫工具（Ladybug Tools）参数化工具和遗传算法，以通用热气侯指数（Universal Thermal Climate Index，UTCI）为评价指标，探讨了提升城市热舒适的城市形态（开放空间）布局与优化策略[142-144]。张军等根据微气候实测数据研究了寒地城市形态参数对室外空气温度的影响。此外，利用多目标优化算法自动寻找帕累托最优城市形态，并提出使城市微气候达到最佳的城市形态布局策略[145]。

1.3.3 城市形态与建筑能源绩效的关联性

在城市形态与微气候研究的基础上，相关研究表明城市形态借由微气候对建筑能耗产生重要影响。由此部分学者开始将目光转向城市形态、微气候因素（太阳辐射、温度、相对湿度、风速）与建筑能耗相互作用机制与关系的研究。

1）城市形态与建筑能源绩效的作用机制

（1）国外相关领域研究

温度被认为是直接影响建筑采暖和制冷需求最为重要的微气候因素之一。黄玉贤等评估了新加坡建筑密度、高度和绿化率等形态参数对微气候的影响，发现它们可以引起 0.9—1.2℃的气温变化，从而可以降低 5%—10% 的制冷能耗[146]。津兹（Zinzi）等在针对意大利罗马某社区的气候实测中发现，由于城市热岛效应的存在，相较于乡村地区，城市地区的采暖时长减少了 18%，而制冷时长增加了 157%。热岛效应可使住宅建筑的供暖能耗降低多达 21%，办公建筑的供暖能耗降低多达 18%[147]。博卡拉特（Boccalatte）等探讨了不同城市形态下街道层峡的气温，以评估热岛效应对建筑能耗的影响。研究表明，使用标准年气象数据作为建筑能耗模拟软件 EnergyPlus 能耗模拟输入时，每年的建筑制冷需求被低估了 10%[148]。莫索里（M’Saouri）等以摩洛哥丹吉尔的街道峡谷作为研究对象，分析了街道层峡高宽比对建筑表面温度以及表面吸收辐射的影响。结果表明，与建筑单体相比，街道层峡中建筑外墙的辐射吸收更多从而导致街道层峡的地表温度升高，最终导致夏天制冷需求增加，而冬天采暖需求减少[149]。

此外，风速也是影响建筑能耗的重要微气候因素。克鲁格（Krüger）等发现在干旱地区高宽比较大的南北向街道层峡或高宽比较小的东西向街道层峡，建筑物周围的气流可以支持对流换热，从而减少建筑制冷负荷[150]。布耶尔（Bouyer）等耦合能耗与计算流体动力学（CFD）模拟，指出太阳辐射照度是影响建筑能源需求的最重要参数，其次是对流换热系数[151]。

太阳辐射与建筑能源需求也密切相关。作为重要的可再生能源，在城市形态层面的利用已受到广泛关注。瓦拉蒂（Vallati）等调查了短波辐射在街道层峡中经历多次反射后对街道建筑采暖需求的影响。街道层峡越窄，辐射捕获现象就越强，这导致空间制冷需求的增加远高于空间供暖需求的减少[152]。何塞・萨拉尔德（José Sarralde）等使用开发的统计模型 SolREP 来预测屋顶和立面的太阳辐射，以此探索是否可以通过改变邻里的城市形态来优化建筑围护结构的太阳能潜力。他们总共测试了 13 种优化太阳能的方案，结果表明，通过改变部分城市形态变量，屋顶的太阳辐射可以增加约 9%，而立面的太阳辐射可以增加 45%[153]。李京宣等提出了四种基本的城市街区模式，探讨了不同街区模式和密度相等城市形态因素与主动式和被动式太阳能利用潜力的关系，结果显示太阳辐射的可达性与建筑密度密切相关[154]。莫哈杰里（Mohajeri）等探讨了瑞士日内瓦市的 16 个社区（11 418 栋建筑物）中各种紧凑性指标与太阳能潜力之间的关系。对不同紧凑度下的太阳能在建筑集成光伏、太阳能集热器和被动式太阳能加热系统的潜力进行了评估[155]。坎波雷阿莱（Camporeale）等从零能耗住宅设计角度出发，利用多目标遗传算法探讨了温带气候背景下城市典型住房类型的几何形态[156]。

（2）国内相关领域研究

国内相关学者对城市形态、微气候与建筑能耗的作用机制也展开了大量的研究，但大多数研究主要停留在利用既有软件进行相关分析的应用阶段，原创性地针对现实问题进行技术平台的研发、搭建与研究较为缺乏。杨小山等耦合建筑能耗模拟软件 EnergyPlus 与城市微气候模拟软件 ENVI-met，提出了一种在任何给定的城市环境下，充分考虑全面微气候因素的影响，定量分析建筑能源性能的方法[157]。胡友培阐明热岛效应与城市建筑能耗的相关性，采用参数化设计插件 Grasshopper 及遗传算法作为研究工具，以热岛效应最低作为目标，运用算法对城市形态进行寻优从而得到最佳城市形态，并总结出相应地降低热岛效应的高密度城市区域形态优化原则[158]。周岩等认为城市形态会影响街区通风性能及得热状况等微气候因素，进而影响城市热岛现象和建筑能耗[159]。徐燊等评估了武汉市不同城市类型街区形态的光伏潜能，结果表明商业街区接收的太阳辐射最多，其次是住宅街区，最后是工业街区[160]。刘大龙等提出了城市辐射场的形成机理，探讨了中国夏热冬暖地区致密化城市形态对建筑能耗的影响。研究表明，在夏热冬暖地区，围合状布局的建筑制冷能耗与开放式布局相比可降低 7%—15%[161]。

2）城市形态与建筑能源绩效的量化关系

部分学者从建筑、城市设计角度出发，聚焦城市形态与能源绩效之间的关系，旨在为构建高能效、可持续的城市寻找形态生成与优化策略。

（1）研究方法

研究方法大致可以分为两类：一类为模拟研究；另一类为实证研究。模拟研究主要采用能耗模拟软件或物理计算方程模拟建筑能耗。一般以建筑几何参数、热工参数、室内人行为参数、设备参数、气候参数等作为输入，通过计算获得诸如采暖、制冷、照明、设备等末端使用能耗数据。在模拟方法中，模拟时间、精度以及结果有效性都会受到参数设置和模拟工具类型的影响。大多数研究借助模拟方法具有建模便捷、方便修改等优势，尤其是在引入参数化工具后，使用控制变量法，针对性地对所需的城市形态指标与建筑能源使用展开定量研究；抑或结合优化算法，探索以能源绩效为导向的城市形态优化策略[162]。实证研究通常指使用数据挖掘方法，以真实能耗数据为基础研究城市形态与能源绩效之间的影响程度与作用规律。数据的质量与数量决定着结论的准确性与有效性，因此该方法在能耗数据统计工作较为完备的西方国家被广泛使用。数据来源通常包括使用仪器实测、从能源供应部门获取以及从城市开源建筑能耗数据库中获取等途径。此外还有结合模拟与实证的综合研究。

（2）研究对象

从研究对象的类型来看，有三种对象类型被广泛地应用于研究当中，分别是街道层峡、理想网格和真实形态（图 1-10）。街道层峡由一条街道与其两侧围合的建筑共同构成，是城市街区中最基本的形态组成单元，也是研究城市街区形态的基础；理想网格源自克拉克（Clark）等对城市形态的研究成果[163]，是一种对城市形态的简化与抽象，并且在一定程度上保留了城市形态最重要的特征，给定量研究城市形态提供了一个全新的视角；真实形态指直接使用现实环境中的城市形态作为研究对象。

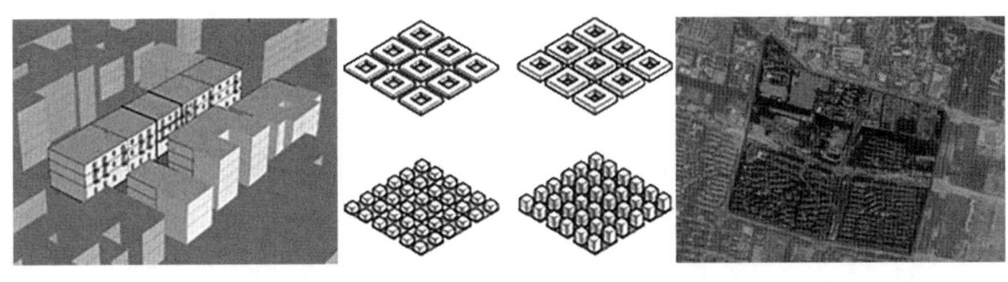

（a）街道层峡　　（b）理想网格　　（c）真实形态

图 1-10　文献中经常出现的三种研究对象类型

（3）气候边界

从考虑微气候因素的角度来看，模拟研究一般使用典型气象年数据进行能耗模拟，典型气象年数据经过平均化处理不能真实反映城市环境的影响，导致能耗评估通常忽略了城市过热对基本能源需求和峰值能源需求的影响[164]；此外有一部分模拟研究需考虑城市微气候的影响，耦合微气候模拟和能耗模拟软件，综合评估建筑能源使用，具体步骤往往是通过微气候模拟软件仿真来获取研究对象所在区域的微气候数据，然后将获得的微气候数据作为气象边界条件输入能耗模拟软件进行能耗评估。实证研究往往直接评估城市形态与建筑能耗的关系，一般不会就城市微气候展开具体分析。

（4）建筑功能

从街区功能来看，建筑能源绩效与功能之间存在紧密的联系。本书将相关研究分为居住、商业、办公与混合功能四类。

（5）城市形态因子

城市形态因子可以分为城市密度、城市肌理与建筑类型三类。

① 城市密度

城市密度一般包含容积率、建筑密度、开放空间率、人口密度、平均层数等指标。国外学者很早就开始对城市密度对建筑能耗的影响展开讨论，尤其是对居住建筑能耗的影响。事实上密度与建筑能耗的关系是一个具有争议性的话题。第一种观点认为高密度城市建筑能耗相对较低，理由是高密度的城市发展模式能够避免城市无序蔓延从而减少能源消耗[165-168]。尤因（Ewing）等的研究发现高密度社区住宅比城市郊区住宅能耗低 20%左右[169]。萨拉特（Salat）对巴黎进行能耗调研发现，不同城市形态和建筑类型的能源绩效各不相同，建筑密度越低的地方供暖能耗越大[170]。马蒂利（Martilli）发现密度越高、越紧凑的城市其建筑体形系数往往越小，可大大降低采暖与制冷所需能耗，但热舒适性较差[171]。纳塔纳尼亚（Nataniana）等使用理想建筑原型对地中海气候条件下不同容积率的城市形态进行模拟。结果显示，随着容积率增大办公建筑与居住建筑制冷能耗强度都呈现下降的趋势[172]。第二种观点认为城市密度越大建筑能耗越大。随着城市密度的增大，城市热岛效应不断加强，导致建筑制冷能耗不断增长。权纪戈等对上海市部分真实街区进行能耗模拟发现，容积率越大的街区建筑能耗强度越大[173]。除此之外，还有一种观点认为，密度与建筑能耗并非呈现稳定的同一趋势，而是在转折点之前呈现负相关性，在转折点之后呈现正相关关系[174]。权纪戈等对美国波特兰城市街区进行参数模拟实验发现，当建筑密度增加到一定程度后再继续增加时，建筑能源使用强度开始降低[175]。亦有观点认为密度与建筑能源绩效没有显著关联性[37, 176]。

国内学者也对此进行了相关研究。周艺南从城市密度等概念出发，探讨了城市密度与能源性能的相互关系，并建立模型对上海街区进行了能源性能的评估实验，探索了多目标决策下密度与类型的设计方法[15]。王伟强等以上海曹阳新村为例，研究居住区密度指标与碳排放的关系，结果显示两者之间存在一定的相关性[177]。吴巍等收集宁波市部分社区的形态指标和住宅能耗信息，运用多元线性回归方法分析了形态指标与住宅能耗的关系，结果表明建筑密度与能耗呈正相关[178]。

② 城市肌理

城市肌理用于描述城市实体的三维几何特征，一般包括朝向、体形系数、建筑周长比、层峡高宽比、层高等因子。斯特罗曼－安徒生（Strømann-Andersen）研究发现，城市层峡的几何特征对办公建筑能耗影响最大可达 30%，对居住建筑能耗影响最大可达 19%，表明城市层峡的几何特征是影响建筑能耗的关键因素[179]。欧赫（Oh）等提取出 13 种城市形态因子，利用回归分析探讨其对建筑能源绩效影响的重要性，并利用机器学习以及聚类方法对城市形态因子进行分类[180]。曼甘（Mangan）等探讨了温带城市形态对建筑能源与成本效率的影响，考虑了用地形状、建筑层数、层峡高宽比、建筑类型与朝向形态五种要素，建立了 120 个形态模型进行评估。结果显示，建筑高度与层峡高宽比比朝向对建筑能耗与成本效率的影响更大[181]。

国内学者也对此展开了相关研究工作。潘文健等通过研究深圳的 11 个城市社区，考察了城市形态对室外夜间照明的影响，并从节能角度提出了相应的照明布局与优化策略[182]。顾震弘等认为通过制定城市空间规划策略可以控制城市形态进而达到节能减排的作用，并且结合南京河西南部地区城市设计的实际案例介绍了这些策略的具体运用过程[183]。张良等对影响住区能耗的城市形态因子进行了定量分析，结果表明，朝向对建筑能耗影响较大，建筑间距对能耗的影响相对较小[184]。陈天骁选取不同类型居住区作为研究对象，通过分析用电数据探讨建筑布局形式对建筑用电能耗的影响，并根据分析结果提出节能规划策略[185]。郭冉以某单一城市肌理因子为模拟变量对住宅群体进行能耗实验，并根据相应结果提出实现节能目标的住宅群体形态优化策略[186]。尚川选取某城市设计方案中的地块作为研究对象，通过改变原方案中建筑形式、平均建筑高度、建筑朝向、组团形态这四个形态变量得到四个变形方案，并对其进行能耗仿真模拟，结果显示城市形态因子与能耗表现出高度相关性[187]。冷红等利用能耗模型对住宅建筑的类型、体形系数、间距以及朝向四个形态因子与能耗的关系进行了分析，研究结果发现，层数与面宽对住宅能耗的影响最大，对能耗影响较小的是间距和朝向[188]。王一等针对夏热冬冷地区的气候背景，探究了高容积率的小区形态因子与建筑能耗之间的关系，并根据量化分析结果提出了相应的节能住区规划策略[189]。李向锋等基于由 539 栋住宅建筑和 153 栋公共建筑构成的城市建筑数据集，使用数据挖掘技术分析了影响建筑能耗的城市形态因子，发现朝向、体形系数及建筑周长比等因子是影响建筑能耗的主要形态因子[119]。

③ 建筑类型

英国剑桥大学的马丁（Martin）和马奇（March）对城市街区形态使用数学方法展开了研究[190]，提出了采用周边式的布局模式也可以达到点式布局的密度，并为后来的学者们讨论城市形态提供了三种基本原型，分别为庭院式（courtyard）、点式（pavilion）和板式（slab）[163]。古普塔（Gupta）研究了干热地区的庭院式、点式与板式三种不同建筑类型的蓄热与导热能力，由此来探讨建筑类型与能耗的关联性[191]。塔莱加尼（Taleghani）等评估了温带气候城市鹿特丹的三种建筑类型（点式、板式和庭院式）的表面积与体积比对住宅建筑的年采暖和照明能耗以及夏季热舒适时间的影响。结果显示庭院型的供暖能源需求最低，夏季热舒适小时数最多[105]。拉蒂（Ratti）等认为庭院式是干热地区最具环境性能的建筑类型[192]。瓦尔托洛马约斯（Vartholomaios）研究了希腊地中海城市塞萨洛尼基的三种建筑类型对建筑供暖和制冷能耗的影响。结果表明，紧凑布局、建筑面南和庭院式街区形态是地中海气候区最为节能的群体布局模式[193]。谢晓彤等利用实测获取的四种不同城市形态中的年气象数据，以及典型年和实际年气象数据计算了建筑年度采暖和自然通风制冷潜力。结果表明，院落形态可以减少供暖需求并增强夜间通风降温能力。相反，街道峡谷是冬季采暖需求较高、夏季夜间通风降温潜力最低的形态[194]。

在国内研究中，潘毅群等指出城市形态对区域能耗有着重要影响，在进行区域能源规划与建筑能耗预测时，要重点关注不同建筑类型对建筑能耗的影响[23]。潘媛等建立参数化模型，研究上海地区不同建筑类型的能源绩效表现，结果显示在建筑密度为 0.169 的时候，庭院式建筑类型表现出最佳的能源绩效，紧跟其后的是板式和点式[195]。王一等通过对上海居住街区进行实地调研，基于1.6的容积率条件生成了6种基本建筑类型和12种子类型，并逐一进行能耗模拟分析，根据能耗模拟结果提出相应的基于能源性能的城市形态设计策略[196]。

表1-5总结了目前国内外城市形态与能源绩效关联性研究的主要相关文献。

表1-5 城市形态与能源绩效关联性研究的主要文献总结

类别	作者	年份	气候区域	能耗类别	建筑功能	对象尺度	对象类型	方法	工具	研究的城市形态因子
国外研究	拉蒂（Ratti）等[197]	2005	温带海洋性气候	采暖、通风、制冷、照明	办公	街区	真实形态	模拟	数字高程模型（Digital Elevation Model，DEM）、光热模型（Lighting and Thermal Model，LT method）	街区总体建筑体形系数、城市地平线角度、天空开阔度、建筑朝向、建筑被动与非被动区域比
	萨拉特（Salat）[170]	2009	温带海洋性气候	采暖	居住	街区	真实形态	模拟	巴黎城市主义工作室的测算方法（APUR's method）	建筑类型
	克鲁格（Krüger）等[150]	2010	干热气候	制冷	居住	街区	街道层峡	模拟	热模拟软件IDA Indoor Climate and Energy	街道层峡高宽比、街道朝向
	斯特罗曼-安徒生（Strømann-Andersen）等[179]	2011	温带海洋性气候	采暖、通风、制冷、照明、热水	混合	街区	街道层峡	模拟	能耗模拟软件IES-Virtual Environment 6.0.2、建筑光环境模拟软件Radiance	街道层峡高宽比、街道宽度、街道朝向
	比瓦普尔卡尔（Bhiwapurkar）[198]	2013	寒冷半干旱气候	采暖、制冷	商业	街区	真实形态	模拟	快速能源模拟工具e-QUEST 3.63、城市微气候模拟软件ENVI-met	容积率
	科卡吉尔（Kocagil）等[199]	2015	干热气候	采暖、制冷	居住	受环境影响的单体	网格+建筑原型	模拟	建筑能耗分析软件DesignBuilder	建筑表面积与体积比、建筑类型
	罗德里格斯-阿尔瓦雷斯（Rodríguez-Álvarez）[165]	2016	温带大陆性气候、地中海气候	采暖	混合	街区	真实形态	模拟	城市建筑能源指数（Urban Energy Index for Buildings，UEIB）	建筑密度、容积率、建筑外表面积
	萨尔瓦蒂（Salvati）等[200]	2017	地中海气候	采暖、制冷	居住	街区	网格+建筑原型	模拟	建筑能耗分析软件DesignBuilder、微气候模拟软件UWG	建筑密度

续表 1-5

类别	作者	年份	气候区域	能耗类别	建筑功能	对象尺度	对象类型	方法	工具	研究的城市形态因子
国外研究	齐里戈蒂（Tsirigoti）等[201]	2018	亚热带湿润气候、炎热夏季地中海气候	采暖、制冷、其他	居住	街区	真实形态	模拟	建筑环境模拟软件 Ecotect Analysis 2011	建筑表面积与体积比、建筑高度、容积率、内庭院周长与街区地块面积比
	纳塔纳尼亚（Nataniana）等[172]	2018	炎热夏季地中海气候	总用电量	居住、办公	街区	网格+建筑原型	模拟	瓢虫工具（Ladybug Tools）、参数化设计插件 Grasshopper	容积率、街区朝向、建筑间距、建筑类型、体形系数
	权纪戈等[175]	2020	温暖夏季地中海气候、亚热带湿润气候	采暖、制冷、其他	办公	街区	网格+建筑原型	模拟	自行开发的城市建筑能源建模（UBEM）工具	建筑密度、容积率、建筑类型
	艾哈迈达（Ahmadian）等[202]	2021	温带海洋性气候	—	居住	街区	网格+建筑原型	模拟	—	建筑密度、容积率、建筑类型、建筑层数、平面进深、遮光角度（类似层峡高宽比）
	石钟鸣等[203]	2021	热带雨林气候	制冷、照明、热水、其他	居住、办公、商业	街区	网格+建筑原型	模拟	地理信息系统软件 ArcGIS、城市能源分析师软件 CEA、参数化设计插件 Grasshopper	容积率、建筑密度、建筑类型
	曼甘（Mangan）等[181]	2021	温带湿润气候	采暖、制冷、照明	居住	街区	网格+建筑原型	模拟	建筑能耗分析软件 DesignBuilder	街道层峡高宽比、街区朝向、平面形状、建筑类型、建筑层数
	谢里夫（Shareef）[204]	2021	炎热潮湿气候	制冷	居住	街区	网格+建筑原型	模拟	城市微气候模拟软件 ENVI-met、环境能源整合分析软件 IES-VE	街道朝向、建筑高度布局
	尤因（Ewing）等[169]	2008	—	采暖、制冷、照明、通风、热水	居住	区域	真实形态	实证	多水平回归	城市蔓延指数、建筑类型
	柯（Ko）等[166]	2014	炎热夏季地中海气候	总用电量	居住	区域	真实形态	实证	线性回归	人口密度、街道朝向、绿地率、建筑类型
	陈彦仲等[205]	2017	亚热带气候	总用电量	混合	街区	真实形态	实证	线性回归	人口密度、街道层峡高宽比
	于英子等[176]	2018	温带季风气候	采暖	居住	受环境影响的单体	真实形态	实证	结构方程模型	容积率

续表 1-5

类别	作者	年份	气候区域	能耗类别	建筑功能	对象尺度	对象类型	方法	工具	研究的城市形态因子
国内研究	黄媛[206]	2010	夏热冬冷气候	采暖、制冷	办公	街区	网格+建筑原型	模拟	自然采光和太阳辐射模拟工具 Solene、耦合模拟（Coupled Simulation）	建筑类型、容积率、建筑朝向、街道层峡高宽比、水平布局模式、垂直布局模式
	张良等[184]	2013	夏热冬冷气候	采暖、制冷总能耗	居住	街区	网格+建筑原型	模拟	建筑能耗模拟软件 EnergyPlus	建筑密度、建筑间距、建筑朝向
	周艺南[15]	2017	夏热冬冷气候	采暖、制冷、照明总能耗	居住	街区	网格+建筑原型	模拟	城市建模平台 UMI、城市微气候模拟软件 ENVI-met	容积率、建筑类型
	潘媛等[195]	2017	夏热冬冷气候	采暖、制冷、电梯照明	办公	街区	网格+建筑原型	模拟	建筑能耗分析软件 DesignBuilder、建筑能耗模拟软件 EnergyPlus	建筑类型、容积率
	尚川[207]	2019	夏热冬冷气候	采暖、制冷	居住	街区	真实形态	模拟	建筑能耗动态模拟软件 HTB2 和 VirVil Plugins	容积率、建筑密度、平均层数、高度标准差、平均朝向、体形系数、天空可视域、建筑类型
	马子茹[208]	2019	寒冷气候	采暖、制冷总能耗，碳排放	居住	街区	网格+建筑原型	模拟	建筑能耗模拟软件 DeST	体形系数、建筑布局、容积率、建筑密度、建筑朝向、建筑类型
	王一等[196]	2019	夏热冬冷气候	采暖、制冷	居住	街区	网格+建筑原型	模拟	建筑能耗模拟软件 EnergyPlus	建筑类型、朝向、布局模式
	杨再薇[209]	2019	寒冷气候	采暖、制冷	居住	街区	真实形态	模拟	建筑能耗模拟软件 DeST	建筑密度、容积率、体形系数、平均建筑高度、绿化率
	冷红等[188]	2020	严寒气候	采暖、制冷总能耗	居住	街区	网格+建筑原型	模拟	建筑能耗模拟软件 OpenStudio	建筑层数、建筑面宽、建筑间距、建筑朝向
	刘梓昂[210]	2019	夏热冬冷气候	采暖、制冷	教育	街区	真实形态	模拟+实证	瓢虫工具（Ladybug Tools）、参数化设计插件 Grasshopper	建筑间距系数、垂直布局形式
	冷红等[211]	2020	严寒气候	采暖	办公	受环境影响的单体	真实形态	模拟+实证	建筑能耗模拟软件 OpenStudio	总墙面面积、建筑密度、容积率、建筑高度、道路密度、街道层峡高宽比、绿地率

续表 1-5

类别	作者	年份	气候区域	能耗类别	建筑功能	对象尺度	对象类型	方法	工具	研究的城市形态因子
国内研究	陈天骁[185]	2016	严寒气候	总用电量	居住	街区	真实形态	实证	相关性分析、最优离散化分析	建筑类型、建筑朝向、建筑布局
	吴巍等[178]	2018	夏热冬冷气候	总用电量	居住	街区	真实形态	实证	相关性分析、回归分析	建筑密度、道路密度、住宅面积与类型
	李向锋等[119]	2020	夏热冬冷气候	总用电量	居住	街区	真实形态	实证	主成分分析	朝向、东南西北四个方向的街道高宽比、容积率、平均周长面积比、体形系数、建筑占地面积与开放空间面积比
	宋世一等[212]	2020	严寒气候	采暖	居住、商业	受环境影响的单体	真实形态	实证	回归分析、空间聚类分析	建筑高度、建筑密度、容积率、街道层峡高宽比、体形系数

1.3.4 小结

综上所述，国内外学者都对城市尺度的建筑能源建模以及城市形态与能源性能的作用机制与机理等方向展开了相应研究，并取得了积极成果，但仍显不足，需持续加以关注。

1）城市能耗建模研究尚不成熟

目前，国外对于城市能源建模的研究大致可以分为三个层面，即宏观（区域级、城市级）、中观（片区级、街区级）及微观（地段级、单体建筑层面），且各层面所对应的工具平台、方法理论都有较为丰富的积累。我国数据驱动的城市能源建模研究取得了一定的成果，但城市能源建模的物理模型开发和研究尚不成熟。

2）多城市平台耦合是未来城市能耗建模物理模型的发展方向之一

城市建筑能耗建模能够辅助政策制定者在宏观层面把控城市建筑能耗水平，制定合理的节能与可持续发展目标。目前大部分城市建筑能耗模型都对城市信息进行了相应简化，但不同城市要素之间存在千丝万缕的联系。建筑能耗与其所处的城市环境密切相关，是建模过程中不可忽视的要素。在未来的城市能耗模型发展中，结合城市微气候、城市交通与城市行人等因素的综合模型将会是发展方向之一，对未来智慧城市能源建设有着重要意义。近年来，数字技术得以快速发展，机器学习、贝叶斯模型等人工智能技术将会进一步助推综合性城市建筑能耗模型的发展和开发。

3）统一开放的建筑能源数据库尚未建立

国外学界基于各国所拥有的开放建筑能源数据库展开城市能源研究，

已取得了大量研究成果。截至目前我国尚未建立开源建筑能源数据库，相关数据依然掌握在政府以及管理部门手里。如要深化城市层面的建筑节能研究，则需要利用真实数据对城市实际用能情况进行分析，这就要以开放共享的建筑能源数据库作为依托。

4）城市形态对建筑能耗的影响机制研究尚不系统

目前，学界已经大体明确了城市形态对建筑能源绩效的影响机理，但是大量研究都只涉及单个或者若干个城市形态因子，对于城市形态的整体把握不足。有的研究为了分析便利，着重考察建筑间遮挡对能耗的影响，却忽视了城市微气候对建筑能耗的重要影响，可能会导致结果产生偏差。相当一部分研究将目标对准几种基本建筑类型，缺少对于其他类型的探讨。此外，还有不少研究以抽象的理想模型作为研究对象，缺乏真实能源数据的检验，结论的准确性存在疑问。

5）具有指导性的城市形态优化策略尚不多见

现有的大量研究通过对实际数据进行相关性分析，或是基于软件平台进行仿真模拟等方式确立城市形态因子与建筑能源存在一定关联性之后便止步不前。此外，相关研究结果往往与气候区、研究尺度、建筑类型的选择密切相关，因此研究结论只能在一定的研究范围与特定区域内适用。因此，针对不同区域仍需要提供因地制宜、制定与之相适应的高能效城市形态生成与优化策略。

总体而言，城市建筑能源建模是探究城市形态与能源绩效作用关系的基础。目前国内对物理模型的研究尚处于起步阶段，在依托既有软件对城市形态与建筑能源影响机理的研究方面，视角丰富、成果颇多，但对整体机理的揭示尚不系统与全面，仍需要进一步研究与探索。

第 1 章参考文献

[1] 国家统计局 . 中华人民共和国 2019 年国民经济和社会发展统计公报[J]. 中国统计，2020(3)：8–22.

[2] STOCKER T F, et al. Climate change 2013：the physical science basis：Working Group I contribution to the fifth assessment report of the Intergovernmental Panel on Climate Change[M]. Cambridge：Cambridge University Press, 2014.

[3] British Petroleum. Energy Outlook 2020 edition explores the forces shaping the global energy transition out to 2050 and the surrounding that transition[R]. London：British Petroleum, 2020.

[4] Energy Information Administration. International Energy Outlook 2019：with projections to 2050[R]. Washington：Energy Information Administration, 2019.

[5] 中国建筑节能协会能耗统计专业委员会 . 中国建筑能耗研究报告(2020)[R]. 厦门：中国建筑节能协会能耗统计专业委员会，2020.

[6] An Official Website of the European Union. Climate strategies & targets[EB/OL]. (2021-03-12)[2022-05-28].https://ec.europa.eu/clima/policies/strategies_en.

[7] 中国储能网新闻中心 . 日本煤电仍然占据 32% 节能减排任重道远[EB/OL]. (2020-08-12)[2022-05-28]. http://www.escn.com.cn/news/show-1081789.html.

[8] 新华网 . 习近平在第七十五届联合国大会一般性辩论上的讲话(全文)[EB/OL].(2020-09-22)[2020-10-05]. http://www.xinhuanet.com/politics/leaders/2020-09/22/c_1126527652.htm.

[9] 中华人民共和国中央人民政府 . 中共中央关于制定国民经济和社会发展第十四个五年规划和二〇三五年远景目标的建议[EB/OL].(2020-11-03)[2022-05-28]. http://www.gov.cn/zhengce/2020-11/03/content_5556991.htm.

[10] 中华人民共和国国务院新闻办公室 .《新时代的中国能源发展》白皮书(全文)[EB/OL].(2020-12-21)[2022-05-28].http://www.scio.gov.cn/zfbps/32832/Document/1695117/1695117.htm.

[11] 廖维, 徐桑, 林冰杰 . 太阳能建筑规模化应用的原型研究: 城市形态与太阳能可利用度的模拟研究[J]. 华中建筑, 2013(4): 64–66.

[12] 陈文宇, 朱隆斌 . 城市社区更新的创新与探索: 以德国高能效城市研究计划为例[J]. 住宅科技, 2018, 38(11): 114-118.

[13] 施伦克 . 城市规划是城市可持续、低碳、高能效发展的关键因素[C]. 海口: 2012 中国国际能源论坛, 2012: 131-153.

[14] 达勒曼, 陈炼 . 绿色之都德国弗莱堡: 一项城市可持续发展的范例[M]. 北京: 中国建筑工业出版社, 2013.

[15] 周艺南 . 高能效城市设计: 密度、类型与能源性能[J]. 建筑科学, 2017, 33(4): 164–172.

[16] 蔡伟光, 魏海锋, 王霞, 等 . 建筑能耗测算数据差异及其原因分析[J]. 暖通空调, 2017(11): 35–39.

[17] 刘青昊 . 城市形态的生态机制[J]. 城市规划, 1995, 19(2): 20–22.

[18] 郑莘, 林琳 . 1990 年以来国内城市形态研究述评[J]. 城市规划, 2002, 26(7): 59–64, 92.

[19] 武进 . 中国城市形态: 结构、特征及其演变[M]. 南京: 江苏科学技术出版社, 1990.

[20] 王建国 . 城市设计[M]. 3 版 . 南京: 东南大学出版社, 2011.

[21] HOCKSTAD L, HANEL L. Inventory of U. S. greenhouse gas emissions and sinks: 1990–2018[R]. Washington: Environmental System Science Data Infrastructure for a Virtual Ecosystem, 2018.

[22] 冷红, 陈曦, 马彦红 . 城市形态对建筑能耗影响的研究进展与启示[J]. 建筑学报, 2020(2): 120–126.

[23] 潘毅群, 郁丛, 龙惟定, 等 . 区域建筑负荷与能耗预测研究综述[J]. 暖通空调, 2015, 45(3): 33–40.

[24] HONG T Z, LANGEVIN J, SUN K Y. Building simulation : ten challenges[J]. Building simulation, 2018, 11(5): 871–898.

[25] HONG T Z, CHEN Y X, LUO X, et al. Ten questions on urban building energy

modeling[J]. Building and environment, 2020, 168: 106508.
[26] DORER V, ALLEGRINI J, OREHOUNIG K, et al. Modelling the urban microclimate and its impact on the energy demand of buildings and building clusters [C]. Chambéry: 13th Conference of the International Building Performance Simulation Association, 2013: 3483–3489.
[27] GROS A, BOZONNET E, INARD C, et al. Simulation tools to assess microclimate and building energy: a case study on the design of a new district[J]. Energy and buildings, 2015, 114: 1–11.
[28] JOHARI F, PERONATO G, SADEGHIAN P, et al. Urban building energy modeling: state of the art and future prospects[J]. Renewable and sustainable energy reviews, 2020, 128(5): 109902.
[29] SWAN L G, ISMET UGURSAL V. Modeling of end-use energy consumption in the residential sector: a review of modeling techniques[J]. Renewable and sustainable energy reviews, 2009, 13(8): 1819–1835.
[30] TORABI M S, DELMASTRO C, CORGNATI S P, et al. Urban energy planning procedure for sustainable development in the built environment: a review of available spatial approaches[J]. Journal of cleaner production, 2017, 165: 811–827.
[31] 王瑞霞 . 北京地区典型建筑能耗模拟预测与研究[D]. 西安：西安建筑科技大学，2018.
[32] HERBST A, TORO F, REITZE F, et al. Introduction to energy systems modelling [J]. Swiss journal of economics and statistics, 2012, 148(2): 111–135.
[33] LI W, ZHOU Y, CETIN K, et al. Modeling urban building energy use: a review of modeling approaches and procedures[J]. Energy, 2017, 141: 2445–2457.
[34] HIRST E, LIN W, COPE J. A residential energy use model sensitive to demographic, economic, and technological factors[J]. The quarterly review of economics and finance, 1977(17): 7–22.
[35] BENTZEN J, ENGSTED T. A revival of the autoregressive distributed lag model in estimating energy demand relationships[J]. Energy, 2001, 26(1): 45–55.
[36] ZHANG Q Y. Residential energy consumption in China and its comparison with Japan, Canada, and USA[J]. Energy and buildings, 2004, 36(12): 1217–1225.
[37] KAZA N. Understanding the spectrum of residential energy consumption: a quantile regression approach[J]. Energy policy, 2010, 38(11): 6574–6585.
[38] SUMMERFIELD A J, LOWE R J, ORESZCZYN T. Two models for benchmarking UK domestic delivered energy[J]. Building research and information, 2010, 38(1): 12–24.
[39] 张欢，周杰，刘刚 . 民用建筑能耗的宏观影响因素研究[J]. 建筑节能，2012，40(9)：70–74，79.
[40] 张涑贤，王震 . 陕西省民用建筑能源消耗影响因素研究[J]. 工业工程，2015，18(6)：105–109.

[41] 胡浩 . 基于 STIRPAT 模型的民用建筑能耗宏观影响因素研究[D]. 合肥：安徽建筑大学，2015.

[42] 马晓雯，刘雄伟，刘刚，等 . 深圳市建筑能耗宏观影响因素分析及发展趋势情景预测[J]. 暖通空调，2017，47(6)：21-26，138.

[43] 张露，李永安，刘学来 . 基于灰色关联分析的民用建筑能耗预测研究[J]. 建筑技术，2020(9)：1129–1134.

[44] KAVGIC M，MAVROGIANNI A，MUMOVIC D，et al. A review of bottom-up building stock models for energy consumption in the residential sector[J]. Building and environment，2010，45(7)：1683–1697.

[45] REINHART C F，CEREZO DAVILA C. Urban building energy modeling：a review of a nascent field[J]. Building and environment，2016，97：196–202.

[46] FERRANDO M，CAUSONE F，HONG T Z，et al. Urban building energy modeling (UBEM) tools：a state-of-the-art review of bottom-up physics-based approaches [J]. Sustainable cities and society，2020，62(3)：102408.

[47] GRÖGER G，PLÜMER L. CityGML-interoperable semantic 3D city models[J]. ISPRS journal of photogrammetry and remote sensing，2012，71：12–33.

[48] BILJECKI F，STOTER J，LEDOUX H，et al. Applications of 3D city models：state of the art review[J]. ISPRS international journal of geo-information，2015，4(4)：2842–2889.

[49] MASTRUCCI A，BAUME O，STAZI F，et al. A GIS-based approach to estimate energy savings and indoor thermal comfort for urban housing stock retrofitting[C]. Aachen：BauSim Conference and Keynote Lecture Presentations，2014.

[50] CEREZO DAVILA C，REINHART C F，BEMIS J L. Modeling Boston：a workflow for the efficient generation and maintenance of urban building energy models from existing geospatial datasets[J]. Energy，2016，117：237–250.

[51] HONG T Z，CHEN Y X，SANG H L，et al. CityBES：a web-based platform to support city-scale building energy efficiency[C]. San Francisco：International Urban Computing Workshop，2016.

[52] CHEN Y X，HONG T Z，ANN PIETTE M. Automatic generation and simulation of urban building energy models based on city datasets for city-scale building retrofit analysis[J]. Applied energy，2017，205：323–335.

[53] REINHART C F，DOGAN T，JAKUBIEC J A，et al. UMI：an urban simulation environment for building energy use，daylighting and walkability[C]. Chambéry：13th Conference of the International Building Performance Simulation Association，2013：476–483.

[54] BRACKNEY L J. Portfolio-scale optimization of customer energy efficiency incentive and marketing：cooperative research and development final report，CRADA number CRD-13-535[R]. Golden：National Renewable Energy Lab.(NREL)，2016.

[55] POLLY B，KUTSCHER C，MACUMBER D，et al. From zero energy buildings to

zero energy districts[C]. Pacific Grove, CA: Proceedings of the 2016 American Council for an Energy Efficient Economy Summer Study on Energy Efficiency in Buildings, 2016: 21–26.
[56] WANG D H, LANDOLT J, MAVROMATIDIS G, et al. CESAR: a bottom-up building stock modelling tool for Switzerland to address sustainable energy transformation strategies[J]. Energy and buildings, 2018, 169: 9–26.
[57] 曾利悦. 建筑空调负荷与城市气候耦合模型研究[D]. 重庆: 重庆大学, 2019.
[58] 田喆, 王俊峰, 兰博. 一种基于等效RC模型的建筑动态室温预测方法: CN110097217A[P]. 2019-08-06.
[59] ANG Y Q, BERZOLLA Z M, REINHART C F. From concept to application: a review of use cases in urban building energy modeling[J]. Applied energy, 2020, 279: 115738.
[60] KIM E-J, PLESSIS G, HUBERT J-L, et al. Urban energy simulation: simplification and reduction of building envelope models[J]. Energy and buildings, 2014, 84: 193 202.
[61] ROBINSON D, HALDI F, KÄMPF J, et al. CitySim: comprehensive micro-simulation of resource flows for sustainable urban planning[C]. Glasgow: 11th International Building Performance Simulation Association, 2009: 1083–1090.
[62] KÄMPF J H, ROBINSON D. A simplified thermal model to support analysis of urban resource flows[J]. Energy and buildings, 2007, 39(4): 445–453.
[63] NOUVEL R, BRASSEL K-H, BRUSE M, et al. SimStadt, a new workflow-driven urban energy simulation platform for CityGML city models[C]. Lausanne: CISBAT International Conference, 2015: 889–894.
[64] GRÖGER G, KOLBE T H, NAGEL C, et al. OGC city geography markup language (CityGML) encoding standard, version 2.0.0[S]. Arlington: Open Geospatial Consortium, 2012.
[65] AGUGIARO G, BENNER J, CIPRIANO P, et al. The energy application domain extension for CityGML: enhancing interoperability for urban energy simulations[J]. Open geospatial data, software and standards, 2018, 3(1): 2.
[66] BERGERSON J, MUEHLEISEN R T, RODDA B O, et al. LakeSIM integrated design tool for assessing short-and long-term imapcts of urban scale conceptual designs[C]. Xi' an: The international society of city and regional planners(ISOCARP), 2015.
[67] CHEN Y X, HONG T Z. Impacts of building geometry modeling methods on the simulation results of urban building energy models[J]. Applied energy, 2018, 215: 717–735.
[68] FONSECA J A, SCHLUETER A. Integrated model for characterization of spatiotemporal building energy consumption patterns in neighborhoods and city districts[J]. Applied energy, 2015, 142: 247–265.
[69] FONSECA J A, NGUYEN T-A, SCHLUETER A, et al. City energy analyst(CEA):

integrated framework for analysis and optimization of building energy systems in neighborhoods and city districts[J]. Energy and buildings, 2016, 113: 202–226.

[70] REMMEN P, LAUSTER M, MANS M, et al. TEASER: an open tool for urban energy modelling of building stocks[J]. Journal of building performance simulation, 2018, 11(1): 84–98.

[71] ABBASABADI N, ASHAYERI M. Urban energy use modeling methods and tools: a review and an outlook[J]. Building and environment, 2019, 161: 106270.

[72] MASTRUCCI A, BAUME O, STAZI F, et al. Estimating energy savings for the residential building stock of an entire city: a GIS-based statistical downscaling approach applied to Rotterdam[J]. Energy and buildings, 2014, 75: 358–367.

[73] FATHI S, SRINIVASAN R, FENNER A, et al. Machine learning applications in urban building energy performance forecasting: a systematic review[J]. Renewable and sustainable energy reviews, 2020, 133: 110287.

[74] AL-GARNI A Z, ZUBAIR S M, NIZAMI J S. A regression model for electric-energy-consumption forecasting in Eastern Saudi Arabia[J]. Energy, 1994, 19(10): 1043–1049.

[75] CALDERA M, CORGNATI S P, FILIPPI M. Energy demand for space heating through a statistical approach: application to residential buildings[J]. Energy and buildings, 2008, 40(10): 1972–1983.

[76] HOWARD B, PARSHALL L, THOMPSON J, et al. Spatial distribution of urban building energy consumption by end use[J]. Energy and buildings, 2012, 45: 141–151.

[77] CATALINA T, IORDACHE V, CARACALEANU B. Multiple regression model for fast prediction of the heating energy demand[J]. Energy and buildings, 2013, 57: 302–312.

[78] MOHAMMED A, ALSHIBANI A, ALSHAMRANI O, et al. A regression-based model for estimating the energy consumption of school facilities in Saudi Arabia[J]. Energy and buildings, 2021, 237: 110809.

[79] TSO G K F, YAU K K W. Predicting electricity energy consumption: a comparison of regression analysis, decision tree and neural networks[J]. Energy, 2007, 32(9): 1761–1768.

[80] DENG H F, FANNON D, ECKELMAN M J. Predictive modeling for US commercial building energy use: a comparison of existing statistical and machine learning algorithms using CBECS microdata[J]. Energy and buildings, 2018, 163: 34–43.

[81] ZHANG L, WEN J, LI Y, et al. A review of machine learning in building load prediction[J]. Applied energy, 2021, 285: 116452.

[82] 印勇．粗糙集理论及其在数据挖掘中的应用[J]. 重庆大学学报(自然科学版), 2004, 27(2): 44-46, 50.

[83] 李紫微，林波荣，陈洪钟．建筑方案能耗快速预测方法研究综述[J]. 暖通空调,

2018, 48(5): 1-8.

[84] ZHAO H X, MAGOULÈS F. A review on the prediction of building energy consumption [J]. Renewable and sustainable energy reviews, 2012, 16(6): 3586–3592.

[85] AYDINALP M, ISMET UGURSAL V, FUNG A S. Modeling of the space and domestic hot-water heating energy-consumption in the residential sector using neural networks[J]. Applied energy, 2004, 79(2): 159–178.

[86] JOVANOVIĆ R Ž, SRETENOVIĆ A A, ŽIVKOVIĆ B D. Ensemble of various neural networks for prediction of heating energy consumption[J]. Energy and buildings, 2015, 94: 189–199.

[87] BECCALI M, CIULLA G, LO B V, et al. Artificial neural network decision support tool for assessment of the energy performance and the refurbishment actions for the non-residential building stock in Southern Italy[J]. Energy, 2017, 137: 1201–1218.

[88] MA J, CHENG J C P. Estimation of the building energy use intensity in the urban scale by integrating GIS and big data technology[J]. Applied energy, 2016, 183: 182–192.

[89] KONTOKOSTA C E, TULL C. A data-driven predictive model of city-scale energy use in buildings[J]. Applied energy, 2017, 197: 303–317.

[90] YANG J J, NING C, DEB C, et al. k-Shape clustering algorithm for building energy usage patterns analysis and forecasting model accuracy improvement[J]. Energy and buildings, 2017, 146: 27–37.

[91] MA Z J, YAN R, NORD N. A variation focused cluster analysis strategy to identify typical daily heating load profiles of higher education buildings[J]. Energy, 2017, 134: 90–102.

[92] CAPOZZOLI A, GRASSI D, CAUSONE F. Estimation models of heating energy consumption in schools for local authorities planning[J]. Energy and buildings, 2015, 105: 302–313.

[93] TARDIOLI G, KERRIGAN R, OATES M, et al. Identification of representative buildings and building groups in urban datasets using a novel pre-processing, classification, clustering and predictive modelling approach[J]. Building and environment, 2018, 140: 90–106.

[94] ROBINSON C, DILKINA B, HUBBS J, et al. Machine learning approaches for estimating commercial building energy consumption[J]. Applied energy, 2017, 208: 889–904.

[95] MA J, CHENG J C P. Identifying the influential features on the regional energy use intensity of residential buildings based on random forests[J]. Applied energy, 2016, 183: 193–201.

[96] CIULLA G, D' AMICO A, LO B V, et al. Application of optimized artificial intelligence algorithm to evaluate the heating energy demand of non-residential buildings at European level[J]. Energy, 2019, 176: 380–391.

[97] MOHAMMADIZIAZI R, BILEC M M. Application of machine learning for predicting building energy use at different temporal and spatial resolution under climate change in USA[J]. Buildings, 2020, 10(8): 139.

[98] WANG L F, EL-GOHARY N M. A data-driven approach for long-term building energy demand prediction[C]. Reston: Construction Research Congress 2020, 2020: 1165–1173.

[99] SEYRFAR A, ATAEI H, MOVAHEDI A, et al. Data-driven approach for evaluating the energy efficiency in multifamily residential buildings[J]. Practice periodical on structural design and construction, 2021, 26(2): 04020074.

[100] FOUCQUIER A, ROBERT S, SUARD F, et al. State of the art in building modelling and energy performances prediction: a review[J]. Renewable and sustainable energy reviews, 2013, 23: 272–288.

[101] MUTANI G, TODESCHI V. Space heating models at urban scale for buildings in the city of Turin(Italy)[J]. Energy procedia, 2017, 122: 841–846.

[102] DÉQUÉ F, OLLIVIER F, POBLADOR A. Grey boxes used to represent buildings with a minimum number of geometric and thermal parameters[J]. Energy and buildings, 2000, 31(1): 29–35.

[103] NUTKIEWICZ A, YANG Z, JAIN R K. Data-driven urban energy simulation (DUE-S): a framework for integrating engineering simulation and machine learning methods in a multi-scale urban energy modeling workflow[J]. Applied energy, 2018, 225: 1176–1189.

[104] SWAN L G, UGURSAL V I, BEAUSOLEIL-MORRISON I. A database of house descriptions representative of the Canadian housing stock for coupling to building energy performance simulation[J]. Journal of building performance simulation, 2009, 2(2): 75–84.

[105] ROTH J, MARTIN A, MILLER C, et al. SynCity: using open data to create a synthetic city of hourly building energy estimates by integrating data-driven and physics-based methods[J]. Applied energy, 2020, 280: 115981.

[106] XU X Q, TAYLOR J E, LAURA PISELLO A, et al. The impact of place-based affiliation networks on energy conservation: an holistic model that integrates the influence of buildings, residents and the neighborhood context[J]. Energy and buildings, 2012, 55: 637–646.

[107] TUHUS-DUBROW D, KRARTI M. Genetic-algorithm based approach to optimize building envelope design for residential buildings[J]. Building and environment, 2010, 45(7): 1574–1581.

[108] DONG B, LI Z, RAHMAN S M M, et al. A hybrid model approach for forecasting future residential electricity consumption[J]. Energy and buildings, 2016, 117: 341–351.

[109] 冷红，孙禹，白金．城市建筑能耗预测模型的国际研究与应用进展[J]. 建筑学

报，2015，13（S1）：227–233.
[110] 田玮，魏来，朱丽，等．城市规模的建筑能耗研究综述［J］．建筑节能，2016，44（2）：59–64.
[111] 琼斯，李晓俊，侯珊珊．建成环境中城市尺度的建筑能耗建模［J］．城市环境设计，2016（3）：254–265.
[112] YANG F，JIANG Z. Urban building energy modelling and urban design for sustainable neighbourhood development：a China perspective［C］. Cardiff：Sustainable Built Environment Conference，2019.
[113] 李艳霞，武玥，王路，等．城市能耗模拟方法的比较研究［J］．国际城市规划，2020，35（2）：80–86.
[114] LI Y X，WANG C，ZHU S，et al. A comparison of various bottom-up urban energy simulation methods using a case study in Hangzhou，China［J］. Energies，2020，13（18）：4781.
[115] 冷红，宋世一．城市尺度建筑节能规划的国际经验及启示［J］．国际城市规划，2020，35（3）：103–112.
[116] JING R，WANG M，ZHANG R，et al. A study on energy performance of 30 commercial office buildings in Hong Kong［J］. Energy and buildings，2017，144：117–128.
[117] XU X D，WANG W，HONG T Z，et al. Incorporating machine learning with building network analysis to predict multi-building energy use［J］. Energy and buildings，2019，186：80–97.
[118] WANG W，HONG T Z，XU X D，et al. Forecasting district-scale energy dynamics through integrating building network and long short-term memory learning algorithm［J］. Applied energy，2019，248：217–230.
[119] LI X F，YING Y，XU X D，et al. Identifying key determinants for building energy analysis from urban building datasets［J］. Building and environment，2020，181：1–12.
[120] YAN D，XIA J J，TANG W Y，et al. DeST：an integrated building simulation toolkit part I：fundamentals［J］. Building simulation，2008，1（2）：95–110.
[121] ZHANG X L，XIA J J，JIANG Z Y，et al. DeST：an integrated building simulation toolkit part II：applications［J］. Building simulation，2008，1（3）：193–209.
[122] ZHU P Y，YAN D，SUN H，et al. Building blocks energy estimation（BBEE）：a method for building energy estimation on district level［J］. Energy and buildings，2019，185：137–147.
[123] 田玮，刘云亮，孙禹，等．基于地理信息系统的城市建筑能耗模型建立方法［J］．建筑节能，2017，45（7）：40–46.
[124] 吉沃尼．建筑设计和城市设计中的气候因素［M］．汪芳，阙俊杰，张书海，等译．北京：中国建筑工业出版社，2011.
[125] 吴奕帆．基于性能驱动的气候适应性城市开放空间优化设计：以夏热冬冷地区为

例[D]. 南京：东南大学，2018.

[126] ALI-TOUDERT F, MAYER H. Numerical study on the effects of aspect ratio and orientation of an urban street canyon on outdoor thermal comfort in hot and dry climate[J]. Building and environment, 2006, 41(2): 94–108.

[127] THORSSON S, LINDBERG F, BJÖRKLUND J, et al. Potential changes in outdoor thermal comfort conditions in Gothenburg, Sweden due to climate change: the influence of urban geometry[J]. International journal of climatology, 2011, 31(2): 324–335.

[128] HAMDAN D M A, DE OLIVEIRA F L. The impact of urban design elements on microclimate in hot arid climatic conditions: Al Ain City, UAE[J]. Energy and buildings, 2019, 200: 86–103.

[129] MUNIZ-GÄAL L P, PEZZUTO C C, CARVALHO M F H DE, et al. Urban geometry and the microclimate of street canyons in tropical climate[J]. Building and environment, 2020, 169: 106547.

[130] ACERO J A, KOH E J Y, RUEFENACHT L A, et al. Modelling the influence of high-rise urban geometry on outdoor thermal comfort in Singapore[J]. Urban climate, 2021, 36: 100775.

[131] ABOELATA A, SODOUDI S. Evaluating urban vegetation scenarios to mitigate urban heat island and reduce buildings' energy in dense built-up areas in Cairo[J]. Building and environment, 2019, 166: 106407.

[132] LIU Y, LIN W, GUO J, et al. The influence of morphological characteristics of green patch on its surrounding thermal environment[J]. Ecological engineering, 2019, 140: 105594.

[133] ABDI B, HAMI A, ZAREHAGHI D. Impact of small-scale tree planting patterns on outdoor cooling and thermal comfort[J]. Sustainable cities and society, 2020, 56: 102085.

[134] SODOUDI S, ZHANG H W, CHI X L, et al. The influence of spatial configuration of green areas on microclimate and thermal comfort[J]. Urban forestry and urban greening, 2018, 34: 85–96.

[135] TESHNEHDEL S, AKBARI H, DI GIUSEPPE E, et al. Effect of tree cover and tree species on microclimate and pedestrian comfort in a residential district in Iran[J]. Building and environment, 2020, 178: 106899.

[136] 王振. 夏热冬冷地区基于城市微气候的街区层峡气候适应性设计策略研究[D]. 武汉：华中科技大学，2008.

[137] 徐小东，徐宁. 湿热地区气候适应性城市空间形态及其模式研究[J]. 南方建筑，2011，1(1)：80–83.

[138] 丁沃沃，胡友培，窦平平. 城市形态与城市微气候的关联性研究[J]. 建筑学报，2012(7)：16–21.

[139] JIN H, SHAO T, ZHANG R. Effect of water body forms on microclimate of

residential district[J]. Energy procedia, 2017, 134: 256–265.
[140] HU Y P, WHITE M, DING W W. An urban form experiment on urban heat island effect in high density area[J]. Procedia engineering, 2016, 169: 166–174.
[141] 孙欣，杨俊宴，温珊珊 . 基于 ENVI-met 模拟的城市中心区空间形态与热环境研究：以南京新街口为例[C]// 中国城市规划学会 . 规划 60 年：成就与挑战：2016 中国城市规划年会论文集 . 北京：中国建筑工业出版社，2016：17.
[142] XU X D, LIU Y, WANG W, et al. Urban layout optimization based on genetic algorithm for microclimate performance in the cold region of China[J]. Applied sciences, 2019, 9(22): 4747.
[143] XU X D, WU Y F, WANG W, et al. Performance-driven optimization of urban open space configuration in the cold-winter and hot-summer region of China[J]. Building simulation, 2019, 12(3): 411–424.
[144] XU X D, YIN C H, WANG W, et al. Revealing urban morphology and outdoor comfort through genetic algorithm-driven urban block design in dry and hot regions of China[J]. Sustainability, 2019, 11(13): 3683.
[145] ZHANG J, CUI P, SONG H. Impact of urban morphology on outdoor air temperature and microclimate optimization strategy base on Pareto optimality in northeast China [J]. Building and environment, 2020, 180: 107035.
[146] WONG N H, JUSUF S K, SYAFII N I, et al. Evaluation of the impact of the surrounding urban morphology on building energy consumption[J]. Solar energy, 2011, 85(1): 57–71.
[147] ZINZI M, CARNIELO E, MATTONI B. On the relation between urban climate and energy performance of buildings. A three-years experience in Rome, Italy[J]. Applied energy, 2018, 221: 148–160.
[148] BOCCALATTE A, FOSSA M, GAILLARD L, et al. Microclimate and urban morphology effects on building energy demand in different European cities[J]. Energy and buildings, 2020, 224: 110129.
[149] M’ SAOURI EL BAT A, ROMANI Z, BOZONNET E, et al. Thermal impact of street canyon microclimate on building energy needs using TRNSYS: a case study of the city of Tangier in Morocco[J]. Case studies in thermal engineering, 2021, 24: 100834.
[150] KRÜGER E, PEARLMUTTER D, RASIA F. Evaluating the impact of canyon geometry and orientation on cooling loads in a high-mass building in a hot dry environment[J]. Applied energy, 2010, 87(6): 2068–2078.
[151] BOUYER J, INARD C, MUSY M. Microclimatic coupling as a solution to improve building energy simulation in an urban context[J]. Energy and buildings, 2011, 43 (7): 1549–1559.
[152] VALLATI A, MAURI L, COLUCCI C. Impact of shortwave multiple reflections in an urban street canyon on building thermal energy demands[J]. Energy and buildings,

2018, 174: 77–84.

[153] JOSÉ SARRALDE J, JAMES QUINN D, WIESMANN D, et al. Solar energy and urban morphology: scenarios for increasing the renewable energy potential of neighbourhoods in London[J]. Renewable energy, 2015, 73: 10–17.

[154] LEE K S, LEE J W, LEE J S. Feasibility study on the relation between housing density and solar accessibility and potential uses[J]. Renewable energy, 2016, 85: 749–758.

[155] MOHAJERI N, UPADHYAY G, GUDMUNDSSON A, et al. Effects of urban compactness on solar energy potential[J]. Renewable energy, 2016, 93: 469–482.

[156] CAMPOREALE P E, MERCADER-MOYANO P. Towards nearly zero energy buildings: shape optimization of typical housing typologies in Ibero-American temperate climate cities from a holistic perspective[J]. Solar energy, 2019, 193(9): 738–765.

[157] YANG X S, ZHAO L H, BRUSE M, et al. An integrated simulation method for building energy performance assessment in urban environments[J]. Energy and buildings, 2012, 54: 243–251.

[158] 胡友培. 高密度城市形态热岛性能优化设计研究[J]. 建筑学报, 2015, 1(2): 23–29.

[159] 周岩, 庄智, 杨峰. 城市街区形态对热岛强度及能耗的影响[J]. 住宅科技, 2017, 37(9): 28–33.

[160] XU S, HUANG Z J, WANG J H, et al. Evaluation of photovoltaic potential by urban block typology: a case study of Wuhan, China[J]. Renewable energy focus, 2019, 29(6): 141–147.

[161] LIU D L, WANG W, GE H. Impact of urban densification on building energy consumption[C]. E3S Web of Conferences. EDP Sciences, 2020, 172: 16001.

[162] SHI Z M, FONSECA J A, SCHLUETER A. A review of simulation-based urban form generation and optimization for energy-driven urban design[J]. Building and environment, 2017, 121: 119–129.

[163] CLARK W A V, MARTIN L, MARCH L. Urban space and structures[J]. Geographical review, 1975, 65(1): 138.

[164] MOSTEIRO-ROMERO M, MAIULLARI D, PIJPERS-VAN E M, et al. An integrated microclimate-energy demand simulation method for the assessment of urban districts[J]. Frontiers in built environment, 2020, 6: 165.

[165] RODRÍGUEZ-ÁLVAREZ J. Urban energy index for buildings (UEIB): a new method to evaluate the effect of urban form on buildings' energy demand[J]. Landscape and urban planning, 2016, 148: 170–187.

[166] KO Y, RADKE J D. The effect of urban form and residential cooling energy use in Sacramento, California[J]. Environment and planning B: planning and design, 2014, 41(4): 573–593.

[167] RODE P, KEIM C, ROBAZZA G, et al. Cities and energy: urban morphology and residential heat-energy demand[J]. Environment and planning B: planning and design, 2014, 41(1): 138–162.
[168] PITT D. Evaluating the greenhouse gas reduction benefits of compact housing development[J]. Journal of environmental planning and management, 2013, 56(4): 588–606.
[169] EWING R, RONG F. The impact of urban form on U.S. residential energy use[J]. Housing policy debate, 2008, 19(1): 1–30.
[170] SALAT S. Energy loads, CO_2 emissions and building stocks: morphologies, typologies, energy systems and behaviour[J]. Building research & information, 2009, 37(5–6): 598–609.
[171] MARTILLI A. An idealized study of city structure, urban climate, energy consumption, and air quality[J]. Urban climate, 2014, 10(2): 430–446.
[172] NATANIANA J, AUER T. Balancing urban density, energy performance and environmental quality in the Mediterranean: a typological evaluation based on photovoltaic potential[J]. Energy procedia, 2018, 152: 1103–1108.
[173] QUAN S J, WU J, WANG Y, et al. Urban form and building energy performance in Shanghai neighborhoods[J]. Energy procedia, 2016, 88: 126–132.
[174] QUAN S J, ECONOMOU A, GRASL T, et al. Computing energy performance of building density, shape and typology in urban context[J]. Energy procedia, 2014, 61: 1602–1605.
[175] QUAN S J, ECONOMOU A, GRASL T, et al. An exploration of the relationship between density and building energy performance[J]. Urban design international, 2020, 25(1): 92–112.
[176] YOU Y Z, KIM S. Revealing the mechanism of urban morphology affecting residential energy efficiency in Seoul, Korea[J]. Sustainable cities and society, 2018, 43: 176–190.
[177] 王伟强，李建．住区密度与家庭能耗碳排放相关性研究：以上海曹杨新村为例[J]．城市规划，2017，41(6)：83–91.
[178] 吴巍，宋彦，洪再生，等．居住社区形态对住宅能耗影响研究：以宁波市为例[J]．城市发展研究，2018(1)：15–20，28.
[179] STRØMANN-ANDERSEN J, SATTRUP P A. The urban canyon and building energy use: urban density versus daylight and passive solar gains[J]. Energy and buildings, 2011, 43(8): 2011–2020.
[180] OH M, KIM Y. Identifying urban geometric types as energy performance patterns[J]. Energy for sustainable development, 2019, 48: 115–129.
[181] MANGAN S D, KOCLAR ORAL G, ERDEMIR KOCAGIL I, et al. The impact of urban form on building energy and cost efficiency in temperate-humid zones[J]. Journal of building engineering, 2021, 33: 101626.

[182] PAN W J, DU J. Impacts of urban morphological characteristics on nocturnal outdoor lighting environment in cities: an empirical investigation in Shenzhen[J]. Building and environment, 2021, 192: 107587.
[183] 顾震弘，韩冬青，维纳斯坦．低碳节能城市空间规划策略：以南京河西新城南部地区为例[J]．城市发展研究，2013，20(1)：94–104.
[184] 张良，石邢．住区规划节能设计研究：以南京为例[J]．华中建筑，2013(12)：36–40.
[185] 陈天骁．基于用电能耗分析的绥化市住区规划策略研究[D]．哈尔滨：哈尔滨工业大学，2016.
[186] 郭冉．基于能耗模拟的住区设计因素与节能效果关系研究[D]．天津：天津大学，2016.
[187] 尚川．模拟城市形态对建筑能耗的影响：以银川阅海生态城方案为研究[J]．建筑与文化，2013，177(12)：166–168.
[188] 冷红，肖雨桐．寒地城市居住区形态对住宅能耗影响[J]．哈尔滨工业大学学报，[illegible]
[189] 王一，王锦璇．夏热冬冷地区高容积率居住小区形态类型能耗绩效研究：以上海市为例[J]．建筑技艺，2020(7)：78–85.
[190] 付逸．住区指标体系适应性研究：以重庆地区为例[D]．重庆：重庆大学，2014.
[191] GUPTA V K. Solar radiation and urban design for hot climates[J]. Environment and planning B: planning and design, 1984, 11(4): 435–454.
[192] RATTI C, RAYDAN D, STEEMERS K. Building form and environmental performance: archetypes, analysis and an arid climate[J]. Energy and buildings, 2003, 35(1): 49–59.
[193] VARTHOLOMAIOS A. A parametric sensitivity analysis of the influence of urban form on domestic energy consumption for heating and cooling in a Mediterranean city[J]. Sustainable cities and society, 2017, 28: 135–145.
[194] XIE X X, SAHIN O, LUO Z W, et al. Impact of neighbourhood-scale climate characteristics on building heating demand and night ventilation cooling potential[J]. Renewable energy, 2020, 150: 943–956.
[195] PAN Y, YANG Y, et al. A parametric study on the community form and its influences on energy consumption of office buildings in Shanghai[J]. Procedia engineering, 2017, 205: 548–555.
[196] 王一，常家宝．上海住宅街区典型形态类型能耗模拟研究[J]．住宅科技，2019，39(4)：63–68.
[197] RATTI C, BAKER N, STEEMERS K. Energy consumption and urban texture[J]. Energy and buildings, 2005, 37(7): 762–776.
[198] BHIWAPURKAR P. Determinants of urban energy use: density and urban form[C]. Charlotte: ARCC Conference Repository, 2013.
[199] KOCAGIL I E, ORAL G K. The effect of building form and settlement texture on

energy efficiency for hot dry climate zone in Turkey[J]. Energy procedia, 2015, 78 (2315): 1835–1840.

[200] SALVATI A, COCH H, MORGANTI M. Effects of urban compactness on the building energy performance in Mediterranean climate[J]. Energy procedia, 2017, 122: 499–504.

[201] TSIRIGOTI D, TSIKALOUDAKI K. The effect of climate conditions on the relation between energy efficiency and urban form[J]. Energies, 2018, 11(3): 582.

[202] AHMADIAN E, SODAGAR B, BINGHAM C, et al. Effect of urban built form and density on building energy performance in temperate climates[J]. Energy and buildings, 2021, 236: 110762.

[203] SHI Z M, FONSECA J A, SCHLUETER A. A parametric method using vernacular urban block typologies for investigating interactions between solar energy use and urban design[J]. Renewable energy, 2021, 165: 823–841.

[204] SHAREEF S. The impact of urban morphology and building' s height diversity on energy consumption at urban scale: the case study of Dubai[J]. Building and environment, 2021, 194: 107675.

[205] CHEN Y J, MATSUOKA R H, LIANG T M. Urban form, building characteristics, and residential electricity consumption: a case study in Tainan city[J]. Environment and planning B: urban analytics and city science, 2017, 45(5): 933–952.

[206] 黄媛. 夏热冬冷地区基于节能的气候适应性街区城市设计方法论研究[D]. 武汉：华中科技大学, 2010.

[207] 尚川. 基于软件模拟的街区尺度城市形态对建筑群能耗的影响研究：以南京地区住宅建筑为例[D]. 南京：东南大学, 2019.

[208] 马子茹. 寒冷地区低碳街区形态设计研究[D]. 北京：北京建筑大学, 2019.

[209] 杨再薇. 基于 DeST-h 模型模拟的街区空间形态对建筑能耗影响研究分析[D]. 太原：太原理工大学, 2019.

[210] 刘梓昂. 夏热冬冷地区城市形态与能源性能耦合机制及其优化研究：以东南大学四牌楼校区为例[D]. 南京：东南大学, 2019.

[211] LENG H, CHEN X, MA Y H, et al. Urban morphology and building heating energy consumption: evidence from Harbin, a severe cold region city[J]. Energy and buildings, 2020, 224: 110143.

[212] SONG S Y, LENG H, XU H, et al. Impact of urban morphology and climate on heating energy consumption of buildings in severe cold regions[J]. International journal of environmental research and public health, 2020, 17(22): 8354.

第 1 章图表来源

图 1-1 源自：笔者根据 British Petroleum. Energy Outlook 2020 edition explores the forces shaping the global energy transition out to 2050 and the surrounding that transition [R]. London: British Petroleum, 2020 绘制.

图 1-2 源自：中国建筑节能协会能耗统计专业委员会 . 中国建筑能耗研究报告（2020）［R］. 厦门：中国建筑节能协会能耗统计专业委员会，2020.

图 1-3 源自：笔者根据 HONG T Z，CHEN Y X，LUO X，et al. Ten questions on urban building energy modeling［J］. Building and environment，2020，168：106508 绘制 .

图 1-4 源自：笔者绘制 .

图 1-5 源自：笔者根据 FERRANDO M，CAUSONE F，HONG T Z，et al. Urban building energy modeling（UBEM）tools：a state-of-the-art review of bottom-up physics-based approaches［J］. Sustainable cities and society，2020，62（3）：102408 绘制 .

图 1-6 源自：CHEN Y X，HONG T Z，ANN PIETTE M. Automatic generation and simulation of urban building energy models based on city datasets for city-scale building retrofit analysis［J］. Applied energy，2017，205：323–335.

图 1-7 源 自：FONSECA J A，NGUYEN T-A，SCHLUETER A，et al. City energy analyst（CEA）：integrated framework for analysis and optimization of building energy systems in neighborhoods and city districts［J］. Energy and buildings，2016，113：202–226.

图 1-8，图 1-9 源自：笔者绘制

图 1-10 源自：EVOLA G，COSTANZO V，MAGRÌ C，et al. A novel comprehensive workflow for modelling outdoor thermal comfort and energy demand in urban canyons：results and critical issues［J］. Energy and buildings，2020，216：109946；NATANIAN J，ALEKSANDROWICZ O，AUER T. A parametric approach to optimizing urban form，energy balance and environmental quality：the case of Mediterranean districts［J］. Applied energy，2019，254（6）：113637；LI C，SONG Y，KAZA N. Urban form and household electricity consumption：a multilevel study［J］. Energy and buildings，2018，158：181–193.

表 1-1 至表 1-5 源自：笔者绘制 .

2　能源绩效与城市形态的耦合机理

在探讨能源绩效驱动的城市形态生成与优化策略之前，需明晰能源绩效与城市形态之间的相互作用原理与耦合机理，在此基础上通过理论分析、文献查阅梳理出对街区建筑能源绩效产生影响的城市形态因子，作为城市形态因子与能源绩效量化研究的理论支持。

2.1　气候与区域

2.1.1　气候与城市气候

气候是指某一地区多年的平均天气状态，或者说，气候是较长时间跨度内的大气物理特征的平均状态[1]，具有诸如温度、压力、风、降水、云量和湿度等特征。与天气不同，气候是一种长期的状态，具有一定的稳定性。气候的成因复杂，受多重因素的影响与制约，太阳辐射、大气环流与地理环境被普遍视为影响气候的主要因素[2]。如表 2-1 所示，依据不同大气的平均状态和空间尺度，一般将气候分为小气候、中气候和大气候三类[3]。大气候指较大区域、范围与空间尺度的气候，如季风气候。中气候是指较小自然区域的气候，如森林气候、城市气候、山地气候以及湖泊气候等。小气候指受下垫面等各类因素影响在较小范围内形成的气候。小气候还可以进一步细分为局地气候与微气候。

表 2-1　气候分类

气候范围		空间尺度		时间
		水平尺度 /km	垂直尺度 /km	
大气候（全球气候带）		2 000	3—10	1—6 个月
中气候		500—1 000	1—10	1—6 个月
小气候	局地气候	1.1—10.0	0.02—0.10	1—24 h
	微气候	0.1—1.0	0.01	24 h

地球大气中与地球表面直接接触的底层区域被称为大气边界层（Atmospheric Boundary Layer，ABL）。大气边界层的厚度为 100—3 000 m，受下垫面状况（地形、地貌、建筑、植被等）、地表热力与动力作用的影响。大气边界层通常可以分为内层与外层。内层一般也被称

作表面层（Surface Layer，SL），位于大气边界层底部10%的高度范围内，主要受到下垫面的影响。

外层，地球表面的热效应占主导地位。白天，地表受热通常会产生巨大的上升热气流，有效地将地表影响带向上方，直至到达大气边界层的顶部。顶盖逆温（capping inversion）的存在阻碍了来自地面的热气流的进一步抬升。顶盖逆温的上部为自由大气（Free Atmosphere，FA），几乎不受地球表面的任何影响。自由大气的正下方是夹卷层（Entrainment Zone，EZ），底面上升到此处的热气流不断冲击顶盖逆温层，部分气流借助惯性的作用冲进自由大气，另外一部分气流经过撞击反弹，沉降时将更加干净、温暖、干燥的空气带入大气边界层。白天状态下的外层通常被称为混合层（Mixed Layer，ML），混合层指的是除去表面层的大气边界层，处于大气边界层顶部往下90%的高度范围内。在混合层内，大气的特性均质化，位势温度、水蒸气、风速和方向随高度分布趋于均匀。

夜间，随着地球表面的冷却，大气边界层也随之收缩，通常在地面附近200 100 m高的地方形成一个停滞层 抑制垂直混合——这就是夜间边界层（Nocturnal Boundary Layer，NBL）。在夜间边界层上空，大致延伸到白天大气边界层的高度，这个区域被称为残留层（Residual Layer，RL）。残留层内的气温高于其下方的夜间边界层，且几乎不随高度变化。由于失去了下垫面的热力作用，残留层内的湍流活动较弱。

随着城市规模的不断扩大，城市下垫面的粗糙度将会发生改变，城市内部的热量交换日益显著，城市上方的大气边界层形成了自身独特的层次结构，一般称之为城市边界层（Urban Boundary Layer，UBL）[4]。城市边界层受大气质量和城市建筑外表面的热力与动力影响，湍流作用较为显著，城市边界层与城市冠层存在着复杂的物质与能量交换，同时也受到周边环境的影响。理论上，如果区域内没有环境风，那么一个城市边界层类似于一个穹顶［图2-1（a）］。但通常状况下，在环境风的作用下，城市边界层自上而下顺着风向发生偏移。在城市下风向位置，城市边界层被包裹在乡村边界层（Rural Boundary Layer，RBL）与自由大气之间，形成了城市羽流（urban plume）现象［图2-1（b）］。城市羽流包含了城市范围内的热力、动力与湿度，并裹挟着城市污染物向下风向飘去[5]。

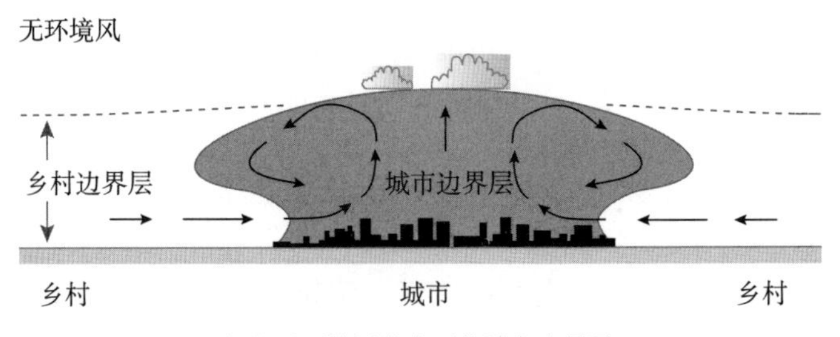

（a）无环境风状态下的城市边界层

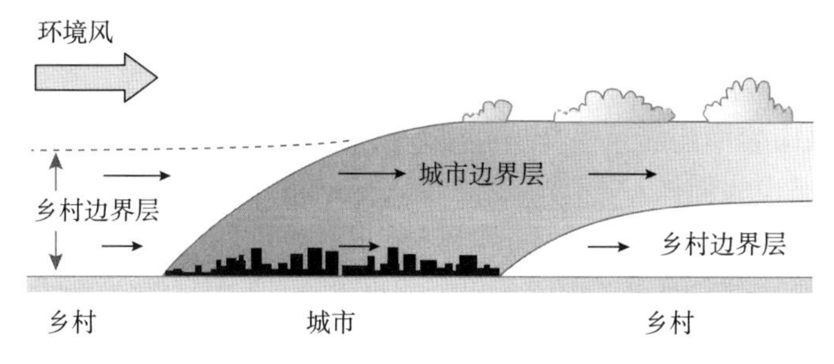

（b）有环境风状态下的城市边界层

图 2-1　宏观城市边界层典型模式示意图

具体来看，如图 2-2 所示，城市边界层从下至上包括粗糙子层、惯性子层和最外部的混合层，其中粗糙子层与惯性子层共同构成了表面层。

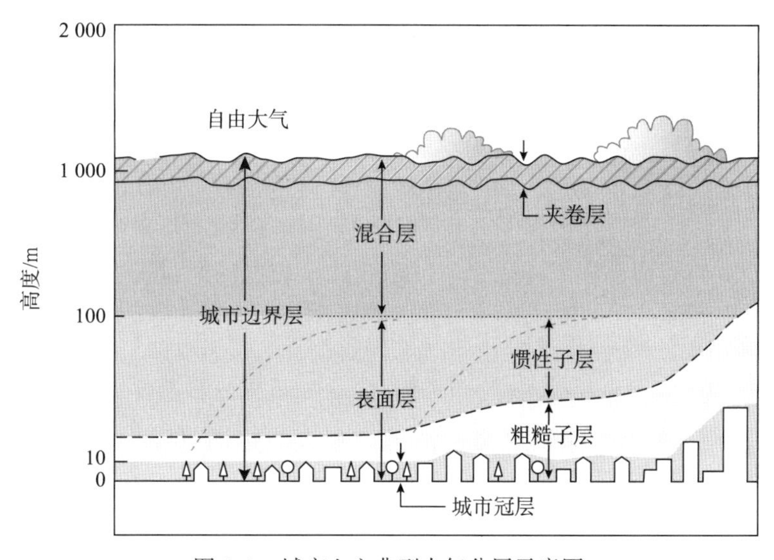

图 2-2　城市上空典型大气分层示意图

奥克（Oke）于 1976 年提出城市冠层（Urban Canopy Layer，UCL）的概念，意指位于城市边界层最底层，由建筑、陆地、植被覆盖所产生的微气候区域[6]。由于城市建筑与植被存在高度上的变化，因此城市冠层的上边界也有高有低。城市冠层是人类活动以及能量、热量、水、蒸气等物质交换与转化的场所，是城市边界层中受城市活动影响最大的部分。城市冠层内任意位置的气候受方圆几百米范围内独特的地表属性影响与控制，其影响随着远离此处而迅速衰减。因此，城市冠层内的每一个点都存在差异，这是城市冠层的一个典型特征[7]。

2.1.2 城市表面的能量平衡与热岛效应

1）城市表面的能量平衡

理解城市表面能量平衡（Surface Energy Balance，SEB）是认识城市微气候、了解城市建筑环境中的能量流动、探寻城市形态与建筑能源绩效作用机理的基础。城市表面能量平衡的理论基础是热力学第一定律，即能量既不能创造也不能被消灭，只能从一种形式转化为另一种形式[8]。能量平衡描述了城市要素、地表面与大气之间通过对流、辐射、传导三种方式进行能量交换的结果。图 2-3（a）展示了一种最简单的表面能量平衡模型，图中所有的热通量都被限制在垂直方向，因此在此模型中无需考虑由水平风引起的水平热传输等问题，具体公式可表示为

$$Q^{*}=Q_{H}+Q_{E}+Q_{G} \quad \text{（式 2.1）}$$

其中，Q^{*} 表示净辐射通量；Q_{H} 表示显热通量；Q_{E} 表示潜热通量；Q_{G} 表示地面热通量。

而在实际的城市空间中［图 2-3（b）］，任何表面（屋顶、墙面、道路、地面等）都保持上述简单能量平衡，但是当它们组合在一起形成立体三维的城市单元后，简化模型就难以描述其中所存在的复杂能量平衡关系了。三维城市的能量平衡不仅仅是组成面的能量平衡总和，每个面都分别与周边环境发生关系，并不断改变它们的能量平衡。因此综合考虑城市三维空间的能量平衡可将公式表示为

$$Q^{*}+Q_{F}=Q_{H}+Q_{E}+_{\Delta}Q_{S}+_{\Delta}Q_{A} \quad \text{（式 2.2）}$$

其中，Q^{*} 表示净辐射通量；Q_{F} 表示人为热通量；Q_{H} 表示显热通量；Q_{E} 表示潜热通量；ΔQ_{S} 表示净储存热通量；ΔQ_{A} 表示净水平对流热通量。

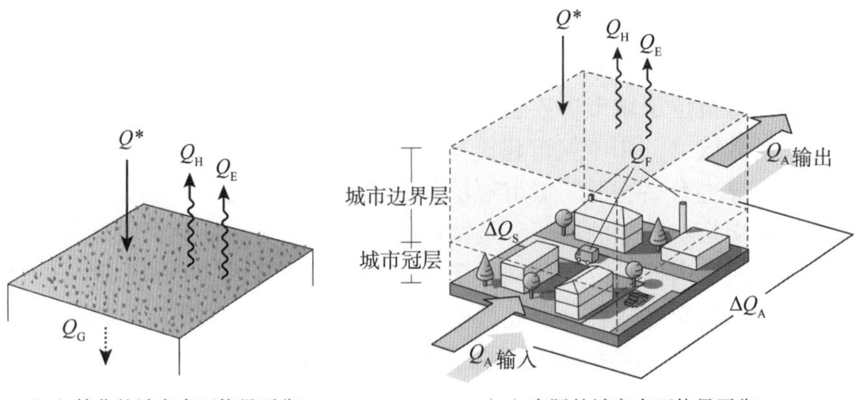

（a）简化的城市表面能量平衡　　（b）实际的城市表面能量平衡

图 2-3　城市表面能量平衡示意图

（1）净辐射

净辐射是城市冠层的主要能量来源（图 2-4）。一般将波长在 0.3—3.0 μm 的辐射称作短波辐射，波长为 3—100 μm 的辐射称作长波辐射。太阳辐射通常为短波辐射，入射量取决于季节、时间、纬度、天气、太阳位置和角度等因素。城市冠层内净辐射可以用下列公式来描述：

$$Q^*=K^*+L^*=K_{\downarrow}-K_{\uparrow}+L_{\downarrow}-L_{\uparrow} \quad \text{（式 2.3）}$$

其中，$K_{\downarrow}$表示入射太阳辐射，它包括直射短波辐射（以平行光线直接穿越大气层的辐射）和漫射短波辐射（由云层和空气尘埃反射的辐射）；$K_{\uparrow}$表示反射的短波辐射，指从城市表面反射的短波辐射；$L_{\downarrow}$表示大气辐射，指城市表面接收到的来自天空的长波辐射，发射的能量随着空气温度和空气微粒数量的增加而增加；$L_{\uparrow}$表示表面辐射，指城市表面发出的长波辐射，主要受城市实体的热辐射和表面温度控制。热辐射度和表面温度越高，表面辐射的能量越多。

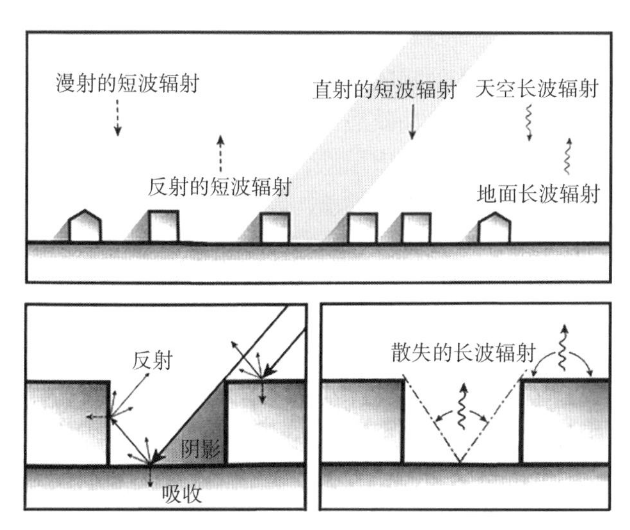

图 2-4　城市冠层内净辐射示意图

（2）人为热

人为热是指在人类日常生产与生活过程中产生的热量，主要来自建筑物、交通、工业、制造活动以及人体自身的新陈代谢等方面。人为热量受人均能源使用量、人口密度、气候、工业活动程度和类型以及城市交通系统类型的影响[8]。人为热在时间和空间上都显示出差异性，如办公区域的活动在白天与夜间显示出有规律的变化，从而导致热量释放的规律变化。不同的季节对于用电的需求也有所不同。此外，人为热与城市密度息息相关，高密度的城市地区人类活动产生的热量要大大超过乡村地区。人为热可以依据建筑能耗、交通出行量与采暖消耗量进行计算[9]。

（3）显热通量

显热通量是指温度变化所导致的以湍流形式在大气与下垫面之间发生的热交换[10]，是城市环境中辐射能量损失的主要机制[11]。显热交换会受到风向、空气与相邻表面之间温差的影响。

（4）潜热通量

城市中的能量可以通过蒸发（水—汽）和蒸腾（水从植物中蒸发）两种方式以潜热通量的形式损失，这两个过程时常同时发生，一般被称为蒸散。相比市区，郊区的植被更多，植物的蒸腾作用比城市更强，带走的区域热量更多。而在城市地区，如果没有足够的能量以潜热通量的形式损失，储存在建筑物和地面上的能量将在夜间以显热通量的形式消散，从而提高附近的空气温度。城乡植被覆盖率的差异，也是影响城市热岛效应的重要原因之一[8]。

（5）热储存

净储存热通量极大地影响了城市表面的能量平衡。在通常情况下，太阳净辐射一半以上的能量都以净储存热的形式被吸收储藏起来[8]。辐射的吸收和释放与城市表面材料的特质息息相关。例如，普通的建筑围护结构能够在日间比非人工表面吸收储存更多的能量，在日落之后释放更多的能量，导致城市夜间产生热岛效应。此外城市形态对热储存同样存在重要影响，相较于高宽比较小的城市层峡，高宽比更大的城市层峡由于峡谷很深，太阳辐射经过多次反射难以逃逸，能够储存更多的辐射能量。

（6）城市内对流

城市不同区域由于土地利用模式、开发强度、植被分布不尽相同，导致城市内部热平衡和局部气温分布产生一定的差异，在城市环境中产生相对的热源与冷源，如果冷热源之间距离合适，它们之间会产生热和水分交换。研究表明，在大城市地区，这种热通量可以忽略不计，但在城市和乡村地区的交界处该现象可能很明显[12]。

2）城市热岛效应

城市区域的平均温度总是高于周边乡村区域，这种现象被称为“城市热岛效应”（图 2-5），城乡温差的最大值被称为“热岛强度”。早在 1818 年，卢克·霍华德（Luke Howard）对伦敦城乡的气温进行实测，发现了两地之间存在的温差[13]。1958 年，“城市热岛效应”作为一个全新的概念被曼利（Manley）正式提出[14]。

城市热岛效应是由城市能量平衡发生改变导致的，具体的形成原因复杂，一般认为其主要受下垫面与城市建筑围护结构材质、城市形态、植被覆盖、人为活动放热、地形地貌以及气候条件等因素的影响（图 2-6）。

在城市地区，人行道和屋顶通常使用的材料（如混凝土和沥青）与周围的乡村地区相比，具有明显不同的热容性质（包括热容量和导热系数）和表面辐射性质（反照率和发射率）。这些人工材料会吸收大量的太阳辐射，然后以长波辐射的形式重新发射出去[15]。

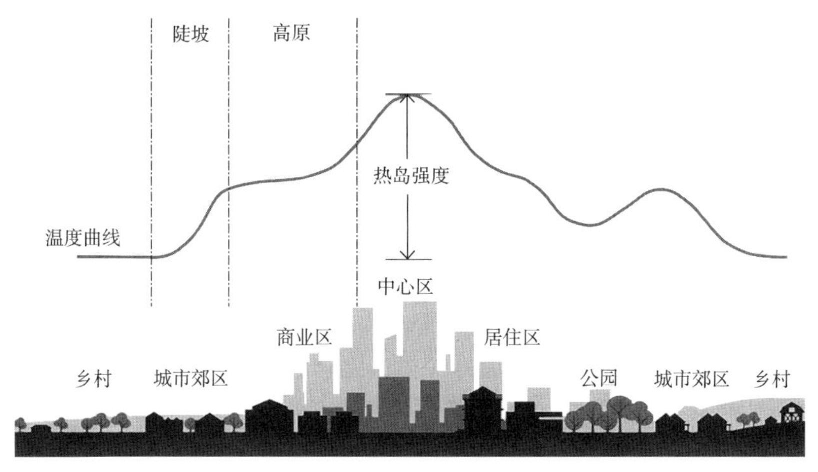

图 2-5　城市热岛效应示意图

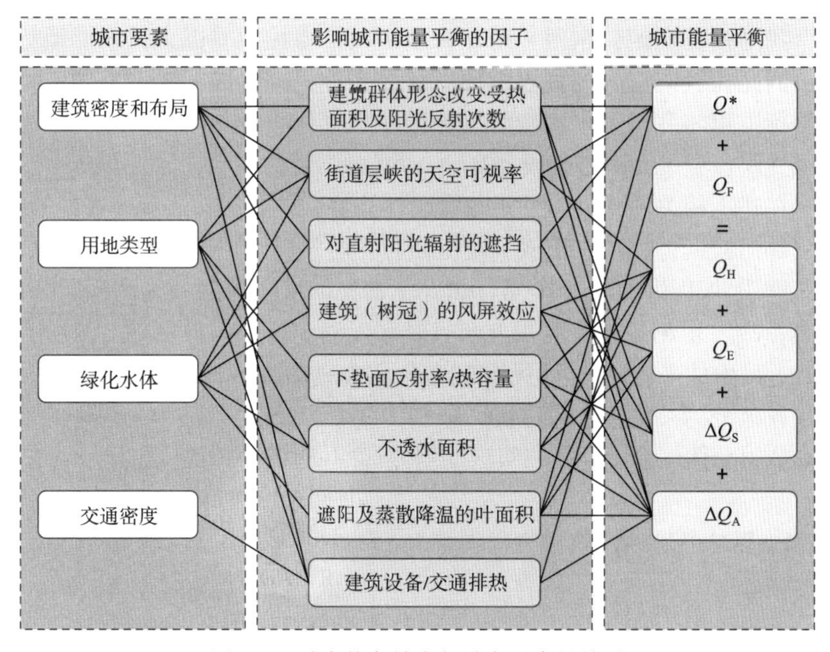

图 2-6　城市热岛效应与城市要素的关系

城市形态对城市热岛的形成同样有着重要的影响，高密度区域的城市层峡一方面能够吸收更多的太阳辐射，另一方面能够阻止峡谷内部长波辐射的散失，因而造成城市建筑和室外空间升温。此外，不佳的城市形态阻挡了城市通风，致使城市内部热量不能及时消散，造成热量累积[16]。

城市地区由于植被、水体覆盖率较低，缺乏蒸散作用。城市中的热量不能以潜热通量的形式散失，不易发生垂直对流，造成城市上空大气结构相对稳定，易引发地表升温与空气污染[17]。

此外，城市地区高强度的人类活动也是造成热岛效应的重要原因，例如，工业企业生产过程中的热排放，建筑内空调、电气设备的使用，化石燃料交通工具的运行等都加剧了城市热岛的形成[18]。

城市热岛效应给地球生态环境与人类生活带来了巨大的挑战。在能源利用方面，城市热岛效应增加了气候炎热地区城市建筑的制冷能耗。据桑塔莫里斯（Santamouris）的研究显示，环境温度每升高1℃，制冷的峰值电力需求将增加0.45%至4.6%[19]。在热带地区的巴林，有相关研究表明，由于受城市热岛效应的影响，市区的制冷负荷年均增长18%[20]。而在夏热冬冷地区，城市热岛效应一方面增加了建筑夏季制冷能耗，另一方面也在一定程度上减少了采暖能耗，但总能耗是增加还是减少需具体分析。因此，在不同气候区条件下，城市热岛效应对建筑能源绩效的影响需要进行定量综合判定。

2.1.3　我国气候分区

我国幅员辽阔，东西、南北跨度极大，海拔相差极大，地形地势复杂，因此在我国广阔的国土上同时存在多种不同气候。根据地理学科的分类标准可将我国气候大致分为热带季风气候、亚热带季风气候、温带季风气候、温带大陆性气候和高原高山气候五种。

在建筑相关领域，为了使建筑设计能够因地制宜，适应所在地气候，相关部门根据是否具有相似气候特征对我国气候区域进行了划分。《民用建筑建设热工设计规范》（GB 50176—2016）将全国划分为严寒、寒冷、夏热冬冷、夏热冬暖与温和五个气候区。划定依据为最冷月一月份和最热月七月份的平均温度。《民用建筑设计统一标准》（GB 50352—2019）则将气候区分为一级区和二级区，分别为7个和20个，其中一级区的划分标准依据总体气候差异，二级区的划分标准依据具体小气候的差异。

2.1.4　夏热冬冷地区气候特征

本书采用《民用建筑建设热工设计规范》（GB 50176—2016）中的分类标准，聚焦夏热冬冷地区城市。夏热冬冷地区主要位于长江中下游流域，该区域是寒冷地区与炎热地区的过渡地带，面积约占我国国土面积的20%[21]。

夏热冬冷地区夏季气候炎热、冬季气候寒冷，空气湿度常年较大，是全球该纬度区域气候条件较差的地带。该地区纬度相对较低，夏季多为晴朗无云天气，太阳辐射尤为强烈，导致室外温度居高不下，异常炎热。据资料显示，夏热冬冷地区夏季最热月的平均气温为28—30℃，是该纬度除沙漠外最炎热的区域。而冬季来自西伯利亚的寒潮经华北平原径直南下，受东南丘陵的阻隔使冷空气盘踞在夏热冬冷地区，且该区域相较于北方地区冬季多雨少晴，综合作用之下，该地区是同纬度区域内最寒冷的地区。此外，夏热冬冷地区水系发达，水网密集，全年空气湿度较大，年平均相对湿度为73%—83%，有时高达95%—100%。

该地区特有的气候特征致使建筑室内热舒适常年维持在不佳状态，具有广泛的制冷、制热以及除湿的现实需求，每年建筑能耗量大，且呈现逐年增长的态势（图 2-7），节能余地很大。因此，本书针对夏热冬冷地区的气候背景，从城市街区层级探讨通过优化城市形态进而节约建筑能源消耗、促进太阳能利用、提升能源利用效率的相关策略。

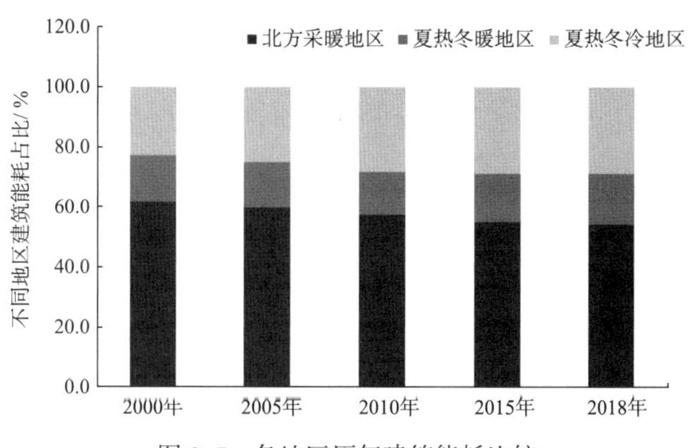

图 2-7　各地区历年建筑能耗比较

2.2　城市形态与能源绩效的耦合机理

探索城市形态和建筑能源绩效之间的关系需要首先明确这种关系背后的机理。在上一章文献综述部分，大量相关研究已表明城市形态主要借由城市微气候这一媒介对建筑能源绩效产生重要影响。如图 2-8 所示，本书在现有研究的基础上，重新梳理、总结、凝练出城市形态与能源绩效的耦合机理。

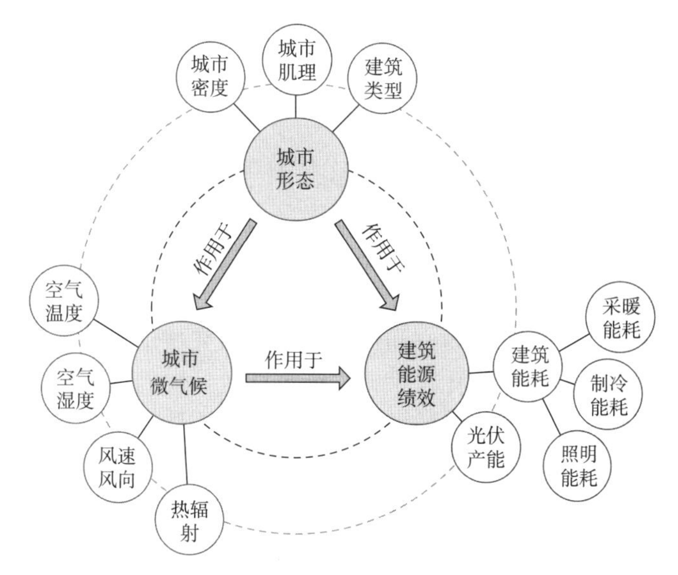

图 2-8　城市形态与能源绩效的耦合机理示意图

如图 2-9 所示，城市形态对建筑能源绩效的影响可以分为以下两个方面：

一是直接影响过程。建筑间的相互遮挡影响建筑表面的日照情况，进而影响室内采光，对照明所需能耗造成影响，对光伏产能亦有影响。同时，日照情况亦会影响建筑表面得热进而影响室内温度，因此会对建筑采暖与制冷所需能耗产生影响。

二是间接影响过程。城市形态通过影响区域内部能量平衡，进而影响了区域微气候，使得区域内的空气温度、相对湿度、风速、风向发生改变，从而使建筑受热状况以及建筑表面对流换热系数发生改变，最终影响建筑采暖与制冷所需能耗。

上述城市形态与能源绩效耦合机理从定性层面概括了城市形态与能源绩效之间的复杂作用机制与互动关系，揭示了城市形态对建筑能源绩效产生影响的两条关键路径。后文将在此基础上，运用数字化技术探索城市形态与能源绩效之间的量化关系，明晰高能效城市形态布局特征与模式，并提出城市形态能源绩效快速预测方法与高能效城市形态优化设计框架。

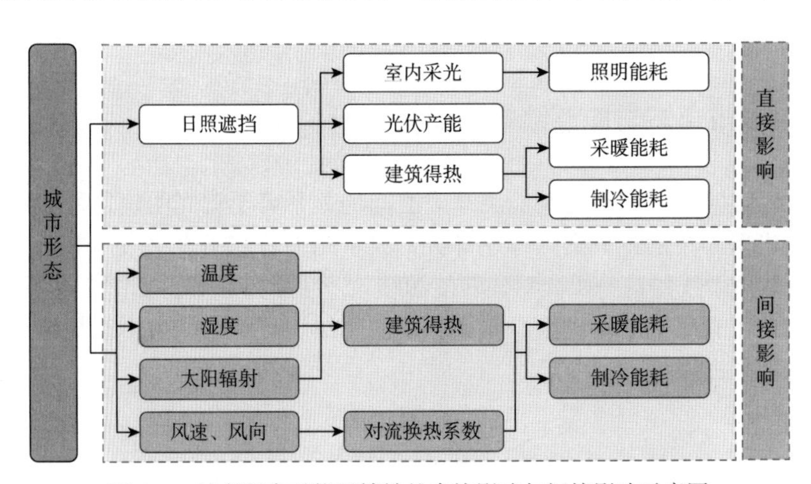

图 2-9　城市形态对能源绩效的直接影响与间接影响示意图

2.3　影响建筑能源绩效的城市形态因子

城市形态对城市微气候环境和建筑能源绩效有着重要影响，不同的城市形态因子或指标都与建筑能源绩效存在或多或少的相关性。本书针对城市街区层级，聚焦物质空间形态，通过探究城市形态因子对建筑能源绩效的作用机制及其量化关系，明晰高能效导向的城市形态控制与优化策略，从而为构建高能效的城市街区提供理论依据与方法支撑。因此选择合适、具有代表性、可操作性强的能够量化描述的城市形态因子作为研究对象就显得尤为重要。基于对大量城市形态及建筑能源绩效既有研究成果的梳理、分析与综合考量，本书选取城市密度、城市肌理和建筑类型三类共计 15 个形态因子展开研究（图 2-10），建立起较为完善的城市形态研究框架。

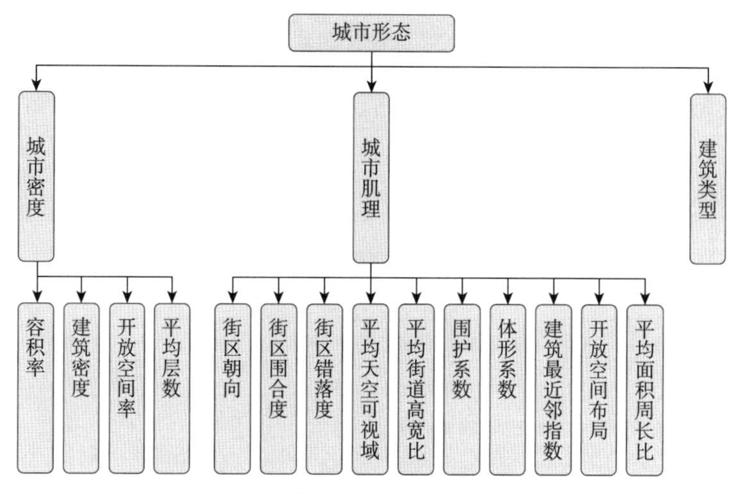

图 2-10　本书选取研究的城市形态因子

2.3.1　城市密度

密度是城市规划开发强度控制中的一个关键概念，用于描述用地上空间与人口的聚集程度，可以用不同的因子和方法来衡量。通常，容积率、建筑密度、人口密度是作为城市密度度量的常用指标。2009 年，荷兰代尔夫特理工大学（Technische Universiteit Delft）的米塔·贝格豪泽·庞特（Meta Berghauser Pont）和佩尔·海普特（Per Haupt）提出了一种名为"空间伴侣"（spacemate）的概念[22]。"空间伴侣"将容积率、建筑密度、开放空间率与平均层数四项形态因子结合在一起，建立了一种综合评价城市密度与城市空间形态关联关系的图表[23]。它使用综合密度因子而非单一因子如建筑密度来描述城市密度状态，避免了单一因子所带来的局限性。"空间伴侣"理论已成为国内外学者研究城市形态中密度指标的重要方法之一。

1）容积率

容积率（Floor Area Ratio，FAR）是指用地上的总建筑面积与用地面积的比值，是城市规划中控制地块开发强度的重要指标，具体公式为

$$FAR=\frac{\sum_{i=1}^{n}S_i}{A_s} \qquad （式 2.4）$$

其中，S_i 指第 i 栋建筑地上的总建筑面积；A_s 指街区用地面积。

容积率着重描述地块上的建筑开发总量，不受建筑形体组合方式的影响，不反映地块上具体建筑空间分布特征。容积率越大，地块上的建

筑面积越大，建筑占据的空间越大，从而挤压了绿化和活动空间，同时对室外采光、通风等微气候环境以及建筑能耗产生重要影响，因此容积率是评价环境质量与能源绩效的重要性能指标之一。

2）建筑密度

建筑密度（Building Coverage Ratio，BCR）是指用地上的建筑占地面积与用地面积的比值，着重描述地块上的建筑在水平方向上的密度状况，具体公式为

$$BCR = \frac{\sum_{i=1}^{n} f_i}{A_s} \qquad （式 2.5）$$

其中，f_i 指第 i 栋建筑的占地面积；A_s 指街区用地面积。

建筑密度越大，开放空间的面积就越小，建筑间距相对减小，建筑间的遮挡就越严重。

3）开放空间率

开放空间率（Open Space Ratio，OSR）是指用地上的室外开放空间面积与总建筑面积的比值，即单位建筑面积的开放空间面积，具体公式为

$$OSR = \frac{A_s - \sum_{i=1}^{n} f_i}{\sum_{i=1}^{n} S_i} \qquad （式 2.6）$$

其中，A_s 指街区用地面积；f_i 指第 i 栋建筑占地面积；S_i 指第 i 栋建筑总建筑面积。

4）平均层数

平均层数（Average Number of Storeys，ANS）是指用地上的总建筑面积与建筑占地面积之和的比值，是衡量地块上的建筑在垂直方向上的密度状况，具体公式为

$$ANS = \frac{FAR}{BCR} = \frac{\sum_{i=1}^{n} S_i}{\sum_{i=1}^{n} f_i} \qquad （式 2.7）$$

其中，f_i 指第 i 栋建筑的占地面积；S_i 指第 i 栋建筑地上的总建筑面积。

如图 2-11 所示，庞特和海普特用儿童积木形象地说明了上述四种形态因子之间的关系。如图 2-11（a）所示，四种积木组合方式的容积率、建筑密度、开放空间率和平均层数都相同。但是在图 2-11（b）中，随着积木组合方式的改变，在容积率保持不变的情况下，建筑密度、开放空间率和平均层数都发生了变化，具体数值如表 2-2 所示。由此可见，

单一的密度因子难以全面地描述城市形态的密度状况，使用上述四种密度因子则能互为补充，更能充分地反映城市密度状况。

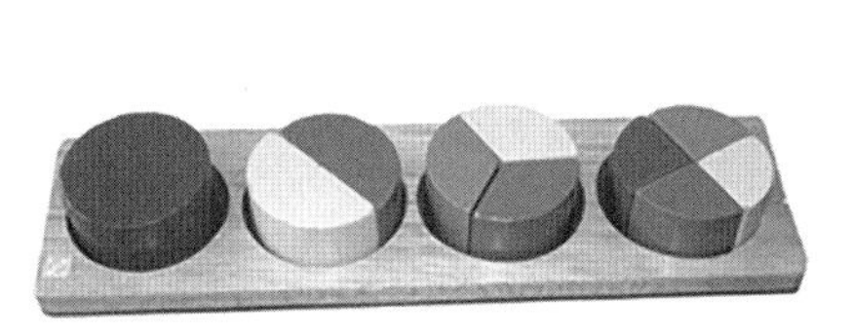
（a）四种形态因子相同

（b）容积率相同，其余三项形态因子不同

图 2-11　用儿童积木说明四种形态因子之间的关系

表 2-2　不同儿童积木对应形态因子的值

编号	容积率	建筑密度 /%	开放空间率	平均层数 / 层
a-1	1	100.0	0.000	1
a-2	1	100.0	0.000	1
a-3	1	100.0	0.000	1
a-4	1	100.0	0.000	1
b-1	1	100.0	0.000	1
b-2	1	50.0	0.500	2
b-3	1	33.3	0.667	3
b-4	1	25.0	0.750	4

总体而言，城市密度越大意味着建筑间的开放空间越小。在晴朗的白天，由于建筑间的相互遮挡较为严重，部分建筑立面与地面处于阴影之中，使得建筑得热较少，在一定程度上减少了建筑制冷负荷。但到了夜晚，白天吸收的热量以长波辐射的形式向外散发，由于密度大的缘故，长波辐射难以逸散到天空，致使城市内部升温，导致夜间建筑制冷能耗增加。此外，高密度城市阻碍了通风，也导致了热量难以散失，进而对建筑能耗产生影响。因此城市密度因子与建筑能源绩效存在紧密的联系。

2.3.2　城市肌理

城市密度仅仅描述了城市形态的密度特征，缺乏对均度的描述，因此很难全面控制和描述形态[24]。为了更加全面地把握城市形态特征，引入城市肌理的概念，并提取相应的城市肌理因子进行研究。顾震弘等认为城市肌理是指“城市中的大量建筑组合在一起所呈现出的整体性外貌和表面感觉”[25]。由于人类聚居，人工构筑物如建筑、道路与公共空间，在一个区域内不断增加聚集，最终这些物质空间元素与地形交织在一起就形成了独一无二的城市肌理。城市肌理反映了城市三维空间状态，建筑体量、街道、开放空间是城市肌理的基本构成要素[24]。如图 2-12 所示，由于气候、地形地貌、文化传统、技术水平等差异，不同城市的肌理显示出极大的差异性。

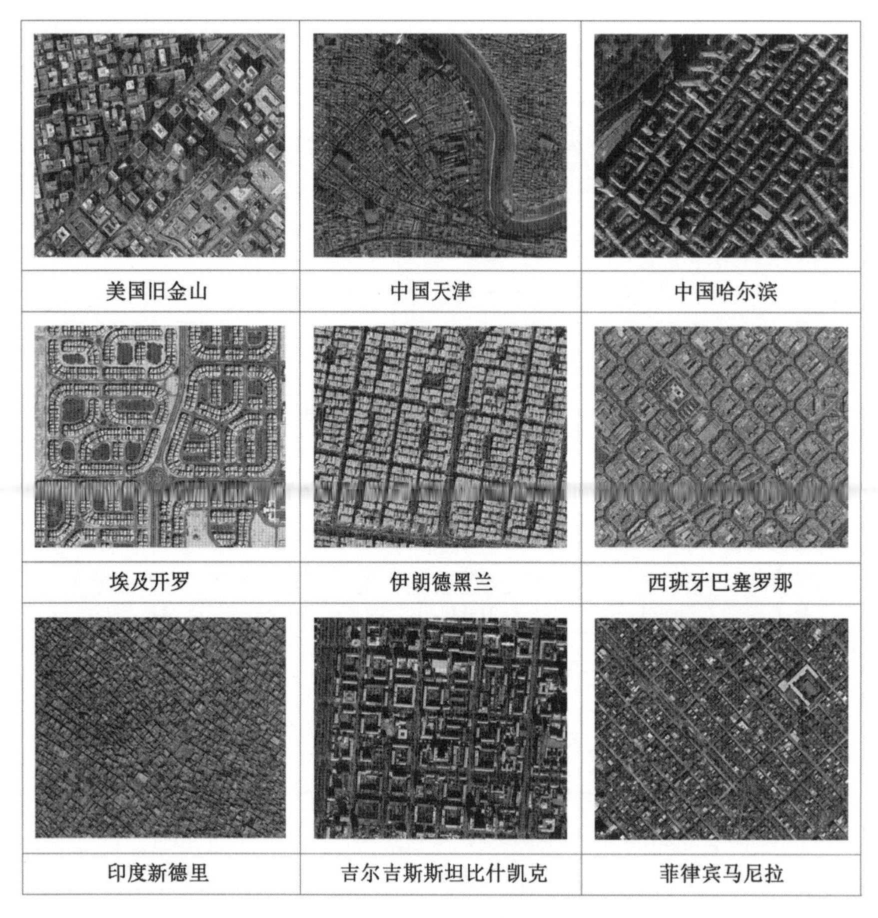

图 2-12　不同城市的城市肌理

1）街区朝向

街区朝向（Orientation，OR）指用地上建筑的平均朝向，具体公式为

$$OR=\frac{\sum_{i=1}^{n}OR_i}{n} \quad （式 2.8）$$

其中，OR_i 指第 i 栋建筑的朝向；n 指街区内的建筑总数。

不同的街区朝向会影响建筑的采光、辐射得热和通风状况，进而影响建筑的能源绩效。良好的街区朝向不仅能够营造舒适的室外环境，而且能降低建筑能耗强度，提升建筑光伏发电产量。然而在不同的气候区，街区的最佳朝向也有所差异。如图 2-13 所示，德凯（DeKay）等从营造气候适宜性城市街道的角度出发，提出了不同气候区域的理想街区朝向[26]。

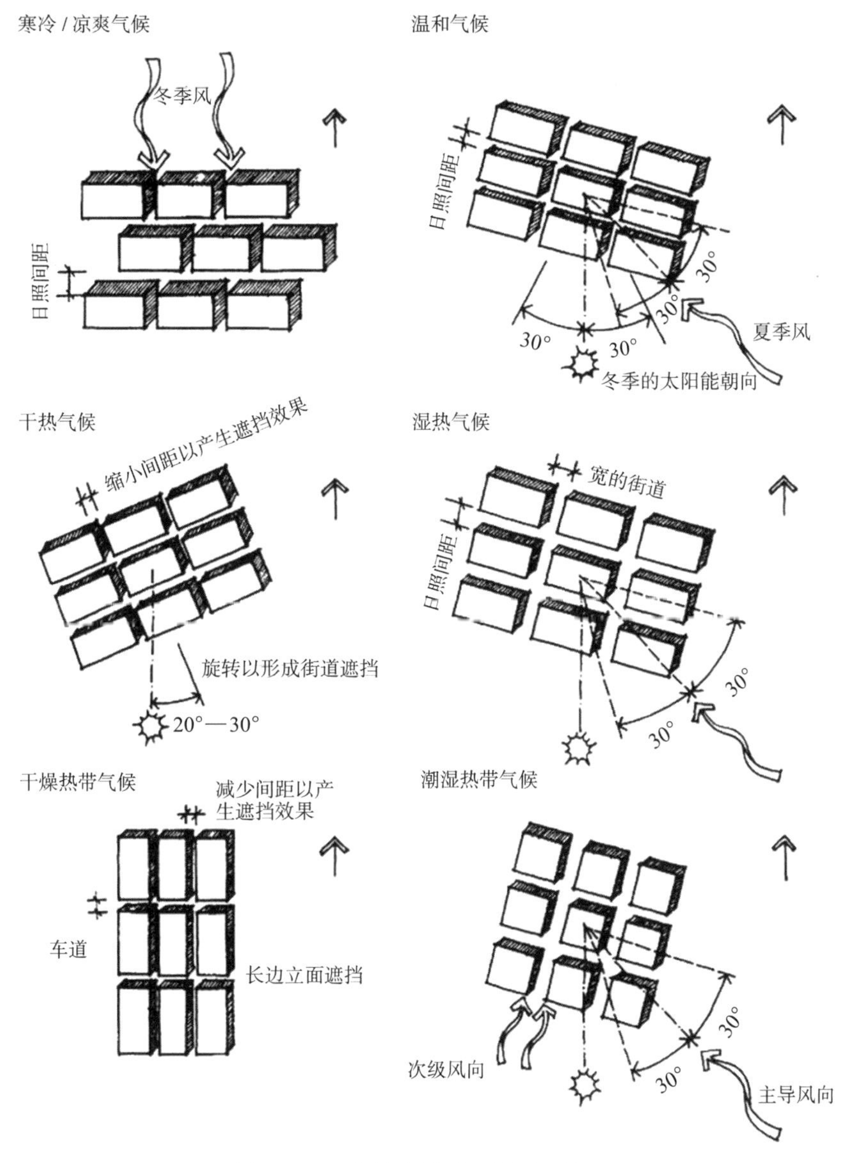

图 2-13　不同气候条件下的街区朝向

尚川对夏热冬冷地区点式与板式混合居住街区的研究中发现，街区朝向是唯一能显著影响整体能耗的因素[27]。冷红等研究发现，寒地城市的建筑朝向对冬季采暖能耗影响不大，但对夏季制冷能耗有着较为明显的影响，建议寒地城市居住区建筑朝向宜采取正南正北朝向[28]。徐忻等选取中国五大气候分区中的代表性城市用建筑能耗模拟软件 EnergyPlus 软件模拟了不同建筑朝向对建筑能耗的影响，结果显示朝向对建筑能耗的影响不容忽视，不同气候区域的最佳建筑朝向不同，建筑朝南是大部分城市的最佳建筑朝向（图 2-14）。此外，不同的建筑功能导致用能行为的差异，对最佳建筑朝向的要求也有所不同，需要针对性地加以讨论[29]。

区域	功能类型	0°	10°	30°	60°	90°	120°	150°	180°	210°	270°	300°	330°	350°	相对差异率
北京	商业办公	**129.17**	129.46	130.37	**130.81**	129.19	130.37	130.80	129.18	130.37	130.81	129.19	130.36	130.80	1.20
	居住	50.21	49.76	50.24	51.11	**51.73**	51.70	50.64	50.62	50.61	51.52	51.52	50.93	**49.74**	3.80
	医院	99.64	97.66	99.88	103.39	**104.47**	103.52	100.00	97.96	99.40	102.99	104.11	103.12	**97.23**	6.90
	酒店	165.00	163.50	166.81	171.35	172.14	**172.98**	171.71	170.70	171.38	172.28	171.39	168.84	**163.06**	5.70
上海	商业办公	**122.26**	123.49	124.09	124.62	122.18	124.04	124.62	122.22	124.07	124.63	122.20	124.08	**124.66**	1.90
	居住	**29.26**	29.34	29.80	30.34	**30.93**	30.14	29.46	28.94	29.71	30.57	30.44	30.76	29.99	5.70
	医院	**85.64**	86.96	89.18	93.07	**93.98**	92.48	88.73	85.64	88.65	92.60	93.59	92.27	88.57	8.80
	酒店	**195.82**	196.14	197.76	201.25	203.14	**203.08**	200.38	199.08	199.68	202.02	202.13	200.56	197.21	3.50
广州	商业办公	125.92	125.96	128.31	**127.91**	125.94	127.59	127.39	**125.91**	126.50	127.90	125.92	127.58	127.39	1.60
	居住	33.43	33.33	34.18	34.49	**34.59**	34.43	33.61	**33.35**	34.09	34.44	34.63	34.52	33.72	3.60
	医院	92.63	92.79	93.75	96.54	**101.20**	100.03	97.02	**92.55**	96.57	99.30	100.71	99.45	94.06	8.50
	酒店	139.29	139.43	140.41	141.87	**142.26**	141.84	140.24	**138.90**	140.08	141.57	142.11	141.82	140.36	2.30
昆明	商业办公	82.51	82.54	**84.60**	83.34	82.24	84.35	84.07	**82.51**	83.41	83.80	83.52	83.22	82.92	2.40
	居住	24.05	24.06	24.63	24.73	**24.74**	24.65	24.19	**24.04**	24.30	24.65	24.73	24.62	24.14	2.90
	医院	63.15	64.21	66.98	69.17	69.86	**68.94**	64.24	**62.57**	65.98	68.07	69.24	68.57	66.69	9.20
	酒店	63.34	63.40	63.96	64.88	**65.21**	65.01	64.12	**63.33**	63.98	64.81	65.10	64.87	64.01	2.90
哈尔滨	商业办公	**172.45**	172.73	173.31	173.81	174.15	174.48	**174.69**	172.47	174.76	174.58	174.31	173.93	173.51	1.30
	居住	52.87	51.84	53.18	55.72	**57.54**	57.86	56.35	55.33	56.40	57.48	57.12	55.47	**51.59**	10.30
	医院	160.23	157.80	160.00	161.72	162.71	**163.08**	161.43	157.30	160.62	162.17	162.83	162.19	**156.51**	4.00
	酒店	279.26	277.51	280.05	284.81	288.91	**290.77**	289.26	287.59	288.41	288.73	287.04	283.89	**277.00**	4.70

图 2-14　不同朝向建筑的年建筑能耗强度

2）街区围合度

街区围合度（Enclosure Degree，ED）是衡量街区水平方向封闭与开敞程度的指标，是指地块建筑群外立面周长与建筑控制线长度的比值（图 2-15），具体公式为

$$ED = \frac{\sum_{i=1}^{n} d_i}{m} \qquad （式 2.9）$$

其中，d_i 指第 i 条建筑群外立面的底边长；m 指用地建筑控制线。

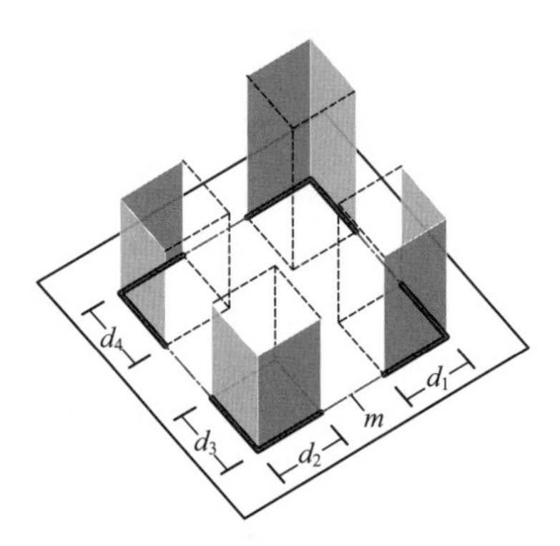

图 2-15　街区围合度计算示意图

3）街区错落度

街区错落度（Scattered Degree，SD）是衡量街区垂直方向建筑分布特征的指标，等于用地内最大建筑高度与平均高度的差值（图 2-16），具体公式如下：

$$SD=h_{max} - h_a \qquad （式 2.10）$$

$$h_a = \frac{\sum_{i=1}^{n} h_i f_i}{\sum_{i=1}^{n} f_i}$$ （式 2.11）

其中，h_{max} 指地块内最大建筑高度；h_a 指平均建筑高度；f_i 指第 i 栋建筑的占地面积；h_i 指第 i 栋建筑高度。

街区围合度与错落度从水平和垂直两个维度表征了城市肌理的粗糙程度。街区围合度越高，错落度越低，则粗糙程度越低，城市肌理越完整。街区围合度越低，错落度越高，则粗糙程度越高，城市肌理越复杂。通常而言，围合度和错落度与通风和散热性能紧密相关，在热带地区，围合度越低，错落度越高，越有利于自然风向街区内部渗透，越有利于街区内部热量的散失，从而减少建筑制冷能耗。而在寒带地区，围合度越高，错落度越低，越有利于阻挡冷风向街区内部渗透，越有利于减少街区内部热量的散失，从而减少建筑采暖能耗。

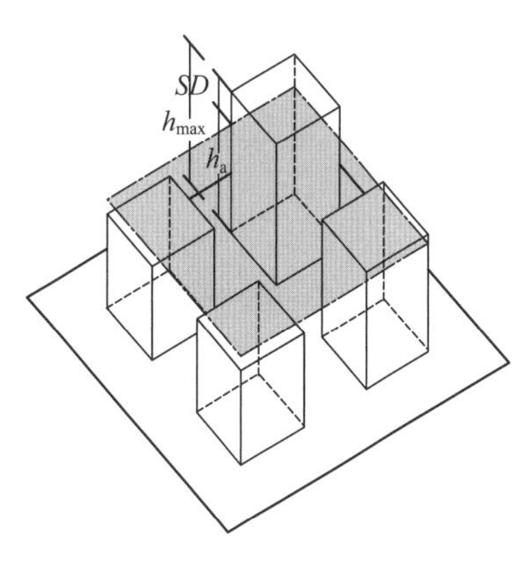

图 2-16　街区错落度计算示意图

4）围护系数

围护系数（Exterior-to-Site Area Ratio，ESAR）等于地块上所有建筑的表面积之和与用地面积的比值（图 2-17），具体公式为

$$ESAR = \frac{\sum_{i=1}^{n} c_i}{A_s}$$ （式 2.12）

其中，A_s 指街区用地面积；c_i 指第 i 栋建筑的表面积。

建筑围护结构是城市中日间太阳辐射的主要吸收面，在夜晚围护结构吸收的热量将以长波辐射的形式发散出去，从而影响建筑周边区域的微气候。因此建筑围护结构表面积是影响环境温度的重要指标。此外，围护结构是建筑传热、通风的主要媒介，其大小、比例、温度与建筑能耗密切相关。

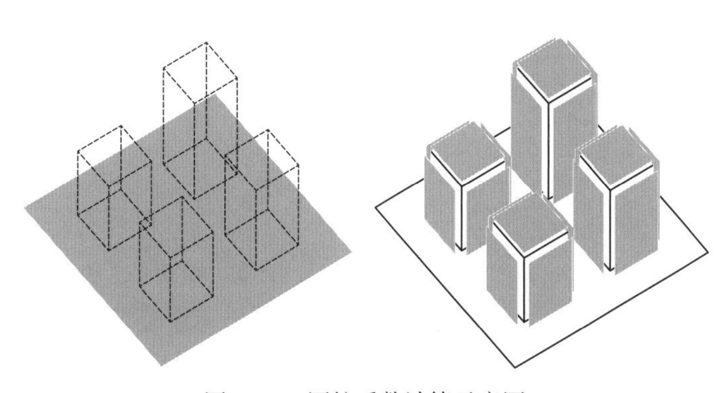

图 2-17　围护系数计算示意图

5）体形系数

体形系数（Shape Factor，SF）是表征建筑紧凑度的重要指标之一，等于建筑外表面积与其所包裹的建筑体积的比值（图 2-18），具体公式为

$$SF = \frac{\sum_{i=1}^{n} c_i}{\sum_{i=1}^{n} h_i f_i} \quad \text{（式 2.13）}$$

其中，f_i 指第 i 栋建筑占地面积；c_i 指第 i 栋建筑外表面积；h_i 指第 i 栋建筑高度。

体形系数体现了建筑形体的复杂程度和围护结构的表面积大小。体形系数越大，说明建筑形态越复杂，同等体积条件下，建筑围护结构的外表面积越大，因此与外界发生热交换的面积就越大，更容易造成热量损失，进而对建筑能耗产生影响。目前，体形系数已被纳入相关建筑设计规范，成为衡量建筑是否节能的一个重要指标。

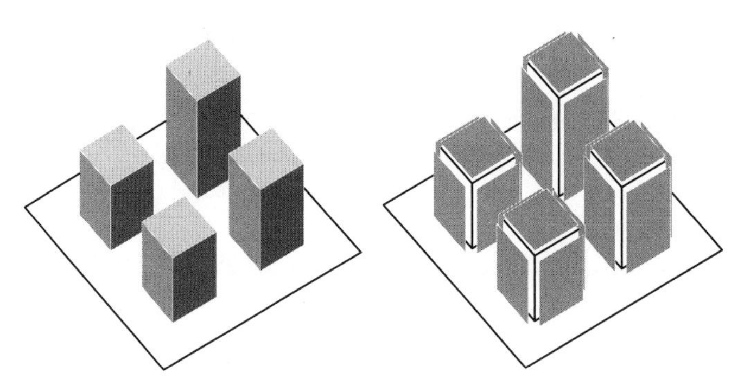

图 2-18　体形系数计算示意图

6）平均面积周长比

平均面积周长比（Area-to-Perimeter Ratio，APR）是表征建筑平面紧凑度的重要指标之一，等于用地内的建筑占地面积之和与建筑标准层周长之和的比值（图 2-19）。

$$APR = \frac{\sum_{i=1}^{n} f_i}{\sum_{i=1}^{n} p_i} \quad \text{（式 2.14）}$$

其中，f_i 指第 i 栋建筑的占地面积；p_i 指第 i 栋建筑的标准层周长。

平均面积周长比类似于体形系数，同样是衡量建筑紧凑度的指标，它更加偏重于评价建筑平面的紧凑度。平均面积周长比越大说明建筑越紧凑，形体越简单，建筑热损失能力越弱；反之，说明建筑形体越复杂，

建筑热损失能力越强。

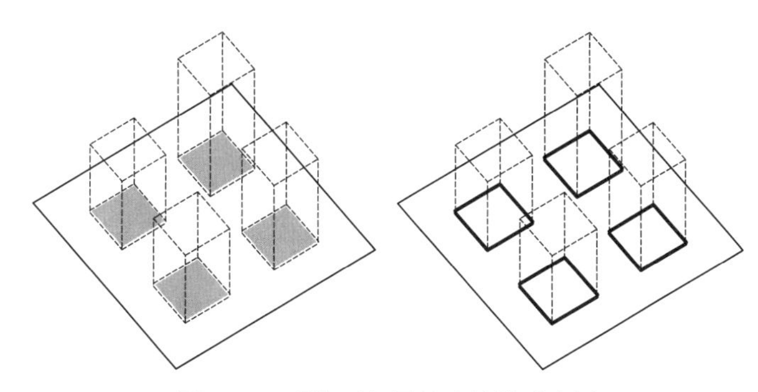

图 2-19　平均面积周长比计算示意图

7）平均街道高宽比

随着大城市人口聚集，城市街区向高密度、高层化方向发展。高层建筑的增多和街道高宽比的增大使得建筑间的街道常年处于阴影之中，类似于山间的“谷地”。因此，相关学者提出“街道层峡”（street canyon）（亦称“街道峡谷”）的概念，用于描述街道两侧建筑与街道共同形成的基本城市街区形态单元（图 2-20）。街道层峡单元将复杂的真实街区形态抽象转化为二维形态单元，便于针对性地展开相关研究，目前已被广泛用于城市微气候与建筑能耗的研究之中[30-31]。

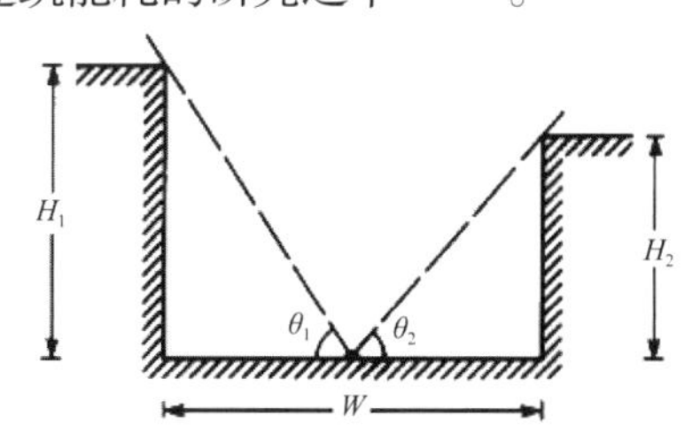

图 2-20　街道层峡示意图

注：H_1、H_2 分别代表街道两侧建筑的高度；θ_1、θ_2 分别代表道路中心到两侧建筑顶点连线与街道的夹角；W 代表街道宽度。

在对街道层峡的几何化描述中有两个重要的指标：一为街道高宽比（Aspect Ratio，AR）；另一为天空可视域。

街道高宽比指街道两侧建筑的平均高度与街道宽度的比值[32]。平均街道高宽比指街区街道高宽比的平均值。根据街道两侧的建筑高度，可将街道层峡划分为对称层峡和非对称层峡。对称层峡的街道两侧建筑物高度大致相同；非对称层峡的街道两侧建筑物高度差异很大。如果为了研究街道某一侧建筑对另一侧的遮挡影响，可以用所在侧建筑高度与街道宽度的比值表示。

一般来说，将高宽比小于 0.5 的称作浅层峡；将高宽比等于 1 的称作常规层峡；将高宽比大于 2 的称作深层峡。街道层峡高宽比不仅影响人的心理状态，而且直接影响到达街道和建筑表面的太阳辐射以及内部通风，间接导致层峡区域的微气候发生变化，进而影响建筑能耗（图 2-21）。

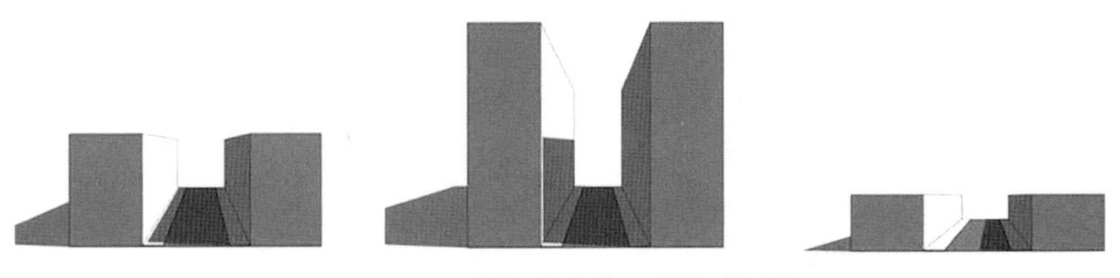

图 2-21 不同街道高宽比的街道层峡

注：从左到右高宽比分别为 1、2、0.5。

8）平均天空可视域

平均天空可视域（Sky View Factor，SVF）又称天空视角系数或天空开阔度，是指从任意表面上的某个点看到的天空区域占整个半圆形天穹面积的比值（图 2-22）。平均天空可视域可以通过装载鱼眼镜头的照相机拍摄后换算得到，也可以通过相关软件建模计算获取。

平均天空可视域的大小介于 0 到 1 之间，具体数值取决于表面的倾斜度和方向以及周边的遮挡物情况（图 2-23）。SVF=1 表示整个天空可见不受阻碍，SVF=0 表示天空完全被障碍物遮挡。一般来说，在高密度的城市区域，天空可视域较小；在建筑物和植被较为低矮和稀疏的区域，天空可视域较大。因此，天空可视域反映了测试点所在位置的天空暴露与开敞程度，也反映了所在位置夜间长波辐射到天空中的散热能力[33]。

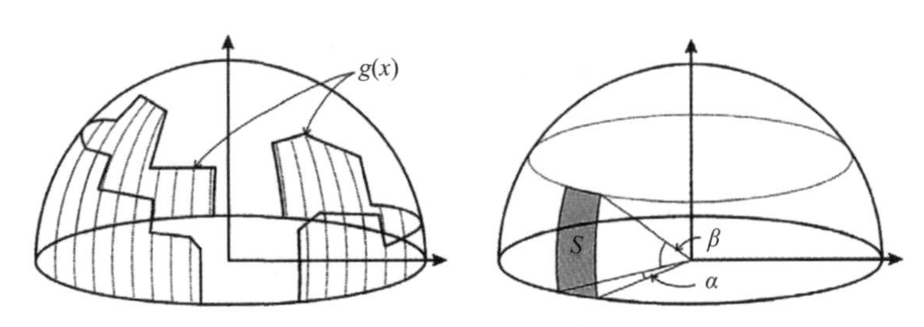

图 2-22 天空可视域示意图

注：$g(x)$ 为可见天空的边界；S 为遮挡区域的天穹切片；α 为其宽度角；β 为其抬升角。

9）建筑最近邻指数

最近邻指数（Nearest Neighbor Index，NNI）用于描述点状空间要素的分布特征（图 2-24）。最近邻指数由克拉克（Clark）和埃文斯（Evans）率先提出[34]，并已得到广泛使用[35-36]。最近邻指数与整个区域的面积和对象的数量有关，与区域的形状无关，并且基本上不受边缘效应的影响。该指数被引入城市形态研究中。建筑最近邻指数（Building Nearest Neighbor Index，BNNI）概念也被提出，将建筑单体视作点状空

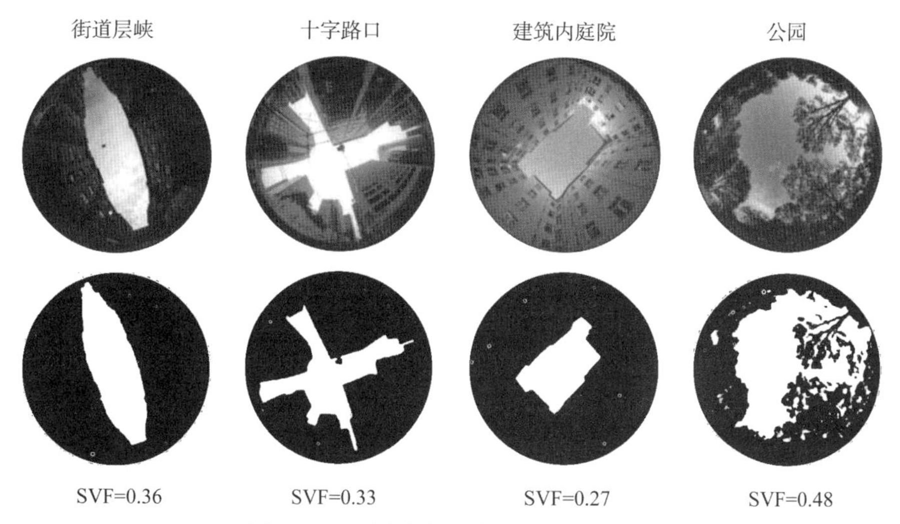

图 2-23　不同城市区域天空可视域示例

间要素，研究建筑在用地范围内的位置分布特征。因此，将建筑位置分布关系转化为可量化分析的数值，由此可以针对性地分析不同类型、不同高度或者总体建筑的分布特征与建筑能源绩效的关联性。

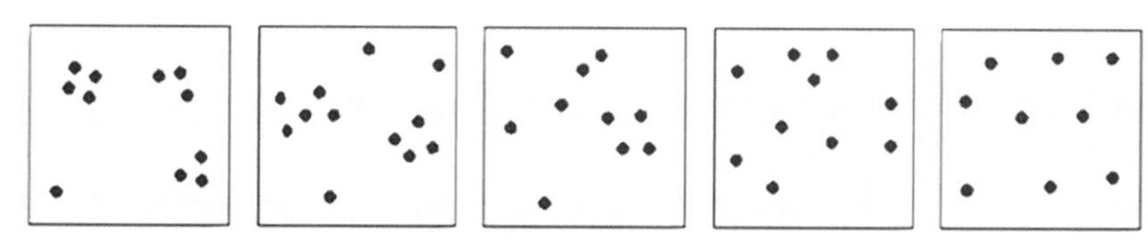

图 2-24　最近邻指数示意图
注：从左到右指数由小到大。

如果指数小于 1，所表现的模式为聚类；如果指数大于 1，所表现的模式趋向于离散或竞争。计算方法是实际最邻近距离与理论最邻近距离（即随机分布时的理论值）的比值。建筑最近邻指数的具体公式为

$$BNNI = \frac{\overline{D_{\mathrm{O}}}}{\overline{D_{\mathrm{E}}}} \quad （式 2.15）$$

$$\overline{D_{\mathrm{O}}} = \frac{\sum_{i=1}^{n} d_i}{n} \quad （式 2.16）$$

$$\overline{D_{\mathrm{E}}} = \frac{0.5}{\sqrt{\frac{n}{A_s}}} \quad （式 2.17）$$

其中，d_i 指第 i 栋建筑的底面中心点与其最近建筑的底面中心点的距离；n 指建筑数量；A_s 指街区用地面积。

10）开放空间布局

开放空间布局主要研究用地范围内开放空间的分布规律与位置特征。开放空间不仅仅是为城市居民提供公共活动的场所，此外还是调节区域微气候、改善室内舒适度、提升建筑能源绩效的重要手段。例如，在炎热地区，中央开放空间有利于通风降温，形成区域内的冷岛，改善周边环境的过热状况，降低建筑制冷负荷。

2.3.3 建筑类型

建筑单体是构成建筑群、街区和城市的最基本单元，一般的单体建筑形态都可以认为是依据某种建筑类型经过变化衍生而来。在城市街区中，不同类型的建筑通过复制、变化、组合共同塑造了城市肌理风貌。不同类型组合的城市街区有着不一样的微气候环境和能源绩效，因此把握不同建筑类型对能源绩效的影响便十分重要。

为了便于研究建筑类型或建筑类型组合模式与建筑能源绩效的相互作用与影响，通常以相同大小的用地单元为前提，对研究范围内的建筑类型与组合模式进行抽象、简化和转译，提取出若干个基本建筑类型，清晰表达其几何特征。这种处理方式，有利于后期进行计算、仿真和分析，大大减少了工作量，使得在对真实城市形态展开研究之前就可以率先把握不同建筑类型与组合方式及其与建筑能源绩效之间的关联性和作用机制。借助建筑类型和组合方式的分类并结合能源性能模拟分析软件，可以定量化地针对建筑能源绩效展开研究。

在建筑类型的讨论方面做出开创性贡献的是剑桥大学的马丁和马奇。在 1960 年代末期，马丁和马奇以欧洲古典城市为研究范本，构建了描述城市形态的几何化建筑类型单元（图 2-25）。这解决了城市形态如何进行量化描述的关键问题，使得城市形态研究向前大大迈进了一步，是长期以来城市形态研究的基本依据[37]。

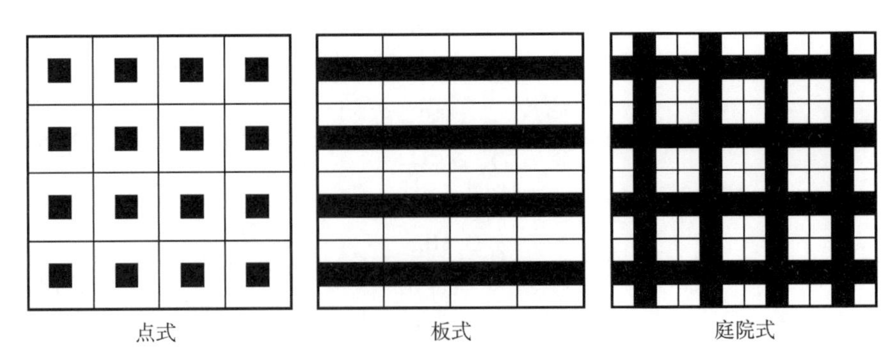

图 2-25　基本建筑类型

1997 年，斯蒂默斯（Steemers）等人将建筑类型引入城市微气候的讨论中，在马丁、马奇等人对城市建筑类型研究的基础上提出了六种典型样式[38]（图 2-26）。上述建筑类型经过设计，在同样大小的地块上拥有相同的建筑面积与容积率，依据这些建筑类型可以复制和拓展出不同的城市肌理模式。此外，斯蒂默斯（Steemers）等人利用上述六种基本建筑类型分别进行了风环境和太阳辐射模拟，总结并提出不同建筑类型构成的城市形态所表现出来的微气候特征与规律（表 2-3）。近年来，针对建筑类型与能源绩效关系的讨论也日益增多。瓦尔托洛马约斯（Vartholomaios）研究了希腊地中海城市塞萨洛尼基的三种建筑类型，即点式、板式和庭院式对建筑供暖和制冷能耗的影响。结果表明，紧凑布局、建筑朝南和庭院式街区形态是地中海气候区最为节能的群体布局模式[39]。

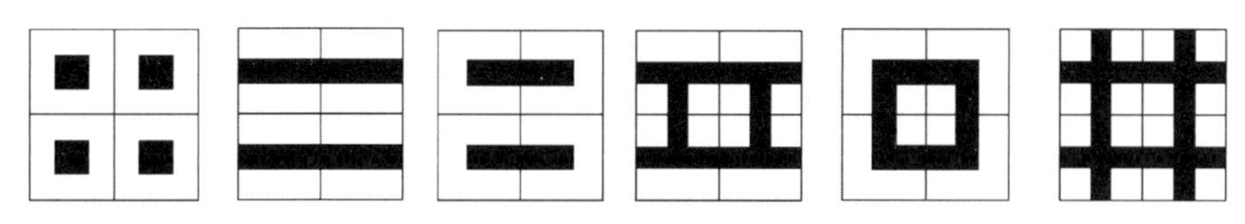

图 2-26　建筑类型的六种典型样式

注：从左到右为点式、联排式、板式、庭院联排式、塔 + 庭院式、庭院式。

表 2-3　本书研究的城市形态因子

类别	因子名称	定义	计算公式	示意图
城市密度	容积率（FAR）	一般用来描述地块开发强度，是重要规划指标之一，等于地块上的总建筑面积之和与用地面积的比值	$FAR=\frac{\sum_{i=1}^{n}S_i}{A_s}$ S_i 指第 i 栋建筑地上的总建筑面积； A_s 指街区用地面积	
	建筑密度（BCR）	建筑物的占地面积与建筑用地面积的比值	$BCR=\frac{\sum_{i=1}^{n}f_i}{A_s}$ f_i 指第 i 栋建筑的占地面积； A_s 指街区用地面积	
	开放空间率（OSR）	用地内单位建筑面积的室外开放空间面积，等于室外开放空间面积与各个建筑面积之和的比值	$OSR=\frac{A_s-\sum_{i=1}^{n}f_i}{\sum_{i=1}^{n}S_i}$ A_s 指街区用地面积； f_i 指第 i 栋建筑占地面积； S_i 指第 i 栋建筑总建筑面积	

续表 2-3

类别	因子名称	定义	计算公式	示意图
城市密度	平均层数（ANS）	平均层数即平均建筑层数，等于各个建筑总建筑面积与各个建筑占地面积之和的比值	$ANS=\dfrac{FAR}{BCR}=\dfrac{\sum_{i=1}^{n}S_i}{\sum_{i=1}^{n}f_i}$ f_i 指第 i 栋建筑的占地面积； S_i 指第 i 栋建筑地上的总建筑面积	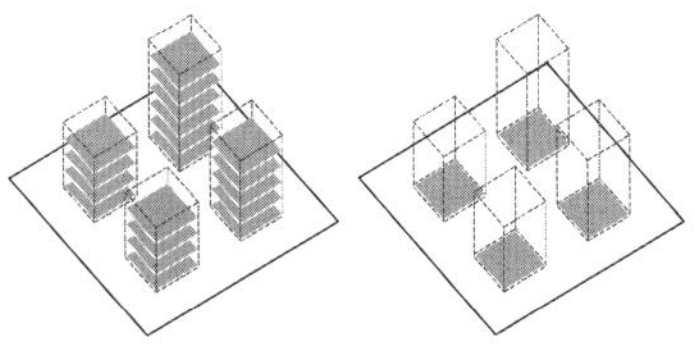
城市肌理	街区朝向（OR）	用地内所有建筑朝向的平均值	$OR=\dfrac{\sum_{n=1}^{n}OR_i}{n}$ OR_i 指第 i 栋建筑的朝向	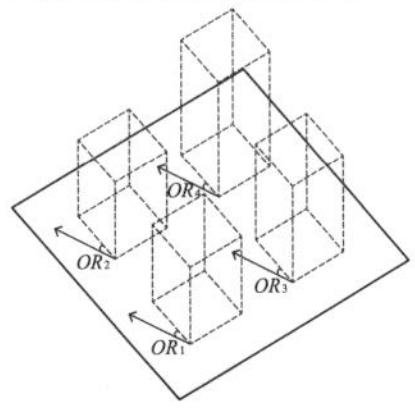
	围合度（ED）	描述用地在水平方向的围合特征，等于地块上建筑组团外立面周长与建筑控制线长度的比值	$ED=\dfrac{\sum_{i=1}^{n}d_i}{m}$ d_i 指第 i 条建筑群外立面的底边长； m 指用地建筑控制线	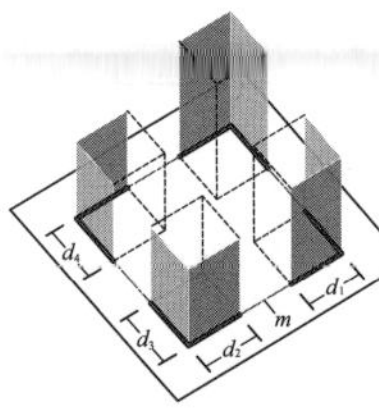
	错落度（SD）	描述用地在垂直方向的分布特征，等于用地内最大建筑高度与平均高度的差值	$SD=h_{\max}-h_{\mathrm{a}}$； $h_{\mathrm{a}}=\dfrac{\sum_{i=1}^{n}h_i f_i}{\sum_{i=1}^{n}f_i}$ $h_{\max}$ 指地块内最大建筑高度； h_{a} 指平均建筑高度； f_i 指第 i 栋建筑的占地面积； h_i 指第 i 栋建筑高度	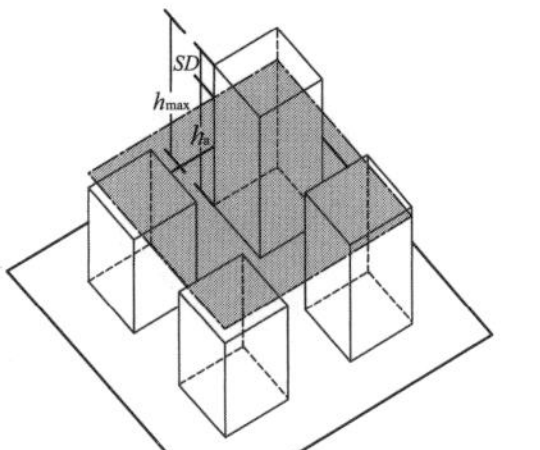
	平均天空可视域（SVF）	指测量点天空可见区域面积与整个半球形天穹面积的比值	$SVF=\int_{\theta=0}^{2\pi}\cos^2[\beta(R,\theta)]\mathrm{d}\theta$ β 指从测量点到障碍物最大高度连线与中心点所在平面夹角； R 指天穹半径； θ 指测量点和中心点的连线与基准方向的水平夹角	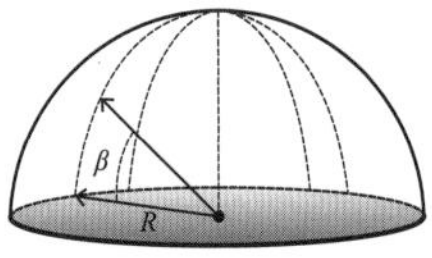
	平均街道高宽比（AR）	街道高度与宽度比值的平均值	$AR=\sum_{i=1}^{n}\dfrac{H_i}{W_i}$ H_i 指第 i 个测量点所在街道两侧建筑高度的平均值； W_i 指第 i 个测量点所在街道的宽度	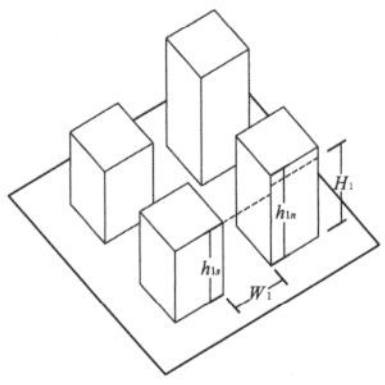

续表 2-3

类别	因子名称	定义	计算公式	示意图
城市肌理	围护系数（ESAR）	用地内建筑的总外表面积与用地面积的比值	$ESAR=\frac{\sum_{i=1}^{n}c_i}{A_s}$ A_s 指街区用地面积； c_i 指第 i 栋建筑的表面积	
	体形系数（SF）	建筑外表面积与建筑体积的比值，用于评价建筑形态的紧凑度	$SF=\frac{\sum_{i=1}^{n}c_i}{\sum_{i=1}^{n}h_i f_i}$ f_i 指第 i 栋建筑占地面积； c_i 指第 i 栋建筑外表面积； h_i 指第 i 栋建筑高度	
	建筑最近邻指数（BNNI）	最近邻指数用于描述点状空间要素的分布特征。指数越小说明点越聚集，反之则越均匀。计算方法是实际最邻近距离与理论最邻近距离（即随机分布时的理论值）的比值	$BNNI=\frac{\overline{D_O}}{\overline{D_E}}$； $\overline{D_O}=\frac{\sum_{i=1}^{n}d_i}{n}$； $\overline{D_E}=\frac{0.5}{\sqrt{\frac{n}{A_s}}}$； d_i 指第 i 栋建筑的底面中心点与其最近建筑的底面中心点的距离；n 指建筑数量； A_s 指街区用地面积	—
	平均面积周长比（APR）	用地内的建筑占地面积之和与建筑标准层周长之和的比值	$APR=\frac{\sum_{i=1}^{n}f_i}{\sum_{i=1}^{n}p_i}$ f_i 指第 i 栋建筑的占地面积； p_i 指第 i 栋建筑的标准层周长	
建筑类型	基本建筑类型	从形态学角度出发，对现实建筑形式进行抽象简化，提取主要特征。经典的三种建筑类型：点式、板式、庭院式。在此基础上可衍生出更多的建筑类型	—	

2.4 本章小结

第 2 章首先介绍了城市气候和微气候的成因与特点，随后重点介绍了影响建筑能源绩效的城市冠层内部能量平衡和城市热岛效应，在此基础上，揭示了城市形态、城市微气候与城市建筑能源绩效之间的作用机制与影响规律。以此为指导并结合既往研究，从城市密度、城市肌理和建筑类型三个维度综合提出了影响建筑能耗的 15 种城市形态因子。最后，重点介绍了本书所提出的能源绩效驱动的城市形态优化评价指标，为能源绩效驱动的城市形态生成与优化实验提供理论依据。

第 2 章参考文献

[1] 柏春 . 城市气候设计：城市空间形态气候合理性实现的途径[M]. 北京：中国建筑工业出版社，2009.

[2] 徐小东 . 基于生物气候条件的绿色城市设计生态策略研究[D]. 南京：东南大学，2005.

[3] 燕海南 . 公园绿地夏季小气候分析与热舒适度评价[D]. 苏州：苏州大学，2019.

[4] 张强 . 大气边界层气象学研究综述[J]. 干旱气象，2003，21(3)：74–78.

[5] OKE T R，MILLS G，CHRISTEN A，et al. Urban climates[M]. Cambridge：Cambridge University Press，2017.

[6] 严超，崔桂香，张兆顺 . 城市冠层植被大气环境特性大涡模拟[J]. 科技导报，2017，35(3)：51–56.

[7] 杨俊宴，孙欣，石邢 . 城市中心热环境与空间形态耦合机理及优化设计[M]. 南京：东南大学出版社，2016.

[8] ERELL E，PEARLMUTTER D，WILLIAMSON T J. Urban microclimate：designing the spaces between buildings[M]. London：Routledge，2012.

[9] 刘加平，等 . 城市环境物理[M]. 北京：中国建筑工业出版社，2011.

[10] 马福建 . 显热通量估算方法的比较研究[J]. 气象科学，1991，11(3)：283-291.

[11] SANTAMOURIS M. Energy and climate in the urban built environment[M]. London：James and James Science Publishers，2001.

[12] AKBARI H，CARTALIS C，KOLOKOTSA D，et al. Local climate change and urban heat island mitigation techniques–the state of the art[J]. Journal of civil engineering and management，2016，22(1)：1–16.

[13] HOWARD L. The climate of London：deduced from meteorological observations[M]. Cambridge：Cambridge University Press，2012.

[14] MANLEY G. On the frequency of snowfall in metropolitan England[J]. Quarterly journal of the royal meteorological society，1958，84(359)：70–72.

[15] SANTAMOURIS M，SYNNEFA A，KARLESSI T. Using advanced cool materials in the urban built environment to mitigate heat islands and improve thermal comfort conditions[J]. Solar energy，2011，85(12)：3085–3102.

[16] OKE T R. The energetic basis of the urban heat island[J]. Quarterly journal of the royal meteorological society, 1982, 108(455): 1–24.
[17] GAGO E J, ROLDAN J, PACHECO-TORRES R, et al. The city and urban heat islands: a review of strategies to mitigate adverse effects[J]. Renewable and sustainable energy reviews, 2013, 25: 749–758.
[18] TAHA H. Urban climates and heat islands: albedo, evapotranspiration, and anthropogenic heat[J]. Energy and buildings, 1997, 25(2): 99–103.
[19] SANTAMOURIS M. On the energy impact of urban heat island and global warming on buildings[J]. Energy and buildings, 2014, 82: 100–113.
[20] RADHI H, SHARPLES S. Quantifying the domestic electricity consumption for air-conditioning due to urban heat islands in hot arid regions[J]. Applied energy, 2013, 112: 371–380.
[21] 沙鸥.适应夏热冬冷地区气候的城市设计策略研究[D].长沙：中南大学，2011.
[22] BERGHAUSER PONT M, HAUPT P. Spacematrix: space, density and urban form[M]. Rotterdam: NAI, 2010.
[23] 丁沃沃，高彩霞.中国城市形态与相关城市法规的关联性研究：以南京市为例[J].城市规划，2017，41(12)：45–57.
[24] 刘铨，丁沃沃.城市肌理形态研究中的图示化方法及其意义[J].建筑师，2012(1)：5–12.
[25] 顾震弘，韩冬青.以南京中华门地区为例考察影响城市肌理的若干因素[J].现代城市研究，2002(3)：24–27.
[26] DEKAY M, BROWN G Z. Sun, wind and light: architectural design strategies[M]. 3rd ed. Hoboken: John Wiley & Sons, 2014.
[27] 尚川.基于软件模拟的街区尺度城市形态对建筑群能耗的影响研究：以南京地区住宅建筑为例[D].南京：东南大学，2019.
[28] 冷红，肖雨桐.寒地城市居住区形态对住宅能耗影响[J].哈尔滨工业大学学报，2020，52(12)：147-156，163.
[29] XU X, YUAN D, SHA H, et al. Energy consumption simulation of the prototypical building for optimizing the orientation of building model in the simulated environment[C]. Sydney: 12th Conference of the International Building Performance Simulation Association, 2012.
[30] STRØMANN-ANDERSEN J, SATTRUP P A. The urban canyon and building energy use: urban density versus daylight and passive solar gains[J]. Energy and buildings, 2011, 43(8): 2011–2020.
[31] CLARK W A V, MARTIN L, MARCH L. Urban space and structures[J]. Geographical review, 1975, 65(1): 138.
[32] OKE T R. Street design and urban canopy layer climate[J]. Energy and buildings, 1988, 11(1–3): 103–113.
[33] 丁沃沃，胡友培，窦平平.城市形态与城市微气候的关联性研究[J].建筑学报，

2012(7): 16–21.
[34] CLARK P J, EVANS F C. Distance to nearest neighbor as a measure of spatial relationships in populations[J]. Ecology, 1954, 35(4): 445–453.
[35] LISITSIN V. Spatial data analysis of mineral deposit point patterns: applications to exploration targeting[J]. Ore geology reviews, 2015, 71: 861–881.
[36] CARRANZA E J M. Controls on mineral deposit occurrence inferred from analysis of their spatial pattern and spatial association with geological features[J]. Ore geology reviews, 2009, 35(3–4): 383–400.
[37] 丁沃沃. 基于城市设计的城市形态数据化浅析[J]. 江苏建筑, 2018(1): 3–7.
[38] STEEMERS K, BAKER N, CROWTHER D, et al. City texture and microclimate [J]. Urban design studies, 1997, 3: 25–50.
[39] VARTHOLOMAIOS A. A parametric sensitivity analysis of the influence of urban form on domestic energy consumption for heating and cooling in a Mediterranean city [J]. Sustainable cities and society, 2017, 28: 135–145.

第 2 章图表来源

图 2-1、图 2-2 源自: 笔者根据 OKE T R, MILLS G, CHRISTEN A, et al. Urban climates [M]. Cambridge: Cambridge University Press, 2017 绘制.

图 2-3 源自: 笔者根据 OKE T R, MILLS G, CHRISTEN A, et al. Urban climates[M]. Cambridge: Cambridge University Press, 2017; OKE T R, CLEUGH H A. Urban heat storage derived as energy balance residuals[J]. Boundary-layer meteorology, 1987, 39(3): 233–245 绘制.

图 2-4 源自: 笔者根据孙欣, 杨俊宴, 温珊珊. 基于 ENVI-met 模拟的城市中心区空间形态与热环境研究: 以南京新街口为例[C]// 中国城市规划学会. 规划 60 年: 成就与挑战: 2016 中国城市规划年会论文集. 北京: 中国建筑工业出版社, 2016: 17 绘制.

图 2-5 源自: 笔者根据 FOSTER E. Four approaches to reducing the urban heat island effect [EB/OL]. (2020-07-06)[2023-05-28].https://urbanland.uli.org/sustainability/four-approaches-to-reducing-the-urban-heat-island-effect.

图 2-6 源自: 笔者根据杨峰. 城市形态与微气候环境: 性能化模拟途径综述[J]. 城市建筑, 2015(28): 92–95 绘制.

图 2-7 源自: 笔者根据张强. 大气边界层气象学研究综述[J]. 干旱气象, 2003, 21 (3): 74–78 绘制.

图 2-8 至图 2-10 源自: 笔者绘制.

图 2-11 源自: BERGHAUSER PONT M, HAUPT P. Spacematrix: space, density and urban form[M]. Rotterdam: NAI, 2010.

图 2-12 源自: 谷歌地球.

图 2-13 源自: DEKAY M, BROWN G Z. Sun, wind & light: architectural design strategies [M]. 3rd ed. Hoboken: John Wiley & Sons, 2014.

图 2-14 源自：XU X，YUAN D，SHA H，et al. Energy consumption simulation of the prototypical building for optimizing the orientation of building model in the simulated environment［C］. Sydney：12th Conference of the International Building Performance Simulation Association，2012.

图 2-15 至图 2-19 源自：笔者绘制 .

图 2-20 源自：OKE T R. Street design and urban canopy layer climate［J］. Energy and buildings，1988，11（1–3）：103–113.

图 2-21 源自：笔者绘制 .

图 2-22 源自：丁沃沃，胡友培，窦平平 . 城市形态与城市微气候的关联性研究［J］. 建筑学报，2012（7）：16–21.

图 2-23 源自：笔者根据 OKE T R，MILLS G，CHRISTEN A，et al. Urban climates［M］. Cambridge：Cambridge University Press，2017 绘制 .

图 2-24 源自：地理信息系统软件 ArcGIS 10.2.

图 2-25 源自：CLARK W A V，MARTIN L，MARCH L. Urban space and structures［J］. Geographical review，1975，65（1）：138.

图 2-26 源自：VARTHOLOMAIOS A. A parametric sensitivity analysis of the influence of urban form on domestic energy consumption for heating and cooling in a Mediterranean city［J］. Sustainable cities and society，2017，28：135–145.

表 2-1 源自：徐祥德，汤绪，等 . 城市化环境气象学引论［M］. 北京：气象出版社，2002.

表 2-2、表 2-3 源自：笔者绘制 .

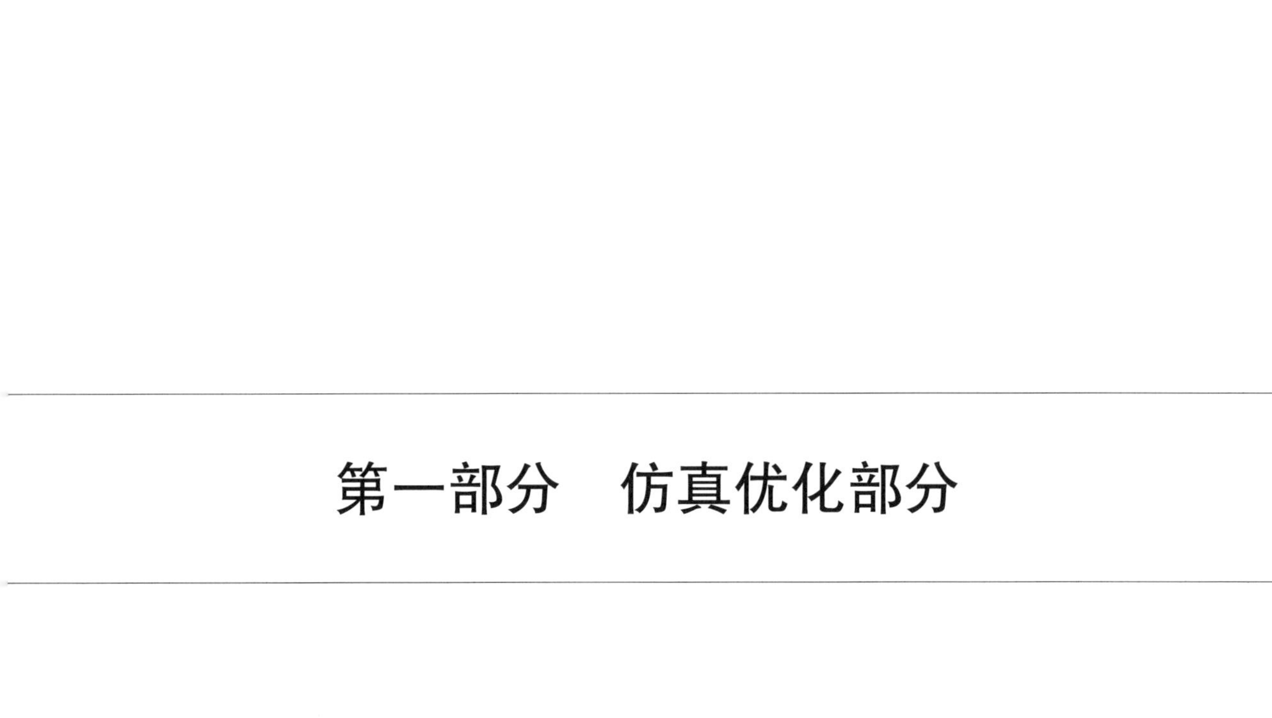

第一部分　仿真优化部分

3　能源绩效驱动的城市形态优化方法与路径

在明确了城市形态与能源绩效耦合机理及其相关原理的基础上，本章借助犀牛（Rhino）和参数化设计插件 Grasshopper，构建了三个不同限定条件下的能源绩效驱动的街区实验，详细介绍了三个实验的原理、所涉及的平台与工具、具体的实验组织过程以及具体的平台搭建步骤。

3.1　实验原理概述

在以往大量有关城市形态与建筑能源绩效关联性研究中，实测研究由于数据量的限制，样本量普遍较少，再加上形态丰富度有限，往往只能简单分析特定条件下形态因子与能源绩效的关系，研究结论难以对实际的城市规划设计实践起到支持作用。而模拟研究虽然摆脱了实测研究中数据量和形态研究自由度不足的短板，但是大量的街区层级城市形态建模以及性能评估仍然是一个巨大的挑战。将模拟方法应用在真实的规划设计场景中，往往陷入“方案设计—模拟评估—方案修改—重新评估”的循环中，这种方式一般被称为被动式优化方法，虽然在一定程度上有助于方案改进，但过分依赖于设计师的主观经验，难以实现对优化方案的精准定位，难以在短时间内获得最优方案。

近年来，参数化工具凭借高效性与智能化在建筑和城市设计领域迅速推广，性能模拟工具不断被整合到参数化平台上，传统上由工程师主导的性能模拟逐渐成为设计师技能的一部分，因此参数化工具的出现为探讨城市形态与能源绩效作用关系的研究提供了一种全新的可能。

本书基于犀牛（Rhino）和参数化设计插件 Grasshopper，设置了三组研究实验。其中研究二与研究三同属自动寻优实验，主要包含形态生成、性能计算与算法优化三个部分（图 3-1）。首先明确优化目标，同时选取控制参数化街区模型建立的控制性城市形态因子（自变量），以理想街区整体容积率要求作为约束条件，选用相应的模拟插件对参数化模型进行性能评估与分析，通过多目标优化算法进行自动寻优，经过若干代计算后从而获得实验限定条件下的帕累托最优解集和相对应的城市形态。

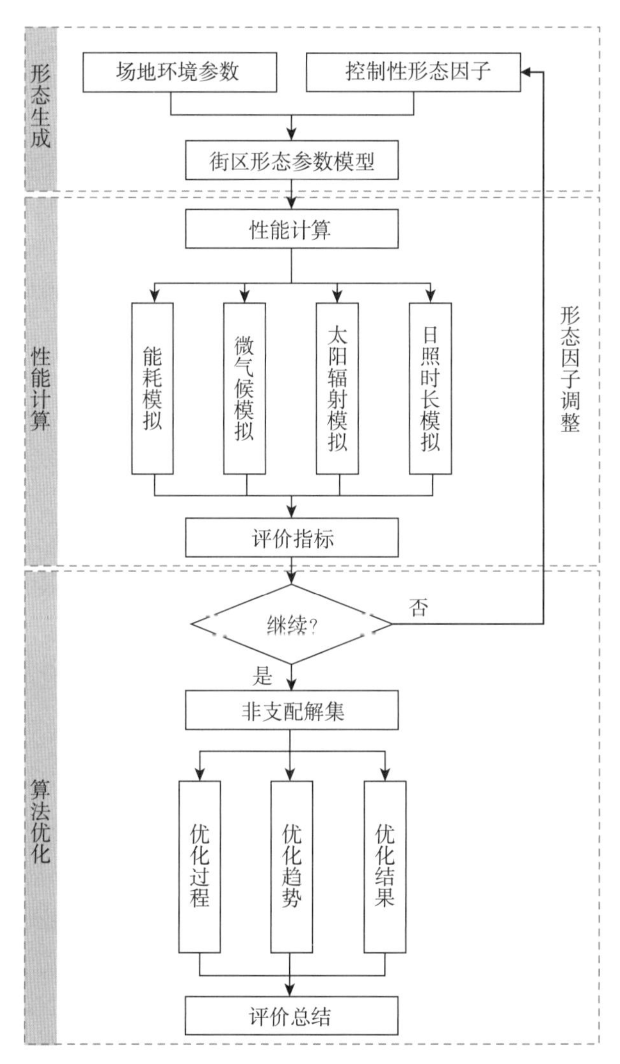

图 3-1　自动寻优实验总体框架

3.1.1　形态生成

形态生成依托犀牛（Rhino）和参数化设计插件 Grasshopper 建立街区模型。场地模型由固定的参数控制，建筑模型由选取的控制性形态因子控制，同时这些因子也作为多目标遗传算法的基因成为后续研究的基础。

3.1.2　性能计算

性能计算包括太阳辐射模拟、日照时长模拟、微气候模拟和能耗模拟四个部分。

太阳辐射模拟利用参数化设计插件 Grasshopper 平台上的瓢虫（Ladybug）插件，在读取研究区域气候数据中的辐射数据后，根据选定的太阳辐射接收面，即可计算出接收面上各测试面全年的太阳辐射量。依据光伏发电公式，便可大致计算出接收面太阳光伏年发电量。

模拟日照时长同样利用参数化设计插件 Grasshopper 平台上的瓢虫（Ladybug）插件，输入研究区域气象数据、研究时段和构建的日照测试面后，即可计算出日照测试面上各测试点在该段时间内的日照时长。

模拟微气候依托参数化设计插件 Grasshopper 平台上的蜻蜓（Dragonfly）插件，通过调用微气候模拟软件 UWG 引擎进行模拟，输入研究区域 epw 格式的气象文件，以及街区建筑和下垫面材质与几何信息后，以 epw 格式输出该街区的微气候气象数据。

模拟能耗依托参数化设计插件 Grasshopper 平台上的蜜蜂（Honeybee）插件，通过调用建筑能耗模拟软件 EnergyPlus 引擎进行模拟。输入微气候模拟软件 UWG 修改后的 epw 格式气象数据、建筑热工参数、建筑几何特征、用户用能特征参数和建筑负荷参数，将输出街区建筑的采暖、制冷、设备和照明能耗。此外，根据每个月的建筑能耗与太阳光伏发电量，可计算得出年平均月负荷匹配指数。

3.1.3 算法优化

优化算法将选取的用于评价能源绩效的指标作为因变量，通过改变作为自变量的控制性形态因子的取值来调整城市形态，并对生成的街区形态进行性能模拟，不断循环上述过程，逐渐淘汰能源绩效较低的街区形态，将优秀的形态“基因”累积传承下去，最终当满足初始设定条件时停止运算，便可以得到能源绩效最优的街区形态集合。这种依靠算法自动生成和优化形态布局的方法可从海量的可能形态组合中快速遴选出较优形态，极大地提高了工作效率，且可保证结果的客观性。

自动寻优的所有过程数据与结果都会被完整地录入到本地的电子表格 Excel 中。一方面，实验结果得到了在预设条件下的最优城市形态布局与模式集合，能够为真实规划设计场景下的高能效城市形态布局提供参考；另一方面，多目标算法在自动寻优过程中累积的数以千计乃至万计的城市形态与能源绩效数据，为定量探究城市形态与能源绩效的关联性与相关性提供了庞大的研究样本，对后续深入的数据挖掘与分析、系统性的高能效城市形态生成与优化策略的总结和构建打下了坚实的基础。

3.2 能源绩效驱动的城市形态优化评价指标

建立适宜的评价指标是进行能源绩效驱动的城市形态生成与优化策略研究的前提，本书选定建筑能源使用强度、可再生能源利用潜力与平均月负荷匹配指数作为评价指标，从而可以对不同城市形态方案进行评价，进而总结提炼出较优城市形态模式和相关形态的生成与优化策略。

3.2.1 能源使用强度

在没有标准或基准的情况下，很难比较建筑物或构筑物之间的能源绩效。简单地比较选定时间段内的能源使用量，难以将建筑物的大小、面积、功能或相关设备配置纳入考虑。而能源使用强度（或称能耗强度）指标（EUI）则提供了一种手段，可以横向比较不同类型建筑物或纵向比较相同类型建筑物之间的能源消费水平和使用效率，并评估降低总体能源消耗的方式。

能源使用强度通常以每年每平方米建筑能耗值来表示，单位是 kW・h/（m^2・a)，即将一年内消耗的能源总量（一般以 kW・h 表示）除以建筑物的总建筑面积来计算，能耗强度越低，说明对应建筑的能源性能越好。

目前，能源使用强度已被纳入相关规范，其大小作为评价建筑节能的重要指标之一，可以用来规范和约束建筑设计、建造和运行管理的全过程[1]。在《民用建筑能耗标准》(GB/T 51161—2016）中，能源使用强度被明确用作居住建筑和公共建筑的非供暖能耗指标的表达形式。

因此，在本书中能源使用强度被视为城市形态能源绩效的评价指标之一,用于比较不同城市形态的能源消耗水平,判断何种形态布局更利于节能。

3.2.2 可再生能源利用潜力

在当前能源短缺与环境变化的大背景下，加大可再生能源的利用逐渐成为社会各界的广泛共识。增加可再生能源的利用是提高建筑能源绩效的重要手段之一，尤其是在地性的可再生能源。随着技术的进步与发展，多种可再生能源能被更便捷的加以利用，其中具有代表性的可再生能源有太阳能、风能、水能、生物质能、潮汐能和地热能等。

太阳能具有获取方便、技术成熟、对外界环境干扰小、输配损耗小等诸多优势，尤其适合城市地区，广大的建筑屋顶是利用太阳能的绝佳位置。近年来，关于光伏建筑一体化（Building Integrated Photovolta-ic，BIPV）的讨论也日益增多，成为城市能源规划和城市设计、建筑设计中的前沿热点话题。究其原因是太阳能的利用与建筑形态、城市形态密切相关，从形态设计的角度出发考虑太阳能的利用对构建高能效城市乃至未来的零能耗城市具有重要意义。

太阳能的利用有多种方式，一般可根据照射在建筑表面的辐射量来确定，主要有太阳能光热与太阳能光伏两种。本书将太阳能光伏发电量纳入城市形态的能源绩效评价指标当中，以考察不同城市形态方案在太阳能利用上的潜力。

3.2.3 平均月负荷匹配指数

平均月负荷匹配指数（Average Monthly Load Match Index，Av.LM）

将建筑能源的需求与供应联系在一起，该指数反映了现场可再生能源发电总能源在月尺度上的匹配率[2]。根据2012年萨托里（Sartori）等人的相关研究，再结合本书实际情况，可将计算公式表示为

$$Av.LM = \frac{1}{N} \times \sum_{t=1}^{n} \frac{g(t)}{l(t)} \quad \text{（式 3.1）}$$

其中，N指月份数；t为时间（时间尺度为月）；g代表太阳光伏发电量，单位为kW·h；l代表街区建筑总能耗量，单位为kW·h。

需要指出的是，本书中所提到的太阳光伏发电量是纯理论上的，不考虑在生产、转换、储存和向需求部门输送过程中所造成的能源损失。

3.3 平台与工具介绍

3.3.1 犀牛（Rhino）和参数化设计插件 Grasshopper 实验基础平台

Rhinoceros 3D是一款以非均匀有理B样条（Non-Uniform Rational B-Splines，NURBS）建模方式为基础的三维建模软件，简称犀牛（Rhino）。该软件由位于美国西雅图的罗伯特·麦克尼尔公司（Robert McNeel & Associates，McNeel）公司于1992年开始开发，目前最新版本为Rhino 7。犀牛（Rhino）目前被广泛用于建筑设计、工业设计、珠宝设计等众多领域。犀牛（Rhino）支持加载不同插件从而实现对自身功能的扩展，其中最具代表性、功能最为强大的插件是参数化设计插件Grasshopper（图3-2）。

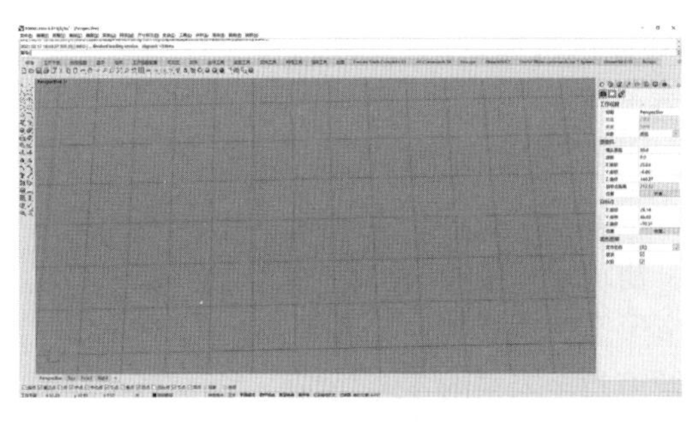

（a）Rhino 6 界面

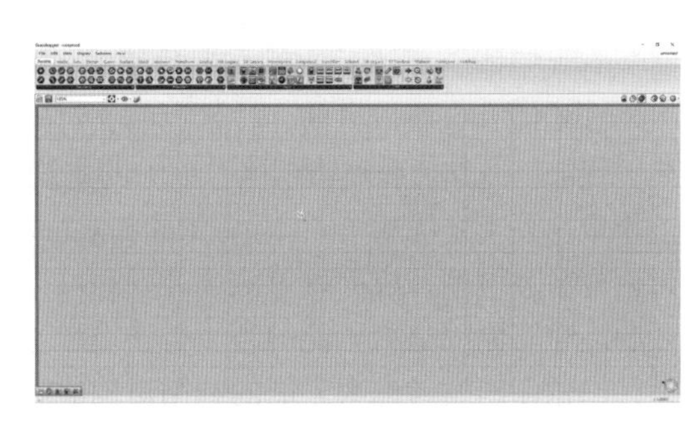

（b）Grasshopper 界面

图3-2 犀牛（Rhino）和参数化设计插件Grasshopper用户界面

参数化设计插件Grasshopper是一款建筑类参数化平台，同时是一款与犀牛（Rhino）紧密联系的图形化算法编辑器[3]。由于该平台在可视性、操作性以及人机交互性等方面具有较大优势，技术门槛相对较低，因此深受广大设计人员欢迎。此外，参数化设计插件Grasshopper是一款开放式平台，其自带Python、VB、C#等多种计算机语言编辑器，供使

用者自行编写超出平台预设功能范畴的算法，极具灵活性与适应性。因此，参数化设计插件 Grasshopper 在众多插件和开放式编程环境的支持下，功能不断加强，逐渐从单一的模型参数化生成向参数化性能模拟、分析与优化等方向拓展，展现出广阔的应用前景。

3.3.2 瓢虫工具（Ladybug Tools）性能分析插件

性能分析借助参数化设计插件 Grasshopper 平台上的一款免费插件——瓢虫工具（Ladybug Tools）完成。瓢虫工具（Ladybug Tools）是由莫斯塔法·萨德吉普尔·鲁德萨里（Mostapha Sadeghipour Roudsari）和克里斯·麦基（Chris Mackey）带领的美国团队开发的参数化环境性能分析插件包。在目前所有可用的环境辅助分析软件当中，瓢虫工具（Ladybug Tools）是最全面最综合的工具，其基于两大主流参数化平台——参数化设计插件 Grasshopper 和开源可视化编程插件 Dynamo。瓢虫工具（Ladybug Tools）整合了世界范围内主流并受严格验证的环境性能仿真引擎，如建筑光环境模拟软件 Radiance、建筑能耗模拟软件 EnergyPlus 和 OpenStudio、门窗传热计算软件 Therm 和物理场计算软件 OpenFOAM 等，将传统复杂的参数设置整合为参数化平台的电池组，大大降低了使用者的仿真软件学习门槛，同时打通了参数化建模与性能模拟之间的数据传输壁垒，使得参数化平台上的数据可以在各个仿真引擎之间自由交换（图 3-3）。因此，所有几何图形的创建、模拟和可视化都可以在一个界面中进行。

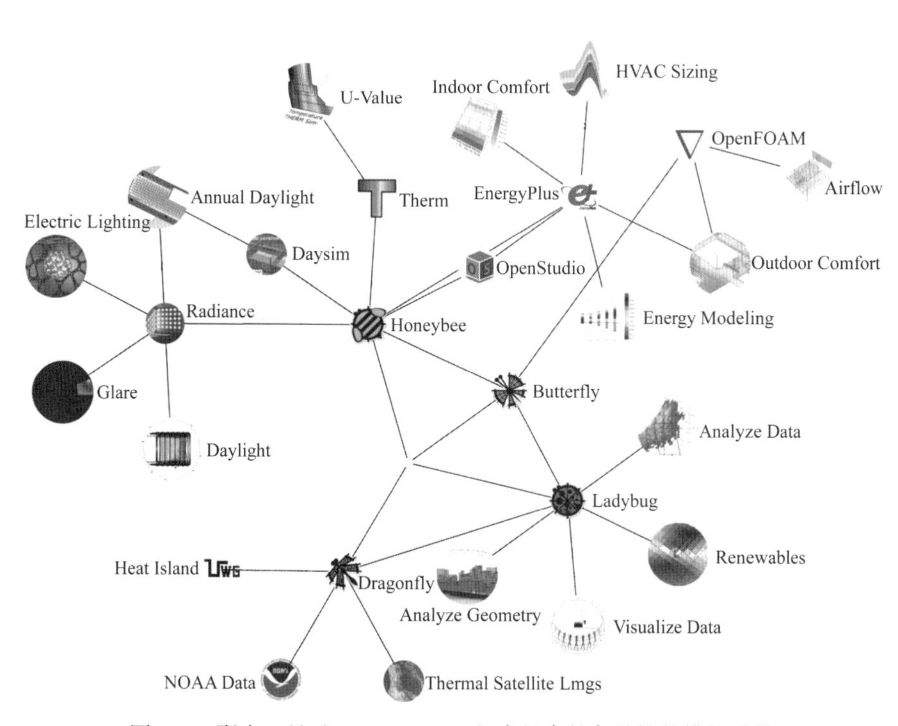

图 3-3　瓢虫工具（Ladybug Tools）中整合的各种性能模拟引擎

瓢虫工具（Ladybug Tools）是一个开源插件，在世界各地拥有大量的用户和支持者，开发者根据用户反馈不断地对软件进行更新与优化，各项性能和操作的便捷度都在不断得到提升，目前，得到包括 SOM 建筑设计事务所、BIG 建筑设计事务所、麻省理工学院、哈佛大学在内的著名设计企业和科研院所的广泛使用与支持。

瓢虫工具（Ladybug Tools）共包含瓢虫（Ladybug）、蜜蜂（Honeybee）、蝴蝶（Butterfly）和蜻蜓（Dragonfly）四个插件[4]，每个插件都有各自的侧重点和应用方向（图 3-4）。如将瓢虫（Ladybug）用于气候气象分析及其可视化；将蜜蜂（Honeybee）主要用于能耗和采光分析；将蝴蝶（Butterfly）用于风环境分析；蜻蜓（Dragonfly）偏重于城市微气候与宏观气候以及城市能耗分析。本书优化实验主要运用瓢虫（Ladybug）、蜜蜂（Honeybee）和蜻蜓（Dragonfly）等进行性能模拟分析。

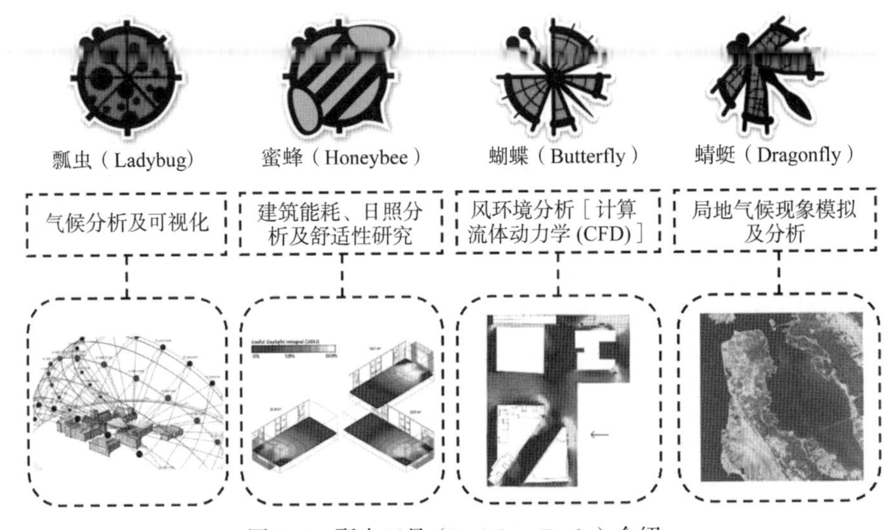

图 3-4　瓢虫工具（Ladybug Tools）介绍

1）瓢虫（Ladybug）

将气象数据（epw 格式或 stat 格式）导入瓢虫（Ladybug），即可对气象数据进行处理和分析。气象数据可从多种渠道获得，例如，从建筑能耗模拟软件 EnergyPlus 官方网站免费下载，或通过由瓢虫工具（Ladybug Tools）团队开发的网站 EPWMap 下载。但上述气象数据往往仅覆盖大中城市，部分地区未有可用的气象数据，因此，一般可用与研究区域较近且基本气象条件相近的气象数据代替进行分析。

瓢虫（Ladybug）一般用于研究区域基本气象数据可视化和日照时数、太阳辐射、天空可视域、室外舒适度与太阳包络体等相关分析。本书采用瓢虫（Ladybug）进行建筑底层窗台日照时长分析和建筑屋顶年太阳辐射量分析，从而计算太阳光伏发电量。

2）蜜蜂（Honeybee）

蜜蜂（Honeybee）将参数化设计插件 Grasshopper 的可视化编程环境与多个经过验证的仿真引擎（特别是建筑能耗模拟软件 EnergyPlus 和 OpenStudio、建筑光环境模拟软件 Radiance 和 Daysim）整合在一起，它们可以评估建筑物的能耗、舒适度和采光（图 3-5）。这些插件使参数化设计插件（Grasshopper）基于组件灵活的可视化编程界面与经过验证的环境数据集和模拟引擎之间实现动态耦合。

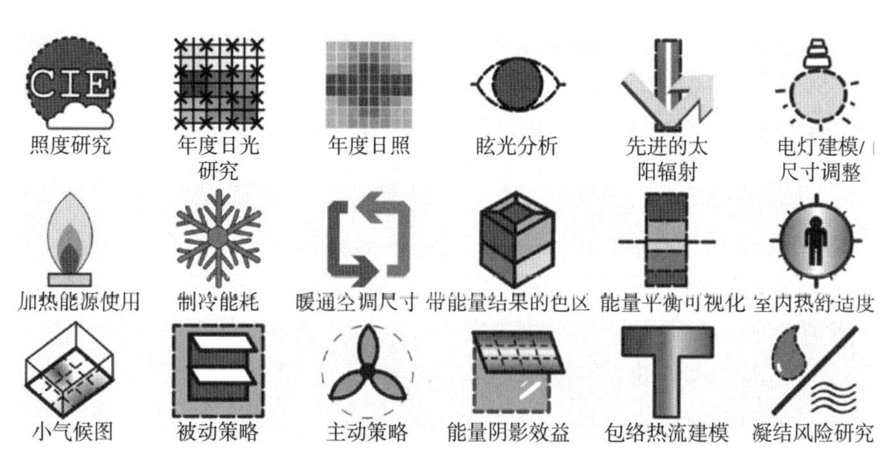

图 3-5　蜜蜂（Honeybee）主要功能展示

本书采用建筑能耗模拟软件 EnergyPlus 进行街区建筑的能耗模拟。该软件是由美国能源部和劳伦斯国家实验室联合开发的一款免费建筑能耗模拟软件引擎。该软件支持对能耗（供暖、制冷、通风、照明和插座负荷）以及建筑物中的用水进行建模仿真，是目前世界上受到广泛认可和准确性验证的一款工具。

3）蜻蜓（Dragonfly）

蜻蜓（Dragonfly）插件可以对宏观气候现象和局部微气候因素进行计算与模拟，目前功能还在进一步开发当中，最新版插件中已经纳入了城市能源建模相关功能。最引人关注的是蜻蜓（Dragonfly）开发出了调用两款重要的微气候模拟软件 UWG 和 ENVI-met 的数据接口。

微气候模拟软件 UWG 由美国麻省理工学院建筑技术研究团队开发，是模拟城市街道层峡内部微气候的一款插件[5]。它会根据城郊区域气象站提供的典型气象年数据计算城市层峡内部的每小时气温和湿度。该插件将研究区域附近城郊气象站的气象文件和城市形态、下垫面材质等作为参数输入，充分考虑城市表面的能量平衡，经过计算以 epw 文件格式输出修改后的区域气候文件。

该工具已经在多个城市和地区进行了测试，如波士顿、巴塞尔和图卢兹，可以较为精确地估算不同气候、天气条件和城市环境下的城市微气候数据[6]。班德（Bande）等在阿布扎比地区对比微气候实测数据与微气候模拟软件 UWG 和 ENVI-met 的模拟数据，结果显示微气候模拟软件 UWG 的结果更为可靠，最小容限误差为 0.1℃，并且在冬季更为准确，接近现场实测值[7]。萨尔瓦蒂（Salvati）等将微气候模拟软件 UWG 的模拟数据与实测数据对比指出，微气候模拟软件 UWG 的模拟数据有助于提高用于建筑能耗模拟的气候数据的准确性[8]。

经过微气候模拟软件 UWG 修改后的天气文件可以与能源模拟软件耦合使用[9]。本书将输出的 epw 文件数据导入蜜蜂（Honeybee）插件中调用建筑能耗模拟软件 EnergyPlus 进行建筑能耗模拟，可获得耦合城市微气候的建筑能耗数据。

3.3.3 多目标优化插件 Wallacei

自动寻优的实现主要基于遗传算法，通过遗传算法的运行求解，获得一系列不同阶段的优化结果。遗传算法（Genetic Algorithm，GA）是进化算法的一种，以达尔文生物进化理论为指导对变量进行选择、控制与改进，逐步淘汰劣质结果，保留优质结果，如此循环运行若干代后，使运算结果逐渐趋于最优[10]。遗传算法具有适用范围广、搜索效果好、简单易行等诸多优势，已被广泛使用。

单目标优化算法与多目标优化算法根据优化目标的数量来区分。单目标优化针对一个目标进行优化，求解目的是使该目标值达到最优。但在真实世界中，优化问题往往比较复杂，多数会牵涉到多个目标。因此多目标优化算法旨在同时对多个目标值进行搜索，多个目标函数之间往往存在一定的相关性，最终获得的优化解是一组折中解集。

此处需要对多目标优化的相关概念进行说明。在多目标优化过程中，不同的目标之间存在复杂、相互竞争、相互制约的关系，因此很难实现某个特定解可以同时优化多个目标，往往是一个解在某个目标上表现较好，而在其他的目标上表现较差。针对该问题，帕累托（Pareto）在 1986 年提出多目标非支配解（non-dominated set）的概念，具体可描述为：假设一个多目标问题存在两个解，分别为 A 和 B。若 A 在每个目标函数的表现上均优于 B，则称 A 支配 B；若任意一个解都不能支配 A，则称 A 为非支配解，即帕累托解，由这些非支配解构成的集合即帕累托解集。这些解通过目标函数映射即可得到该优化问题的帕累托前沿或帕累托前沿面。对于双目标问题，帕累托前沿一般是一条线，对于三个或三个以上的目标问题，帕累托前沿通常是一个超曲面。帕累托解相较于其他解在优化目标方面的冲突较少，可提供使用者一个较大的决策空间。如果在某个帕累托解的基础上进一步优化任意目标函数，必然同时会导致至少一个其他目标函数被削弱[11]。

图 3-6 展示了一个双目标优化问题，图中 A、B 均为非支配解，所在的黑线为帕累托前沿，C 为支配解。

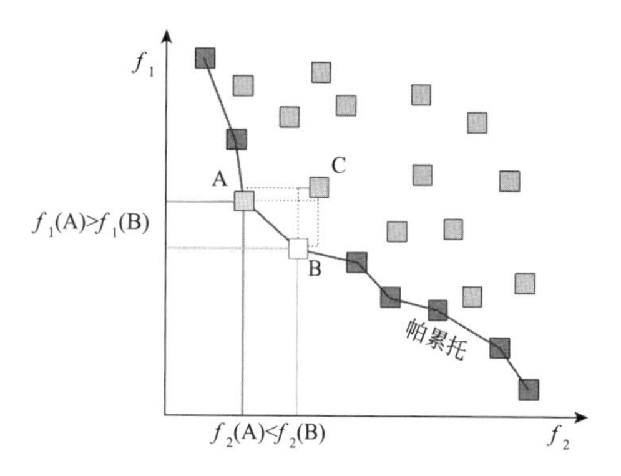

图 3-6　帕累托前沿示意图

注：f_1 代表目标函数 1；f_2 代表目标函数 2。

多目标优化插件 Wallacei 是一款提供多目标遗传算法的工具，该工具基于犀牛（Rhino）和参数化设计插件 Grasshopper 平台，其不仅提供了多目标遗传算法 NSGA-2，而且整合了数据记录、比较、分析和可视化等功能，以帮助用户能够更好地了解优化求解过程，并使用户根据过程数据做出明智的决策。此外，多目标优化插件 Wallacei 还为用户提供了在完成模拟后从种群中选择、重建和输出过程模型的功能，这一点对于建筑或城市设计领域的使用人员显得尤为重要。

多目标优化插件 Wallacei 是穆罕默德·马基（Mohammed Makki）在英国建筑联盟学院（Architectural Association School of Architecture，AA School of Architecture 或 AA）就读博士研究期间由迈克尔·温斯托克（Michael Weinstock）博士主持的研究基础上建立的，由马基、米拉德·肖卡特巴克什（Milad Showkatbakhsh）和尤斯奥·松加普恩（Yutao Songghpn）共同开发。

多目标遗传算法 NSGA-2 于 2000 年由斯里尼瓦斯（Srinivas）和德布（Deb）提出，是目前最流行的多目标遗传算法之一，它降低了非劣排序遗传算法的复杂性，具有运行速度快、解集收敛性好的优点，成为其他多目标优化算法性能的基准[12]。此外，它已被证明是解决多目标优化和多准则决策以提高建筑性能最有效的算法之一[13]。

3.4　优化实验组织

3.4.1　实验基地设定

本书将实验基地设在夏热冬冷地区，以江苏省建湖县为例。由于建筑能耗模拟软件（EnergyPlus）官方气象数据网等多个网站上尚未收录建湖县气象数据，故本书采用与建湖县气候相似，且直线距离不到 60 km 的淮安市的气象数据代替进行后续的实验操作。

建湖四季分明，雨量充沛，年平均气温在 15℃左右。将获取的典型年气象数据 epw 文件导入瓢虫（Ladybug）中进行气候分析，图 3-7 为建湖地区全年干球温度分析。由图可知，建湖地区夏天炎热，最热月（7 月）的平均温度为 27.1℃，最高温可达 35.2℃；冬季寒冷，最冷月（1 月）的平均气温为 1.6℃，最低温可至 -8.1℃，因此建湖地区对建筑夏季制冷和冬季采暖有着强烈需求，导致相应的制冷与采暖所需能耗居高不下。

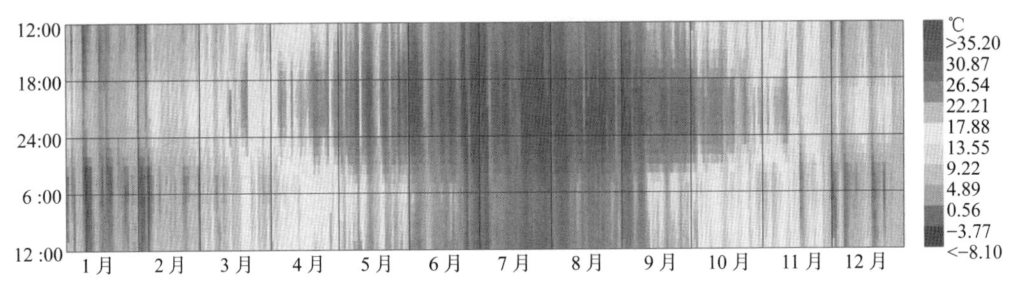

图 3-7　建湖地区全年干球温度分析

建湖位于我国太阳能资源中等类型地区，按照相关规范，属于适宜发展太阳能利用的地区之一，其平均南向垂直面太阳辐射照度为 60—70 W/m^2[14]。如图 3-8 所示，建湖太阳直射辐射在全年不同月份的分布较为均匀，其中夏季辐射量较大，冬季辐射量相对较少，总体而言具有较强的太阳能利用潜力。

建湖地区的夏季主导风向为东南方向，平均风速为 2.32 m/s，冬季主导风向为正北方向，平均风速为 0.67 m/s（图 3-9）。

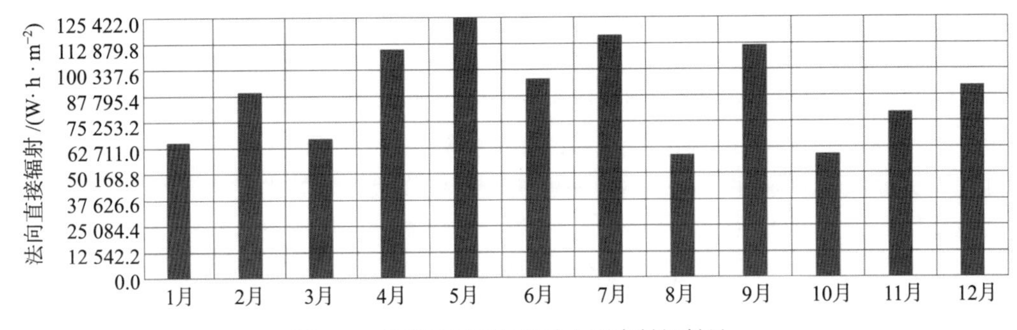

图 3-8　建湖地区每月累计太阳直射辐射量

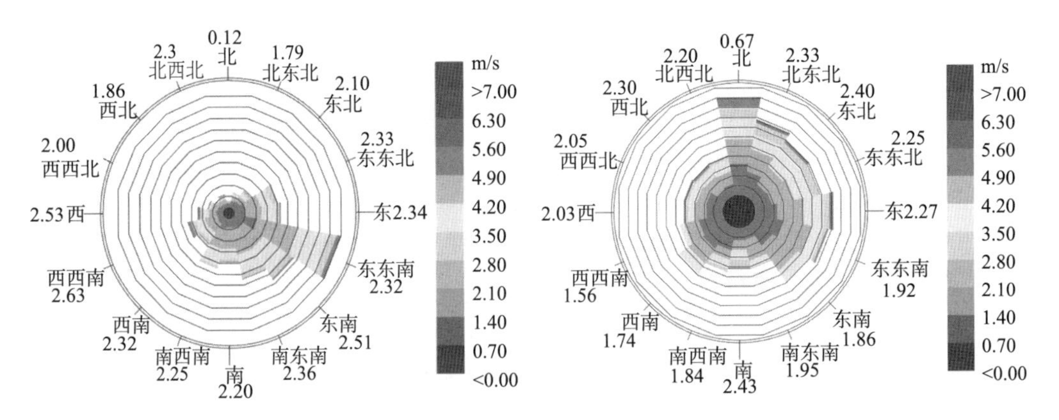

图 3-9　建湖地区风玫瑰图

注：左图为夏季；右图为冬季。

3.4.2 理想场地建构

1）研究街区设置

街区是城市道路围合形成的城市基本单元，由道路内的地块与其上的建筑、环境以及其他设施共同组成。街区尺度由城市道路网格的疏密程度决定，合理的城市街区尺度有助于满足城市交通、提升街道活力等运维要求。有学者主张我国理想的街区尺度应该在 80—250 m 范围内[15]。本书在对建湖县实际道路网格尺度研究的基础上，结合前人相关研究的经验以及实验的可操作性需要，选取 240 m × 240 m 的正方形街区作为本次实验的理想城市街区，默认方向为正南北向。

以 3 × 3 的网格对理想街区进行进一步划分，生成 9 个 80 m × 80 m 的用地单元（图 3-10）。用地单元边界线向内各偏移 5 m，作为街区内部道路红线。在道路红线的基础上，继续向用地单元内部偏移 5 m，作为用地单元的建筑控制线，每个用地单元上的建筑可建设范围为 60 m × 60 m，并规定仅能放置一个建筑类型单元。由此通过场地划分，道路红线、建筑控制线的划定完成了理想街区单元的相关设置。

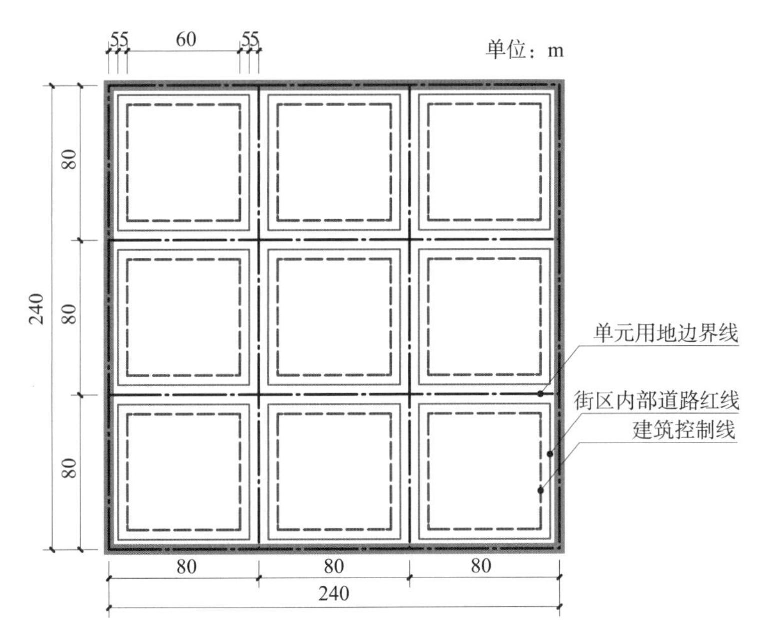

图 3-10　理想城市街区地块设置

2）建筑类型提取

前文第 2.3.3 节详细阐述了建筑类型对当代城市形态研究以及与之相关的微气候、建筑能耗等相关环境性能研究的重要意义，选择合适的建筑类型和组合对本书后续研究的展开至关重要。但目前被广泛使用的由马丁与马奇以及后续斯蒂默斯（Steemers）等人提出的形态原型都是基于欧洲古典城市形态，已经难以反映当代城市的真实形态面貌，尤其是其他国家和地区的城市形态。因此需要根据不同研究的实际情况与具体的研究对象重新归纳相对应的城市建筑类型和组合，因地制宜，而不是盲目套用。本书在前人研究的基础上，立足特定地域，提取相应的城市建筑类型。

建湖县是全国百强县市之一，经济发达，城镇化率较高，城市建设水平较高，城区面积较大，建筑密集，城市形态、肌理富有变化，城区建筑类型亦较为丰富。因此以建湖县城区城市形态与建筑类型作为研究对象，通过实地走访、调研、测绘以及卫星图片识别，进行分层抽样与分析归纳，凝练出具有广泛代表性的典型建筑类型和组合模式。

如图 3-11 所示，本书共提取建湖县城区较为常见的 3 大类共 9 种建筑类型，其中点式建筑类型 4 种，编号分别为 P-1至P-4；板式建筑类型 3 种，编号分别为 S-1至S-3；庭院式建筑类型 2 种，编号分别为 C-1 和 C-2。在此基础上，对上述形态的细节部分进行简化，提取其中最具代表性的几何特征，并做适当调整，将其分别置于用地单元的建筑控制线范围内，形成本书用于实验的典型建筑类型，如表 3-1 所示。

需要说明的是，建筑类型与建筑高度和建筑密度息息相关。不同建筑类型的平面尺寸决定了其高度的变化上限。目前部分研究脱离实际功能需求，任由不同建筑类型在垂直方向自由变化，甚至出现了类似平面尺寸为 15 m × 15 m 的点式高层建筑。由于日照等因素限制，高度较低的建筑其间距较小，因此建筑密度一般较大；反之，建筑密度则较小。因此本书按照当下民用建筑设计习惯以及建筑类型自身特点，将建筑类型的高度变化区间划分为三段，第一段是 1—3 层，第二段是 4—12 层，第三段是 13—30 层。由于 30 层以上建筑往往是超高层建筑或接近超高层建筑，按照 2020 年出台的《住房和城乡建设部　国家发展改革委关于进一步加强城市与建筑风貌管理的通知》，100 m 以上超高层建筑的建设须充分论证，严格审批，同时提出中小城市要严格控制新建超高层建筑[16]，因此 30 层以上的建筑不在本书讨论之列。每个高度区间都包含三种建筑类型，为了方便建筑面积计算与后续的数据处理和分析，同一高度区间内的建筑类型占地面积、建筑密度都相同。1—3 层区间内包含建筑类型 P-1、S-1、C-1，占地面积皆为 2 000 m^2；4—12 层区间内包含建筑类型 P-2、S-2、C-2，占地面积皆为 1 500 m^2；13—30 层区间内包含建筑类型 P-3、P-4、S-3，占地面积皆为 1 000 m^2。在后续的形态优化实验中，不同建筑类型的高度变化将严格遵照上述规定。

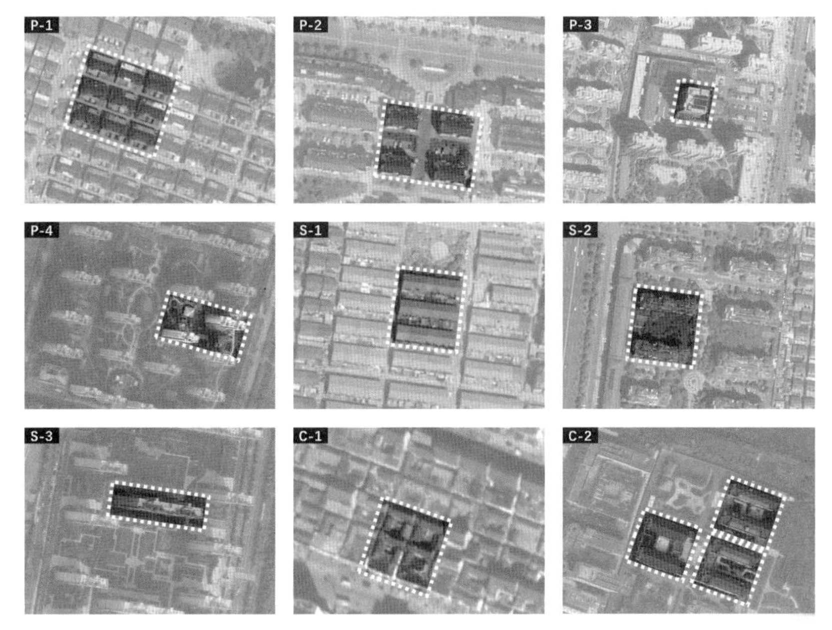

图 3-11　建湖区域建筑类型选取与分类

表 3-1　本书用于研究的建筑类型

编号	轴侧示意图	平面尺寸示意图	建筑类型	占地面积 /m^2	建筑密度 /%	层数 / 层	容积率
P-1			点式	2 000	31.3	1—3	0.31—0.94
S-1			板式	2 000	31.3	1—3	0.31—0.94
C-1			庭院式	2 000	31.3	1—3	0.31—0.94
P-2			点式	1 500	23.4	4—12	0.94—2.81
S-2			板式	1 500	23.4	4—12	0.94—2.81

续表 3-1

编号	轴侧示意图	平面尺寸示意图	建筑类型	占地面积 /m²	建筑密度 /%	层数 / 层	容积率
C-2		9 m; 32.5 m; 60 m	庭院式	1 500	23.4	4—12	0.94—2.81
P-3		31.6 m; 31.6 m	点式	1 000	15.6	13—30	2.03—4.69
P-4		18.5 m; 27 m	点式	1 000	15.6	13—30	2.03—4.69
S-3		16.6 m; 60 m	板式	1 000	15.6	13—30	2.03—4.69

3）整体街区组合

理想实验街区由 9 个用地单元组成，在后续实验中，每个用地单元上的建筑类型以及具体的形态特征将由特定的参数进行控制，通过参数的设定从而完成整体街区形态的生成。利用上述 9 种建筑类型组合形成的街区形态如图 3-12 所示。

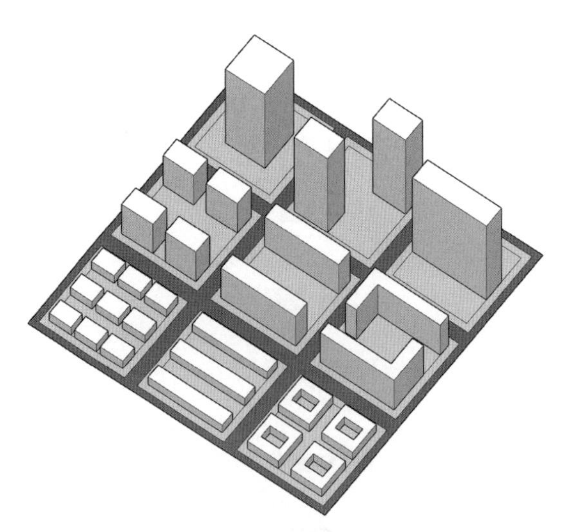

图 3-12　由 9 种建筑类型组合形成的街区形态

3.4.3 实验组织框架

根据研究需要，本书设置了三组基于理想形态的能源绩效驱动的城市形态生成与优化实验。

1）研究一：单一建筑类型街区形态的能源绩效评估

在进行混合形态寻优之前，为了更好地了解每种建筑类型的能源绩效水平，探究不同类型街区形态能源绩效的特点，分别对 9 种类型构成的单一建筑类型街区进行能耗模拟。如图 3-13 所示，所谓单一建筑类型街区指街区内所有用地单元由高度相同的同一建筑类型布局而成。在实验中，街区朝向保持不变，呈正南北向，从 1 层到 30 层，对每个单一建筑类型街区进行能耗模拟，其他所有形态参数保持不变。

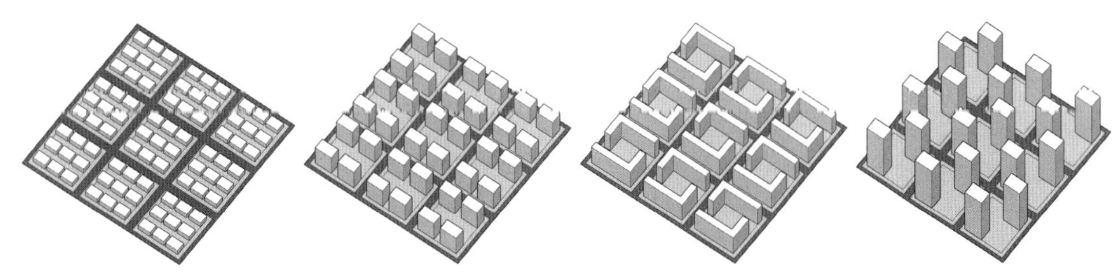

图 3-13　单一建筑类型街区形态示例

2）研究二：容积率可变条件下的街区形态自动寻优

为了充分了解城市开发过程中不同开发强度、城市建设密度和其他相关城市形态因子与建筑能源绩效的关系，组织了容积率可变条件下的能源绩效驱动的理想街区形态自动生成与寻优实验。具体流程可分为参数预设模块、形态生成模块、性能计算模块、多目标优化模块和数据记录模块五个模块。研究首先确定以街区建筑能耗强度最小、街区太阳光伏发电量最大、街区建筑平均底层南向日照时长最大作为形态优化目标，以建筑层数、开放空间位置、街区朝向和建筑类型作为控制性形态因子，同时选取本实验后续用于研究的描述性形态因子和场地环境参数，构建街区形态参数化模型；其次输入相应的场地气象数据与能耗模拟参数，对街区形态模型进行建筑能耗、日照时长与光伏发电计算与模拟；最后将计算结果输入多目标优化算法，根据遗传信息设定，自动展开帕累托最优解集探索，数据记录插件同步记录下形态因子数据与街区形态性能计算结果。

3）研究三：容积率限定条件下的街区形态自动寻优

在城市实际开发过程中，不同街区开发强度由上位规划决定，因此在容积率限定的条件下探讨高能效城市形态更具有实际应用价值。实验选取城市高密度街区开发中的常用容积率 2.5 作为限定条件进行能源绩效驱动的理想街区形态自动寻优实验，探讨在该容积率下高能效城市街区的形态模式。具体研究流程与研究二大致相似，也分为参数预设模块、形态生成模块、性能计算模块、多目标优化模块和数据记录模块五个模块。研究首先确定以街区建筑能耗强度最小、街区平均月负荷匹配指数最大、街区建筑平均底层南向日照时长最大作为形态优化目标，以建筑层数、开放空间位置和建筑类型作为控制性形态因子，同时选取本实验用于研究的描述性形态因子和场地环境参数，构建街区形态参数化模型；其次输入相应的场地气象数据与能耗模拟参数，对街区形态模型进行建筑能耗、日照时长与匹配指数计算与模拟；最后将计算结果输入多目标优化算法，根据遗传信息设定，自动展开帕累托最优解集探索，数据记录插件同步记录下形态因子数据与街区形态性能计算结果。

3.4.4 城市形态因子对比

根据第 2 章对有关城市形态因子的介绍，在上述三组实验中，分别选取特定的形态因子作为研究对象。需强调的是，建立街区参数模型的前提是将形态的生成、变化和控制参数化，转变成计算机可以识别的数据语言，于是本书将能够直接描述和控制城市形态生成的形态因子称作控制性形态因子，如建筑类型、街区朝向、建筑层数、开放空间布局等；将不能直接控制但描述城市形态的因子称作描述性形态因子，如容积率、建筑密度、开放空间率、平均层数、围合度、错落度和天空可视域等因子。

在研究二与研究三的自动生成与寻优中，优化算法将控制性形态因子作为自变量，不断调整改变，探寻最优形态解集，虽然描述性形态因子不直接由优化算法控制，但是在整体街区形态改变的过程中，描述性因子也在不断发生变化，是重要的过程数据，是后续探讨城市形态因子与能源绩效关系的重要研究样本。下面将具体描述在三项研究中具体涉及的城市形态因子（表 3-2）：

1）城市密度

在研究二与研究三中，选取容积率作为限定条件。探讨不同容积率对于建筑能源绩效的影响和最优容积率区间，在固定的容积率条件下什么样的街区形态模式能够实现更高的能源绩效水平。同时记录建筑密度、平均层数与开放空间率数据，研究其对建筑能源绩效的影响。

2）城市肌理

研究二选取建筑高度布局、街区朝向、开放空间布局作为街区控制性形态因子，将围合度、错落度、天空可视域、街道高宽比、围护系数、体形系数、平均面积周长比等城市肌理因子作为描述性形态因子。研究三选取建筑高度布局、开放空间布局作为街区控制性形态因子，同样以围合度、错落度、天空可视域、街道高宽比、围护系数、体形系数、平均面积周长比等城市肌理因子作为描述性形态因子。在上述两项研究中，记录的控制性形态因子与描述性形态因子都将根据实际需要分析其与建筑能源绩效的相关性。

3）建筑类型

研究一中分别对不同建筑类型构成的单一建筑形态街区进行了能耗模拟，重点对比了不同建筑类型之间的能源绩效水平差异。在研究二与研究三中，重点探讨了在不同容积率条件限制下，不同建筑类型所占比例以及其在街区中的位置分布情况对能源绩效的影响。

表 3-2　本书不同研究中重点探讨的城市形态因子

编号	控制性形态因子	描述性形态因子
研究一	建筑层数、建筑类型	容积率
研究二	建筑高度布局、开放空间布局、街区朝向、建筑类型	容积率、建筑密度、开放空间率、平均层数、围合度、错落度、天空可视域、街道高宽比、围护系数、体形系数、平均面积周长比
研究三	建筑高度布局、开放空间布局、建筑类型	围合度、错落度、天空可视域、街道高宽比、围护系数、体形系数、平均面积周长比

3.5　实验平台搭建

3.5.1　形态生成模块

1）基地生成

本书将实验街区简化设置为 240 m × 240 m 的正方形空白地块，为了聚焦街区内部自身形态组织对建筑能源绩效的影响，暂不考虑对周边环境的影响。

首先，在参数化设计插件 Grasshopper 中利用方形（square）模块（图 3-14），输入（0，0，0）作为街区用地左下角基点，输入 80 m 作为用地单元尺寸，3 作为 x 轴和 y 轴的用地单元数量，随即生成由 9 个 80 m × 80 m 用地单元构成的街区用地轮廓线。提取用地轮廓线，并连接至地区联盟（region union）模块进行封面，生成街区用地平面。

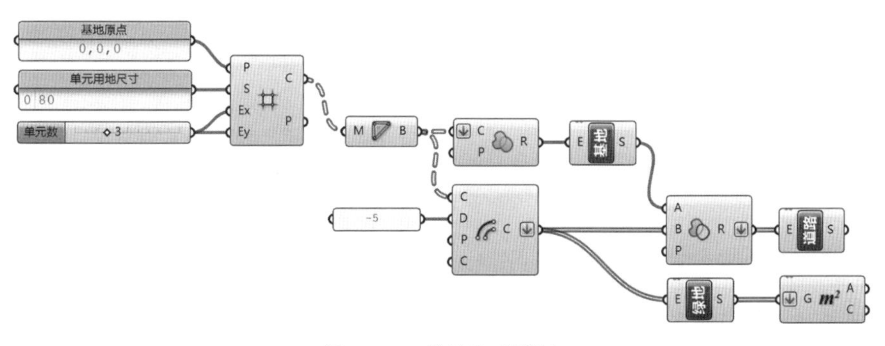

图 3-14　基地生成模块

其次，使用偏移（offset）命令将各用地单元轮廓线向内部偏移 5 m，获取街区内部道路红线，调用区域差集（Region Difference，RDIFF）模块求其与街区用地平面相异部分，再进行封面即可获得街区内部道路平面。此外，将道路红线直接封面可获得用地单元内部绿地平面，提取每块用地单元绿地的中心点作为后期建筑放置的基准点（图 3-15）。

单位：m

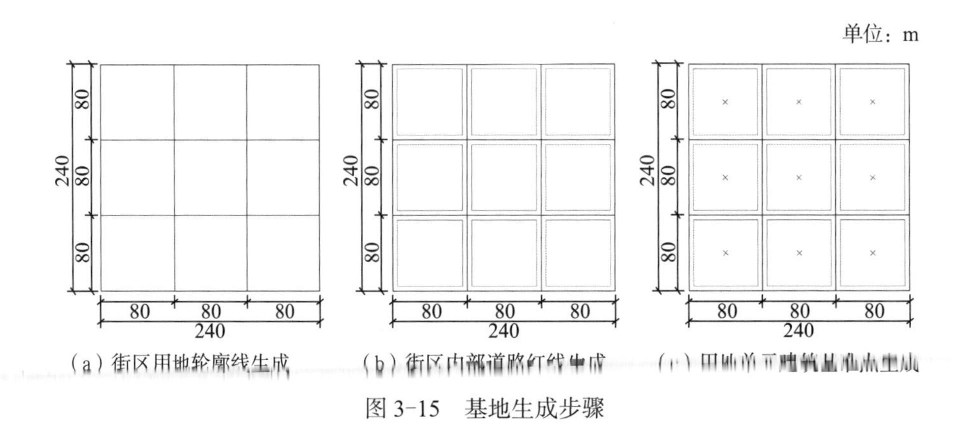

（a）街区用地轮廓线生成　（b）街区内部道路红线生成　（c）用地单元建筑基准点生成

图 3-15　基地生成步骤

2）建筑形体生成

对建湖县城市建筑类型的研究，共提取出 9 种作为城市形态原型的建筑类型，下面将以其中的 S-2 类型为例详细阐述建筑形体的生成（图 3-16、图 3-17）。其余建筑类型的生成步骤与之类似，便不再赘述。

建筑形体生成主要可以分为两个部分：首先是建筑平面形态的生成；其次是建筑立体形态的生成。建筑平面形态的确定依赖于建筑基准点，借助矩形（rectangle）命令，可以将事先确定好的基准点作为中心点输入，输入根据形态平面计算出的建筑单体平面 x 值和 y 值，随后便能自动生成矩形建筑单体平面。由于 S-2 类型是由两栋板式建筑组成，上述操作仅仅生成了一栋建筑平面，因此使用移动（move）命令，根据原型中

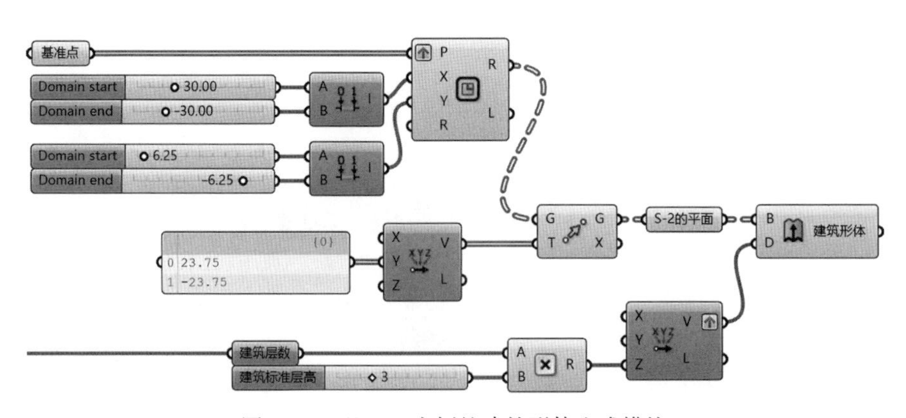

图 3-16　以 S-2 为例的建筑形体生成模块

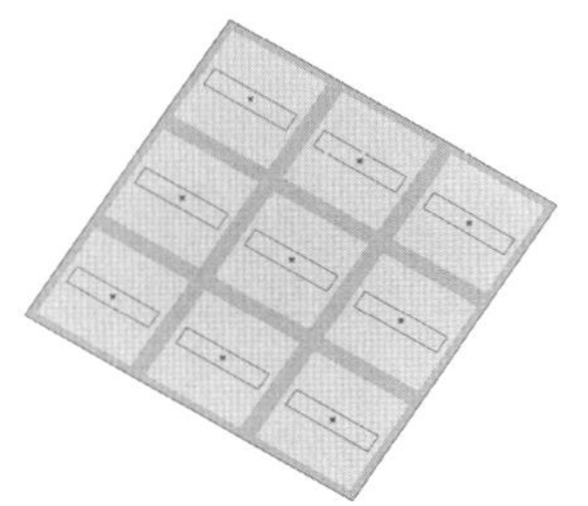
（a）建筑单体平面形态生成

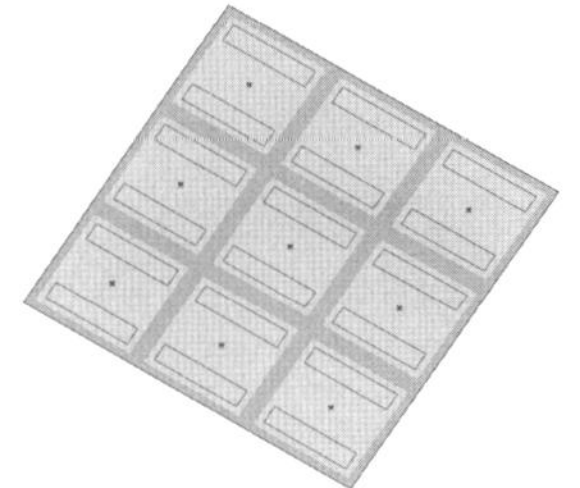
（b）S-2 类型平面形态生成

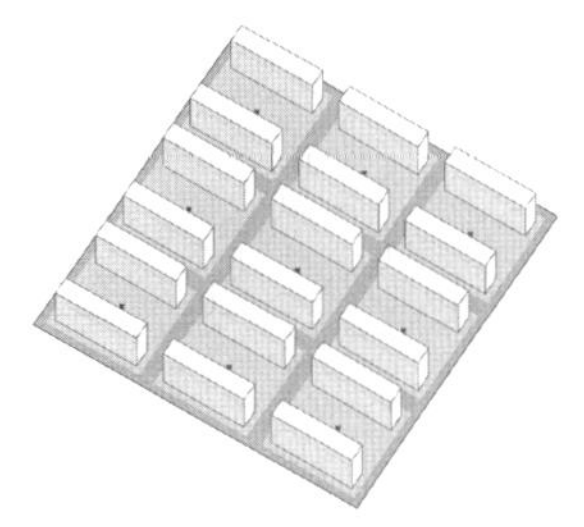
（c）S-2 类型建筑立体形态生成

图 3-17　以 S-2 类型为例的建筑形体生成步骤

两栋建筑的具体位置尺寸，将生成的矩形沿 y 轴方向分别移动 23.75 m 和 -23.75 m 获得 S-2 类型的建筑平面形态。

建筑立体形态的生成核心在于建筑高度的确定，建筑高度可以通过建筑层高与层数的乘积来获取。在本书中，将所有建筑的层高统一设定为 3 m，因此只需获取各个用地单元上的建筑层数，即可获得建筑高度。将建筑平面形态与建筑高度输入拉伸（extrude）模块，便可获得建筑形体。

3）群体布局生成

由于用地单元基准点的位置是固定不变的，因此街区中群体建筑布局生成的关键在于不同用地单元中建筑层数和建筑类型的确定。而本书中不同建筑类型只能在一定的高度范围内变换，所以应首先确定用地单元的建筑层数，继而在该建筑高度所对应的区间中选取合适的建筑类型。

（1）建筑层数控制

由于建筑层高被统一设置为 3 m，因此建筑高度取决于建筑层数。而建筑层数与街区总体容积率有关，通过容积率模块自动生成与街区用地单元相对应的建筑层数列表，根据不同层数选择对应高度区间的建筑类型，从而获取街区整体布局。

（2）容积率控制

研究二与研究三是两组自动寻优实验，研究二是容积率可变条件下的实验，研究三是容积率限定条件下的实验。

关于容积率可变条件的控制（图 3-18），其基本原理是首先利用基因池（gene pool）自动从层数变量中挑选出 8 个用地单元的建筑层数。需要指出的是，为了控制街区可能方案的数量，提高后期优化算法的运算效率，因此将建筑层数的变化控制在一定范围内，设置在实际工程设计中常用的 3、6、9、12、18、24、30 作为实验的层数变量。随后根据开放空间位置索引值向层数列表中插入 0 值，代表对应的用地单元上没有建筑，而是作为街区内部的开放空间。最终生成了街区 9 个单元地块的层数列表，按照从上到下的顺序一一对应用地单元从 0—8 的编号顺序（图 3-19）。最后，将建筑层数与对应的建筑占地面积相乘得到总建筑面积，将街区整体总建筑面积除以街区用地面积得到街区容积率。

由于容积率不受限定，所以在研究二中，每个用地单元的建筑层数可以在层数变量取值范围内自由选择，但由于层数变化范围有限，因此实际上容积率的变化范围存在上限与下限，即当街区所有建筑同时为30层，达到街区容积率变化范围上限，其为4.17；当街区所有建筑同时为3层，达到街区容积率变化范围下限，其为0.83。

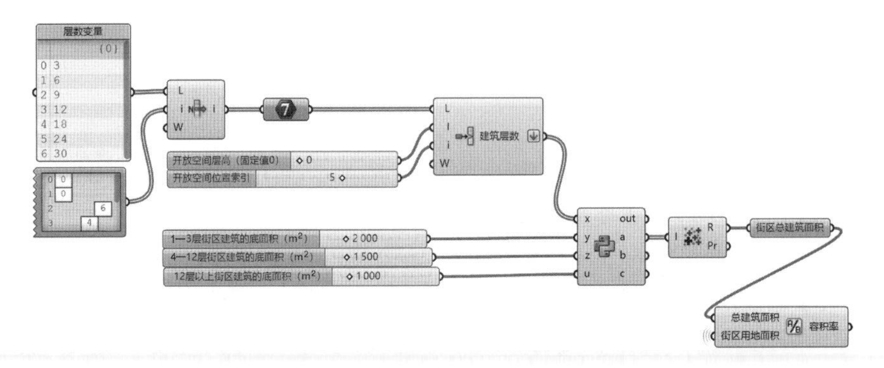

图3-18　容积率可变条件的控制模块示意

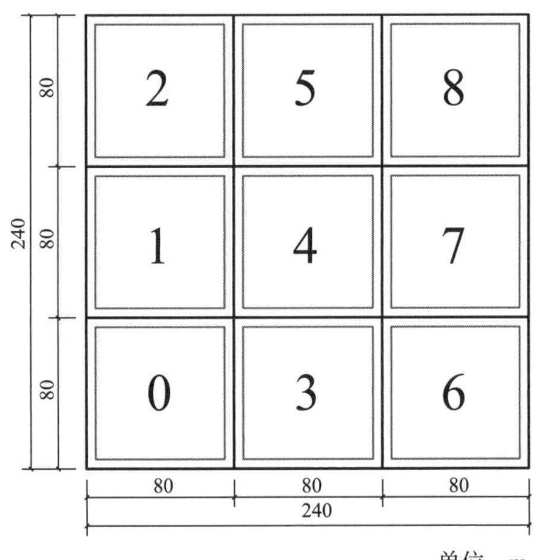

图3-19　实验街区用地单元编号

关于容积率限定条件的控制（图3-20），初始操作步骤与容积率可变条件的控制类似，同样是首先自动挑选出8个用地单元的建筑层数，插入开放空间，生成该街区9个用地单元的层数列表。但是由于街区容积率已事先预设，而自动生成的街区不一定能够符合预设条件，因此需要加入判断和处理模块。根据层数列表生成现状街区的总建筑面积，根据预设容积率计算得出理论街区的总建筑面积。引入判断模块比较两者数值，如果两者相等，则直接将街区层数列表输入到后续的操作步骤中，如果两者不相等，则引入面积修正系数概念，将现状街区的总建筑面积除以理论街区的总建筑面积获得面积修正系数，将面积修正系数与层数列表相乘后取整获得调整后的层数列表。

在层数调整的过程中由于可能存在建筑层数跨区间调整的现象，而不同层高区间的建筑占地面积不同，因此使用调整后的层数列表计算得出的街区总建筑面积不一定与理论街区总建筑面积相等，还需进行进一步的处理，通过选择合适的占地面积相除，最终获取修改容积率条件下的正确层数（图 3-21）。

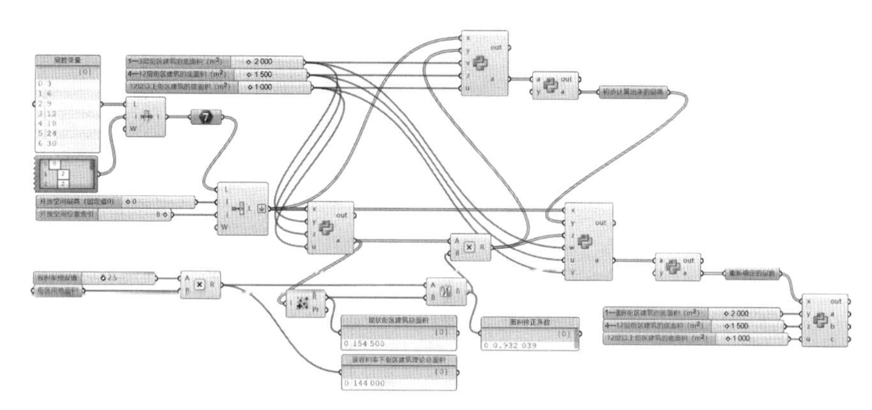

图 3-20　容积率限定条件下的控制模块示意

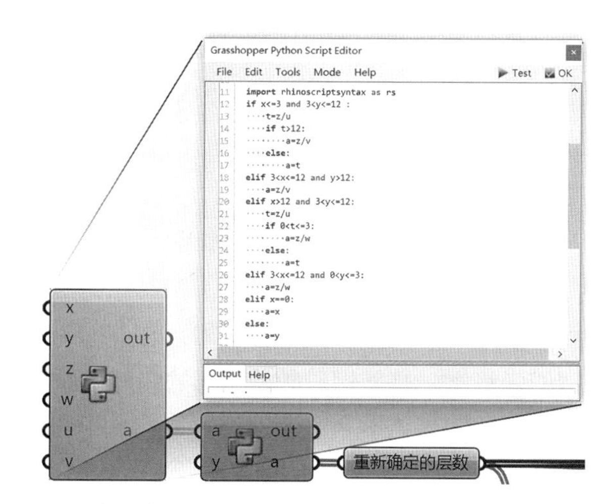

图 3-21　容积率限定条件下街区正确的建筑层数获取步骤示意

（3）建筑类型选择

将不同层高区间的建筑类型分别编号为 0—2，其中在 1—3 层区间中，建筑类型 P-1、S-1、C-1 被分别编号为 0、1、2；在 4—12 层区间中，建筑类型 P-2、S-2、C-2 被编号为 0、1、2；在 13—30 层区间中，建筑类型 P-3、P-4、S-3 被编号为 0、1、2。通过基因池（gene pool）自动从 0—2 中为每个用地单元挑选出对应的建筑类型编号，将每个地块的建筑类型编号与之前生成的建筑层数信息共同连入建筑形体生成模块，便可以得到街区整体形态模型。

（4）街区朝向控制

将需要旋转角度的街区场地模型与街区建筑模型连入街区朝向控制模块（图 3-22），以街区用地形心（120，120，0）作为旋转中心点，进而实现街区朝向的调整。将街区朝向的变化梯度设置为 15°，具体角度变化范围的取值为 -45°、-30°、-15°、0°、15°、30°、45°，共 7 种。旋转角度大于 0°时，表示街区朝向为南偏东；旋转角度小于 0°时，表示街区朝向为南偏西；街区朝向等于 0°时，表示街区朝向为正南。

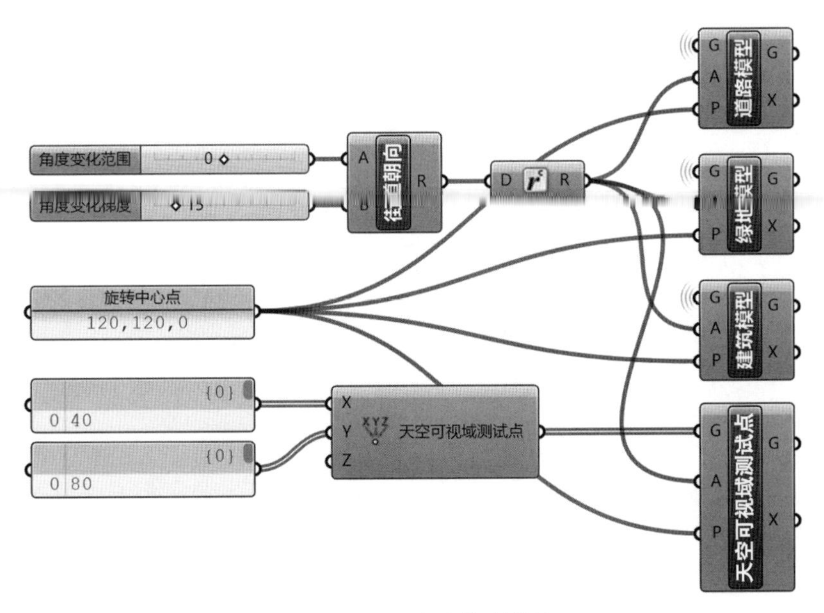

图 3-22 街区朝向控制模块

（5）形态因子计算

参数化模型的优势之一是能够以数据的形式描述建筑形体的几何特征。在本书中，介绍了诸如体形系数、围护系数、平均周长面积比等城市形态因子，在第 2 章中详细介绍了它们的计算方式，利用参数化平台自带的运算模块，能够便捷地计算出上述形态因子，具体过程不详细展开。在此主要介绍两种较为复杂的，且不能通过简单数学运算获得的城市形态因子的计算方式。

① 平均天空可视域

天空可视域的计算基于瓢虫（Ladybug）插件下的遮罩（Shading Mask）工具。在进行天空可视域计算之前首先应确定测试点的位置。本书选择街区内部每段道路的中点作为测试点，共计 12 个。将测试点连入中心点（centerPt）接口，将整体街区模型输入环境（context）端口，通过天空密度（skyDensity）端口设置天空可视域的计算精度，用规模（scale）端口控制生成的天穹模型大小。经过模块计算后，可在天空可视域（skyExposure）输出端口获取所有测试点对应的天空可视域，对整体天空可视域求平均值即可获得街区平均天空可视域（图 3-23、图 3-24）。

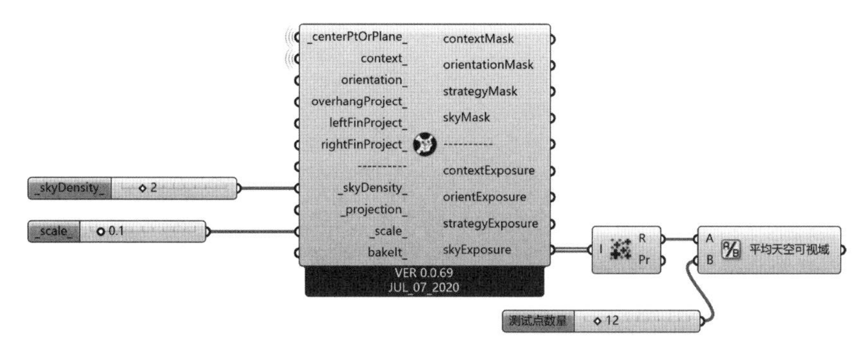

图 3-23　实验街区平均天空可视域计算模块示意

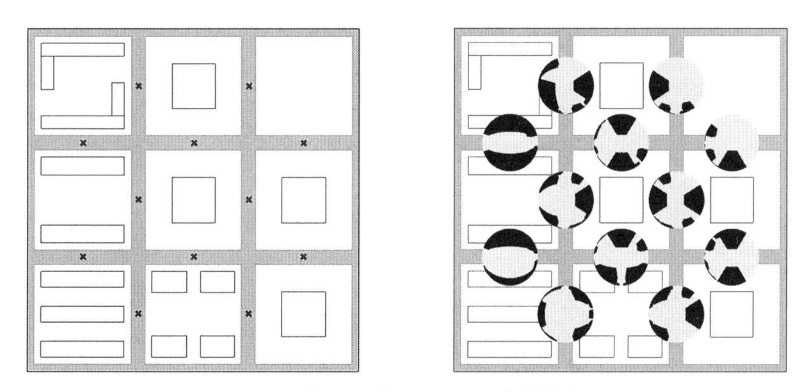

图 3-24　街区平均天空可视域计算演示

② 平均街道高宽比

平均街道高宽比可以通过构建横、纵、剖切面从而获取每个街道层峡的高宽比例，最终求取平均值。以正南北向街区为例，根据建筑形态特征，构建 6 个纵向剖切面和 9 个横向剖切面，具体位置如图 3-25 所示。纵向剖切面用于辅助计算东西向街道层峡高宽比，横向剖切面用于辅助计算南北向高宽比。利用实体相交（BBX）命令将剖切面与建筑模型相交，即可获得建筑形体边缘线与剖切面的交点。如图 3-26 所示，去掉最靠近街区外侧的交点，在横纵两个方向将前一栋建筑且靠近后一栋建筑的顶部交点与后一栋建筑位于底面且靠近该栋建筑的交点相连，即可算出南向和西向建筑与街道的高宽比；在横纵两个方向将后一栋建筑且靠近前一栋建筑的顶部交点与前一栋建筑位于底面且靠近该栋建筑的交点相连，即可算出北向和东向建筑与街道的高宽比，将每个街道层峡所对应的南北向建筑与街道高宽比或东西向建筑与街道高宽比求平均值，即可以获得东西向街道（图 3-27）或南北向街道层峡的平均高宽比。

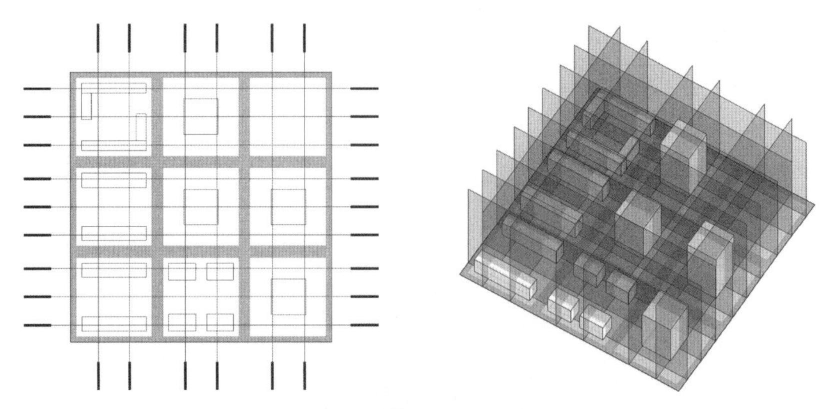

图 3-25　街道高宽比计算剖切面示意

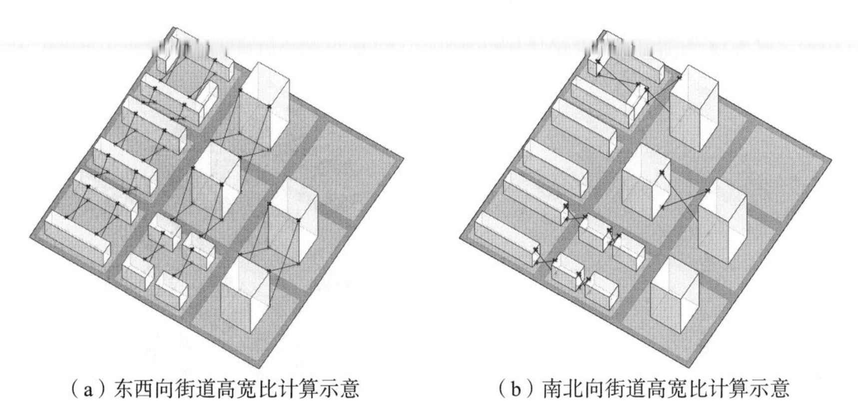

（a）东西向街道高宽比计算示意　　（b）南北向街道高宽比计算示意

图 3-26　街道高宽比计算示意

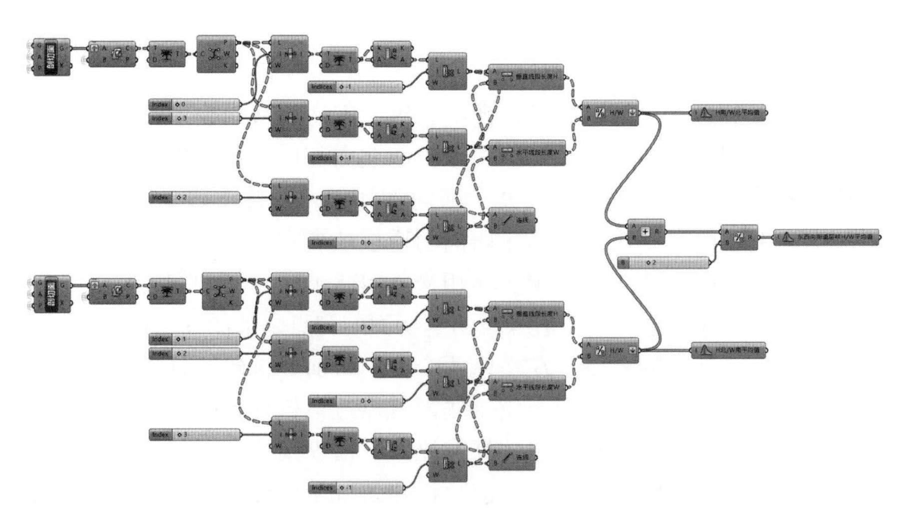

图 3-27　东西向街道高宽比计算模块示意

3.5.2 性能计算模块

1）微气候模拟模块

使用蜻蜓（Dragonfly）插件中的微气候模拟软件 UWG 工具进行微气候模拟，相关操作可以分为建筑形态设置、城市参数设置与模拟运行三个部分（图 3-28）。首先，将生成的街区建筑模型输入蜻蜓建筑类型（DF Building Typology）运算器的几何体（geo）端口，随后输入街区建筑功能和建造年代，本书将街区功能设置为中型居住公寓，将建造年代设置为新建。同时确定建筑外立面材质的反射率，此处设置与后续能耗模拟中的建筑热工参数保持一致，由此便完成了建筑形态设置。

将设置完成后的建筑形态连接到蜻蜓城市（DF City）运算器的类型（typologies）端口，将街区用地单元中的绿地和道路分别输入草地（grass）和地面（terrain）端口。由于实验街区位于夏热冬冷地区，按照美国气象分区分类标准应属于 3A 地区，因此将 3A 连接到气候区（climate zone）端口，交通、下垫面材质和道路等相关设置则保持默认，从而完成城市参数的设置。

最后，运行微气候模拟软件 UWG 运算器根据输入的城市参数、典型年气象数据、气象站环境参数以及城市边界层等参数，经过计算以 epw 文件格式输出修改后的城市街区气象文件。

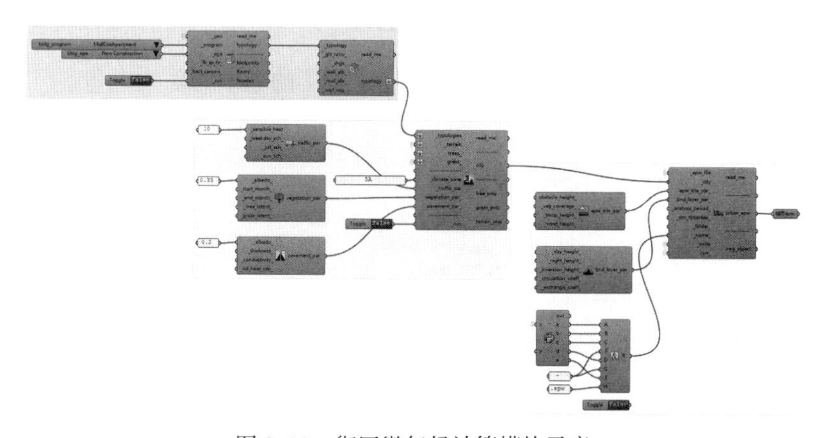

图 3-28 街区微气候计算模块示意

2）光伏发电模拟模块

光伏发电量是根据光伏发电板表面的太阳辐射量进行计算得到的（图 3-29）。在对太阳能利用研究的经典论文中，康帕格农（Compagnon）提出在建筑屋顶和立面上进行太阳光伏发电的合理阈值分别为 1 000 kW · h/（m^2 · a）和 800 kW · h/（m^2 · a）[17]。由于建筑立面太阳能一体化技术尚不成熟、安装和维护成本较高以及大面积推广对城市风貌的影响，因此只考虑屋顶太阳能利用，同时综合近年来屋顶光伏发电成本下降，国内外最新研究现状等因素[18-19]，将屋顶太阳光伏发电的阈值设定为 800 kW・h/(m²・a)，即仅考虑屋顶年太阳辐射超过 800 kW・h/m² 以上区域的发电量。

关于光伏板的相关参数依据目前主流发电设备参数进行设置，实验选用多晶硅光伏组件，其发电效率高，透光性不好，光电转换系数一般介于 10%—18.5%[20]，将其光电转换系数设置为 17%；将直流电转交流电转换效率设置为 85%，考虑到实际的建筑屋面不可能全部用于安装太阳光伏板，因此设定屋顶面积可使用率为 90%。此外，在实际的屋顶光伏发电板的安装过程中，光伏板方阵往往不是平行屋面放置，而是存在一定倾角，本书关注重点在于不同街区形态理论上的光伏产能潜力比较，而非精确的产能量计算，因此对倾角不做考虑。

太阳辐射量计算基于瓢虫（Ladybug）插件调用建筑光环境模拟软件 Radiance 引擎完成，首先利用生成累积天空矩阵（GenCumulativeSkyMtx）计算器根据输入的气象文件创建天空矩阵，用来计算一年中每个小时的天空辐射。将生成的天空矩阵输入选择天空矩阵（selectSkyMtx）计算器中，可以提取全年任意时间段的天空矩阵值，由于本书计算时间段为全年，在此可保持默认，无须设置。随后将需要计算太阳辐射的屋面、遮挡物、天空矩阵等参数输入辐射分析（Radiation Analysis）计算器，设置计算网格精度为 2 m，经过运算后可以获得每个屋面上的全年太阳辐射量（图 3-30）。

最后，使用分流（Dispatch）命令筛选出年太阳辐射量大于 800 kW・h/m² 的屋顶区域，并计算该区域的太阳辐射量和面积，将太阳辐射量乘以预设的光电转换系数、直流电转交流电转换效率和屋顶面积可使用率，可获取屋顶每个测试网格每个月和全年的太阳光伏发电量。

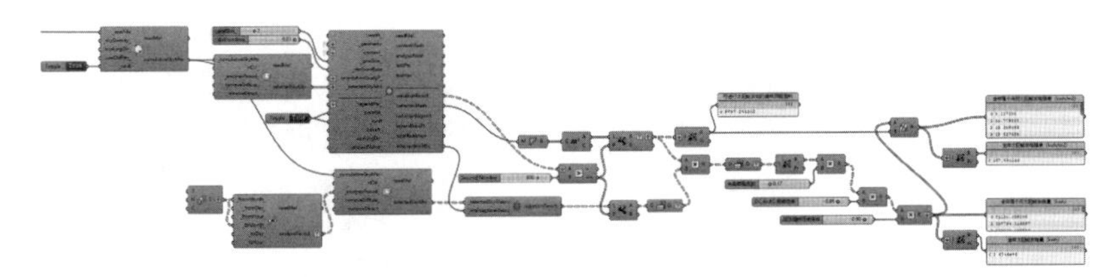

图 3-29　太阳光伏发电计算模块示意

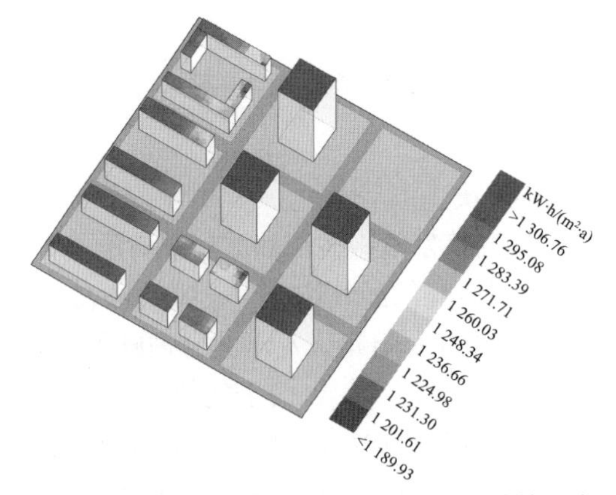

图 3-30　街区建筑屋顶年太阳辐射量计算示意

3）日照时长模拟模块

日照时长模拟运用瓢虫（Ladybug）插件中的日照时数分析（Sunlight Hours Analysis）运算器，根据输入的气象文件、太阳轨迹、模拟时间段和测试物体计算得出（图 3-31）。在实验中，以大寒日 8：00—16：00 作为模拟时间段，在街区每栋建筑的南面底层窗台位置（距地面 0.9 m）构建日照测试面，将精度设置为 1 m，将所有测试面在大寒日的日照时长相加求平均值，以此作为评价街区整体采光性能的指标（图 3-32）。

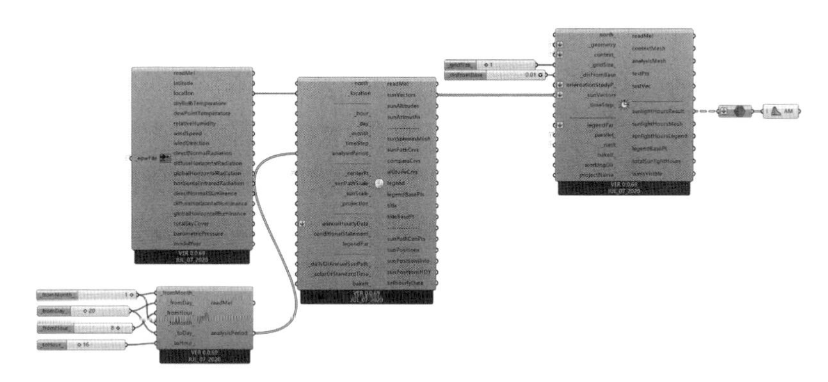

图 3-31　日照时长计算模块示意

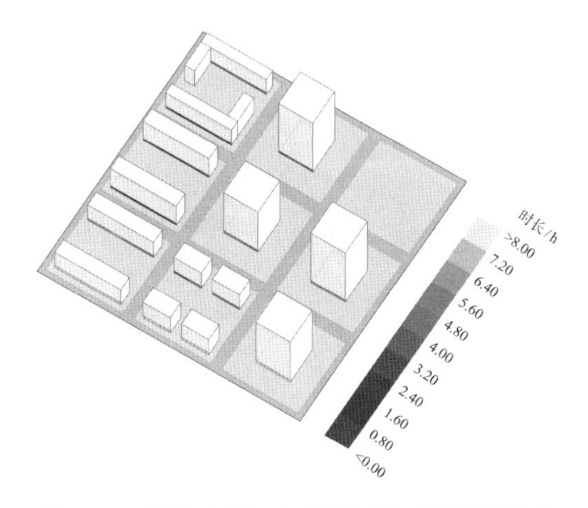

图 3-32　街区建筑南向底层日照时长计算示意

4）建筑能耗仿真模块

建筑能耗模拟是性能计算中的核心环节，由于目前城市建筑能耗建模工具不易获取且尚不成熟，本书选用蜜蜂（Honeybee）插件调用建筑能耗模拟软件 EnergyPlus 引擎对街区建筑进行能耗模拟。Energyplus 是一款基于物理模型的高精度动态建筑能耗模拟软件，可以对建筑能耗进行详细建模运算。但在能耗模拟领域，尺度、精度与速度往往难以同时兼顾，当该软件应用于街区规模时，由于尺度庞大，多热区之间的能量交互关系复杂，按照传统的模拟精度需要耗费大量的时间，因此在街区尺度的能耗模拟中建模精度需要有所取舍，进行相应的简化操作。

总的来说，能耗模拟主要分为几何建模、内热源与运行时间表设定、围护结构热工参数设定和能耗模拟四个部分，下面将逐一加以介绍：

（1）几何建模

虽然在此之前已经完成了参数化街区模型的建立，但是进行能耗模拟的前提是要将参数化模型转化为能耗模拟软件能够识别的模型格式。首先对建筑参数模型进行热区划分，目前在城市能耗建模中主流的建筑热区划分方式可分为三种：第一种将整栋建筑视作一个独立的热区；第二种将每层楼视作一个独立的热区；第三种是将每层楼以核心＋周边的模式划分为五个热区。参考既往研究的做法，本书采用第二种热区划分方式，即将每层楼划分为一个热区，以保证街区能耗模拟时间控制在可接受范围内，同时仍能够对太阳辐射和微气候的改变保持高度敏感性，并能在能耗变化上真实反映其影响。随后，对划分完热区的模型进行邻接检查，主要是解决不同热区对交接部分属性定义的问题。接着进行窗墙比设定，根据调研与设计规范[21]，考虑到居住建筑的特殊性，将所有建筑的南向和北向窗墙比设置为0.4，东西向窗墙比设置为0.1，最终输出蜜蜂热区（HBZones）格式模型，完成从参数化建筑模型到蜜蜂（Honeybee）可以识别的几何模型格式的转换（图3-33）。

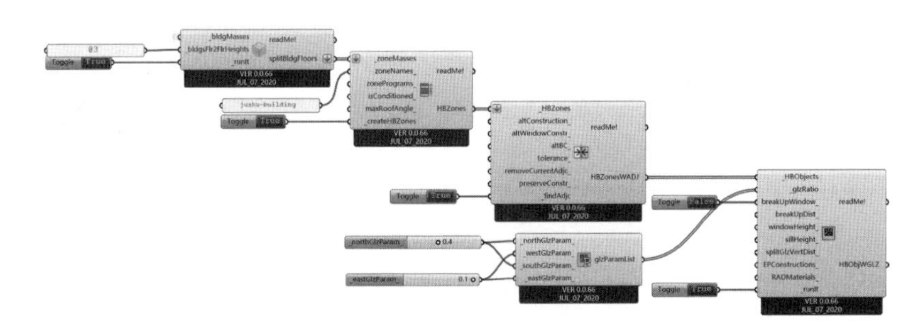

图3-33　街区建筑几何建模示意

（2）内热源与运行时间表设定

在现实街区中，同种功能的不同建筑在用户用能特征、设备运行特征和维护结构的热工性能方面都会存在差异，然而对每栋建筑进行详细的调研实在难以做到，因此在城市能耗建模中往往会为不同功能建筑分别建立原型。原型建筑具有同类型建筑代表性的用户用能行为、设备控制时间表和维护结构热工参数。尤其是利用原型建筑对街区乃至城市尺度的新区进行能耗评估时，原型建筑能够对区域能源进行快速地计算评估，发挥了重要作用。

在本书中，街区建筑功能被统一设定为居住建筑，为了便于比较不同形态的能源绩效，因此整体街区采用同种原型，设定相同的预设参数。参数设定主要依据《夏热冬冷地区居住建筑节能设计标准》（JGJ 134—2010）[21]、《民用建筑供暖通风与空气调节设计规范》（GB 50736—2012）[22]，以及相关研究和实地走访调研。实验设定空调制冷季的时间为当年的 6 月 15 日至 8 月 31 日；空调采暖季的时间为当年的 12 月 1 日至次年的 2 月 28 日。将冬季室内采暖温度设定为 18℃，夏季室内制冷温度设定为 26℃。每小时换气次数为 1.0 次，即 1ACH，代表每隔 1 h 室内空气会被室外新鲜空气所替代。人均最小新风量为 30 m^3/h，采用理想的空调系统。现行规范中将室内设备功率密度设置为 4.3 W/m^2，但根据 2020 年贾令堃等人对上海地区居住建筑的实地调研发现，由于设备效能在近 10 年来得到了较大提高，在居民日常使用中设备密度远远达不到 4.3 W/m^2[23]。在 2020 年住房和城乡建设部发布的《夏热冬冷地区居住建筑节能设计标准（局部修订条文征求意见稿）》[24]中，已经明确将设备功率密度下调至 3.8 W/m^2。综合上述情况，再结合建湖地区居民实际用能特点，采用贾令堃等人主张的 1.9 W/m^2 作为实验中的室内设备功率密度。此外，将照明功率密度设置为 5 W/m^2，高峰人员密度为 0.03 ppl/m^2。具体参数如表 3-3 所示。

表 3-3　建筑内热源参数

参数类别		取值
运算时间		1 月 1 日至 12 月 31 日
建筑负荷参数	照明功率	5 W/m^2
	室内设备功率	1.9 W/m^2
	高峰人员密度	0.03 ppl/m^2
建筑供暖、通风与空调（HVAC）系统参数	采暖温度；制冷温度	26℃；18℃
	换气次数	1 次
	人均最小新风量	30 m^3/（h·人）
	计算期	采暖：12 月 1 日至 2 月 28 日。制冷：6 月 15 日至 8 月 31 日

关于室内人员实时在室率、照明开关时间表、电器设备使用率和空调系统开关时间表等设置如表 3-4 至表 3-7 所示。

表 3-4　人员实时在室率

时段	1：00	2：00	3：00	4：00	5：00	6：00	7：00	8：00	9：00	10：00	11：00	12：00
工作日	0.95	0.95	0.95	0.95	0.95	0.95	0.90	0.65	0.15	0.15	0.15	0.50
节假日	0.50	0.50	0.50	0.50	0.50	0.50	0.50	0.50	0.50	0.50	0.50	0.50
时段	13：00	14：00	15：00	16：00	17：00	18：00	19：00	20：00	21：00	22：00	23：00	24：00
工作日	0.80	0.50	0.15	0.15	0.15	0.50	0.95	0.95	0.95	0.95	0.95	0.95
节假日	0.50	0.50	0.50	0.50	0.50	0.50	0.50	0.50	0.50	0.50	0.50	0.50

表 3-5　照明开关时间

时段	1：00	2：00	3：00	4：00	5：00	6：00	7：00	8：00	9：00	10：00	11：00	12：00
工作日	0.05	0.05	0.05	0.05	0.25	0.50	0.80	0.25	0.10	0.10	0.10	0.50
节假日	0.05	0.05	0.05	0.05	0.25	0.50	0.80	0.25	0.10	0.10	0.10	0.25
时段	13：00	14：00	15：00	16：00	17：00	18：00	19：00	20：00	21：00	22：00	23：00	24：00
工作日	0.80	0.50	0.10	0.10	0.10	0.50	0.95	0.95	0.95	0.95	0.80	0.25
节假日	0.50	0.25	0.10	0.10	0.50	0.80	0.95	0.95	0.95	0.95	0.80	0.25

表 3-6　电器设备使用率

时段	1：00	2：00	3：00	4：00	5：00	6：00	7：00	8：00	9：00	10：00	11：00	12：00
工作日	0.10	0.10	0.10	0.10	0.25	0.50	0.80	0.25	0.10	0.10	0.10	0.50
节假日	0.05	0.05	0.05	0.05	0.25	0.50	0.80	0.50	0.50	0.50	0.50	0.80
时段	13：00	14：00	15：00	16：00	17：00	18：00	19：00	20：00	21：00	22：00	23：00	24：00
工作日	0.80	0.50	0.10	0.10	0.10	0.50	0.95	0.95	0.95	0.95	0.80	0.25
节假日	0.50	0.50	0.50	0.50	0.50	0.80	0.95	0.95	0.95	0.95	0.80	0.25

表 3-7　空调系统开关时间

时段	1：00	2：00	3：00	4：00	5：00	6：00	7：00	8：00	9：00	10：00	11：00	12：00
工作日	1.0	1.0	1.0	1.0	1.0	1.0	1.0	0.0	0.0	0.0	0.0	0.0
节假日	1.0	1.0	1.0	1.0	1.0	1.0	1.0	1.0	1.0	1.0	1.0	1.0
时段	13：00	14：00	15：00	16：00	17：00	18：00	19：00	20：00	21：00	22：00	23：00	24：00
工作日	1.0	1.0	0.0	0.0	0.0	0.0	0.0	1.0	1.0	1.0	1.0	1.0
节假日	1.0	1.0	1.0	1.0	1.0	1.0	1.0	1.0	1.0	1.0	1.0	1.0

利用蜜蜂（Honeybee）中的设置热区能源负荷（setEPZoneLoads）和时间表（Schedules）运算器可以快速完成上述内热源与相关运行时间表的参数设定（图 3-34、图 3-35）。

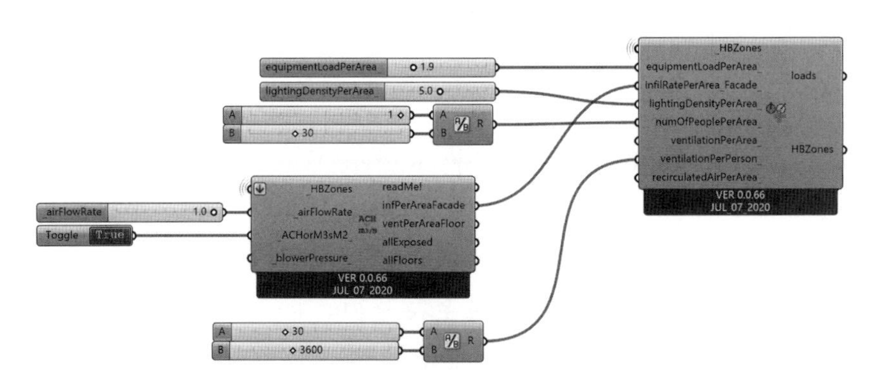

图 3-34　建筑内热源设置模块示意

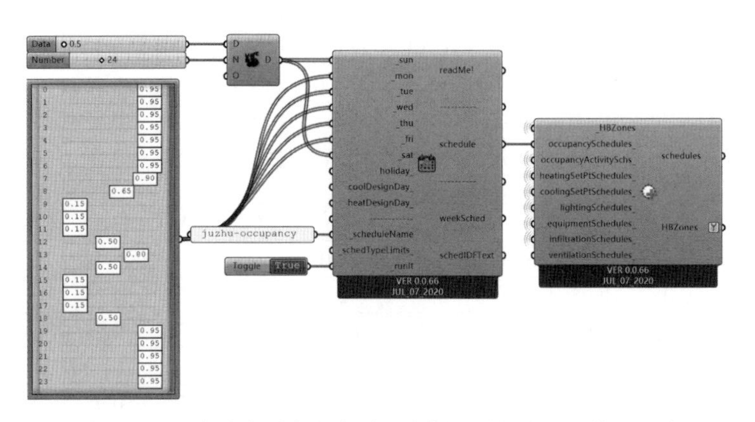

图 3-35　以人员实时在室率设置为例的时间表设置模块示意

（3）围护结构热工参数设定

利用蜜蜂（Honeybee）中的调整后的蜜蜂热区（modifiedHBZones）运算器可以完成围护结构热工参数设定，具体如表 3-8 和图 3-36 所示。

表 3-8　建筑围护结构热工参数

围护结构传热系数	屋面	0.5 W/（m^2 · K）
	外墙	0.8 W/（m^2 · K）
	楼板	1.5 W/（m^2 · K）
	外窗	2.70 W/（m^2 · K）（SHGC = 0.78；VT = 0.55）

注：SHGC 即 Solar Heat Gain Coefficient，表示太阳能得热系数；VT 即 Visible Transmittance，表示可见光透射率。

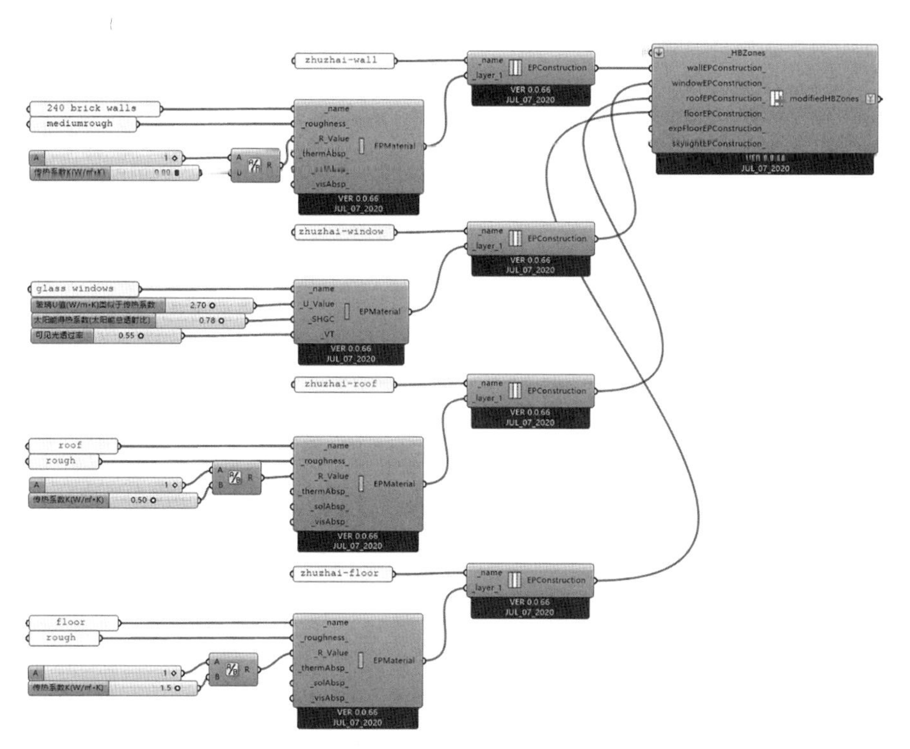

图 3-36　建筑围护结构热工参数设置模块示意

（4）能耗模拟

能耗模拟主要依靠运行能耗模拟（runEnergySimulation）计算器调用建筑能耗模拟软件 EnergyPlus 模拟完成，将之前由微气候模拟软件 UWG 模拟生成的 epw 格式气象文件输入计算器的气象文件（epwFile）端口，将经过内热源、时间表与围护结构热工参数设置后的几何模型输入蜜蜂热区（HBZones）端口，分析周期（analysisPeriod）端口可不做设置，默认为进行全年能耗模拟。此外利用能耗模拟参数（EnergySimPar）完成对模拟时间步长、太阳细分度等有关模拟精度的参数设置；使用导出

（EPOutput）设置好需要模拟输出的内容，以及能耗的时间单位，选择以每月能耗的形式获取模拟结果。至此，在完成上述操作后，点击运行，运算器便将调用建筑能耗模拟软件 EnergyPlus 引擎进行模拟运算，在等待一定的时间后，即可分别获得建筑采暖、制冷、照明和设备的能耗，由于照明和设备能耗在居民日常实际用能中的占比不大，且受城市形态的影响较弱，主要与使用者行为相关。同时本书中的照明和设备能耗由固定参数控制，不同街区形态下的这两项能耗强度保持不变，因此照明与设备两项能耗不做专门关注，重点聚焦与形态联系密切的采暖与制冷能耗和街区总能耗（图 3-37 至图 3-40）。

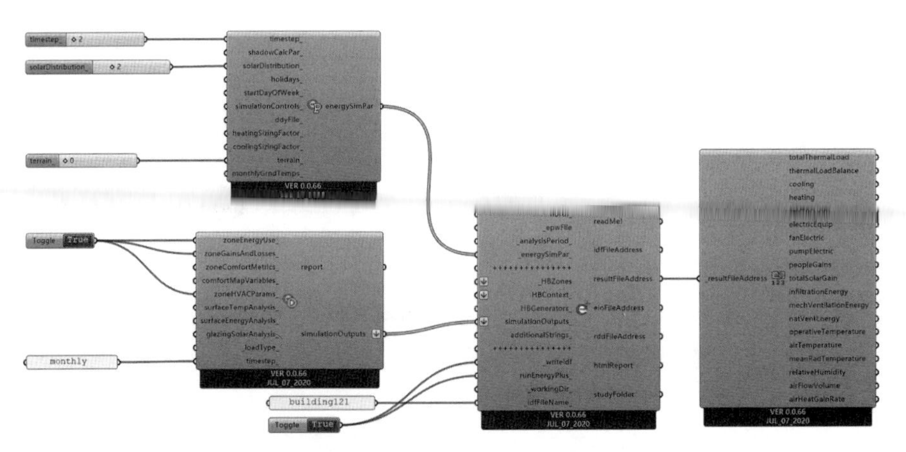

图 3-37　能耗模拟模块示意

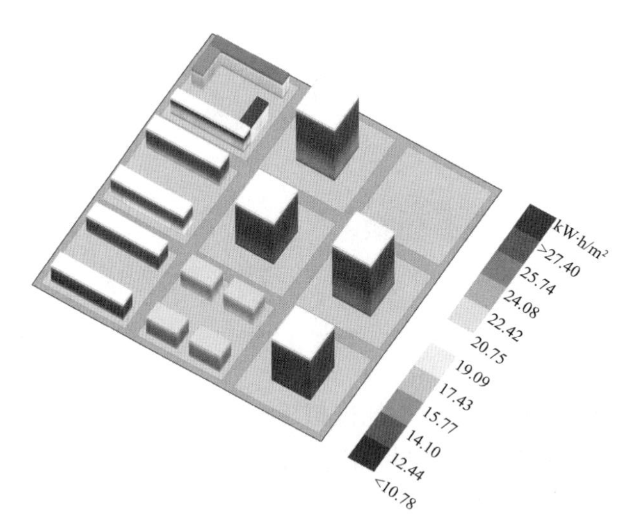

图 3-38　街区建筑采暖能耗强度计算示意

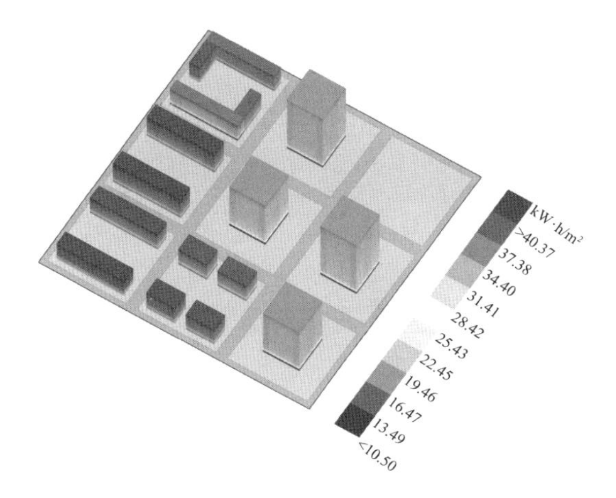

图 3-39　街区建筑制冷能耗强度计算示意

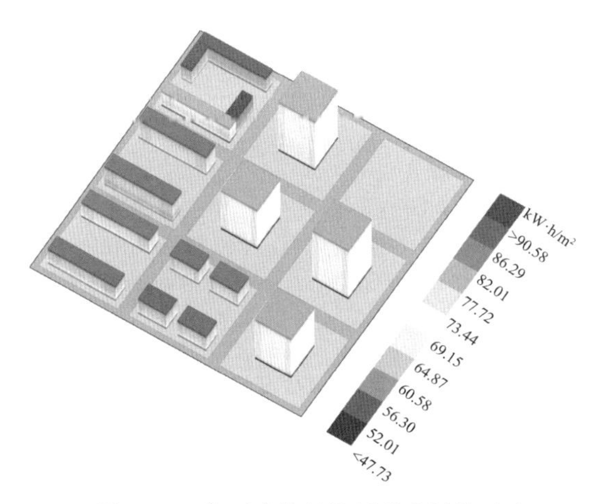

图 3-40　街区建筑总能耗强度计算示意

3.5.3　算法优化模块

多目标优化插件 Wallacei 2.5 包含 3 个板块，共 16 个组件，具体的软件使用介绍可访问其官方网站获取。

Wallacei X 是多目标优化插件 Wallacei 平台的核心组件。通过 Wallacei X，用户能够运行多目标优化算法，分析优化结果，自由选择结果数据，导出模型，访问在线学习论坛和参考使用说明，所有这些功能都被整合到同一个用户界面中。Wallacei X 内置了多目标遗传算法 NSGA-2，用户可以直接将确定好的变量值与目标值分别连入 Wallacei X 运算器的基因（Genes）输入端和目标（Objectives）输入端即可完成初始算法设置。需要注意的是，为了使输入的优化目标值能够更好地被 Wallacei X 所识别，建议将目标值的名称更改为“wlc_XXX”模式。此外，优化算法默认向目标数值变小的方向进行优化，因此如果希望使实验的目标值最大化，则需要对目标采用取倒数或负数的方式进行一定的变换后，再连入运算器的目标（Objectives）输入端口（图 3-41）。

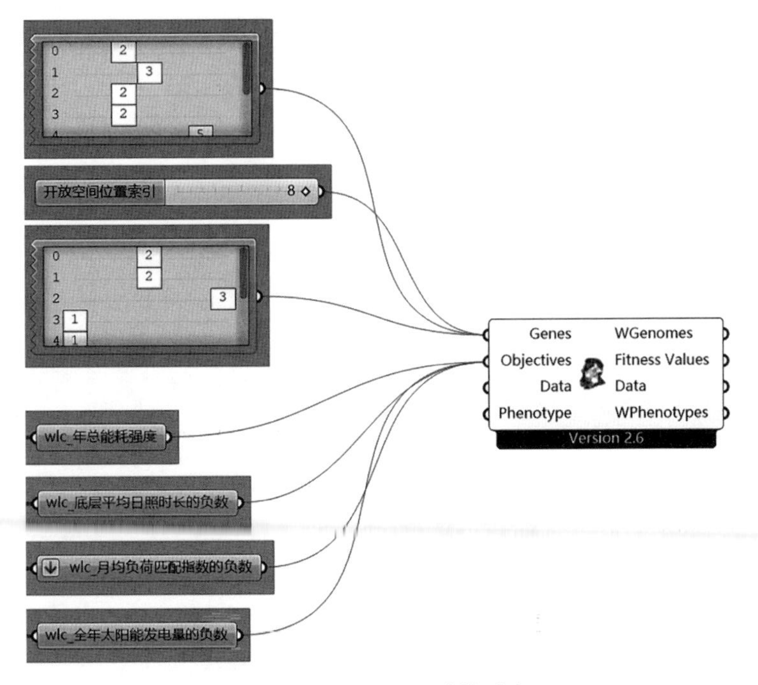

图 3-41　Wallacei X 连接示意

如图 3-42 所示，连接完成后，双击 Wallacei X 运算器中央图标后会弹出新的面板。其中第一部分是华莱士的设置（Wallacei Settings），主要是关于多目标遗传算法的相关参数设定内容。在最左侧面板中种群（Population）下的种群大小（Generation Size）表示每一代种群的规模，种群大小是影响多目标遗传算法优化性能的重要参数，推荐以变量数量的 2 倍或 4 倍作为种群大小[25]。Generation Count 表示拟模拟种群的代数，也是控制算法停止的参数，可根据需要设置。在本章自动寻优实验研究二中，设定种群大小（Generation Size）为 33 个，拟模拟种群的代数（Generation Count）为 100 代，因此优化进程将要运行 3 300 次评估方可停止。在研究三中，设定种群大小（Generation Size）为 40 个，拟模拟种群的代数（Generation Count）为 100 代，历经 4 000 次评估后优化进程自动停止。算法参数（Algorithm Parameters）下的参数是关于遗传算法中交叉率、变异率等参数的设置，保持默认。模拟参数（Simulation Parameters）下显示的是变量的个数，所有变量的可取值总数、优化目标个数和可能方案的个数，如图 3-42 所示，该优化进程中的可能方案有（1 × 1 012）个。运行时间（Run Time）用于显示当前优化进程已用时间以及优化进程总时长和预计剩余时间。动态图形首选项（Dynamic Graphs Preferences）下的设置可保持默认。

在完成后上述设置后，点击左下角的开始（Start）按钮即可开启算法优化进程，旁边的 Snap 按钮表示截取当前视图，Stop 按钮表示停止运算，Reset 按钮表示重置参数。

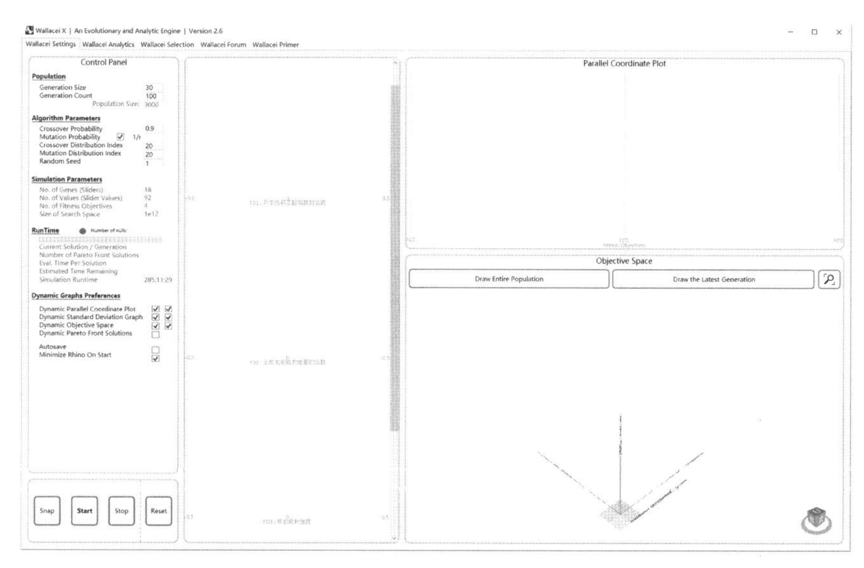

图 3-42　华莱士的设置（Wallacei Settings）面板示意

3.5.4　数据记录与导出模块

每项研究中都会产生大量的数据，为了便于后期对数据进行整理、分析，可运用 TT 工具箱（TT Toolbox）工具，记录每次迭代优化中的街区形态、性能等参数，并将其写入指定的电子表格 Excel 本地文档中。

在具体操作时，将需要记录的参数连入加拉帕戈斯列表（GalapList）运算器的 G 端口，再连入写入电子表格（WriteXL）运算器的数据（Data）端口，即可完成数据连接步骤。此外还需利用写出输出（WO）运算器指定数据储存位置，以及在写入电子表格（WriteXL）运算器的［Cn］端口按数据输入顺序给每列数据命名，最后在“R？”端口输入真（True），数据立即开始记录，此时本地的电子表格 Excel 上能够实时观察到运算器记录到本地的数据（图 3-43、图 3-44）。

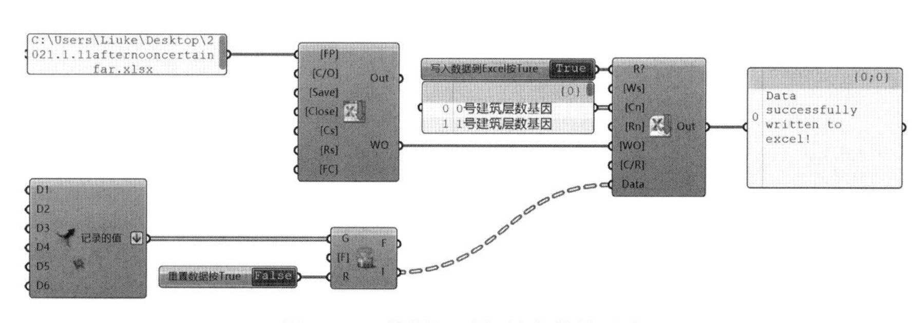

图 3-43　数据记录与导出模块示意

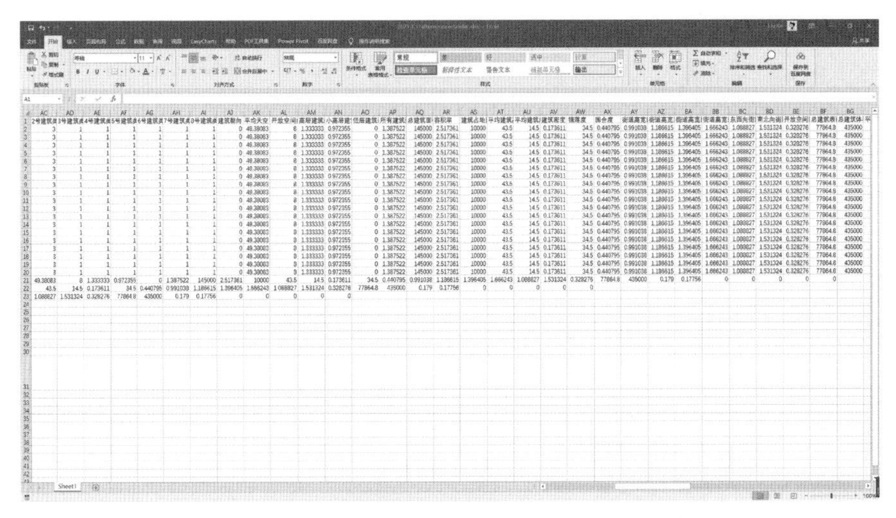

图 3-44　数据记录到本地电子表格 Excel 中示意

3.6　本章小结

第 3 章是在上一章总结影响能源绩效的城市形态因子和形态优化指标的基础上，以能源绩效作为优化目标，以形态因子与能源绩效耦合关系作为研究对象，构建起城市街区形态生成与优化实验。本章重点介绍了形态优化实验的方法与路径。首先对实验思路进行了简要的概述，接着对本章所使用的平台与工具进行了介绍，随后重点介绍了优化实验的组织框架，对设置的三组实验研究进行了整体概括，总结了不同实验研究的目标与内容及其所涉及的城市形态因子，最后按照“形态生成—性能计算—算法优化—数据记录”的顺序详细介绍了实验平台搭建中每部分的具体实验操作步骤、流程与相关参数设置。

第 3 章参考文献

[1] 于航，黄子硕，潘毅群，等 . 城区需求侧能源规划实施指南[M]. 北京：中国建筑工业出版社，2018.

[2] WIDÉN J，WÄCKELGÅRD E，LUND P D. Options for improving the load matching capability of distributed photovoltaics：methodology and application to high-latitude data[J]. Solar energy，2009，83(11)：1953–1966.

[3] 刘宇鹏 . 基于微气候性能驱动的寒地城市形态自动优化方法研究[D]. 南京：东南大学，2018.

[4] 石峰，周晓琳 . 基于 Ladybug Tools 的可变建筑表皮参数化设计方法研究[J]. 新建筑，2020(3)：70–75.

[5] NAKANO A，BUENO B，NORFORD L，et al. Urban weather generator：a novel workflow for integrating urban heat island effect within urban design process[C].

Hyderabed: 14 Conference of International Building Performance Simulation Association, 2015.
[6] BUENO B, NORFORD L, HIDALGO J, et al. The urban weather generator[J]. Journal of building performance simulation, 2013, 6(4): 269–281.
[7] BANDE L, AFSHARI A, AL MASRI D, et al. Validation of UWG and ENVI-met models in an Abu Dhabi district, based on site measurements[J]. Sustainability, 2019, 11(16): 4378.
[8] SALVATI A, MONTI P, COCH ROURA H, et al. Climatic performance of urban textures: analysis tools for a Mediterranean urban context[J]. Energy and buildings, 2019, 185: 162–179.
[9] UNZETA B B, NORFORD L K, BRITTER R. An urban weather generator coupling building simulations with a physically based urban model[C]. Yokohama: the 7th Internation Conference on Urban Climate(ICUC-7), CiteSeer, 2009: 29.
[10] 刘丹凤，陈宏 . 基于室外环境性能模拟的街区形态参数化设计[C]. 重庆：全国建筑院系建筑数字技术教学与研究学术研讨会，2019.
[11] MACHAIRAS V, TSANGRASSOULIS A, AXARLI K. Algorithms for optimization of building design: a review[J]. Renewable and sustainable energy reviews, 2014, 31: 101–112.
[12] 田明正 . 求解多目标优化问题的基于布谷鸟搜索策略的两种改进算法[D]. 武汉：武汉大学，2017.
[13] CHANTRELLE F P, LAHMIDI H, KEILHOLZ W, et al. Development of a multicriteria tool for optimizing the renovation of buildings[J]. Applied energy, 2011, 88(4): 1386–1394.
[14] 中国建筑设计研究院，山东建筑大学，中国建筑西南设计研究院，等 . 被动式太阳能建筑技术规范(JGJ/T 267—2012)[S]. 北京：中国建筑工业出版社，2012: 87.
[15] ALI-TOUDERT F, MAYER H. Numerical study on the effects of aspect ratio and orientation of an urban street canyon on outdoor thermal comfort in hot and dry climate[J]. Building and environment, 2006, 41(2): 94–108.
[16] 中华人民共和国住房和城乡建设部，中华人民共和国国家发展和改革委员会 . 住房和城乡建设部　国家发展改革委关于进一步加强城市与建筑风貌管理的通知[EB/OL]. (2020-12-21)[2023-05-28].http://www.mohurd.gov.cn/jzjnykj/202004/t20200429_245239.html.
[17] COMPAGNON R. Solar and daylight availability in the urban fabric[J]. Energy and buildings, 2004, 36(4): 321–328.
[18] 廖维，徐燊，林冰杰 . 太阳能建筑规模化应用的原型研究：城市形态与太阳能可利用度的模拟研究[J]. 华中建筑，2013(4): 64–66.
[19] NATANIAN J, KASTNER P, DOGAN T, et al. From energy performative to livable Mediterranean cities: an annual outdoor thermal comfort and energy balance cross-climatic typological study[J]. Energy and buildings, 2020, 224: 110283.

[20] 杜晓辉，张永超 . 高铁建筑表皮与光伏一体化设计分析［J］. 南方建筑，2020（6）：42–47.

[21] 中国建筑科学研究院，重庆大学，中国建筑西南设计研究院，等 . 夏热冬冷地区居住建筑节能设计标准（JGJ 134—2010）［S］. 北京：中国建筑工业出版社，2010：51.

[22] 中国建筑科学研究院，北京市建筑设计研究院，中国建筑设计研究院，等 . 民用建筑供暖通风与空气调节设计规范（GB 50736—2012）［S］. 北京：中国建筑工业出版社，2012：288.

[23] 贾令堃，黄一如 . 基于实测的上海市集合住宅能耗模拟机制优化［J］. 建筑学报，2020，617（2）：74–79.

[24] 中华人民共和国住房和城乡建设部办公厅 . 住房和城乡建设部办公厅关于行业标准《夏热冬冷地区居住建筑节能设计标准（局部修订条文征求意见稿）》公开征求意见的通知［EB/OL］.（2020-08-19）［2023-05-28］.http://www.mohurd.gov.cn/zqyj/202008/t20200819_246821.html.

[25] HAMDY M，NGUYEN A T，HENSEN J L M，et al. A performance comparison of multi-objective optimization algorithms for solving nearly-zero-energy-building design problems［J］. Energy and buildings，2016，121：57–71.

第 3 章图表来源

图 3-1 源自：笔者自绘 .

图 3-2 源自：软件截图 .

图 3-3 源自：吴奕帆 . 基于性能驱动的气候适应性城市开放空间优化设计：以夏热冬冷地区为例［D］. 南京：东南大学，2018.

图 3-4、图 3-5 源自：瓢虫（Ladybug）官网 .

图 3-6 源自：维基百科（中文）官网 .

图 3-7 至图 3-9 源自：软件生成 .

图 3-10 至图 3-44 源自：笔者绘制 .

表 3-1 至表 3-8 源自：笔者绘制 .

4 能源绩效驱动的城市形态优化结果与分析

在完成对第 3 章介绍的三个实验的运算后，还需分别对各个实验的结果进行针对性的分析与阐释，尝试揭示量化的城市形态因子与能源绩效的相关性与关联度。在此基础上，进一步提出相应的夏热冬冷地区居住街区城市形态生成与优化策略及模式。

4.1 单一建筑类型街区形态能源绩效评估

4.1.1 实验组织过程

为了对不同建筑类型的能源绩效有一个初步的认识，组织了单一建筑类型街区形态的能源绩效评估与模拟，主要探讨点式、板式和庭院式构成城市街区的能源绩效，在大类型之下的不同小类型组成的单一形态街区能源绩效表现以及街区建筑高度与能源绩效的关系等问题。

具体实验流程如图 4-1 所示，通过改变控制性形态因子生成用于研究的单一建筑类型街区，并进行能耗模拟，记录所有过程数据，以用于后续结果的分析与讨论（表 4-1）。

将实验街区功能设定为居住功能，性能计算时长为全年，建筑层高为 3 m，所有相关预设参数和计算参数在第 3.4 节中已有详细描述，在此不再赘述。

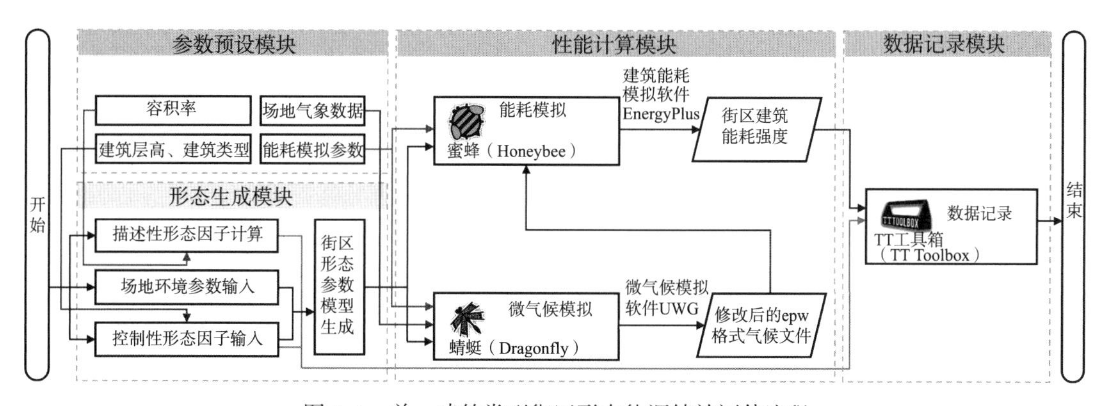

图 4-1 单一建筑类型街区形态能源绩效评估流程

表 4-1　控制性形态因子取值范围

形态因子	范围	说明
建筑类型	P-1 至 S-3	共 9 种，每种类型有其对应的层数变化区间
建筑层数	1—3 层	共 3 种，呈等差数列变化，公差为 1 m，适用类型为 P-1、S-1、C-1
	4—12 层	共 9 种，呈等差数列变化，公差为 1 m，适用类型为 P-2、S-2、C-2
	13—30 层	共 18 种，呈等差数列变化，公差为 1 m，适用类型为 P-3、P-4、S-3

4.1.2　数据对比分析

实验共获取数据 90 组，其中 1—3 层高度区间数据共 9 组，4—12 层高度区间数据共 27 组，13—30 层高度区间数据共 54 组。其中，当建筑层数为 1 层时，由建筑类型 P-1、S-1 和 C-1 构成的单一形态街区（后称“XX 街区”）的建筑能耗数值严重偏离正常范围，故而将其视作异常值排除，而后绘制实验街区能耗强度与建筑类型和建筑层数的变化趋势图。

由图 4-2 可知，不同类型街区形态的能耗水平各不相同，变化趋势也不尽相同：在年采暖能耗表现上，C-1 街区能耗强度最高，S-3 街区能耗强度最低；在年制冷能耗表现中，C-1 街区在建筑层数为 2 层时拥有 9 种形态街区中的制冷能耗强度最低值，而 S-2 街区层数为 11 层时制冷能耗强度在所有街区中是最高的；从年总能耗来看，C-1 街区总能耗强度最高，P-3 街区总能耗强度最低。

虽然不同层数区间段的能耗强度数值不连续，但整体而言，街区形态的采暖能耗强度随着层数的增加呈现出先急剧下降后缓慢上升的趋势；制冷能耗强度则呈现出先快速上升后缓慢增长的趋势；总能耗强度在各高度区间都呈现上升的趋势。

表 4-2 选取的是在本次实验中具有代表性的街区形态。

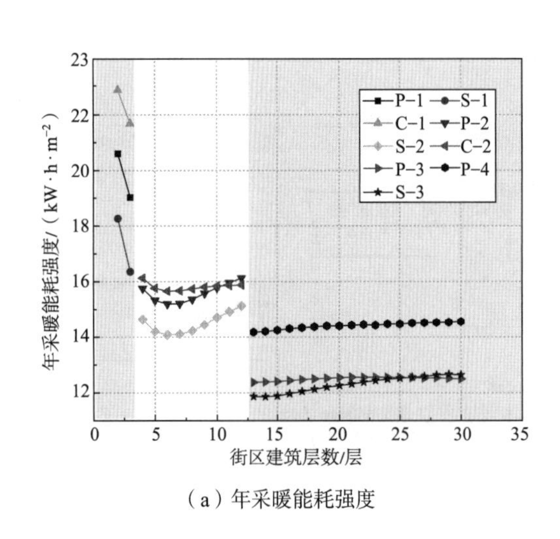

（a）年采暖能耗强度

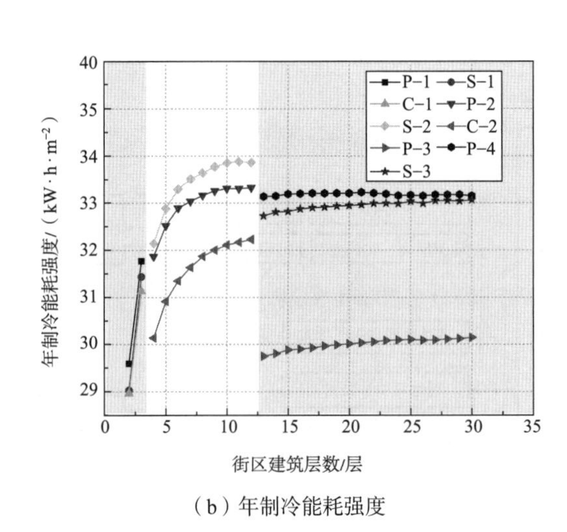

（b）年制冷能耗强度

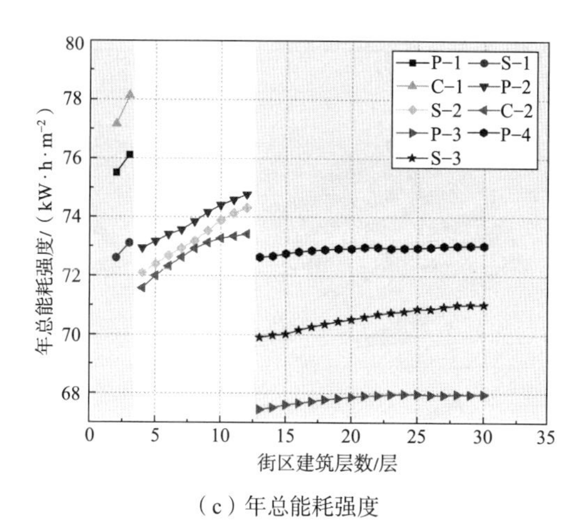

（c）年总能耗强度

图 4-2　单一建筑类型街区年能耗强度随建筑层数变化趋势

表 4-2　单一建筑类型街区之典型街区能源绩效

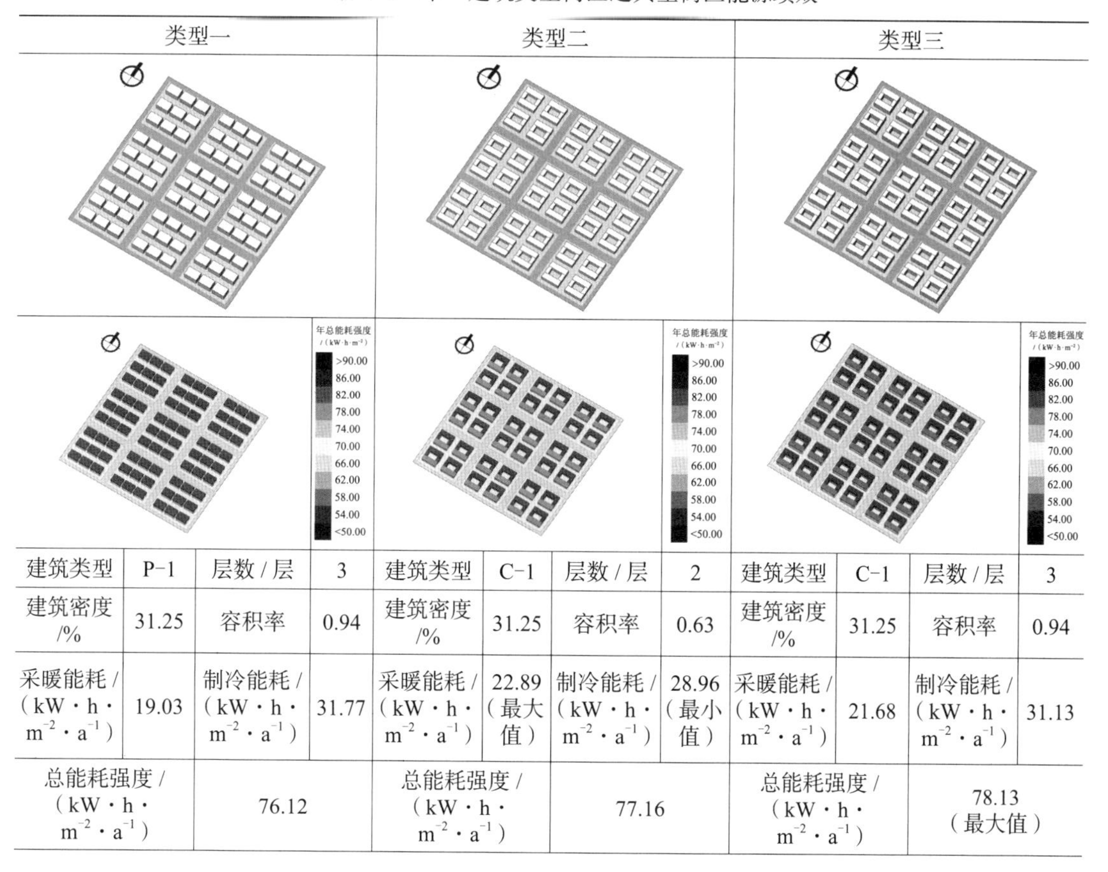

类型一				类型二				类型三			
建筑类型	P-1	层数 / 层	3	建筑类型	C-1	层数 / 层	2	建筑类型	C-1	层数 / 层	3
建筑密度 /%	31.25	容积率	0.94	建筑密度 /%	31.25	容积率	0.63	建筑密度 /%	31.25	容积率	0.94
采暖能耗 /（$kW\cdot h\cdot m^{-2}\cdot a^{-1}$）	19.03	制冷能耗 /（$kW\cdot h\cdot m^{-2}\cdot a^{-1}$）	31.77	采暖能耗 /（$kW\cdot h\cdot m^{-2}\cdot a^{-1}$）	22.89（最大值）	制冷能耗 /（$kW\cdot h\cdot m^{-2}\cdot a^{-1}$）	28.96（最小值）	采暖能耗 /（$kW\cdot h\cdot m^{-2}\cdot a^{-1}$）	21.68	制冷能耗 /（$kW\cdot h\cdot m^{-2}\cdot a^{-1}$）	31.13
总能耗强度 /（$kW\cdot h\cdot m^{-2}\cdot a^{-1}$）	76.12			总能耗强度 /（$kW\cdot h\cdot m^{-2}\cdot a^{-1}$）	77.16			总能耗强度 /（$kW\cdot h\cdot m^{-2}\cdot a^{-1}$）	78.13（最大值）		

类型四				类型五				类型六			
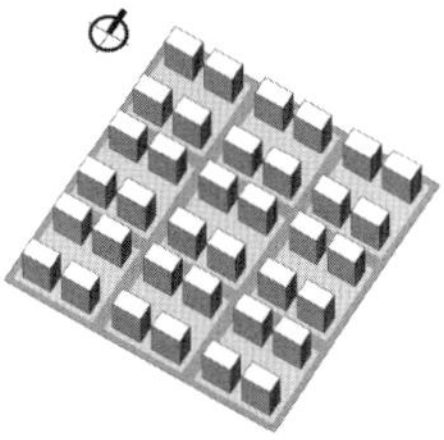											
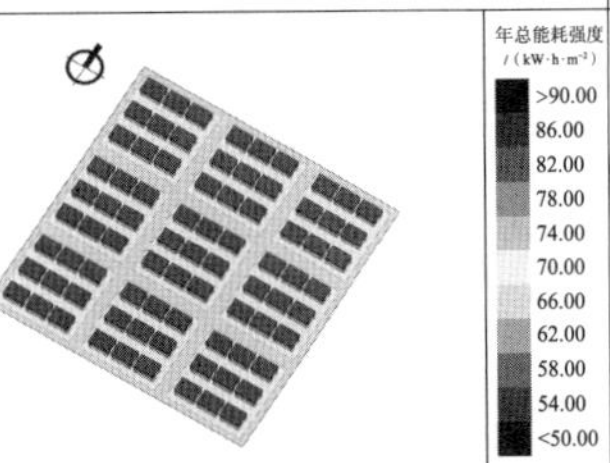				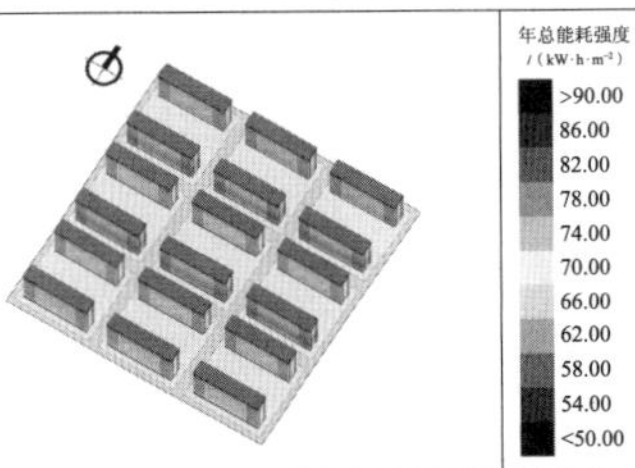				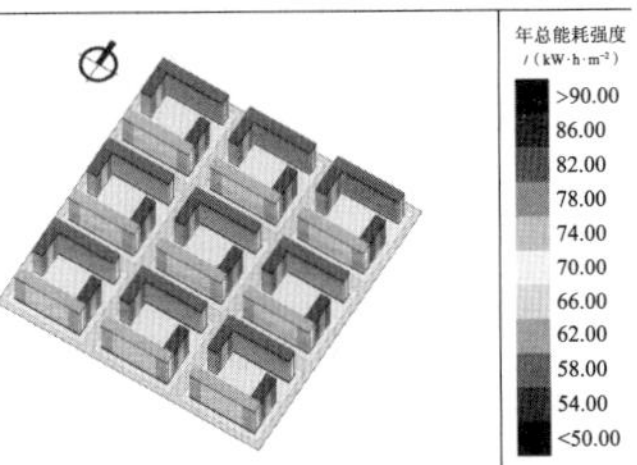			
建筑类型	P-2	层数 / 层	12	建筑类型	S-2	层数 / 层	11	建筑类型	C-2	层数 / 层	12
建筑密度 /%	23.44	容积率	2.81	建筑密度 /%	23.44	容积率	2.38	建筑密度 /%	23.44	容积率	2.01
采暖能耗 /（kW·h·m^{-2}·a^{-1}）	16.13	制冷能耗 /（kW·h·m^{-2}·a^{-1}）	33.33	采暖能耗 /（kW·h·m^{-2}·a^{-1}）	14.92	制冷能耗 /（kW·h·m^{-2}·a^{-1}）	33.88（最大值）	采暖能耗 /（kW·h·m^{-2}·a^{-1}）	15.87	制冷能耗 /（kW·h·m^{-2}·a^{-1}）	32.23
总能耗强度 /（kW·h·m^{-2}·a^{-1}）		74.77		总能耗强度 /（kW·h·m^{-2}·a^{-1}）		74.12		总能耗强度 /（kW·h·m^{-2}·a^{-1}）		73.42	
类型七				类型八				类型九			
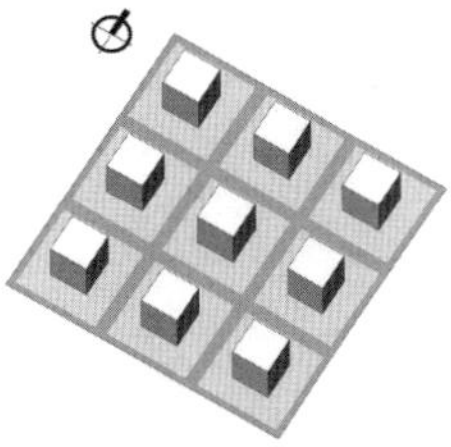				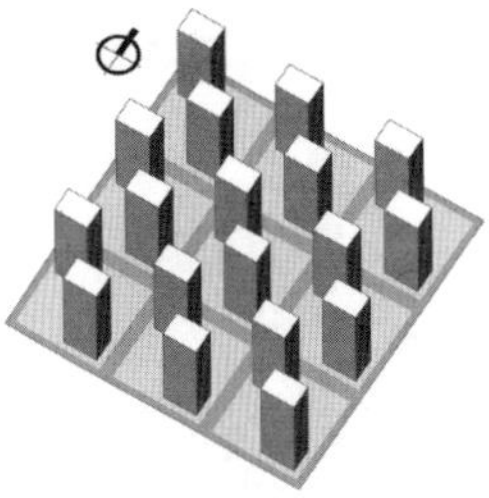				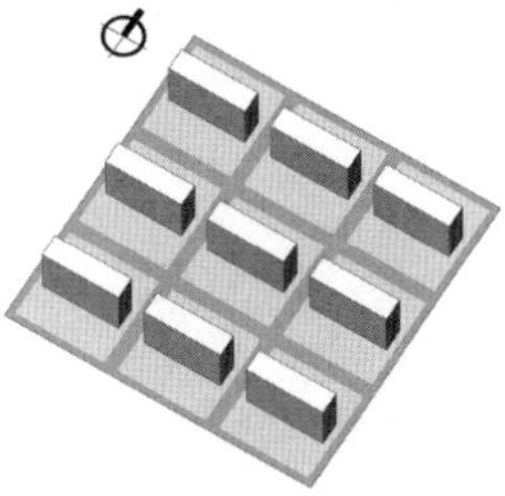			
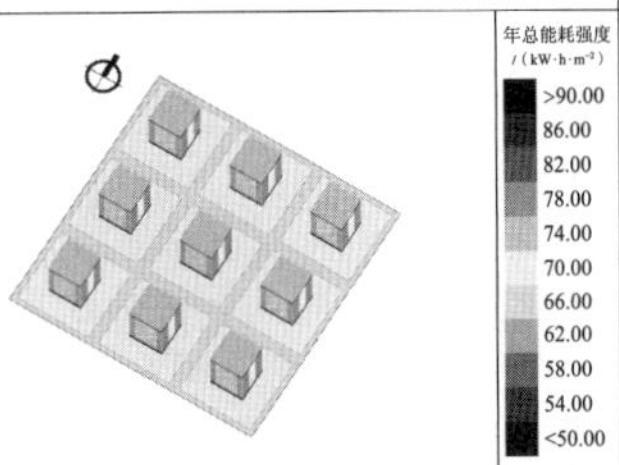				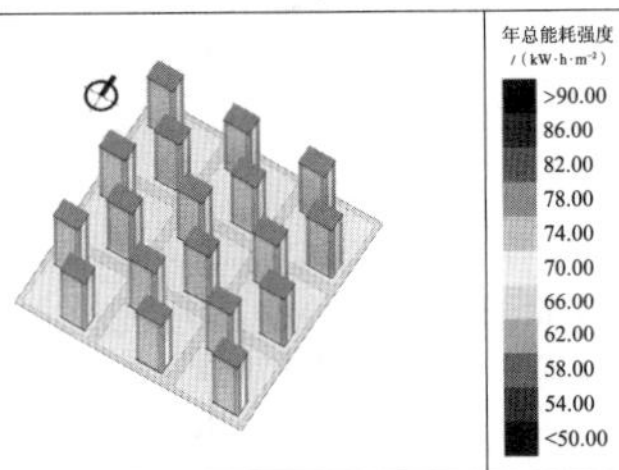				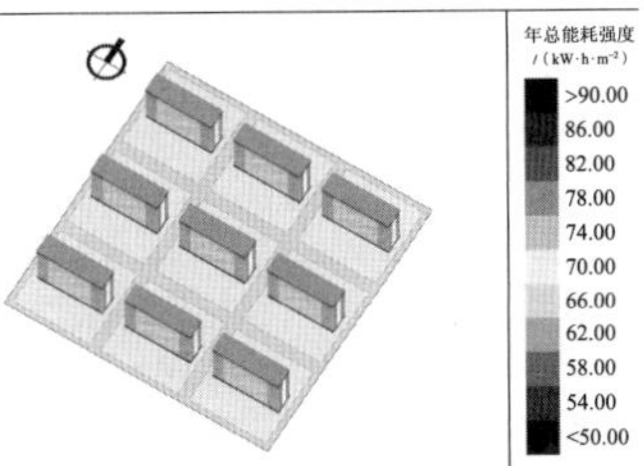			
建筑类型	P-3	层数 / 层	13	建筑类型	P-4	层数 / 层	30	建筑类型	S-3	层数 / 层	14
建筑密度 /%	15.63	容积率	2.03	建筑密度 /%	15.63	容积率	4.69	建筑密度 /%	15.63	容积率	2.19
采暖能耗 /（kW·h·m^{-2}·a^{-1}）	12.38	制冷能耗 /（kW·h·m^{-2}·a^{-1}）	29.75	采暖能耗 /（kW·h·m^{-2}·a^{-1}）	14.55	制冷能耗 /（kW·h·m^{-2}·a^{-1}）	33.15	采暖能耗 /（kW·h·m^{-2}·a^{-1}）	11.86（最小值）	制冷能耗 /（kW·h·m^{-2}·a^{-1}）	32.81
总能耗强度 /（kW·h·m^{-2}·a^{-1}）		67.44（最小值）		总能耗强度 /（kW·h·m^{-2}·a^{-1}）		73.02		总能耗强度 /（kW·h·m^{-2}·a^{-1}）		69.98	

1）点式、板式和庭院式街区整体能耗强度对比

为了清晰地展示不同建筑类型在采暖、制冷与总能耗上的整体表现，将所有有效数据依据形态类型进行分类并绘图。图 4-3 展示了单一建筑类型街区年能耗强度的分布区间，其中点式包含 P-1、P-2、P-3 和 P-4；板式包含 S-1、S-2 和 S-3；庭院式包含 C-1 和 C-2。

由图 4-3 可知，在采暖能耗方面，点式和板式街区形态的采暖能耗较为接近，其中点式街区形态的年均采暖能耗为 14.40 kW · h/m^2，板式街区形态的年均采暖能耗强度在三种类型中最低，为 13.73 kW · h/m^2。而庭院式街区形态的年均采暖能耗要高出其余两种类型街区约 28%。

在制冷能耗方面，三种类型街区形态的制冷能耗强度总体相差不大。具体来看，点式类型街区形态的年制冷能耗变化区间较大，显示不同的点式街区形态在年制冷能耗上有一定的差异，数据呈现高低波动的状况，主要分布于 29.60—33.40 kW · h/m^2。与之相反的是，板式街区形态在年制冷能耗强度上表现出高度的稳定性，年制冷能耗主要集中在 33.00 kW · h/m^2 左右。庭院式街区相较于其他两种类型，在年制冷能耗上表现最佳，平均值为 30.45 kW · h/m^2。

从年总能耗角度来看，点式街区形态在三种类型中的年总能耗分布区间较大，呈现出高度不稳定性，分布区间为 67.50 —76.10 kW · h/m^2，但年均总能耗强度与板式街区较为接近，约为 71.50 kW · h/m^2。在三种类型的街区形态中，庭院式街区形态的年总能耗分布区间最为集中，显示出不同的庭院式街区形态在年总能耗表现上具有一致性，其年总能耗强度平均值与中位数是三大类型中最高的，分别为 73.65 kW · h/m^2 和 73.20 kW · h/m^2，平均值高出点式与板式街区形态年均总能耗强度约 3%。

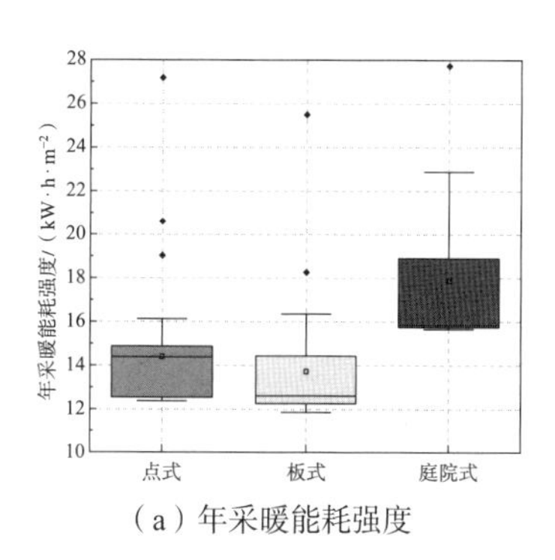

（a）年采暖能耗强度

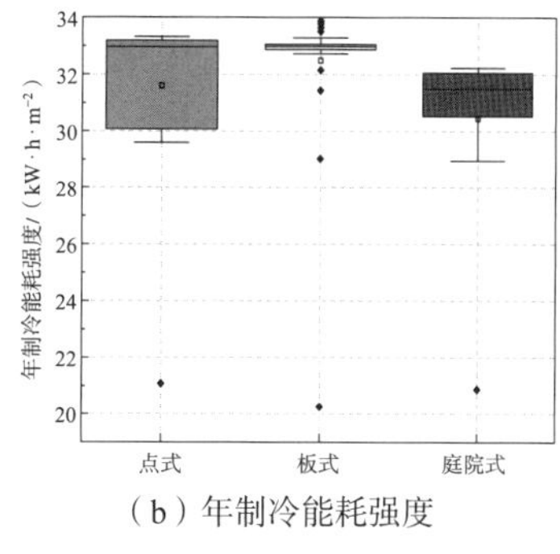

（b）年制冷能耗强度

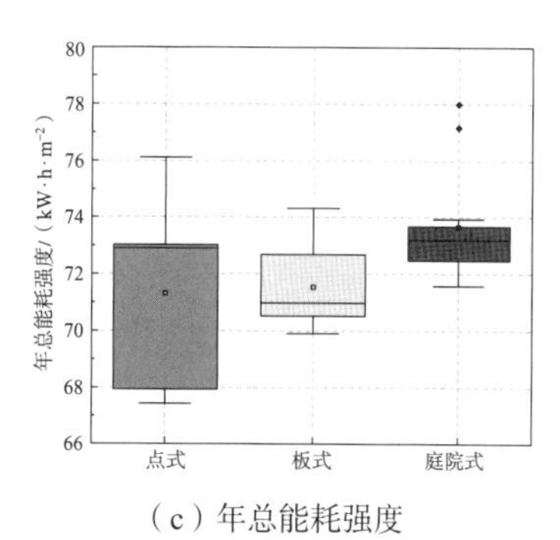

（c）年总能耗强度

图 4-3　单一建筑类型街区年能耗强度分布区间图

2）不同高度区间的街区能耗强度对比

图 4-3 显示了点式、板式和庭院式街区的整体能耗分布区间，可以观察到部分类型的能耗分布区间较大，说明同一大类下的不同类型街区能耗差异明显，因此需要进一步讨论。为了便于进行横向对比，分别按照高度分布区间绘制不同类型构成的单一建筑类型街区的能耗强度分布图。

图 4-4 展示了 1—3 层高度区间内 P-1、S-1 和 C-1 街区能耗强度的分布情况。在上述三种形态中 C-1 街区的年采暖能耗最高，为 22.30 kW・h/m^2，年制冷能耗最低，为 30.05 kW・h/m^2，年总能耗强度最高，为 77.65 kW・h/m^2。P-1 街区的年采暖能耗居于 C-1 与 S-1 街区之中，年制冷能耗居三者首位，年总能耗同样介于 C-1 与 S-1 街区之中。S-1 街区能耗表现最佳，年采暖能耗与年总能耗均为最低，分别为 17.30 kW・h/m^2 和 72.85 kW・h/m^2，比 C-1 街区年总能耗强度低 6.2%，年制冷能耗居三者中位，为 30.23 kW・h/m^2。

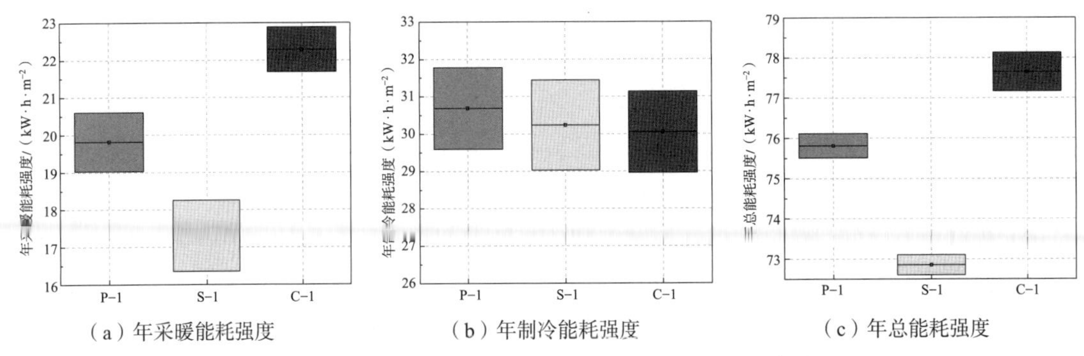

（a）年采暖能耗强度　（b）年制冷能耗强度　（c）年总能耗强度

图 4-4　高度区间为 1—3 层的街区形态能耗强度分布情况

图 4-5 展示了 4—12 层高度区间内 P-2、S-2 和 C-2 街区能耗强度分布情况。与 C-1 街区能耗表现类似，在本区间内的三类街区中，C-2 街区的年采暖能耗最高，为 15.80 kW・h/m^2，年制冷能耗最低，为 31.60 kW・h/m^2，但年总能耗最低，为 72.73 kW・h/m^2。P-2 街区年采暖与制冷能耗在三种形态中都处于中间位置，分别为 15.60 kW・h/m^2 和 33.00 kW・h/m^2，而年总能耗最大，为 73.87 kW・h/m^2。S-2 街区的年采暖能耗最低，为 14.50 kW・h/m^2，年制冷能耗最高，为 33.43 kW・h/m^2，而年总能耗居中，为 73.23 kW・h/m^2。

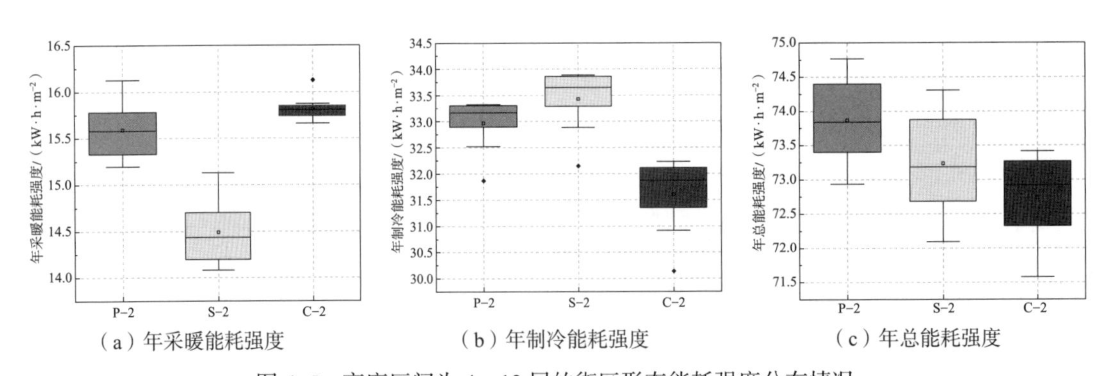

（a）年采暖能耗强度　（b）年制冷能耗强度　（c）年总能耗强度

图 4-5　高度区间为 4—12 层的街区形态能耗强度分布情况

图 4-6 展示了 13—30 层高度区间内 P-3、P-4 和 S-3 街区的能耗强度分布情况。在该区间内，不包含庭院式街区形态。同属点式街区的 P-3 与 P-4 街区能耗表现差异明显，P-3 街区的年采暖、制冷与总能耗强度分别低于 P-4 街区 13.2%、9.6% 和 7.0%，显示出较低的能耗水平。S-3 街区的年采暖能耗较低，为 12.30 kW・h/m^2，而年制冷能耗较大，为 32.95 kW・h/m^2，年总能耗介于 P-3 和 P-4 街区之间，为 70.57 kW・h/m^2。

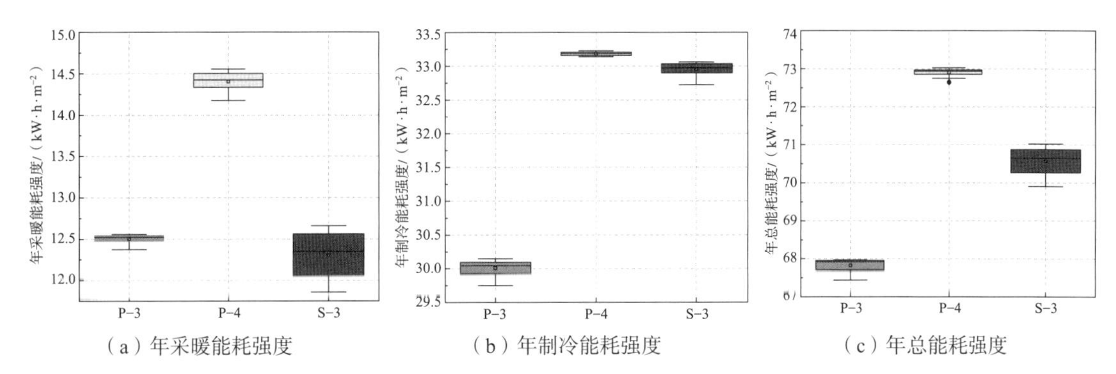

（a）年采暖能耗强度　（b）年制冷能耗强度　（c）年总能耗强度

图 4-6　高度区间为 13—30 层的街区形态能耗强度分布情况

4.1.3 小结

通过上述分析，可以对本书所提出的 9 种建筑类型构成的单一城市形态街区的能源绩效进行初步的了解与认识。

庭院式街区 C-1 和 C-2 在采暖与制冷所需能耗的表现上具有高度的一致性。相较于点式和板式街区，庭院式街区由于建筑呈围合式布局，建筑遮挡较为严重，导致接收到的太阳辐射相对较少，因此夏季制冷所需能耗相对较低。这与拉蒂（Ratti）等人认为庭院式是干热地区制冷所需能耗最低的城市形态的研究结论基本一致[1]。但庭院式建筑类型在同等建筑密度下，形体更为复杂，暴露在外界环境中的表面积更大，因此其冬季采暖所需能耗较高。

板式街区 S-1、S-2 和 S-3 是相同高度条件下，采暖所需能耗最低的街区类型，但制冷所需能耗一直维持在较高水平。板式街区形体简洁、建筑面宽较大，能够有效阻挡冬季冷风侵入，从而减少街区建筑所需的采暖能耗，但在夏季则会导致街区内部热量难以散失，致使建筑制冷所需能耗增加。

在点式街区中，P-1、P-2 和 P-4 街区的采暖与制冷所需能耗都较高，而 P-3 街区的采暖与制冷所需能耗都维持在较低水平。究其原因，在 P-1、P-2 和 P-4 街区中，同一用地单元内的建筑数量较多，因此整体街区体形系数较大，冬季通过围护结构损失更多的热量。此外，由于建筑排布密集，建筑间的相互遮挡效应比较严重，导致很多建筑表面难以接收到太阳辐射，增加了建筑的冬季采暖所需能耗。夏季，同样由于围护结构外表面积相对较大，很多建筑获得了更多的外界热量。另一方面，紧凑的建筑布局会导致通风效果不佳，大量的热量滞留在街区内部并通过建筑之间的相互辐射和吸收而聚集，致使热岛效应产生，进而增加了建筑制冷所需能耗。而 P-3 街区中的每个用地单元内仅有一栋建筑，建筑形体较为紧凑，建筑之间的间距也较大，具有良好的通风环境，因此整体街区的能源性能较好，是本实验中总体能耗表现最佳的一组街区类型。

总体而言，在夏热冬冷地区，不同建筑类型组成的单一建筑类型街区具有不同的采暖、制冷和总能耗水平，不同街区之间的能耗水平差异显著，充分显示出形态要素对于建筑能源绩效的重要影响。此外，街区能耗不仅仅受建筑类型这一个形态因子影响，即便是同属一种街区类型，由于其他形态因子的差异，其能源绩效不尽相同，导致无法仅靠识别建筑类型就能够判断街区的能源绩效水平。本节将利用多目标优化算法对城市街区能源绩效进行自动寻优，此外考虑多种形态因子，试图全面探究影响街区能源绩效的形态因子和最优城市形态模式。

4.2 容积率可变条件下的街区形态生成与自动寻优

4.2.1 实验组织过程

为了探讨不同城市建设密度与开发强度下的街区能源绩效表现，研究团队开展了容积率可变条件下的街区形态能源绩效评估实验。在本实验中，街区一块用地单元作为开放空间，其余八块用地单元上可自由放置不同高度、不同类型的建筑，具体实验流程如图 4-7 所示。选取建筑类型、建筑层数、开放空间布局和街区朝向作为控制性形态因子，取值范围如表 4-3 所示。同时选取街区太阳光伏发电量、街区建筑总能耗强度和街区建筑大寒日首层南向平均日照时长作为街区形态能源绩效评价指标，依次以三者数值最大、最小、最大作为优化目标。在优化算法的控制下不断改变形态因子的取值，进而改变街区整体形态，并进行性能模拟评估，选出帕累托最优解，同时记录所有过程数据用于后续结果的分析与讨论。

将本实验街区的功能设定为居住功能，太阳辐射、微气候与能耗计算时长为全年，日照时长计算时间为大寒日的 8：00—16：00，建筑层高统一设置为 3 m，在优化算法中设定种群大小为 33 个，迭代次数为 100 代。其余所有相关预设参数和计算参数参见第 3.4 节。

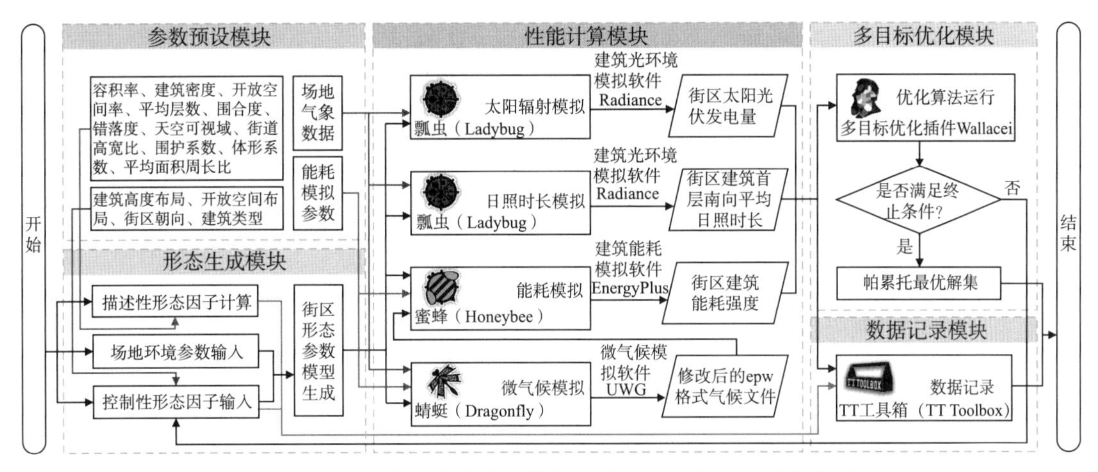

图 4-7　容积率可变条件下的街区形态生成与自动寻优流程

表 4-3　容积率可变条件下的控制性形态因子取值范围

形态因子	范围	说明
建筑类型	P-1、S-1、C-1、P-2、S-2、C-2、P-3、P-4、S-3	共 9 种，每种类型有其对应的层数变化区间
建筑层数	3 层、6 层、9 层、12 层、18 层、24 层、30 层	共 7 种，3 层可选类型为 P-1、S-1、C-1；6 层、9 层、12 层可选类型为 P-2、S-2、C-2；18 层、24 层、30 层可选类型为 P-3、P-4、S-3
开放空间布局	0 号、1 号、2 号、3 号、4 号、5 号、6 号、7 号、8 号	共 9 种，数字为用地单元编号
街区朝向	-45°、-30°、-15°、0°、15°、30°、45°	共 7 种，大于 0° 时，表示南偏东；小于 0° 时，表示南偏西；等于 0° 时，街区朝向为正南

4.2.2　形态生成与优化分析

本实验在微软操作系统 Windows 10（i7-9700、8 核、3.00 GHz、32G 内存）上迭代运算，共用时近 240 h，迭代 100 代，优化目标值收敛达到稳定状态。优化实验产生非支配解 297 组，去除重复解 161 组后获得非支配解 136 组，实验累计产生数据共计 3 300 组，其中无效数据 5 组，有效数据共计 3 295 组。

1）整体优化趋势分析

调用华莱士分析（Wallacei Analytics）板块中的运算器可对优化运行过程与优化目标变化趋势进行可视化。图 4-8 展示了本实验中三个优化目标的迭代变化趋势，由于多目标算法以逐渐趋小为默认的优化方向，因此为了使太阳光伏发电量和平均日照时长向趋大的优化方向进行，故对其取负值后连入算法程序中，因此（a)(b）和（e)(f）分别表示其负值的变化趋势。

在图 4-8 中，（a）（c）（e）为对应目标的标准差变化趋势图，其中每条曲线表示一次迭代中 33 组实验目标结果的标准差，曲线反映了每一代中不同实验的目标值分布与本代目标平均值的关系，曲线越宽说明本次迭代中大部分目标值与平均值的差异较大；曲线越陡峭说明本次迭代中大部分目标值与平均值的差异较小。（b）（d）（f）为对应目标的平均值变化趋势图，每个圆圈表示一次迭代中 33 组实验目标结果的平均值。实线表示在整个优化过程中每代目标平均值的变化曲线，虚线为拟合的变化趋势线。

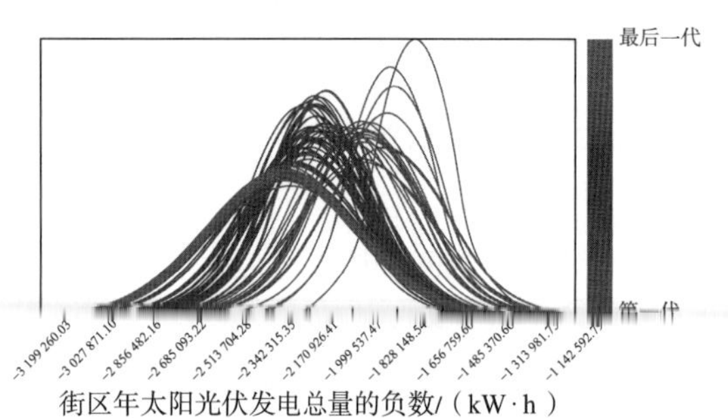

（a）街区太阳光伏发电量负数的标准差变化趋势

（b）街区太阳光伏发电量负数的平均值变化趋势

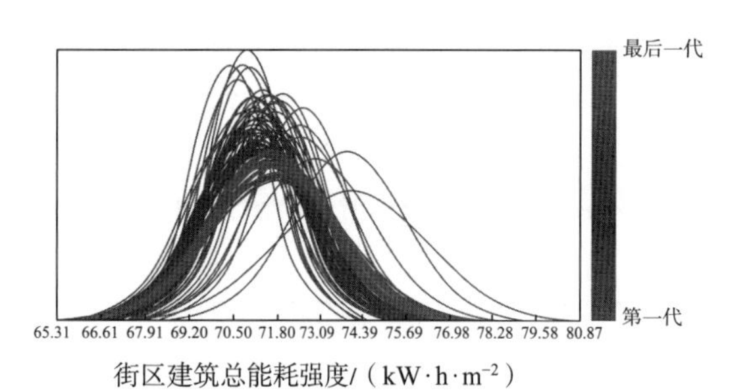

（c）街区建筑总能耗强度的标准差变化趋势

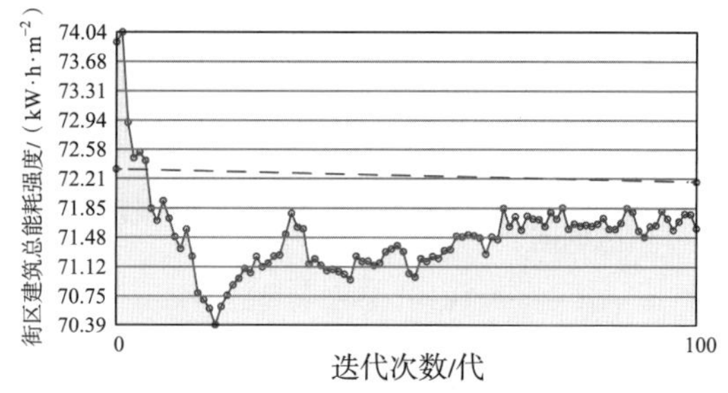

（d）街区建筑总能耗强度的平均值变化趋势

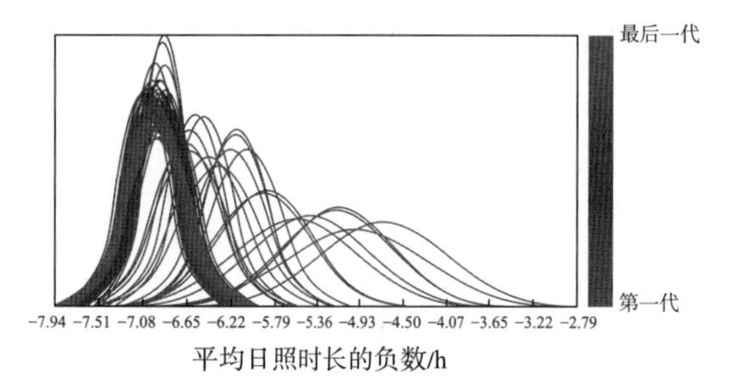

（e）平均日照时长负数的标准差变化趋势

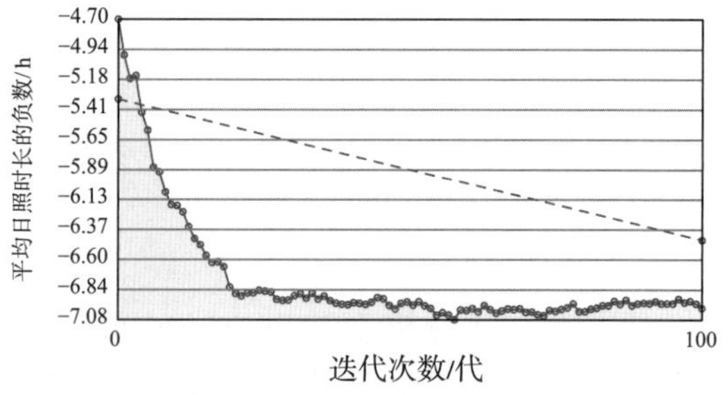

（f）平均日照时长负数的平均值变化趋势

图 4-8　容积率可变条件下的优化实验中不同目标变化趋势

由图 4-8（a）可知，在优化过程中，曲线的位置不断向左移动，表示街区太阳光伏发电量随着迭代的进行不断朝着趋大的方向前进，但曲线跨度较大，坡度平缓，表示在后期迭代中，不同实验的该目标值离散程度较强，与总体平均值差异较大。从（b）可以清晰地看到，随着优化进程的不断推进，从第一代的年发电量平均值约 1.76×10^6 kW·h 开始，每代街区年太阳光伏发电量平均值迅速提高，当迭代进入第 63 代后，年发电量平均值趋于稳定状态，维持在 2.27×10^6 kW·h 左右。

由图 4-8（c）可知，曲线位置不断向左移动，曲线位置变化不大但坡度逐渐降低，表示在优化进程后期每次迭代的能耗强度离散程度在增加，与平均值的差异较大。（d）图显示从第 1 代至第 18 代，街区建筑总能耗强度的平均值经历了急剧下降过程，从 73.8 kW·h/m^2 下降至 70.4 kW·h/m^2，随后从第 19 代至第 66 代的优化过程中，街区建筑总能耗强度平均值稳步上涨，最终在第 67 代后趋于稳定，在 71.6 kW·h/m^2 上下波动。

从图 4-8（e）可以观察到，随着优化的进行，曲线的位置不断向左移动，曲线坡度不断增大，横向跨度不断减小，表示街区平均日照时长持续增大，并且在每次迭代中不同实验目标值与平均值较为接近，分布区间较小，数值集中程度较大，优化效果十分明显。从图（f）可以更为清晰地观察到，自第 1 代至第 22 代，街区平均日照时长的平均值快速上升，从 4.7 h 迅速提高到 6.84 h，自第 23 代之后，平均日照时长稳定维持在 6.9 h 左右。

总体而言，实验中的三个优化目标值在优化迭代的过程中都得到了明显地改善与提高，取得了较为良好的表现，在迭代的后期都进入了稳定波动阶段，说明算法的各相关参数设置合理，结果具有可信度，可由此展开更进一步的分析。

2）街区形态演变趋势分析

选择整个优化实验中包含各目标最大值与最小值的 20 个过程案例，按照整体优化进程中所对应的次序进行编号，绘制成表 4-4，可直观展现街区形态演变趋势。

随着优化的进行，街区形态演变主要呈现以下特征：首先，同一街区内出现的建筑类型逐渐减少，至优化后期街区内出现的建筑类型较为固定，庭院式建筑类型出现频率大大降低，以点式和板式建筑类型为主；其次，开放空间的位置从初期的无规律散布，到后期基本稳定出现在中间列用地单元区域；再次，在后期优化方案中，要么整体街区全部由低层建筑组成，要么主要由高层建筑和低层建筑组合而成，此时高层建筑常位于基地的西侧；最后，随着优化进程的推进，街区方案的整体优化目标值较优化初期均有所提升。

3）非支配解集分布分析

图 4-9 为本次优化进程中所有可行解共同构成的解集空间分布图，图中 x、y、z 三个坐标轴分别对应街区太阳光伏发电量负数、街区建筑

表 4-4　容积率可变条件下的优化实验过程案例

第 9 代		第 94 代		第 103 代		第 220 代	
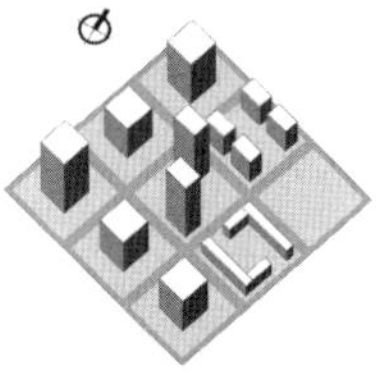		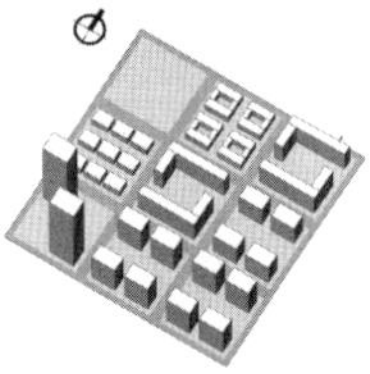		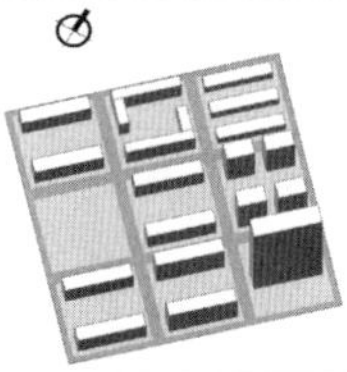		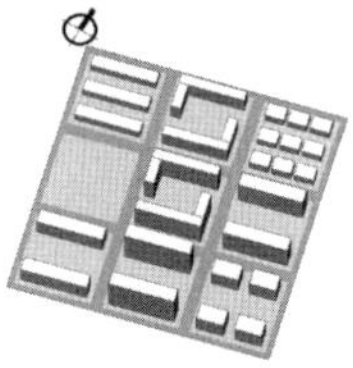	
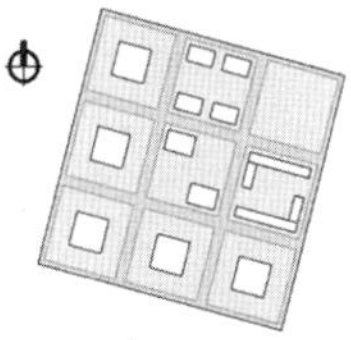		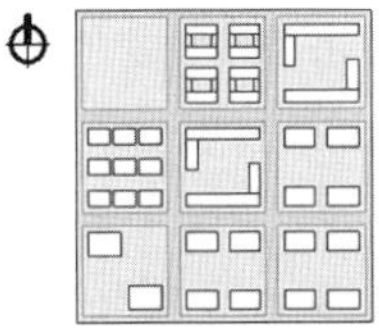		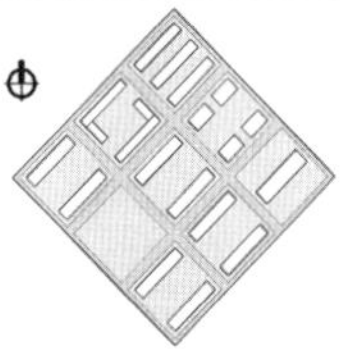		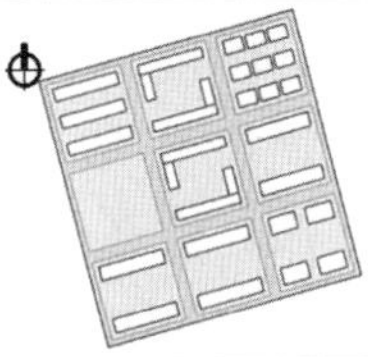	
容积率	2.86	容积率	2.06	容积率	1.80	容积率	1.46
年发电量 /（kW·h）	1.45×10^6（最小）	年发电量 /（kW·h）	2.02×10^6	年发电量 /（kW·h）	1.98×10^6	年发电量 /（kW·h）	2.18×10^6
年总能耗强度 /（$kW \cdot h \cdot m^{-2}$）	70.09	年总能耗强度 /（$kW \cdot h \cdot m^{-2}$）	74.54	年总能耗强度 /（$kW \cdot h \cdot m^{-2}$）	78.39（最大）	年总能耗强度 /（$kW \cdot h \cdot m^{-2}$）	75.14
平均日照时长/h	5.09	平均日照时长/h	3.10（最小）	平均日照时长/h	5.48	平均日照时长/h	4.77

第 303 代		第 425 代		第 601 代		第 871 代	
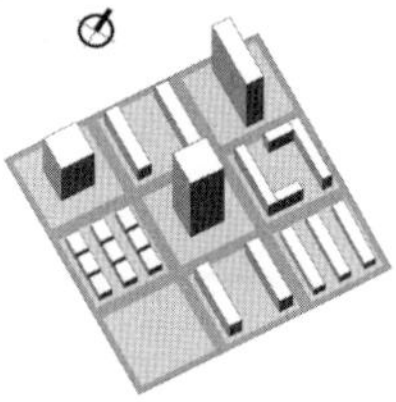		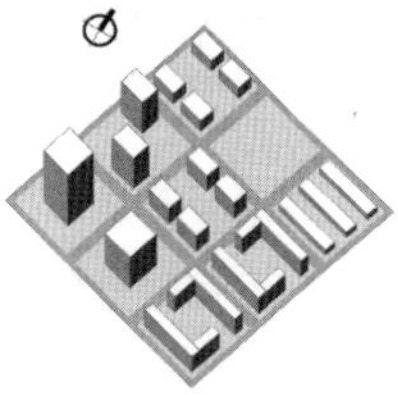				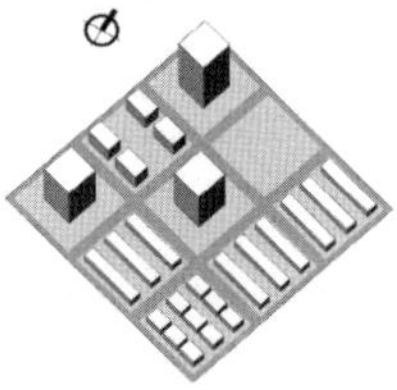	
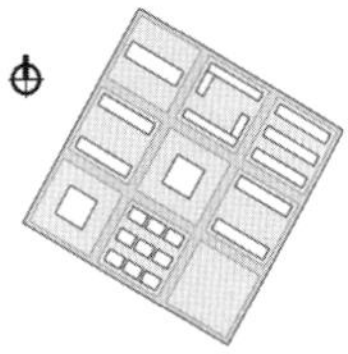		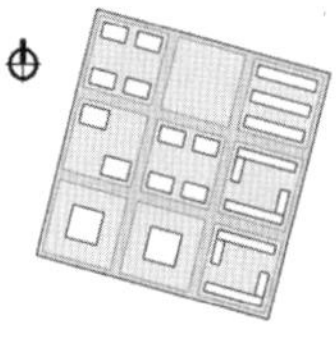		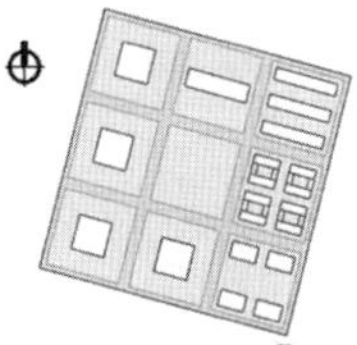		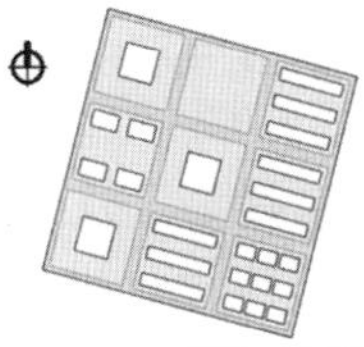	
容积率	1.93	容积率	2.11	容积率	2.14	容积率	1.61
年发电量 /（kW·h）	1.85×10^6	年发电量 /（kW·h）	1.79×10^6	年发电量 /（kW·h）	1.73×10^6	年发电量 /（kW·h）	2.06×10^6
年总能耗强度 /（$kW \cdot h \cdot m^{-2}$）	71.55	年总能耗强度 /（$kW \cdot h \cdot m^{-2}$）	71.64	年总能耗强度 /（$kW \cdot h \cdot m^{-2}$）	69.45	年总能耗强度 /（$kW \cdot h \cdot m^{-2}$）	70.17
平均日照时长/h	6.43	平均日照时长/h	4.94	平均日照时长/h	5.97	平均日照时长/h	7.01

第 1 181 代	第 1 459 代	第 1 757 代	第 1 900 代
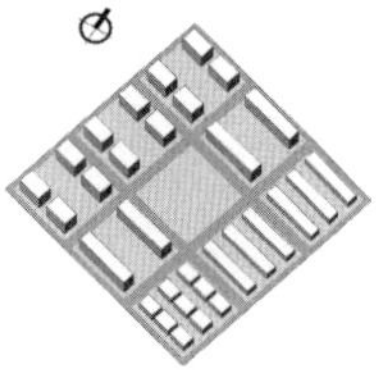	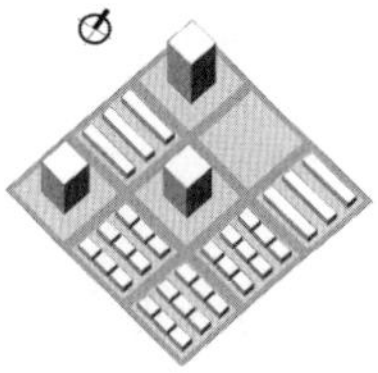	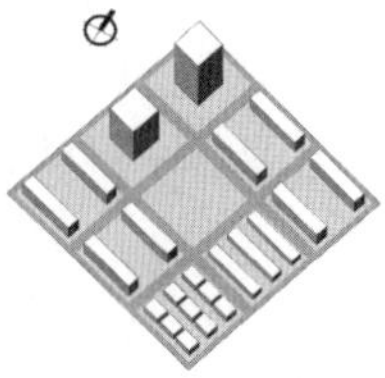	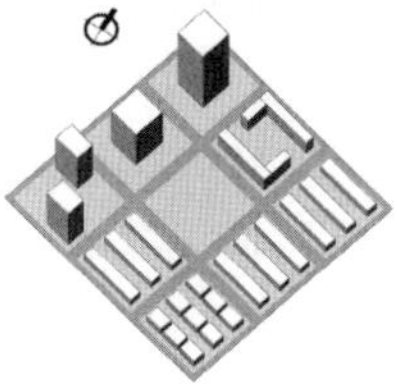

续表 4-4

第 1 181 代		第 1 459 代		第 1 757 代		第 1 900 代	
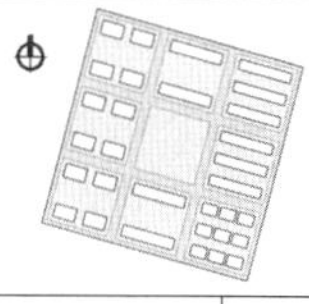		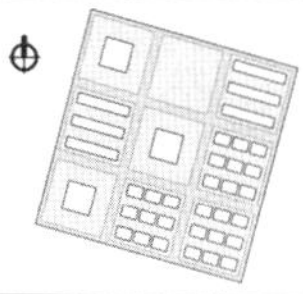		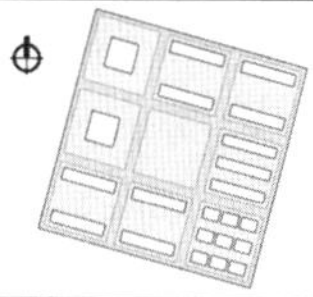		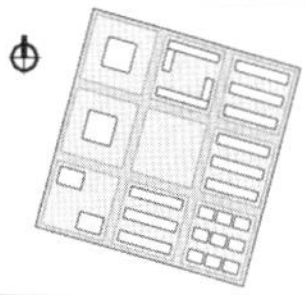	
容积率	1.09	容积率	1.56	容积率	1.56	容积率	1.72
年发电量 /（kW · h）	2.29×10^6	年发电量 /（kW · h）	2.15×10^6	年发电量 /（kW · h）	2.01×10^6	年发电量 /（kW · h）	2.07×10^6
年总能耗强度 /（kW · h · m^{-2}）	73.52	年总能耗强度 /（kW · h · m^{-2}）	70.43	年总能耗强度 /（kW · h · m^{-2}）	70.76	年总能耗强度 /（kW · h · m^{-2}）	70.94
平均日照时长 /h	7.06	平均日照时长 /h	6.68	平均日照时长 /h	7.53	平均日照时长 /h	7.07
第 2 048 代		第 2 218 代		第 2 367 代		第 2 498 代	
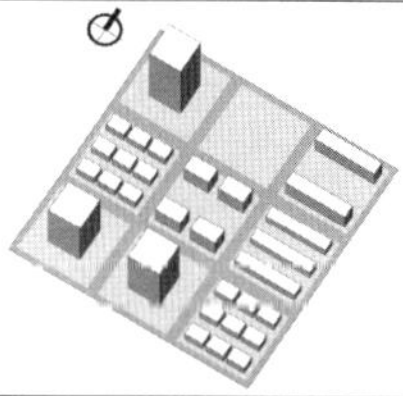		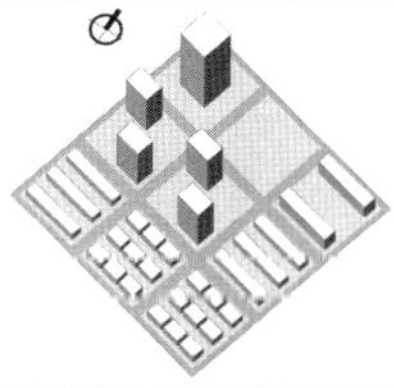		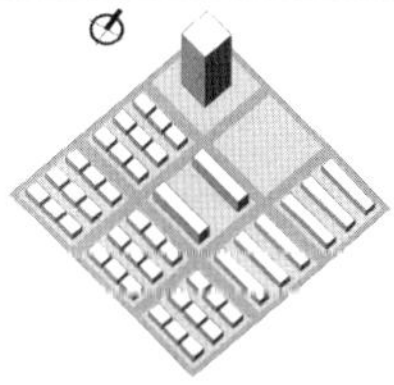		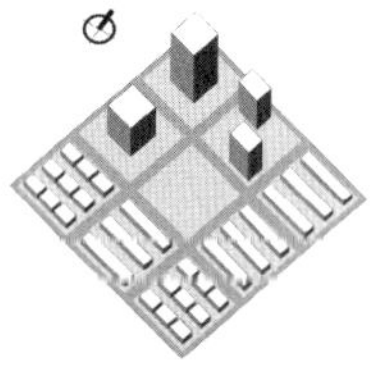	
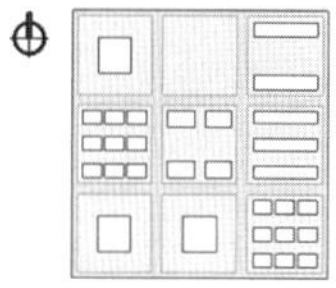		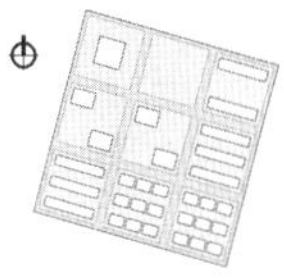		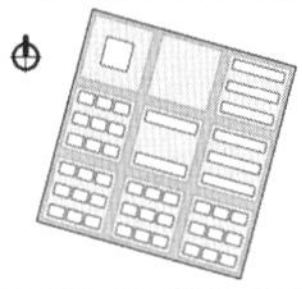		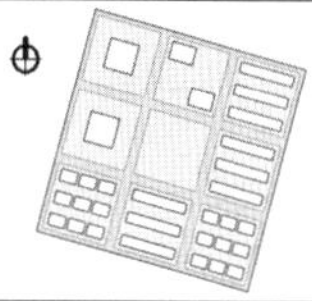	
容积率	1.67	容积率	1.72	容积率	1.30	容积率	1.67
年发电量 /（kW · h）	1.98×10^6	年发电量 /（kW · h）	2.08×10^6	年发电量 /（kW · h）	2.45×10^6	年发电量 /（kW · h）	2.17×10^6
年总能耗强度 /（kW · h · m^{-2}）	70.49	年总能耗强度 /（kW · h · m^{-2}）	71.85	年总能耗强度 /（kW · h · m^{-2}）	72.07	年总能耗强度 /（kW · h · m^{-2}）	70.82
平均日照时长 /h	6.17	平均日照时长 /h	6.96	平均日照时长 /h	7.07	平均日照时长 /h	7.06
第 2 656 代		第 2 800 代		第 3 043 代		第 3 142 代	
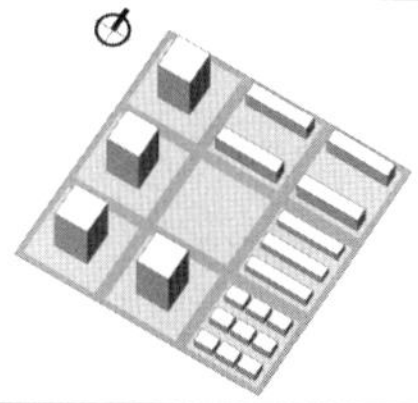		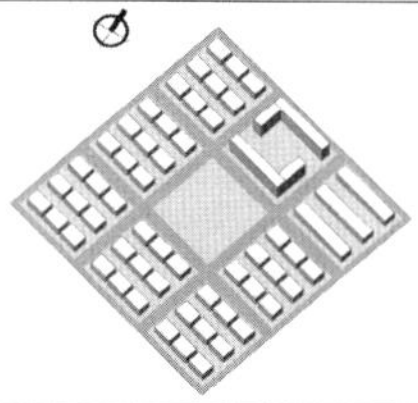		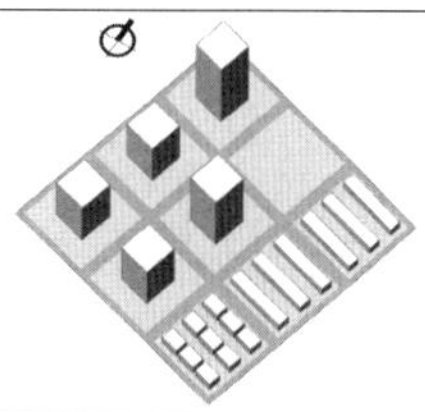		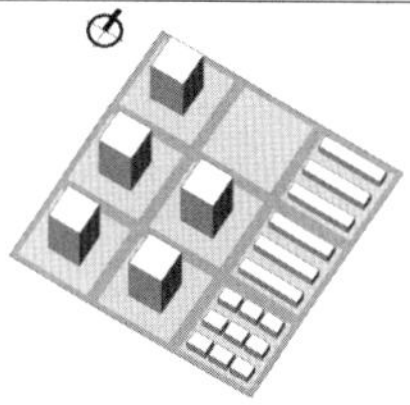	
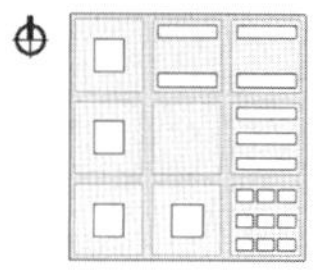		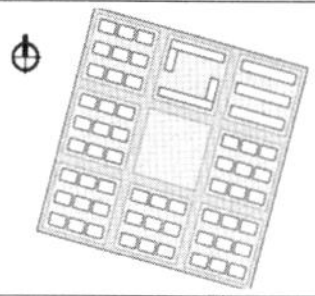		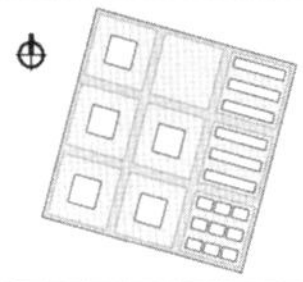		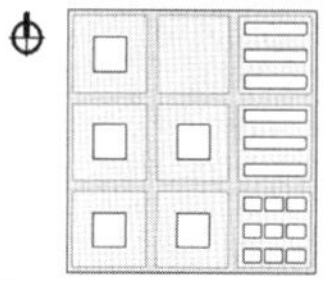	
容积率	1.77	容积率	0.89	容积率	2.19	容积率	1.86
年发电量 /（kW · h）	1.83×10^6	年发电量 /（kW · h）	2.65×10^6（最大）	年发电量 /（kW · h）	1.81×10^6	年发电量 /（kW · h）	1.82×10^6
年总能耗强度 /（kW · h · m^{-2}）	69.62	年总能耗强度 /（kW · h · m^{-2}）	75.33	年总能耗强度 /（kW · h · m^{-2}）	68.81（最小）	年总能耗强度 /（kW · h · m^{-2}）	68.96
平均日照时长 /h	6.76	平均日照时长 /h	6.88	平均日照时长 /h	6.87	平均日照时长 /h	6.33

总能耗强度和街区平均日照时长负数。

解集空间中的每一个浅色小立方体代表每一次实验计算出的可行解。而被深色直线所连接，被深色空间面所穿过的每个浅色立方体表示本次优化进程计算出的非支配解，即帕累托最优解，而深色的空间面则表示本次优化进程的帕累托前沿面。代表可行解与非支配解立方体的位置能够表征所对应街区的三项性能优劣，立方体越接近三维坐标原点说明其所对应的街区发电量越大、采光性能越好、总能耗强度越低。从图中可以看出，非支配解集分布于整体可行解最前端，最靠近坐标原点，说明与优化过程中产生的其他可行解相比较，非支配解的各项性能都表现较优。

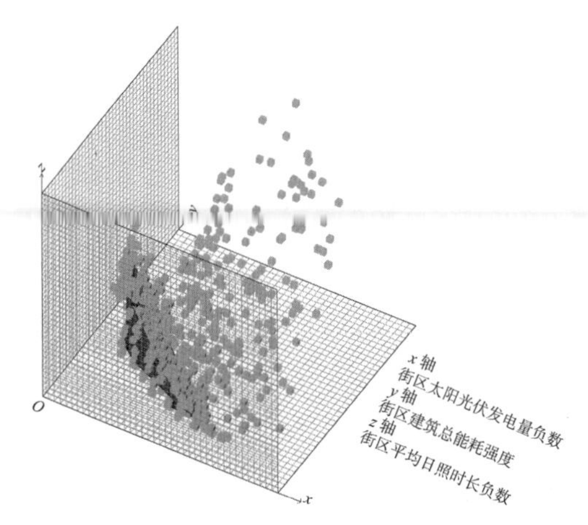

图 4-9　容积率可变条件下的优化进程的解集空间分布图

4）优化目标相互关系分析

在多目标优化中，不同优化目标之间存在错综复杂的相互关系，为了探明三个目标整体之间的制约关系和两两之间的相互关系，根据本次实验记录的非支配解集数据，将太阳光伏发电量与平均日照时长的数据格式从负数转为正数后，绘制了三个优化目标的相关性矩阵图。如图 4-10 所示，矩阵的上三角为优化目标两两之间的相关系数；矩阵的对角部分为不同目标值的分布直方图，竖条越高表示对应数值出现的次数越多；矩阵的下三角为优化目标的散点图，黑线为拟合直线。

观察直方图可知，在非支配解集中，街区太阳光伏年发电量主要集中于 2.10×10^6 kW・h 以上的区间内，显示出大部分非支配解具有较好的光伏发电性能；街区建筑年总能耗强度相较于其他两个目标在不同数值区间内的总体分布较为均匀，但能耗在 70.4 kW・h/m^2 左右的非支配解数量较为突出。观察街区平均日照时长的直方图就能发现主体图像偏于右侧，形成清晰的“山峰”形态，大量非支配解的平均日照时长集中在 7.14 h 左右。

结合图 4-10 上三角和下三角部分的相关系数和散点图像综合分析可知：在非支配解集中，街区建筑年总能耗强度与太阳光伏年发电量的相

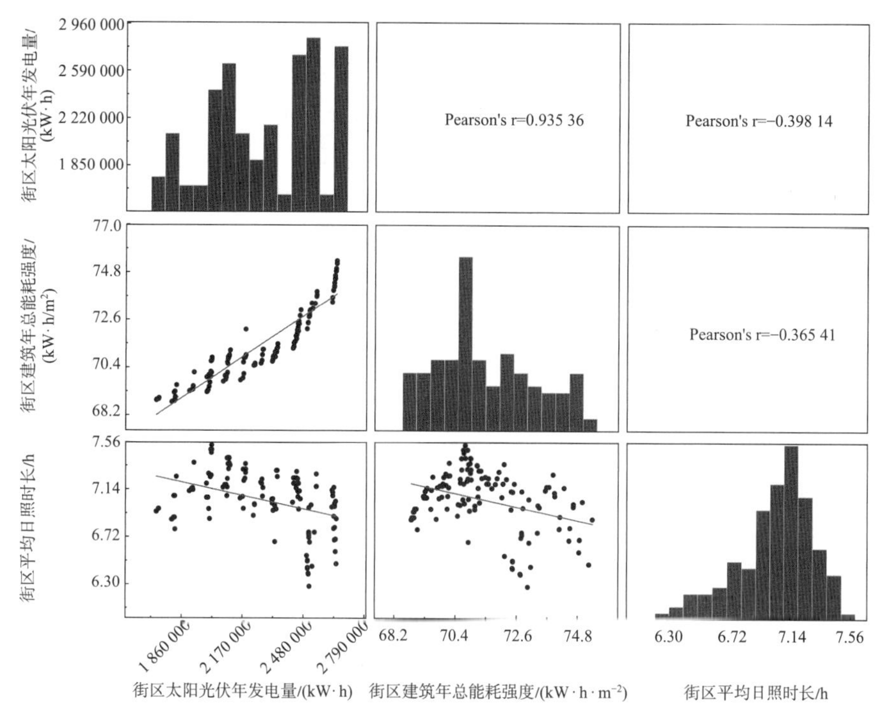

图 4-10　容积率可变条件下的优化目标相关性矩阵图

注：Pearson's r 表示皮尔逊相关系数。下同。

关系数为 0.935 36，说明两者存在较强的相关性，随着光伏发电量的增加，建筑的能耗强度也在不断增大。究其原因，一方面可能是为了增大街区发电量，优化算法更倾向于挑选屋顶面积较大的多层建筑或低层建筑，而根据研究一的结论，这两类建筑往往建筑能耗更高，因此造成了总体能耗的增加；另一方面也有可能是为了增大街区发电量，优化算法会尽量降低街区建筑的错落度，减少了因建筑高低错落布局而导致的遮挡，进而增加了建筑能耗。

街区平均日照时长与太阳光伏年发电量的相关系数为 −0.398 14，说明两者存在较低的负相关性。两者的大小都与建筑间的相互遮挡密切相关，理论上降低建筑间的遮挡会提升建筑的整体采光性能和屋顶的太阳光伏发电量。两者存在较低的负相关一方面可能是由于降低建筑间的遮挡对改善建筑上部的采光性能有较为明显的作用，而对建筑首层的影响可能不够明显；另一方面可能是由于优化算法趋向选择的发电产量多的低层和多层建筑，但此类建筑底层采光较差，尤其是庭院式建筑。

街区建筑年总能耗强度与街区平均日照时长存在较低的负相关性，相关系数为 −0.365 41，说明能耗强度越高，采光性能越低。可能是建筑间严重的遮挡和密集布局致使街区建筑首层采光质量下降，影响了街区内部的通风与热量散失，进而增加了建筑能耗。

5）非支配解性能提升分析

为了直观验证非支配解相较于其他可行解在各项性能上均有所提升，选取本次优化实验中的非支配解与其余可行解分别绘制三个优化目标的箱形图，对比两者在不同优化目标上的性能表现。

如图 4-11（a）所示，除非支配解外，所有可行解的街区太阳光伏年发电量主要分布在 1.54×10^6—2.65×10^6 kW·h 区间内，中位数为 2.14×10^6 kW·h，平均值为 2.13×10^6 kW·h。非支配解的街区太阳光伏年发电量主要分布在 1.72×10^6—2.65×10^6 kW·h 范围内，中位数为 2.31×10^6 kW·h，平均值为 2.27×10^6 kW·h。

如图 4-11（b）所示，可行解的街区建筑年总能耗强度主要分布在 68.9—75.5 kW·h/m² 区间内，中位数为 71.5 kW·h/m²，平均值为 71.7 kW·h/m²，但图像显示可行解在箱形图上界以上存在大量的离群点，经过验证离群点并非异常值，由此表示可行解在街区建筑年总能耗强度的分布上波动起伏较大，数据分布较为离散。对比非支配解在街区建筑年总能耗强度上的分布情况，其主要分布区间为 68.9—75.3 kW·h/m²，中位数为 71.0 kW·h/m²，平均值为 71.4 kW·h/m²，且不存在离群点，表明在街区建筑年总能耗强度表现上非支配解要优于可行解。

如图 4-11（c）所示，可行解的街区平均日照时长主要分布于 5.5—7.5 h 范围内，中位数为 6.75 h，平均值为 6.6 h，此外箱形图显示可行解在下界以下存在大量的离群点，显示可行解的平均日照时长数据分布较为分散，波动较大。非支配解的街区平均日照时长主要分布于 6.8—7.6 h 范围内，中位数为 7.3 h，平均值为 7.2 h。

根据数据结果分析显示，非支配解在本次实验中的三个优化目标上的性能表现总体优于可行解，在各项性能上均有较为明显的提升。

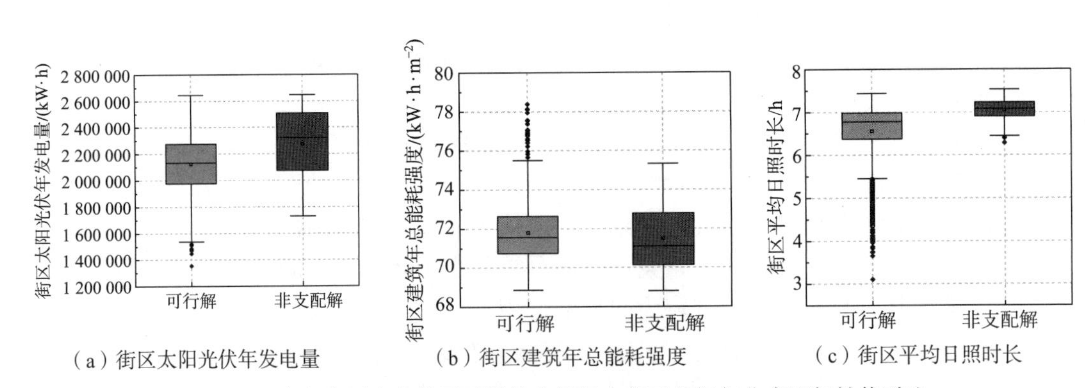

（a）街区太阳光伏年发电量　（b）街区建筑年总能耗强度　（c）街区平均日照时长

图 4-11　容积率可变条件下不同优化目标上的可行解与非支配解性能对比

6）非支配解控制性形态因子取值分析

在明确非支配解具有全局较优的性能表现的基础上，通过数据统计分析对比整体优化进程产生的所有可行解与非支配解在控制性形态因子取值上的差异，试图厘清控制性形态因子在非支配解集中的分布规律。

（1）开放空间布局

图 4-12 显示了在本次实验优化进程中可行解的开放空间布局变化趋势。实验街区共有 9 块用地，均在实验过程中被选作过街区开放空间。由图 4-12 可看到，在实验初始阶段，从 0 号至 8 号地块依次交替被算法挑选作为开放空间，出现密度与频数大致相同。实验迭代运行至 300 次后，0 号和 8 号地块就不再出现在算法选择范围内了，同时 1 号、2 号和 7 号用地出现频次也逐渐下降。实验运行至 500 次后，优化算法对开放空间的位置选择范围就缩小为 3 号、4 号、5 号和 6 号四块用地单元，其中 4 号与 5 号用地出现频次最高，其次是 3 号用地，在实验运行 2 000 次至 2 500 次时集中出现了一段时间，最后是 6 号用地，在此优化过程中仅零星出现了几次。

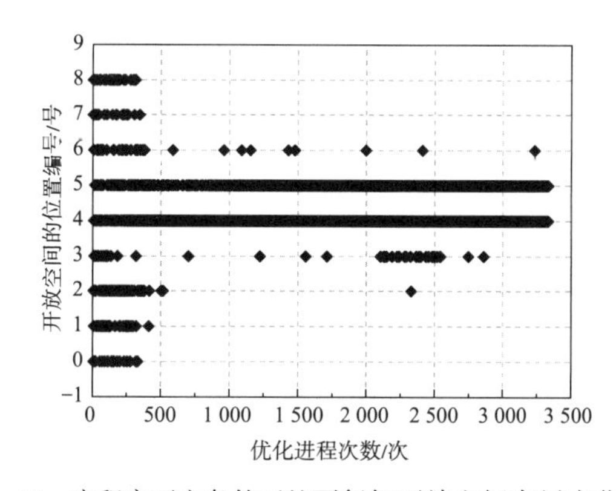

图 4-12　容积率可变条件下的可行解开放空间布局变化趋势

从图 4-13 可以看到，在整个优化进程中，4 号用地与 5 号用地作为开放空间位置出现的频次遥遥领先其他用地单元的出现频次，4 号用地共出现 1 964 次，5 号用地出现 1 076 次，2 号、3 号、6 号、1 号、8 号、7 号和 0 号用地出现次数由高到低依次为 75 次、50 次、38 次、35 次、24 次、23 次和 21 次。

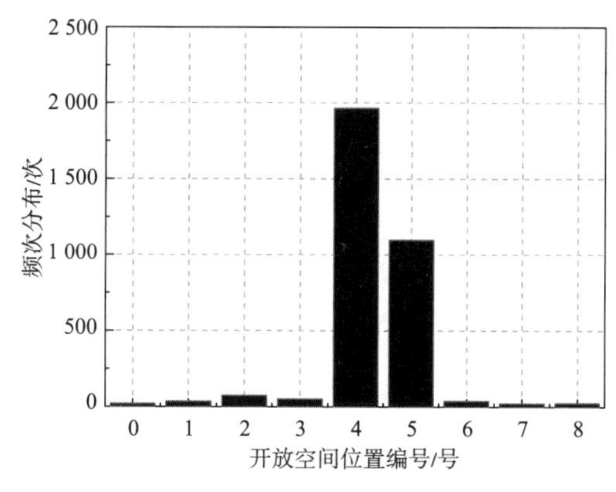

图 4-13　容积率可变条件下的可行解开放空间布局分布频次

如图 4-14、图 4-15 所示，在非支配解中，仅有 3 号、4 号与 5 号用地被选作开放空间的布局位置，其中 4 号用地出现 71 次，5 号用地出现 60 次，3 号用地出现 5 次，显示出以这三块用地作为开放空间的街区能够获得较佳的优化目标值。值得注意的是，3 号、4 号与 5 号用地均位于实验街区用地的中间列，尤其是在整体实验的可行解和非支配解中出现频次最高的 4 号用地更是位于整个街区的中央。由此可见，街区中央列或街区中央位置作为开放空间对降低街区总体建筑能耗强度、提升建筑采光性能和增加光伏发电产量有着重要作用。中央位置的开放空间能够在很大程度上降低街区内部热量集中滞留的可能，同时改善街区建筑的内部通风，从而降低建筑所需能耗；同时开敞的中央空间能够使周边的建筑获得更加充足的日照，同时减少建筑间的遮挡，进而提高光伏发电产量。

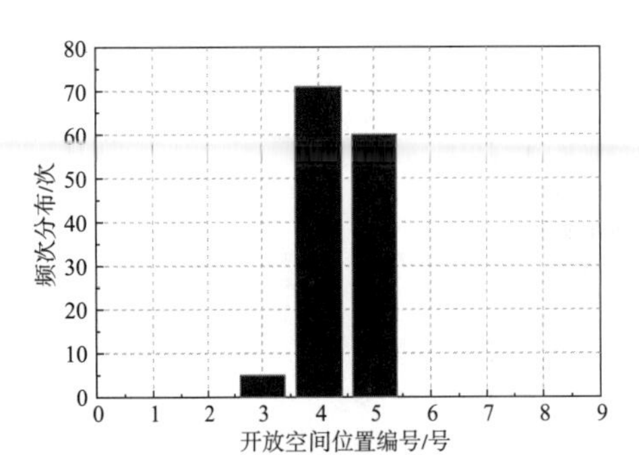

图 4-14　容积率可变条件下的非支配解开放空间布局分布频次

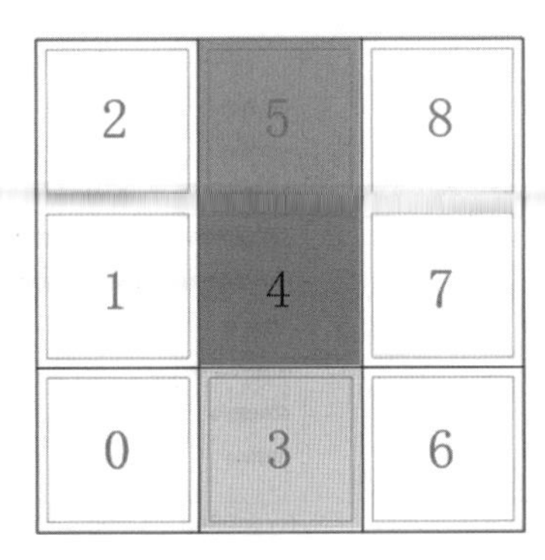

图 4-15　容积率可变条件下的非支配解开放空间布局分布频次平面示意

注：颜色越深代表频次越高。

（2）建筑高度布局

图 4-16 展示了可行解中不同用地单元建筑层数的分布频次，从中可以发现，在每个用地单元上，设定的层数取值范围内的所有可选项都出现过，显示出优化算法取值的全面性与高覆盖度。

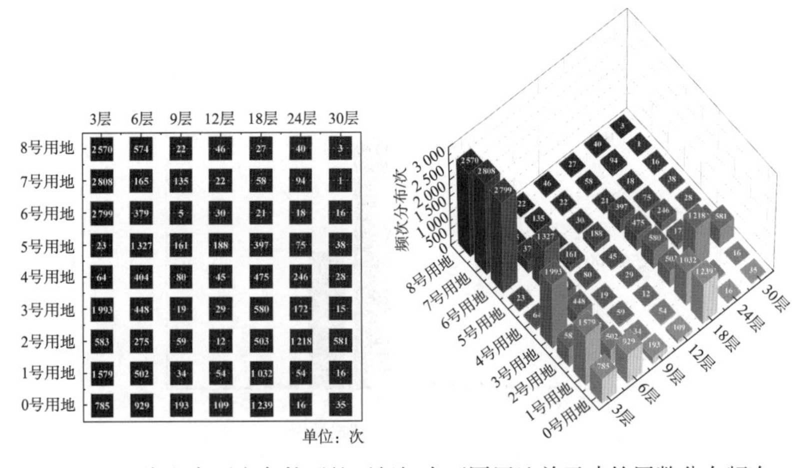

图 4-16　容积率可变条件下的可行解中不同用地单元建筑层数分布频次

从建筑层数角度来看，3层、6层和18层的出现频数最高，将各块用地出现频数相加，分别为13 204次、5 003次和4 332次。紧随其后的是24层、30层、9层和12层，对应频数为1 933次、733次、708次和535次。总体而言，优化实验过程生成的街区在层数分布上呈现两极分化，3—6层，18—30层出现频次相对较高，而9层和12层区间出现断档，出现频次相对较少。

从用地单元角度来看，6号、7号和8号用地3层建筑的出现频次都超过2 500次，显示出算法对该位置的层数定位具有明确的导向性，即以低层建筑为主。此外高层建筑主要出现在0号、1号和2号用地之上，显示街区场地靠西一列地块是安排高层建筑的理想场地。

由图4-17可以更加清晰地发现优化算法的选择规律，在非支配解中，6号、7号和8号用地单元以3层建筑为主，其中6号与7号用地在所有非支配解中建筑层数都是3层，8号用地为6层建筑也仅出现过27次，其余109组方案中都为3层建筑。其次0号至5号用地依然以多层建筑为主，但其中部分用地高层建筑出现次数相对较多，如0号、1号、2号和4号用地，分别为29次、64次、94次和49次。

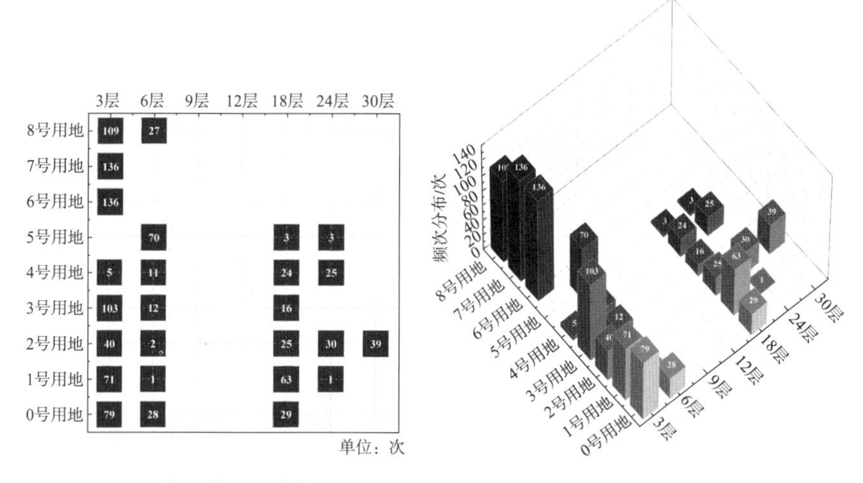

图4-17　容积率可变条件下的非支配解中不同用地单元建筑层数分布频次

总的来说，非支配解中大量出现多层建筑，有利于提升街区屋顶光伏发电的产量，而高层建筑在0号至5号用地的集中出现，尤其是在1号和2号用地，更容易实现西北高，东南低的建筑布局，进而有利于目标性能的提升：一方面这种布局模式可以使街区大部分区域拥有较好的采光性能，另一方面建湖地区夏季的主导风东南风可以直接进入街区中心带走热量，从而起到降温的效果，同时高层建筑位于西部，可以为街区内部提供阴影，减小夏季强烈西晒对东侧建筑的影响，进而降低建筑制冷所需能耗。此外，西北侧的高层建筑也能阻挡冬季北风长驱直入，从而减少内部街区建筑的采暖所需能耗。

（3）街区朝向

图 4-18 显示了本次实验优化进程中街区朝向的变化趋势。在实验开始初期，不同街区朝向的出现频次相等。随着优化进程的推进，尤其是自实验迭代运行近 230 次后，较大的街区朝向出现次数开始逐渐减少直至不再出现，首先次数减少的是 45° 朝向，随后是 30°、−45°、15°，至实验运行 400 次左右时，−30° 朝向也几乎不再出现。再之后，优化进程中仅有 0° 和 −15° 朝向来回交替出现，且 −15° 街区朝向的出现次数要远大于 0° 街区朝向。

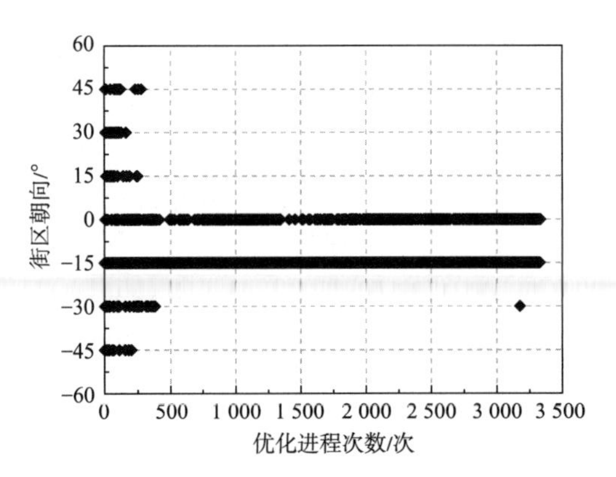

图 4-18　容积率可变条件下的可行解街区朝向变化趋势

如图 4-19 所示，非支配解中仅存在 −15° 和 0° 两种街区朝向，其中 −15° 朝向出现频次为 111 次，0° 朝向出现频次为 25 次。综合可行解中街区朝向的分布状况可知，优化算法在经过多次优化迭代运算后，更倾向于选择 −15° 与 0° 作为街区朝向，显示出这两种朝向的街区在优化目标上的综合性能表现较好。朝向与建筑采光、日照辐射与建筑能耗息息相关，朝西或朝东角度较大的朝向往往会增加建筑制冷与采暖能耗，同时影响建筑室内采光和热舒适度。同时不同朝向下的建筑遮挡和阴影分布情况也不相同，一般来说在夏热冬冷地区，南向是能够接收到最大太阳辐射的朝向。

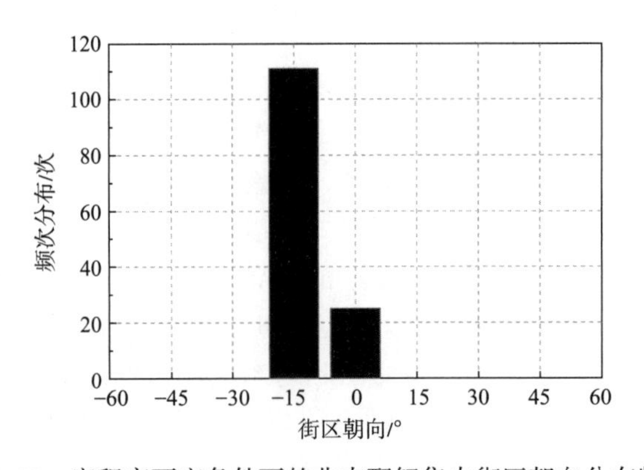

图 4-19　容积率可变条件下的非支配解集中街区朝向分布频次

（4）建筑类型

图 4-20 展示了可行解中不同用地单元建筑类型的分布频次，从中可以发现，在每块用地单元上，除了 C-1 在 1 号用地单元上未曾出现过外，其余 9 种建筑类型几乎都出现过，显示出优化算法在搜索空间内做到了取值全覆盖。

从用地角度来看，4 号用地与 5 号用地上建筑类型出现次数之和较小，与其经常被选为开放空间位置有关；其次，0 号、1 号、3 号、4 号和 5 号用地上不同建筑类型出现次数差异相对较小，出现频次最高与出现频次次之的建筑类型出现次数相差不大。而 2 号、6 号、7 号和 8 号用地反复多次出现同一种类型，不同类型出现的均等性较弱，其中频次最高的建筑类型出现次数基本都超过或接近 2 000 次。

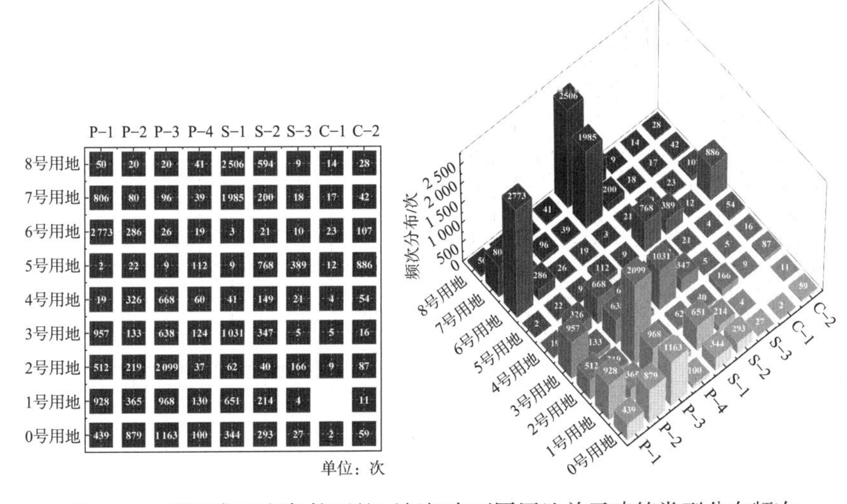

图 4-20　容积率可变条件下的可行解中不同用地单元建筑类型分布频次

从建筑类型角度来看，P-4 和 C-1 出现频次最低，结合研究一结论，P-4 和 C-1 类型是相同高度区间中能耗强度最大的建筑类型，因此不难理解优化算法降低这两种建筑类型出现频次的原因。此外，P-1、P-3 和 S-1 是出现频次最高的三种建筑类型，根据研究一结论，这三种类型恰恰是对应高度区间中较为节能的建筑类型。

图 4-21 展示了非支配解中不同用地单元建筑类型的分布频次，与图 4-20 中显示的可行解不同，非支配解中并非所有类型在用地上都曾出现过。例如，P-4 和 C-1 在非支配解中未曾出现，显示这两种建筑类型的性能较差，被优化算法所淘汰，S-3 类型共出现 6 次，C-2 类型共出现 34 次，说明两者同样不受优化算法青睐。

从用地角度来看，0 号至 4 号用地上出现过的建筑类型种类较多，0 号用地上共出现五种建筑类型，即 P-1、P-2、P-3、S-1 和 S-2，P-1 和 S-1 出现次数较高且数值较为接近，分别为 39 次和 40 次；1 号用地共出

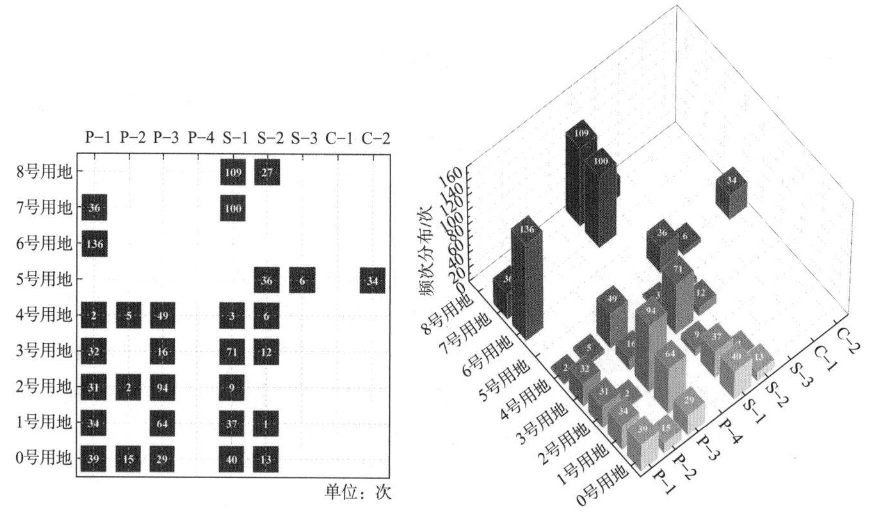

图 4-21　容积率可变条件下的非支配解中不同用地单元建筑类型分布频次

现四种建筑类型，即P-1、P-3、S-1和S-2，出现频次分别为34次、64次、37次和1次；2号用地出现P-1、P-2、P-3和S-1共四种建筑类型，其中P-3出现频次最高，为94次；在3号用地中出现的P-1、P-3、S-1和S-2四种建筑类型频次分别为32次、16次、71次和12次；在4号用地中P-3出现频次最高，为49次，其余建筑类型如P-1、P-2、S-1和S-2出现频次较少。而5号至8号用地出现的建筑类型较少，其中6号用地仅有P-1出现，次数为136次；7号用地以S-1类型为主，出现100次，P-1出现36次；8号用地以S-1类型为主，出现109次，S-2类型出现27次。

可以看出在非支配解中，编号为6号、7号、8号靠东侧一列用地单元建筑类型以低层板式和点式建筑为主，靠西侧一列的用地单元0号、1号、2号以点式建筑为主，中央列的3号用地以低层板式建筑为主，4号用地以高层点式建筑为主，5号用地以板式和庭院式建筑为主。

7）非支配解优选决策分析

图4-22为本次实验产生的136组非支配解所代表的街区形态。为了快速将136组非支配解进行归类，研究小组提取具有代表性的街区形态展开研究，利用多目标优化插件Wallacei自带的k均值聚类算法（k-means Clustering Algorithm）对非支配解展开聚类分析，经过反复比较，当聚类数量k为5个时，分类效果较好。

图4-23是经过聚类分析后的非支配解集空间分布图，与图4-9类似，*x*、*y*、*z*三个坐标轴分别对应街区太阳光伏发电量负数、街区建筑总能耗强度和街区平均日照时长负数。整体非支配解被分为五类，不同颜色代表不同聚类，图中黑色线段连接其他非支配解的是每个聚类的中心点，也是能够反映所在聚类代表性特征的非支配解（图4-24）。

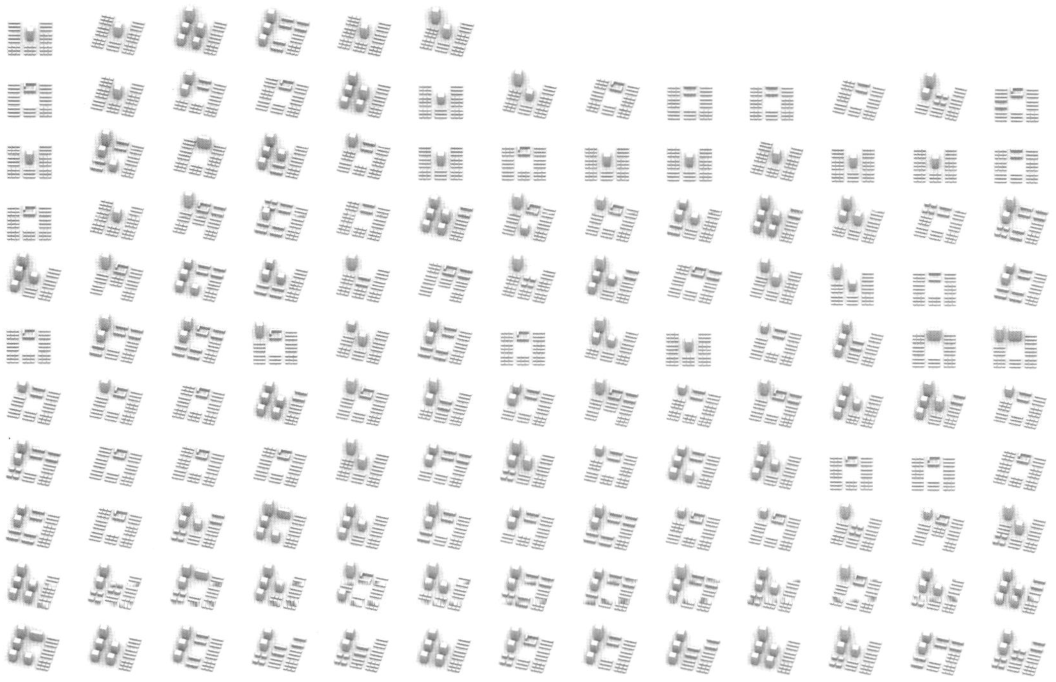

图 4-22　136 组非支配解街区形态

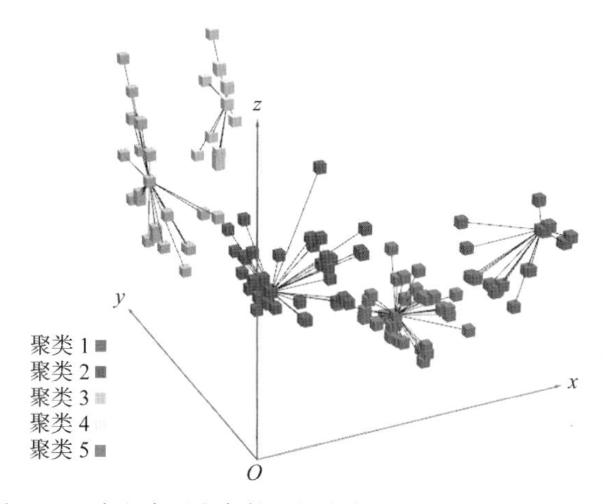

图 4-23　容积率可变条件下的非支配解聚类分群空间分布

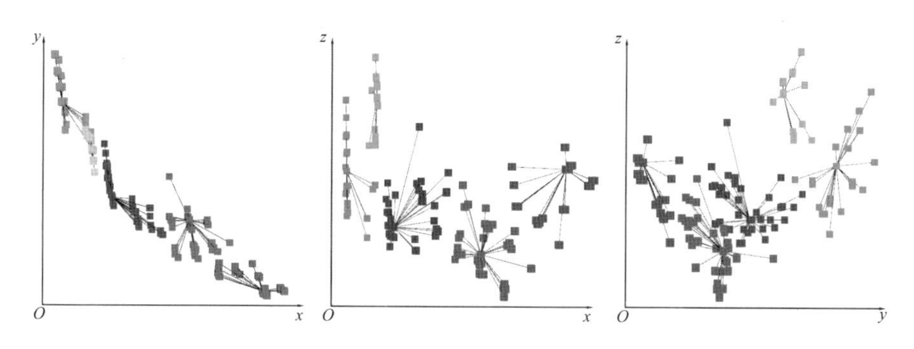

图 4-24　容积率可变条件下的非支配解聚类分群平面分布

表 4-5 为聚类分群结果，其中聚类 3 与聚类 5 包含非支配解数量较多，分别为 37 个和 36 个；聚类 1 和聚类 2 包含非支配解数量中等，分别为 22 个与 26 个，聚类 4 数量最少，为 15 个。结合图 4-24 可知，在街区太阳光伏发电量负数（*x* 轴）和街区建筑总能耗强度（*y* 轴）两个目标表现上，聚类 1 与聚类 3 位于整体非支配解分布的末端，因此聚类 1 具有最低的街区年总能耗强度和最低的太阳光伏年发电量，聚类 3 具有最高的太阳光伏年发电量和最高的街区年总能耗强度，而聚类 2、聚类 4、聚类 5 的目标性能表现较为均衡，按照聚类 5、聚类 2、聚类 4 的顺序街区年总能耗强度不断增大，街区太阳光伏年发电量不断增加。在平均日照时长的表现上聚类 5 表现最佳，聚类 4 表现最差，而聚类 1、聚类 2、聚类 3 表现较为均衡。为了更为清晰地分析不同聚类之间的性能差异，绘制了不同目标下的箱形图，如图 4-25 所示，基本验证了以上判断。

表 4-5　容积率可变条件下的非支配解聚类分群的结果

聚类类别	聚类个数 / 个	聚类中心		
		太阳光伏年发电量 / （kW · h）	年总能耗强度 / （kW · h · m^{-2}）	平均日照时长 /h
聚类 1	22	1 824 600	68.916 81	6.890 88
聚类 2	26	2 430 000	71.529 40	7.191 78
聚类 3	37	2 634 500	74.158 61	6.901 96
聚类 4	15	2 501 400	72.465 78	6.506 56
聚类 5	36	2 098 700	70.842 61	7.319 51

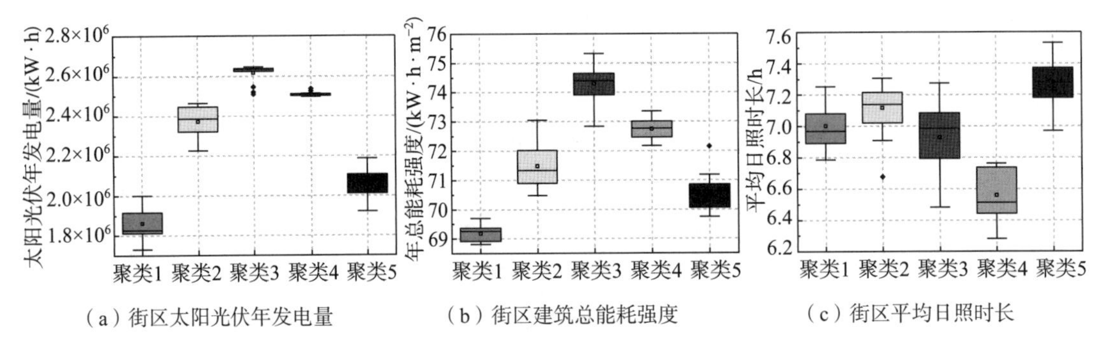

（a）街区太阳光伏年发电量　（b）街区建筑总能耗强度　（c）街区平均日照时长

图 4-25　容积率可变条件下的不同优化目标上的不同聚类性能对比

平行坐标轴往往用来展示高维数据在不同维度上的数值分布情况，辅助用户进行数据优选决策。在聚类分析的基础上，借助平行坐标图展示非支配解在优化目标和关键形态因子上的分布规律，绘制了非支配解五个聚类的平行坐标图，如图 4-26 所示。垂直纵坐标轴表示一个数据维度，图中列出了五个垂直坐标轴，分别代表在本实验中五个比较重要的指标，具体指容积率（FAR）、建筑密度（BCR）、街区太阳光伏年发电量（Energy Generation，EG）、街区年总能耗强度（Energy Use Intensity，

EUIy）和平均日照时长（Hours，H）。前两个为街区形态因子，后三个为本次实验的优化目标，除此之外根据实际需求还可以加入更多的参数作为垂直坐标轴。在图中，每一条折线代表一个非支配解，其与垂直坐标轴的交点位置代表非支配解在此维度上的取值。通过平行坐标图可以直观地根据设计目标选择最佳非支配解方案。

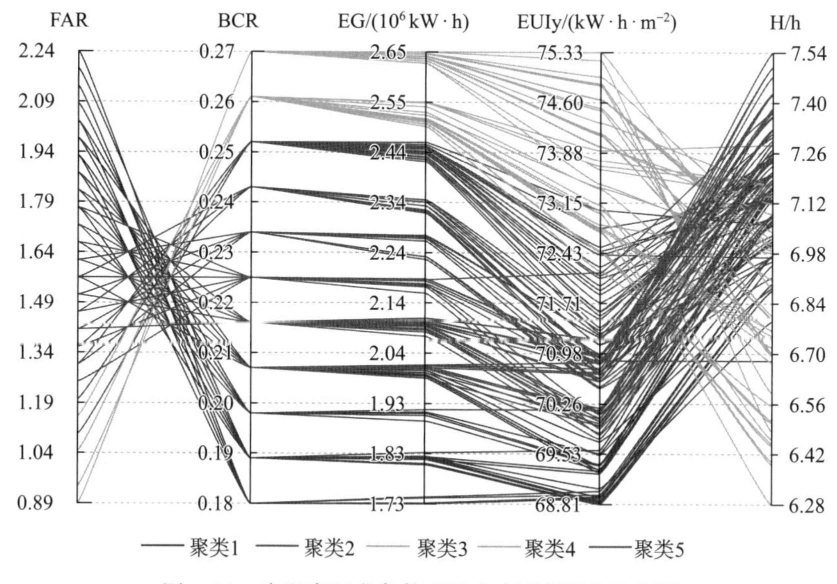

图 4-26　容积率可变条件下的非支配解平行坐标图

设计决策是一个复杂的权衡问题，多目标优化算法在优化迭代的过程中已经排除了大量的低质解，精选出一定量的在各个优化目标上都表现较为均衡的非支配解。但是非支配解之间也存在着相当大的差异，目标与目标之间存在制约关系，难以同时达到最优，尤其是随着优化目标量的增大，更难找到完美的最优方案。因此设计师在选择最优方案时应根据设计侧重点择优选取。根据上述分析，总结提炼出五大聚类在五个参数维度上的特征，以★表示聚类在不同维度上的取值大小，★越多说明数值越大，具体内容如表 4-6 所示。

表 4-6　容积率可变条件下的不同聚类特征评价表

类别	容积率（FAR）	建筑密度（BCR）	街区太阳光伏年发电量（EG）	街区年总能耗强度（EUIy）	平均日照时长（H）
聚类 1	★★★★★	★	★	★	★★★
聚类 2	★★★	★★★	★★★	★★★	★★★★
聚类 3	★	★★★★★	★★★★★	★★★★★	★★
聚类 4	★★	★★★★	★★★★	★★★★	★
聚类 5	★★★★	★★	★★	★★	★★★★★

例如，高能效城市街区更加侧重于建筑所需能耗强度达到最低，毫无疑问应从聚类 1 中选择合适的街区方案。如果设计师倾向于城市街区具有较低建筑所需能耗强度的同时具有最好的日照条件，那么应该从聚类 5 中选取街区方案。

总而言之，多目标优化问题没有最优解，生成的帕累托最优解集也需要设计师或使用者有针对性地进行选择。

如图 4-27 所示，为不同聚类非支配解对应的街区形态，结合具体形态特征进一步探讨其优化目标性能特点的形成逻辑与原因，每项聚类中心对应的街区形态可视作其所在聚类的典型街区布局模式。由图可知，聚类 1 中主要由高层点式建筑 P-3 和低层点式建筑 P-1、板式建筑 S-1 组成，上述三种类型建筑所需能耗强度普遍较低，且由于高层点式建筑数量较多，因此聚类 1 中的街区容积率普遍较大。高层点式建筑一般位于街区场地西侧或北侧，最高的建筑皆位于场地西北角，而低层建筑位于场地东侧，此外所有街区朝向为偏西 15°。这种布局模式一来使得南侧建筑不会对北侧建筑屋顶造成遮挡，高层建筑减少对多层建筑的遮挡，使得街区内的建筑能够充分利用屋顶进行发电，改善建筑底层南向采光条件；二来西侧的高层建筑能够为场地内部提供荫蔽，有效降低了东侧建筑的西晒效应，进而降低了建筑所需能耗。此外西高东低的建筑布局能够保证夏季东南风进入场地内部带走热量，提升室外舒适度，降低建筑制冷所需能耗，冬季也能够有效阻挡西北风对街区内部的侵扰。

相较于聚类 1，聚类 3 中的街区高层建筑出现数量和频率均较低，整个街区以低层和多层建筑为主，多层建筑和零星出现的高层建筑统一位于街区最北侧的用地单元上。由于多层建筑和低层建筑的建筑密度大，且不存在遮挡，因此聚类 3 中的街区太阳发电量普遍较大，但是大量的低层建筑也随之造成了整体街区的能耗强度居高不下，底层采光也不尽如人意。

聚类 4 街区的整体特点接近聚类 3，聚类 5 街区接近聚类 1，而聚类 2 对应街区在三个目标表现上比较均衡。从形态角度出发可以观察到，聚类 4 相较于聚类 3，主要街区朝向从偏西 15° 转向正南北向，此外场地内出现了一栋高层点式建筑替代了低层建筑，有趣的是在优化算法的控制下，高层点式建筑的北侧始终对应的是开放空间，而非建筑，这种布局模式降低了中央点式高层建筑对北侧建筑可能造成的遮挡，但是不可避免地对东西侧多层建筑造成遮挡，因此聚类 4 街区相较于聚类 3 底层南向平均日照时长和屋顶发电量有所下降，但总体建筑能耗强度有所下降。

聚类 5 相较于聚类 1，减少了高层建筑的数量，增加了多层建筑的出现频率，而多层建筑主要以点式建筑和板式建筑为主。这种取舍造成了整体街区能耗有所上升，但是建筑间遮挡效应变弱，街区整体底层的

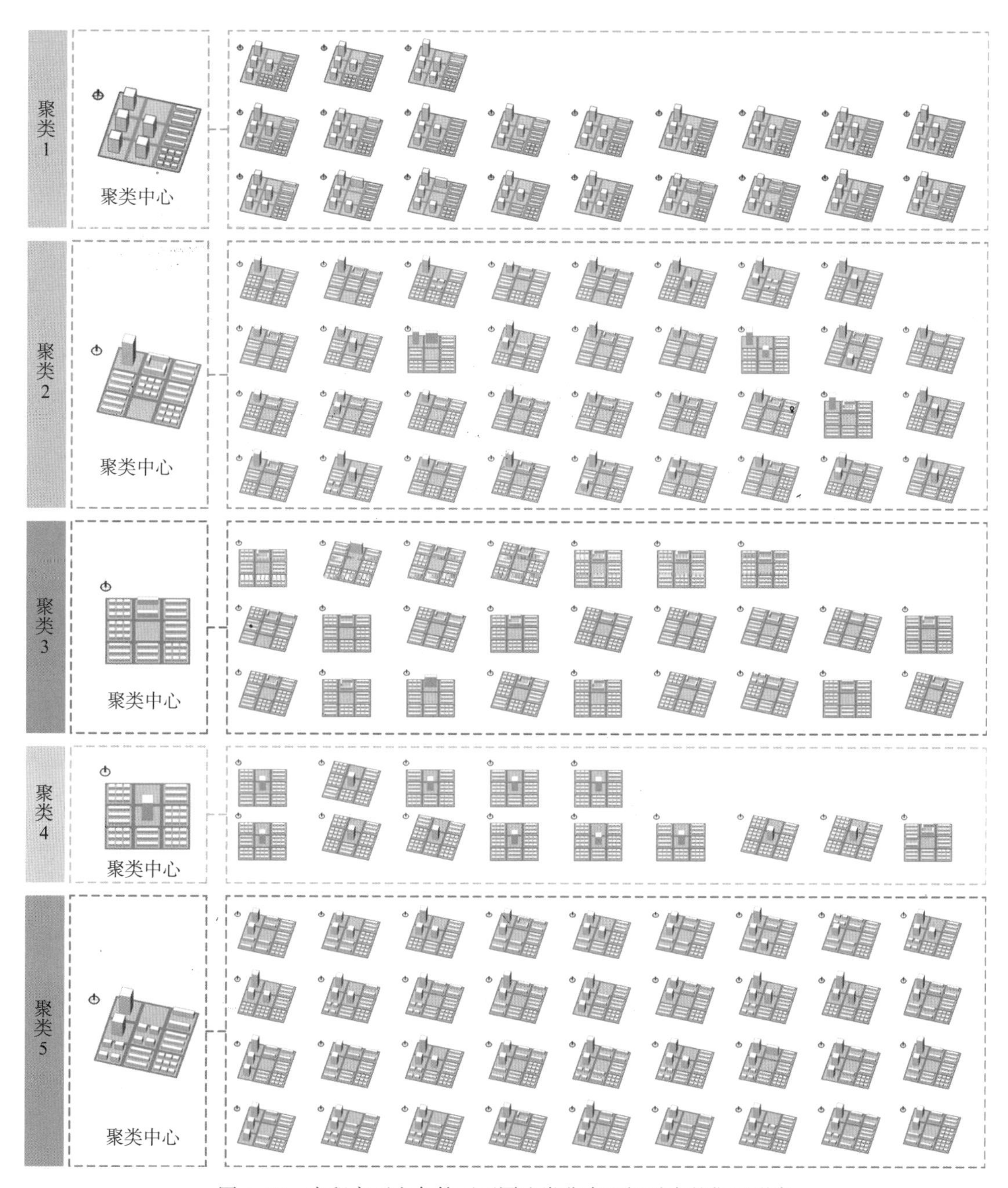

图 4-27　容积率可变条件下不同聚类非支配解对应的街区形态

采光性能有所提升，且屋顶发电量也有所增加。总的来看，在聚类 5 非支配解对应街区中，街区朝向皆为偏西 15°，最高层建筑往往位于场地西北角，而其东侧一般安排为开放空间。街区整体高度呈现南低北高，东低西高的态势。

聚类 2 街区总体布局模式较为接近聚类 5，但是在聚类 2 中，多层建筑的比例相对较小，取而代之的是低层建筑占比较多，此外高层建筑的分布以对角线和南低北高的方式为主。总体朝向以南偏西 15° 为主，少量街区为正南朝向。

为了更加清晰地展示不同聚类代表性的形态和目标性能较差的街区形态差异，选取非支配解集中五个聚类中心和三个优化目标的单目标最优方案以及在可行解中出现的单目标最差方案和随机抽取方案作为代表性方案，绘制成表 4-7，每个街区轴侧示意图下方的三张小示意图从左到右依次代表年总能耗强度、屋顶年太阳辐射量和底层南向大寒日日照时长。

表 4-7　可变容积率条件下典型街区形态能源绩效对比

<table>
<tr><td colspan="4">方案 1</td><td colspan="4">方案 2</td><td colspan="4">方案 3</td></tr>
<tr><td colspan="4">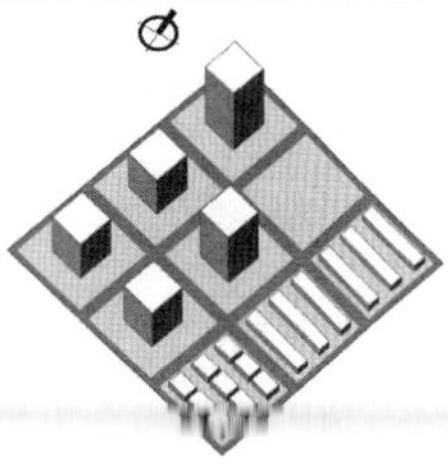</td><td colspan="4">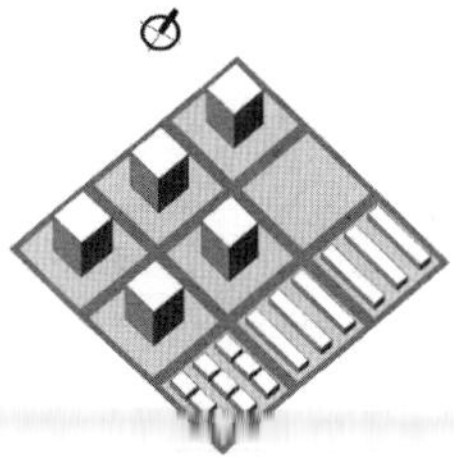</td><td colspan="4">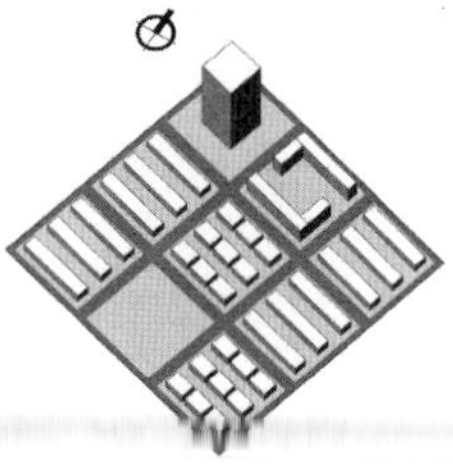</td></tr>
<tr><td colspan="4">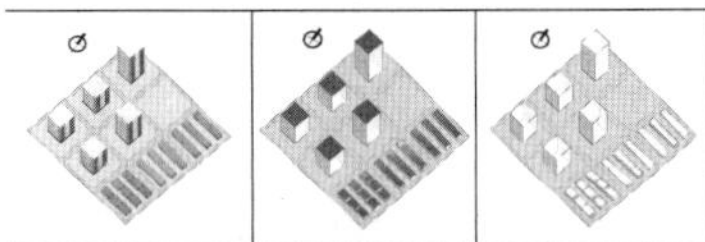</td><td colspan="4">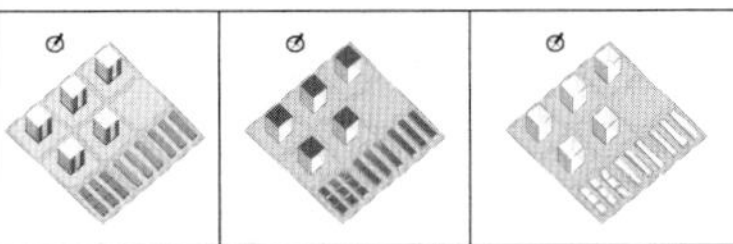</td><td colspan="4">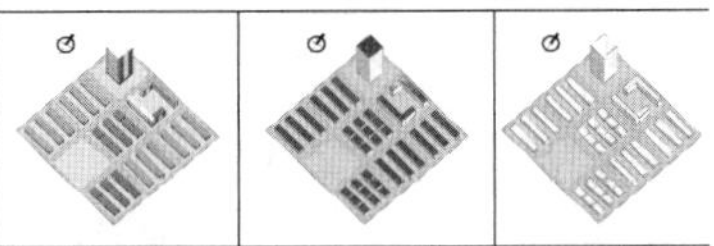</td></tr>
<tr><td colspan="2">聚类类别</td><td colspan="2">聚类 1</td><td colspan="2">聚类类别</td><td colspan="2">聚类 1</td><td colspan="2">聚类类别</td><td colspan="2">聚类 2</td></tr>
<tr><td>建筑密度 /%</td><td>19.10</td><td>容积率</td><td>2.19</td><td>建筑密度 /%</td><td>19.10</td><td>容积率</td><td>1.88</td><td>建筑密度 /%</td><td>25.17</td><td>容积率</td><td>1.30</td></tr>
<tr><td>EG/（kW・h）</td><td>1.81E+6</td><td>H/h</td><td>6.87</td><td>EG/（kW・h）</td><td>1.82E+6</td><td>H/h</td><td>6.89</td><td>EG/（kW・h）</td><td>2.43E+6</td><td>H/h</td><td>7.19</td></tr>
<tr><td colspan="2">EUIy/（kW・h・m^{-2}）</td><td colspan="2">68.81（最小值）</td><td colspan="2">EUIy/（kW・h・m^{-2}）</td><td colspan="2">68.92</td><td colspan="2">EUIy/（kW・h・m^{-2}）</td><td colspan="2">71.53</td></tr>
<tr><td colspan="4">方案 4</td><td colspan="4">方案 5</td><td colspan="4">方案 6</td></tr>
<tr><td colspan="4">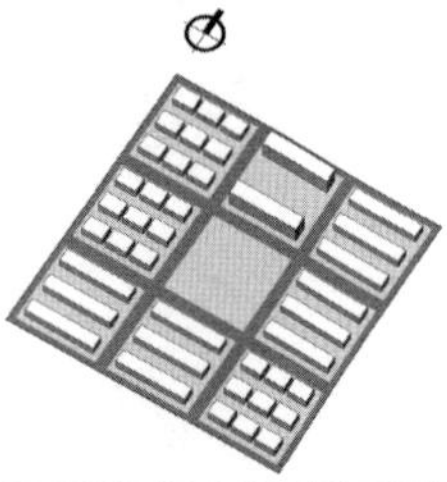</td><td colspan="4">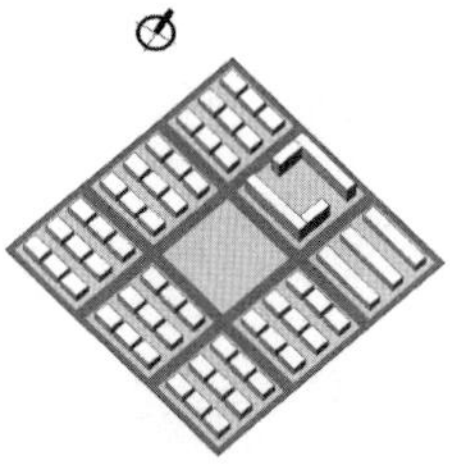</td><td colspan="4">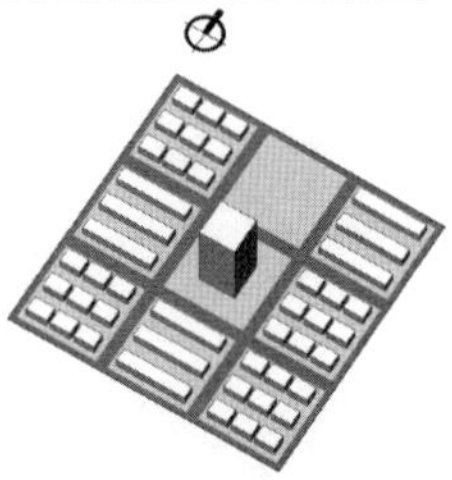</td></tr>
<tr><td colspan="4">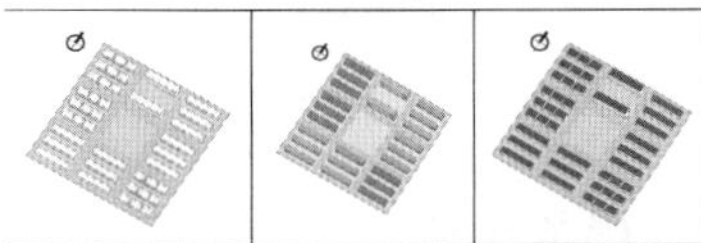</td><td colspan="4">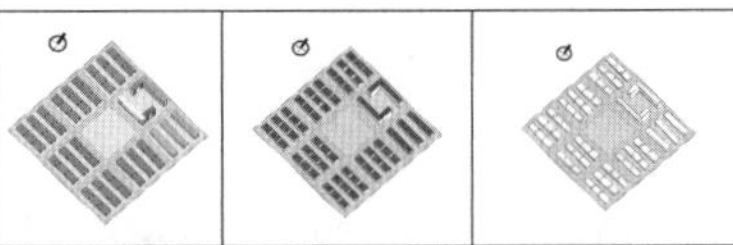</td><td colspan="4">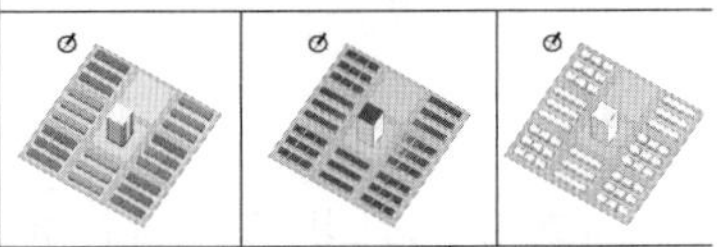</td></tr>
<tr><td colspan="2">聚类类别</td><td colspan="2">聚类 3</td><td colspan="2">聚类类别</td><td colspan="2">聚类 3</td><td colspan="2">聚类类别</td><td colspan="2">聚类 4</td></tr>
<tr><td>建筑密度 /%</td><td>26.91</td><td>容积率</td><td>0.89</td><td>建筑密度 /%</td><td>26.91</td><td>容积率</td><td>0.89</td><td>建筑密度 /%</td><td>26.04</td><td>容积率</td><td>1.15</td></tr>
<tr><td>EG/（kW・h）</td><td>2.63E+6</td><td>H/h</td><td>6.90</td><td>EG/（kW・h）</td><td>2.65E+6（最大值）</td><td>H/h</td><td>6.88</td><td>EG/（kW・h）</td><td>2.50E+6</td><td>H/h</td><td>6.50</td></tr>
<tr><td colspan="2">EUIy/（kW・h・m^{-2}）</td><td colspan="2">74.16</td><td colspan="2">EUIy/（kW・h・m^{-2}）</td><td colspan="2">75.33</td><td colspan="2">EUIy/（kW・h・m^{-2}）</td><td colspan="2">72.47</td></tr>
</table>

续表 4-7

方案 7				方案 8				方案 9			
聚类类别		聚类 5		聚类类别		聚类 5		可行解			
建筑密度/%	21.70	容积率	1.51	建筑密度/%	20.83	容积率	1.56	建筑密度/%	25.17	容积率	1.30
EG/（kW·h）	2.10E+6	H/h	7.32	EG/（kW·h）	2.01E+6	H/h	7.53（最人值）	EG/（kW·h）	1.98E+6	H/h	5.48
EUIy/（kW·h·m^{-2}）		70.84		EUIy/（kW·h·m^{-2}）		70.76		EUIy/（kW·h·m^{-2}）		78.39（最大值）	
方案 10				方案 11				方案 12			
可行解				可行解				可行解			
建筑密度/%	15.63	容积率	2.86	建筑密度/%	21.70	容积率	2.06	建筑密度/%	20.83	容积率	1.67
EG/（kW·h）	1.45E+6（最小值）	H/h	5.09	EG/（kW·h）	2.02E+6	H/h	3.10（最小值）	EG/（kW·h）	1.99E+6	H/h	5.29
EUIy/（kW·h·m^{-2}）		70.09		EUIy/（kW·h·m^{-2}）		74.54		EUIy/（kW·h·m^{-2}）		77.06	

4.2.3 形态因子与建筑能源绩效的统计分析

上述分析已经初步探明了控制性形态因子在整体优化进程中和在非支配解集中的变化与分布规律，初步明确了在容积率可变条件下获取较高目标性能街区的形态控制基本原则。在街区形态演变的过程中，除了控制性形态因子不断发生改变外，其余的描述性城市形态因子亦在同步发生改变，为了系统性探讨在容积率可变条件下城市形态因子与建筑能源绩效的相关性和关联度，将利用本次实验产生的所有过程数据分析城市形态因子与街区年总能耗强度和太阳光伏年发电量的相关性与相关程度，同时建立回归模型量化各形态因子对建筑能耗和太阳光伏发电量的具体影响大小。

1）形态因子与街区年总能耗强度的相关性分析

（1）容积率

容积率是描述城市密度的关键指标，也是控制城市开发强度的关键指标，其与城市建筑所需能耗的关系一直是研究的热点。什么样的容积率街区具有更高的能源绩效？在节能街区的建设当中最为合适的容积率指标应该是多少？这些都是值得探究的科学问题。

在研究二中，多目标优化算法通过自动调整控制性形态因子不断生成不同开发强度与密度的理想城市街区。在本次实验整体优化进程中，生成的理想街区容积率分布在 0.8 至 3.0 范围内，基本涵盖了城市居住用地主要的容积率开发范围，因此具有一定的代表性，对实际城市用地开发建设能起到积极的指导作用。如图 4-28 所示，制冷所需能耗与容积率散点图整体呈现聚集状，未表现出明显的线性关系，容积率在 1.5 至 2.5 范围内的街区制冷所需能耗离散程度、震荡幅度较大。相较于制冷所需能耗，采暖所需能耗与容积率散点图拟合方程的决定系数（R^2）约为 0.539，非标准系数约为 -2.14，说明两者存在明显的线性负相关性，即随着容积率的增大，建筑采暖所需能耗强度随之下降（图 4-29）。关于年总能耗强度与容积率的关系如图 4-30 所示，两者拟合方程的 R^2 约为 0.265，非标准系数约为 -2.165，说明两者存在一定的线性负相关性。如果容积率增大，建筑年总能耗强度呈现下降的趋势。从散点图可以看出，在本实验中，总能耗最低的街区容积率处于 2.0—2.5 范围内。

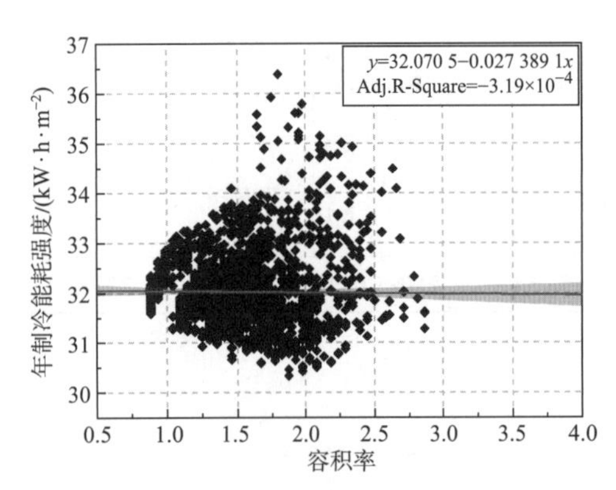

图 4-28　容积率可变条件下年制冷能耗强度与容积率的散点图

注：Adj.R-Square 即调整决定系数。

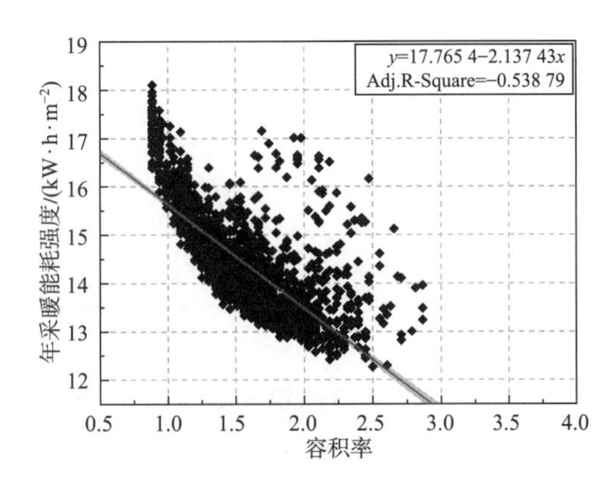

图 4-29　容积率可变条件下年采暖能耗强度与容积率的散点图

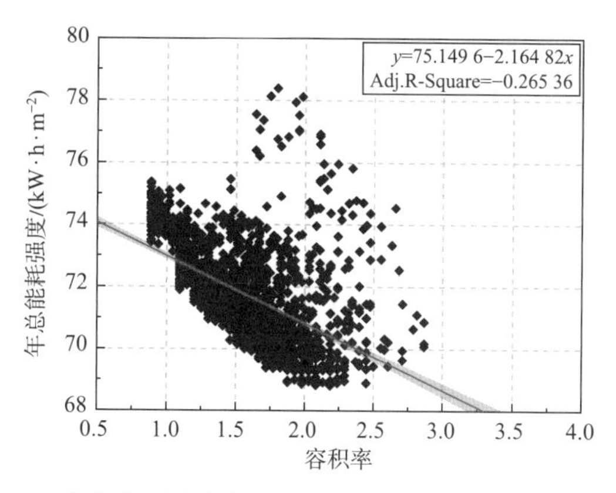

图 4-30　容积率可变条件下年总能耗强度与容积率的散点图

总体而言，容积率与年总能耗强度存在高度的相关性，并且在 0.8—3.0 的容积率区间内与总能耗强度呈现线性负相关性。采暖所需能耗则比较敏感，究其原因如下：一方面，随着容积率的增大街区整体建筑聚集程度增高，从而导致街区内部热量不易丧失，易形成热岛效应，从而降低建筑采暖所需能耗；另一方面，随着容积率的增大，建筑体量也不断增大，整体的体形系数不断下降，失热能力不断下降，因此采暖所需能耗也随之下降。然而，制冷能耗强度受容积率影响似乎不大，理论上随着容积率的升高，整体街区的夏季平均温度逐步上升，街区内部热量的聚集会增加建筑制冷负荷，同时导致了较为严重的建筑遮挡，因此又在一定程度上降低了建筑制冷能耗。

（2）建筑密度

如图 4-31 所示，年制冷能耗强度与建筑密度未表现出明显的线性关系。采暖所需能耗随着建筑密度的增加而增加，两者拟合方程的 R^2 约为 0.602，非标准系数约为 35.356，显示两者具有较高的线性正相关性（图 4-32）。街区年总能耗强度与建筑密度也表现出一定的线性正相关关系，拟合方程的 R^2 约为 0.297，非标准系数约为 35.843（图 4-33）。

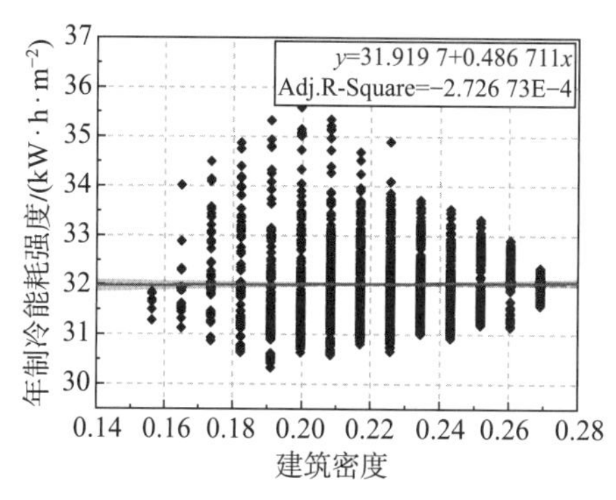

图 4-31　容积率可变条件下年制冷能耗强度与建筑密度的散点图

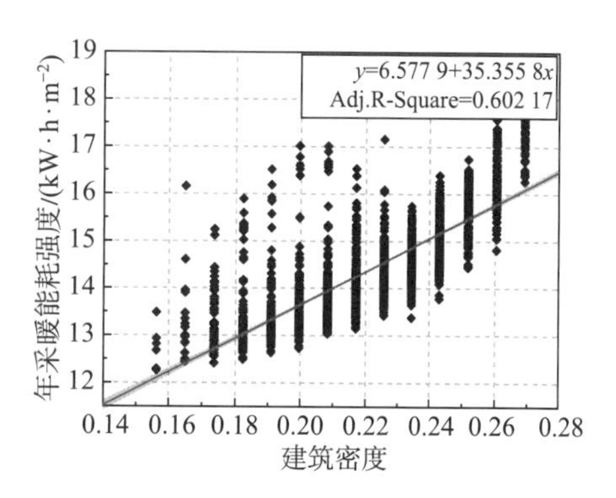

图 4-32　容积率可变条件下年采暖能耗强度与建筑密度的散点图

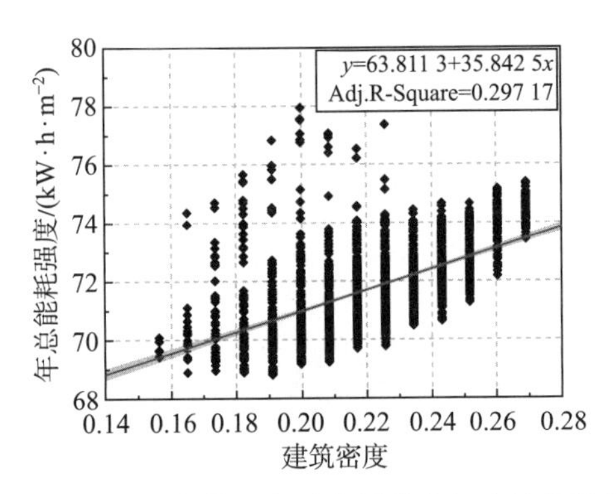

图 4-33 容积率可变条件下年总能耗强度与建筑密度的散点图

（3）平均层数

如图 4-34 所示，年总能耗强度与平均层数的散点图呈现较为明显的线性趋势，拟合方程的 R^2 约为 0.241，非标准系数约为 -0.301，显示出负线性相关性，即随着平均层数的增加，街区建筑年总能耗强度不断下降。年制冷能耗强度与平均层数未显示出明显的关联（图 4-35），而年采暖能耗强度与平均层数存在较强的负线性相关性（图 4-36）。

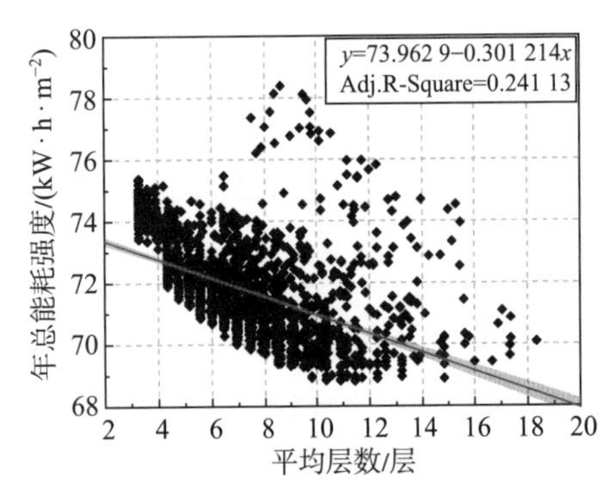

图 4-34 容积率可变条件下年总能耗强度与平均层数的散点图

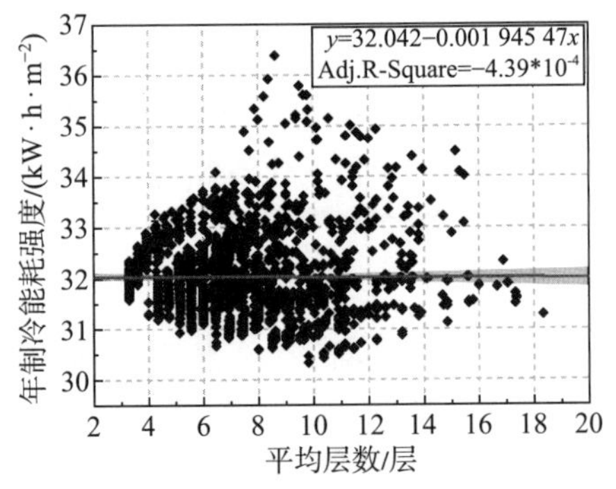

图 4-35 容积率可变条件下年制冷能耗强度与平均层数的散点图

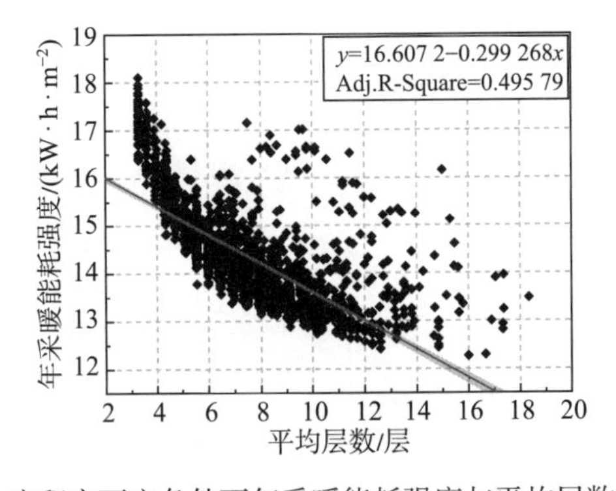

图 4-36 容积率可变条件下年采暖能耗强度与平均层数的散点图

（4）开放空间率

与上述密度指标类似，年制冷能耗强度与开放空间率未表现出明显的线性规律特征（图 4-37），而年采暖能耗强度与开放空间率呈现明显的线性变化趋势（图 4-38），其两者拟合方程的 R^2 约为 0.658，非标准系数约为 7.559，说明两者表现为较强的线性正相关性，即随着开放空间比率的增大，建筑年采暖能耗强度不断增加。如图 4-39 所示，年总能耗强度与开放空间率的散点图也表现出较为明显的线性正相关性，其拟合方程的 R^2 约为 0.344，非标准系数约为 7.884，也就是说随着开放空间率的上升，建筑年总能耗强度也呈现不断上升的趋势。

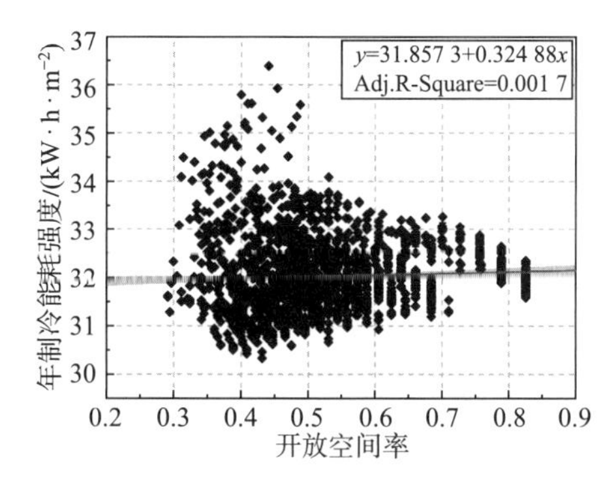

图 4-37　容积率可变条件下年制冷能耗强度与开放空间率的散点图

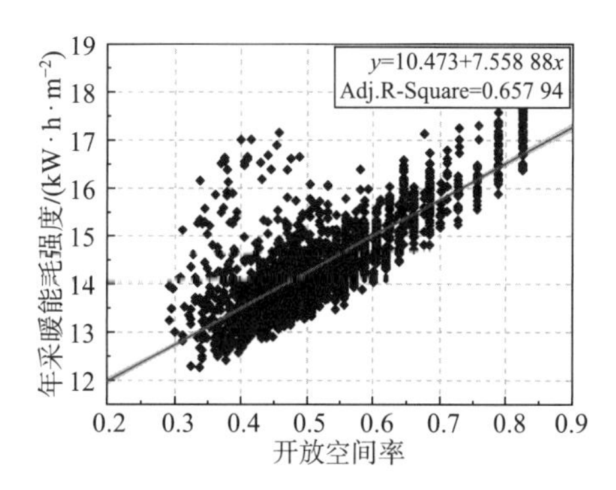

图 4-38　容积率可变条件下年采暖能耗强度与开放空间率的散点图

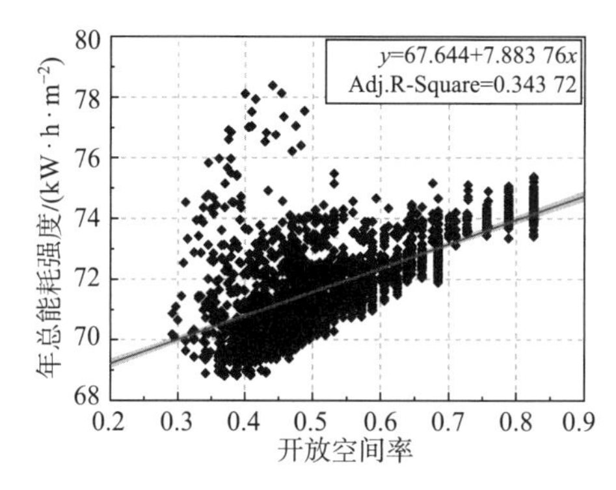

图 4-39　容积率可变条件下年总能耗强度与开放空间率的散点图

（5）街区朝向

图 4-40 为街区朝向与年总能耗强度的关系散点图，直接对图像进行线性拟合，左上角结果显示拟合方程的 R^2 约为 0.089，表示两者基本不存在线性关系。仔细观察图像可知，两者图像呈现 V 字形，在 0° 左侧和右侧的两个区间内，街区朝向与年总能耗强度的关系近似线性关系，因此可以对自变量进行非线性转换，使转换后的自变量与因变量呈现线性关系。

由于图像接近轴对称，因此，可将街区朝向取平方后再做散点图检查与建筑能耗的关系。如图 4-41 所示，街区朝向的平方值与年总能耗强度散点图总体表现出单调关系，对散点图进行线性拟合可以发现，拟合方程的 R^2 相较于非线性转换之前的情况有略微的上升，呈现较弱的正相关性，即街区朝向偏转角度越大，街区建筑的年总能耗强度越高。

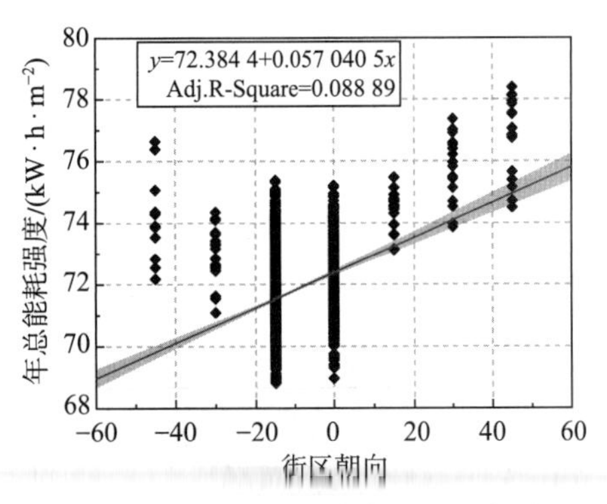

图 4-40　容积率可变条件下街区朝向与年总能耗强度的散点图

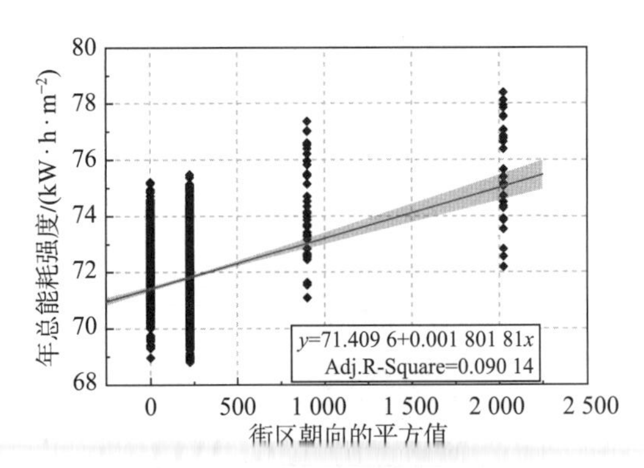

图 4-41　容积率可变条件下街区朝向的平方值与年总能耗强度的散点图

图 4-42 和图 4-43 为街区朝向的平方值与年制冷和采暖能耗强度的散点图，其中街区朝向平方值与制冷所需能耗的线性关系相对较强，两者的 R^2 约为 0.172，呈正相关；然而其与采暖所需能耗之间不存在线性关系，R^2 仅约为 0.014。

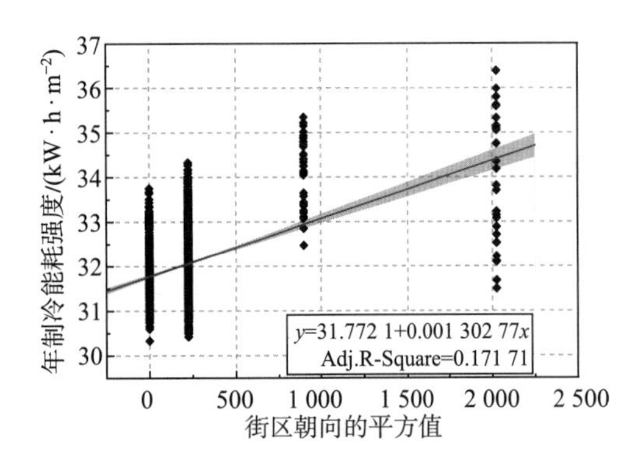

图 4-42　容积率可变条件下街区朝向的平方值与年制冷能耗强度的散点图

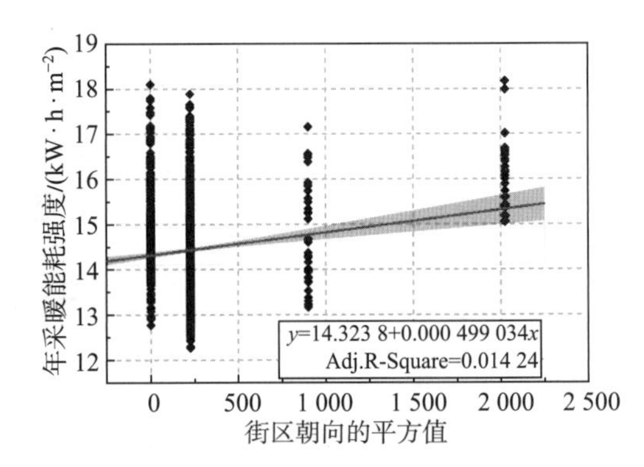

图 4-43　容积率可变条件下街区朝向的平方值与年采暖能耗强度的散点图

（6）围合度

如图 4-44 所示，年制冷能耗强度与围合度拟合方程的 R^2 约为 0.017，非标准系数约为 2.059，说明两者不存在线性关系，但存在一定的正相关性，即随着围合度的增大，年制冷能耗强度有上升的趋势。对于年采暖能耗强度而言，其与围合度的线性关系更为明显，两者拟合方程的 R^2 约为 0.239，非标准系数约为 10.328，显示两者表现出一定的线性正相关性（图 4-45）。如图 4-46 所示，年总能耗强度与围合度表现为一定的线性正相关性，拟合方程的 R^2 约为 0.165，非标准系数为 12.387，表明随着围合度的增大，建筑年总能耗强度也随之增加。

总体来看，围合度与年制冷、采暖和总能耗强度都呈现不同强弱的正相关性，说明在水平方向上，街区外界面围合程度越大，封闭程度越大，会一定程度上增加街区内建筑的用能能耗。

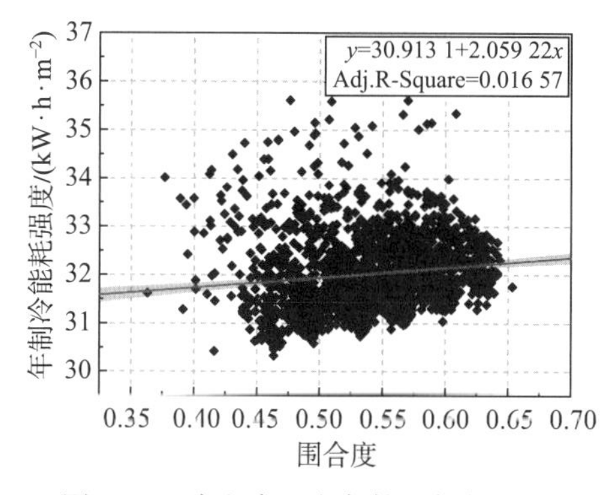

图 4-44　容积率可变条件下年制冷能耗强度与围合度的散点图

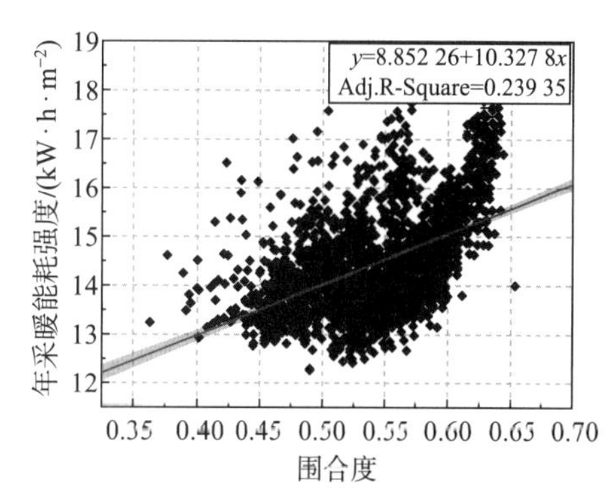

图 4-45　容积率可变条件下年采暖能耗强度与围合度的散点图

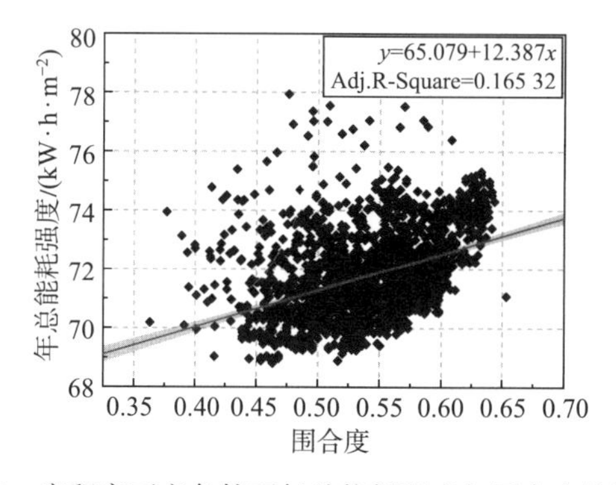

图 4-46　容积率可变条件下年总能耗强度与围合度的散点图

（7）错落度

如图 4-47 所示，年制冷能耗强度与错落度散点图拟合方程的 R^2 约为 0.070，非标准系数约为 -0.012，说明两者不存在线性关系，但存在一定的负相关性。年采暖能耗强度与错落度散点图拟合方程的 R^2 为 0.214，非标准系数约为 -0.029，表明两者存在较弱的负线性相关性（图 4-48）。如图 4-49 所示，年总能耗强度与错落度散点图表现出线性趋势，其拟合方程的 R^2 约为 0.210，非标准系数约为 -0.041，显示出两者存在一定的负线性相关性。总体而言，错落度与建筑能耗强度存在一定程度的负相关性，即随着错落度的增大，建筑能耗不断下降。这说明在街区垂直方向上，较大的高差变化有利于整体街区能源绩效水平的提升。

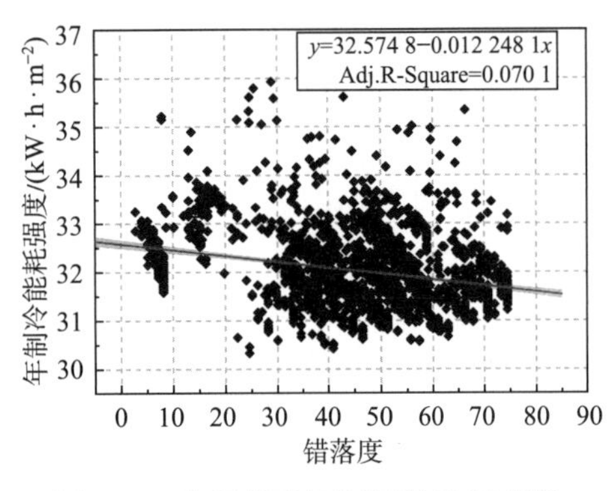

图 4-47 容积率可变条件下年制冷能耗强度与错落度的散点图

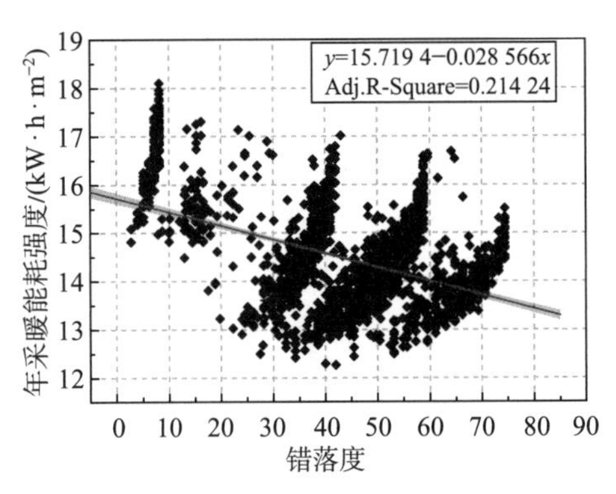

图 4-48 容积率可变条件下年采暖能耗强度与错落度的散点图

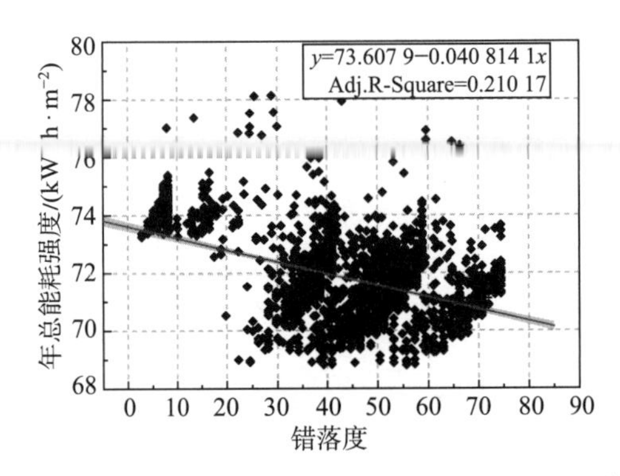

图 4-49 容积率可变条件下年总能耗强度与错落度的散点图

（8）围护系数

围护系数等于总建筑表面积与用地面积之比，由于在本实验中，街区用地面积保持不变，因此围护系数与能耗强度的关系亦反映了建筑总外表面积与能耗强度的关系。如图 4-50 所示，年制冷能耗强度与围护系数呈现一定的线性趋势，两者拟合方程的 R^2 约为 0.186，说明两者表现为线性正相关性。随着围护系数（建筑总外表面积）的增大，建筑制冷所需能耗也在不断上升。如图 4-51 所示，年采暖能耗强度与围护系数的散点图呈现聚集状，未表现出任何方向性趋势，两者拟合方程的 R^2 约为 0.090，说明两者不存在线性相关性。对于年总能耗强度与围护系数关系而言（图 4-52），两者也未表现出线性相关性，数据离散程度大。

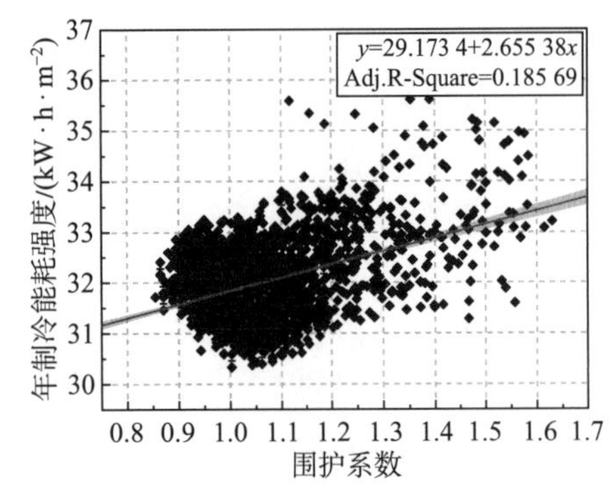

图 4-50 容积率可变条件下年制冷能耗强度与围护系数的散点图

（9）体形系数

众所周知，体形系数是衡量单体建筑得热、失热能力的重要指标，也是在建筑节能设计规范中关于形体设计的控制指标。如图 4-53 所示，年制冷能耗强度与体形系数的散点图未表现出明显的线性

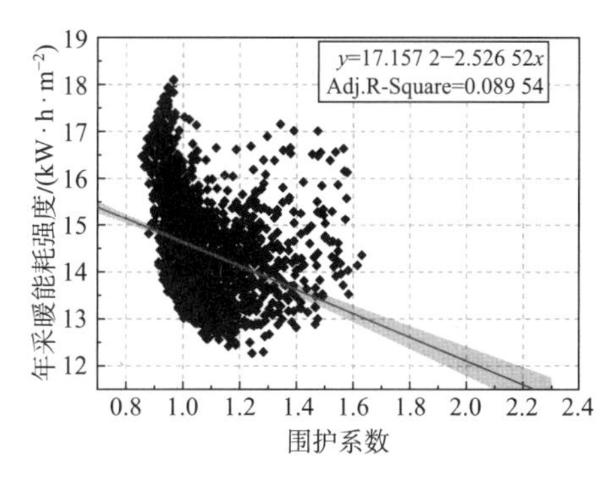

图 4-51　容积率可变条件下年采暖能耗强度与围护系数的散点图

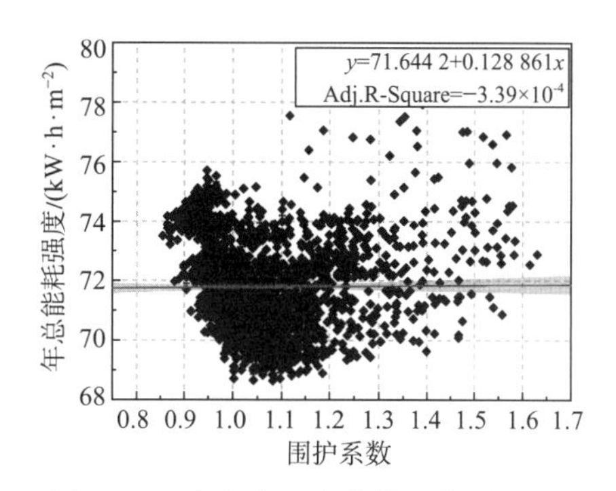

图 4-52　容积率可变条件下年总能耗强度与围护系数的散点图

趋势。两者拟合方程的 R^2 约为 0.096，非标准系数约为 6.166，说明两者之间不存在线性相关性。但是仔细观察图像可知，两者存在一定的正相关性，随着体形系数的增大，建筑年制冷能耗强度不断增大。如图 4-54 所示，年采暖能耗强度与体形系数的散点图呈现明显的线性趋势，两者拟合方程的 R^2 约为 0.875，非标准系数约为 24.878，说明两者之间存在强烈的线性正相关性，即随着体形系数的增大，建筑年采暖能耗强度也呈现出明显的上升趋势。对于年总能耗强度与体形系数的关系而言（图 4-55），两者散点图也表现出十分明显的线性趋势，拟合方程的 R^2 约为 0.655，非标准系数为 31.044，显示出建筑年总能耗强度与体形系数之间存在明显的线性正相关性，即体形系数越大，街区建筑年总能耗强度越大。

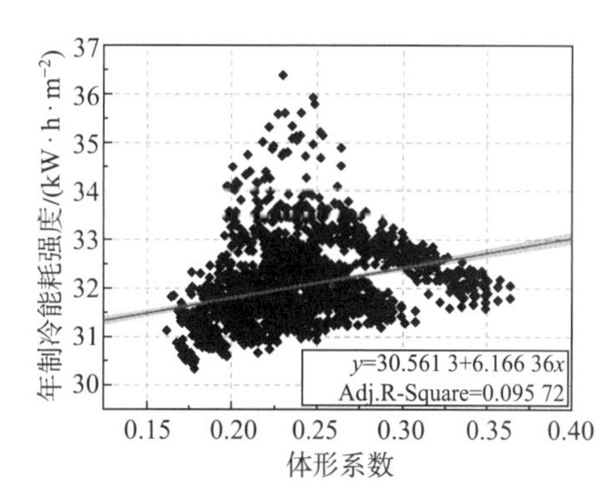

图 4-53　容积率可变条件下年制冷能耗强度与体形系数的散点图

总的来说，体形系数是衡量单体建筑乃至群体建筑能耗强度的重要指标，体形系数越大，无论是采暖还是制冷所需能耗都表现出明显的增大趋势。

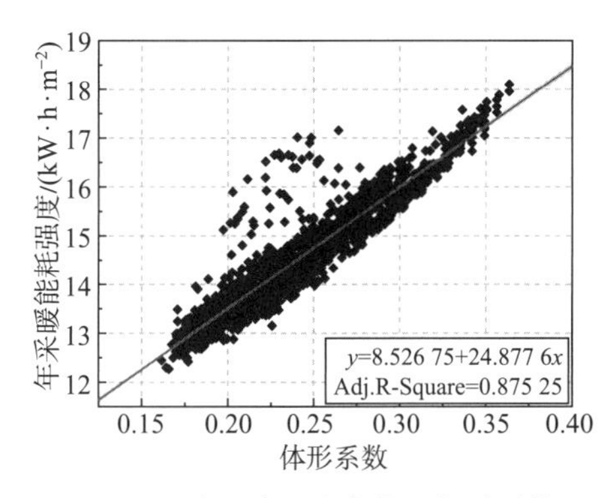

图 4-54　容积率可变条件下年采暖能耗强度与体形系数的散点图

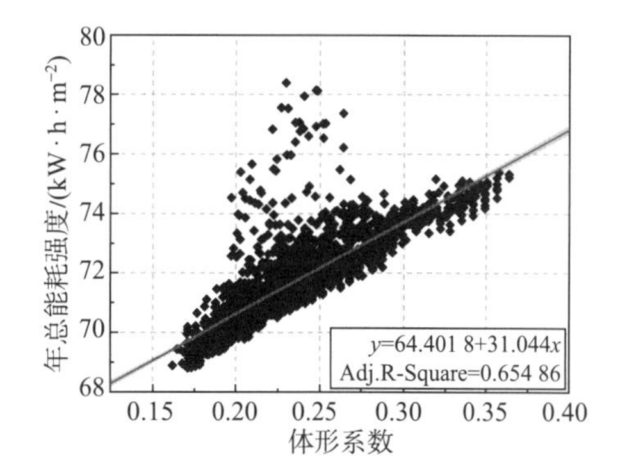

图 4-55　容积率可变条件下年年总能耗强度与体形系数的散点图

（10）平均面积周长比

如图 4-56 所示，年制冷能耗强度与平均面积周长比的散点图整体呈现聚集分布，未有线性趋势出现，两者线性拟合方程的 R^2 约为 0.025，非标准系数约为 -0.333，表明年制冷能耗强度与平均面积周长比之间不存在线性关系，但存在一定的负相关性。随着平均面积周长比的增大，街区建筑的年制冷能耗强度呈现出缓慢下降的趋势。如图 4-57 所示，年采暖能耗强度与平均面积周长比的线性拟合方程的 R^2 约为 0.619，非标准系数约为 -2.205，两者表现出明显的线性负相关性。对于年总能耗强度来说，其与平均面积周长比的散点图线性趋势较为明显，两者线性拟合方程的 R^2 约为 0.394，非标准系数约为 -2.538，表明年总能耗强度与平均面积周长比存在明显的线性负相关性（图 4-58）。随着平均面积周长比的增大，街区建筑年总能耗强度也将不断增大。

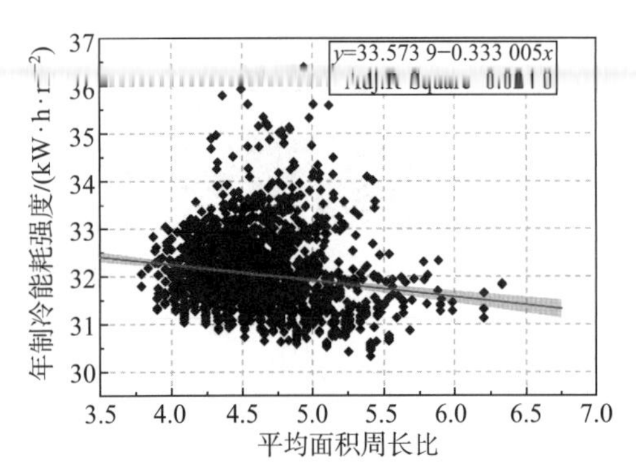

图 4-56　容积率可变条件下年制冷能耗强度与平均面积周长比的散点图

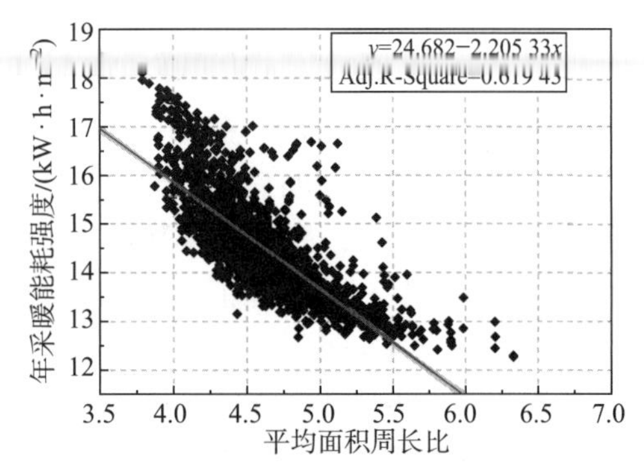

图 4-57　容积率可变条件下年采暖能耗强度与平均面积周长比的散点图

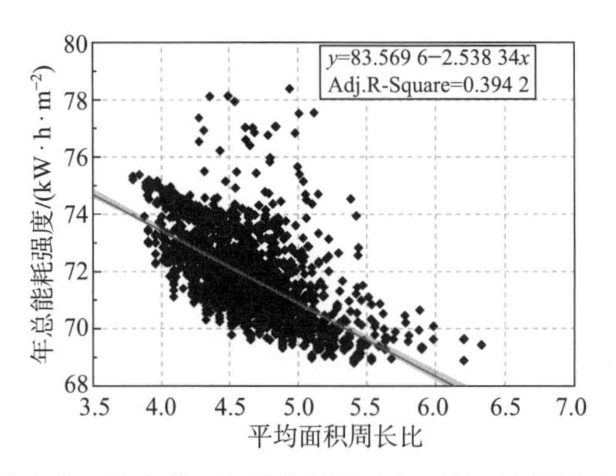

图 4-58　容积率可变条件下年总能耗强度与平均面积周长比的散点图

平均面积周长比是评价形体平面紧凑度的关键指标，当建筑各层平面都保持一致时，它也是衡量建筑三维形体紧凑度的重要指标。总体而言，平均面积周长比与建筑能耗强度保持着较高的相关性，结合上文体形系数与建筑能耗强度的相关关系分析可以发现，两者作为评价建筑形态紧凑度的指标与建筑能耗强度具有相似的关系。体形系数和平均面积周长比与建筑年制冷能耗强度之间均不存在线性关系，仅分别存在微弱的正相关性和负相关性，而这两个指标与年采暖能耗强度却都呈现较强的线性相关关系。由此可以推之，形体紧凑度对建筑年采暖能耗强度具有较强的影响，而对于年制冷能耗强度的影响相对较弱。形体越紧凑，建筑的年采暖和制冷能耗强度越小，反之，则建筑的年采暖与制冷能耗强度越大，其中采暖能耗的变化幅度较大，而制冷能耗的变化幅度较小。

（11）平均街道高宽比

平均街道高宽比是描述街区建筑间距和相互遮挡的重要指标，东西向街道高宽比反映了南北向建筑之间的遮挡情况。如图 4-59 所示，年制冷能耗强度与东西向平均街道高宽比的散点图整体呈现线性趋势，两者拟合方程的 R^2 约为 0.160，非标准系数约为 2.022，说明两者之间存在一定的线性正相关性，即随着东西向街道高宽比的增大，街区建筑年制冷能耗强度不断增加。如图 4-60 所示，年采暖能耗强度与东西向街道高宽比未表现出明显的线性关系，两者拟合方程的 R^2 约为 0.001。如图 4-61 所示，年总能耗强度与东西向街道高宽比的关系也与之类似，拟合方程的 R^2 约为 0.032，非标准系数约为 1.746，说明两者之间不存在明确的线性关系。观察图像可知，年总能耗强度与东西向街道高宽比之间存在一定的正相关性，换言之，随着东西向街道高宽比的增大，街区建筑的年总能耗强度整体表现出增长的趋势。

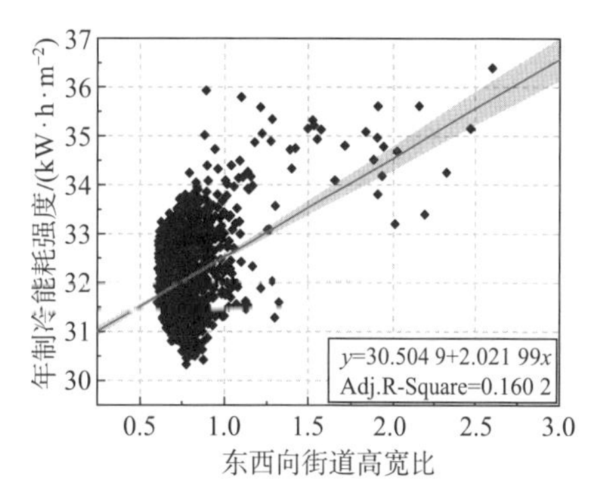

图 4-59　容积率可变条件下年制冷能耗强度与东西向街道高宽比的散点图

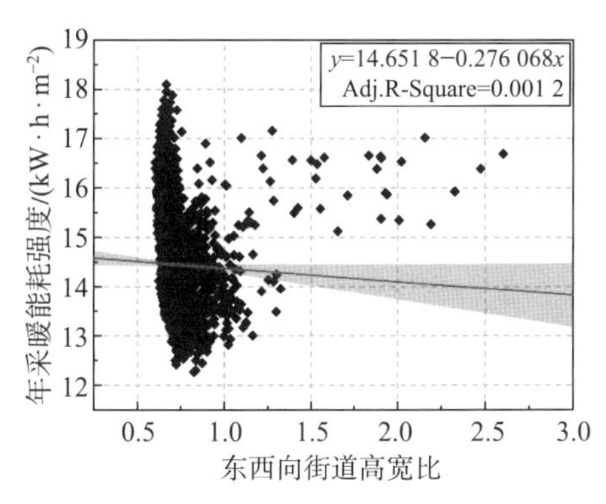

图 4-60　容积率可变条件下年采暖能耗强度与东西向街道高宽比的散点图

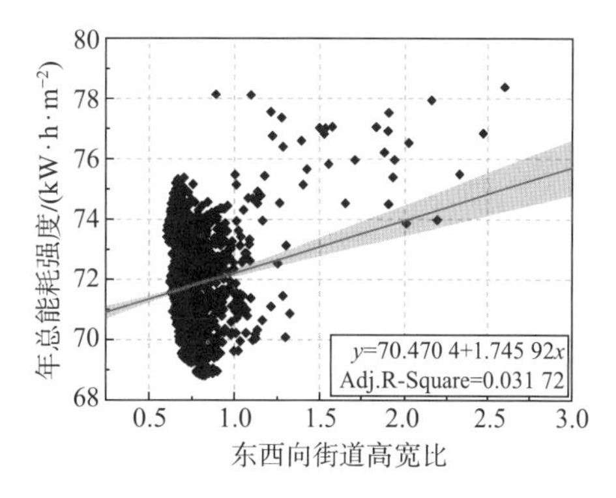

图 4-61　容积率可变条件下年总能耗强度与东西向街道高宽比的散点图

南北向街道高宽比反映了建筑东西向之间的间距与遮挡情况。由图 4-62 至图 4-64 可知，南北向街道高宽比与年制冷、采暖和总能耗强度的散点图都呈现团状聚集的形态，未能表现出明显的线性趋势，结合各自拟合方程的 R^2 和非标准系数可知，南北向街道高宽比与年制冷、采暖和总能耗强度之间不存在线性关系，但都表现出一定的负相关性，即随着南北向街道高宽比的增加，也就是建筑东西向的遮挡加强，年制冷、采暖和总能耗强度都呈现出下降的趋势。

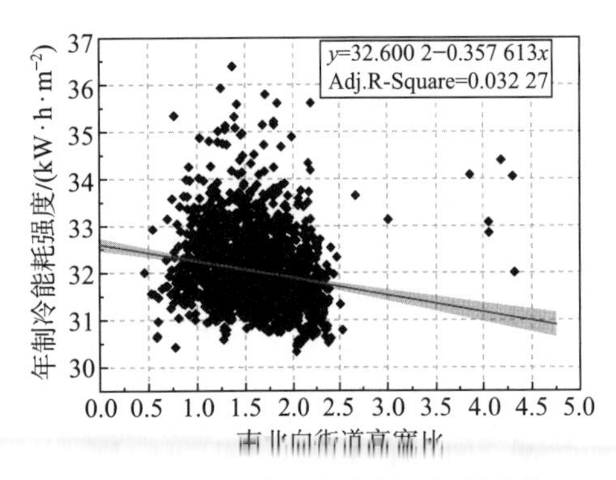

图 4-62 容积率可变条件下年制冷能耗强度与南北向街道高宽比的散点图

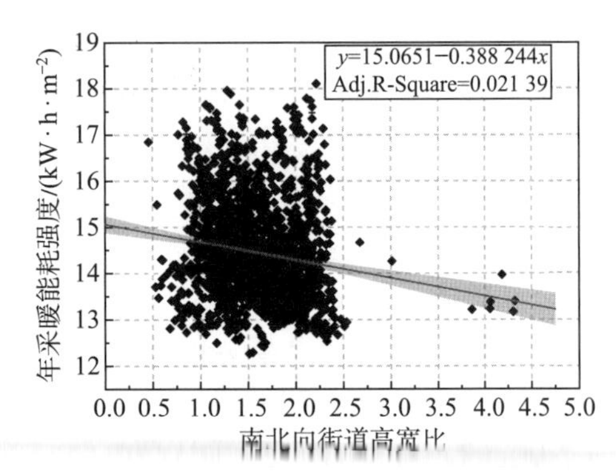

图 4-63 容积率可变条件下年采暖能耗强度与南北向街道高宽比的散点图

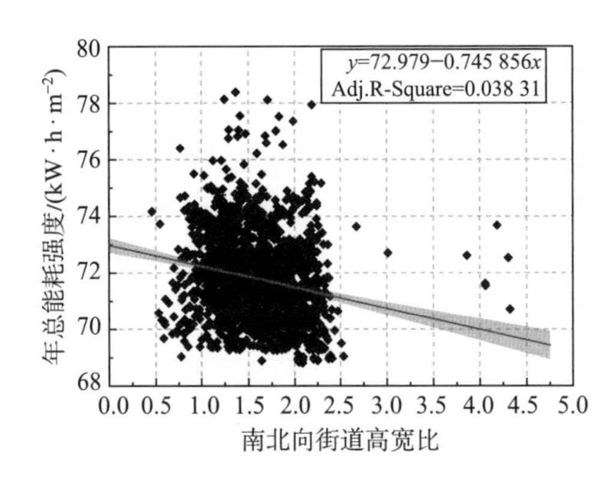

图 4-64 容积率可变条件下年总能耗强度与南北向街道高宽比的散点图

（12）平均天空可视域

平均天空可视域与平均街道高宽比类似，也反映了建筑间的遮挡程度。如图 4-65 所示，年制冷能耗强度与平均天空可视域的散点图呈现较为明显的线性趋势，两者线性拟合方程的 R^2 约为 0.348，非标准系数约为 -0.124，表明存在较为明显的线性负相关性。也就是说，随着街区平均天空可视域的增大，年制冷能耗强度呈现出下降的趋势。平均天空可视域越大，说明街区内建筑之间的位置越为分散，建筑间的遮挡效应越弱，热量难以在街道层峡内积聚，热岛效应程度不断减弱，使得建筑在夏季制冷所需能耗得以下降。如图 4-66 所示，年采暖能耗强度与平均天空可视域的散点图并未表现出明显的线性趋势，两者线性拟合方程的

R^2 约为 0.010，说明两者之间不存在任何线性关系，但其非标准系数约为 0.028，反映了年采暖能耗强度与平均天空可视域之间存在一定的正相关。不难理解，天空可视域越大，建筑热损失越严重，从而导致冬季采暖所需能耗增加。

如图 4-67 所示，虽然年总能耗强度与平均天空可视域散点图的线性拟合方程的 R^2 约为 0.055，显示两者不存在明显的线性关系，经过仔细观察可知，两者之间依然存在一定的负相关性，即随着街区平均天空可视域的增大，建筑年总能耗强度表现出不断降低的趋势。

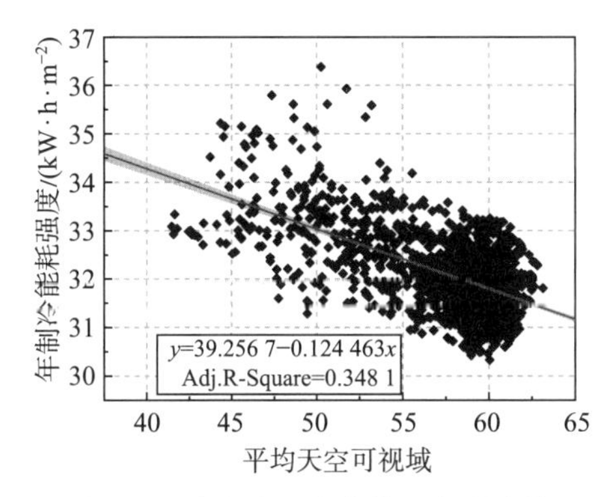

图 4-65　容积率可变条件下年制冷能耗强度与平均天空可视域的散点图

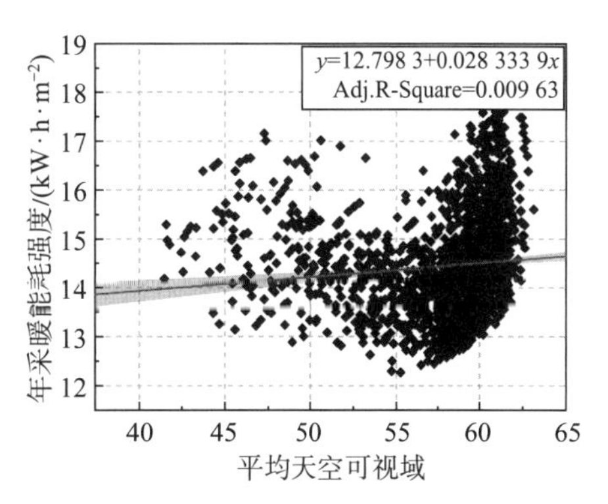

图 4-66　容积率可变条件下年采暖能耗强度与平均天空可视域的散点图

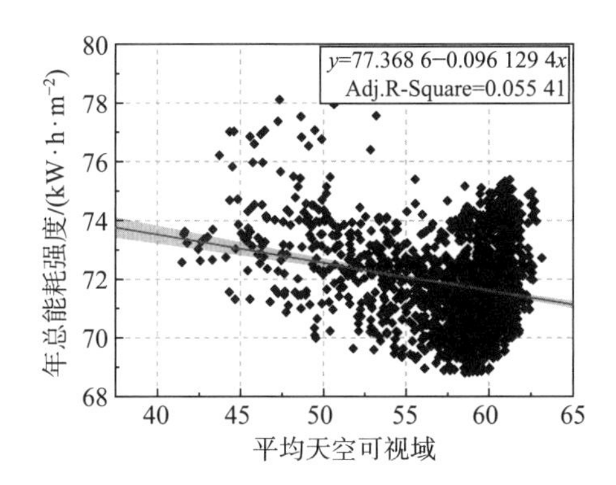

图 4-67　容积率可变条件下年总能耗强度与平均天空可视域的散点图

（13）建筑最近邻指数

实验过程中分别记录了街区所有建筑以及分别位于三个层数区间内的建筑的最近邻指数，如图 4-68 所示，街区内所有建筑的最近邻指数与街区建筑年总能耗强度不存在线性关系，其 R^2 仅约为 0.065，此外 1—3 层建筑的最近邻指数与街区建筑年总能耗强度的 R^2 约为 0.019，表示街区内低层建筑的位置关系与街区整体能耗不存在线性关系。然而，4—

12 层建筑最近邻指数与年总能耗强度的 R^2 约为 0.123，非标准系数约为 1.503，表示两者之间存在较弱的线性正相关性，即处于这一区间内的建筑最近邻指数越大，街区建筑年总能耗强度越大。换言之，4—12 层建筑在街区场地内分布越分散、越均匀，建筑能耗相对越高。对于 13 层以上的建筑来说，其最近邻指数与建筑年总能耗强度的 R^2 约为 0.403，非标准系数约为 -1.430，说明两者之间呈现线性相关关系，并表现为负相关。随着 13 层以上建筑的最近邻指数增加，建筑总能耗不断下降。究其原因，13 层以上的高层建筑，由于体量大，建筑表面积大，因此，当建筑间距越来越小，建筑相对位置越来越近，建筑间的热量聚集效应则会越来越明显，通风散热等环境性能进一步下降，进而导致建筑能耗增加的后果。随着高层建筑位置布局的分散，整体环境性能有所提升，建筑年总能耗强度随之下降。此外，高层建筑用能面积大，对街区总体用能水平影响较为明显，因此，高层建筑用能性能的提升会在很大程度上带动整体街区能源绩效的提升。

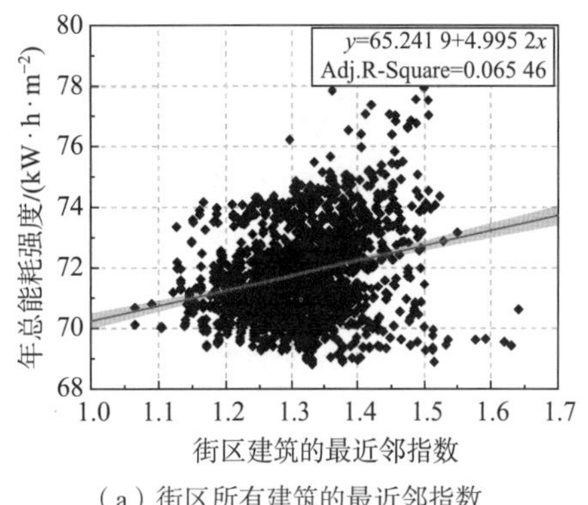

（a）街区所有建筑的最近邻指数

（b）1—3 层区间内建筑的最近邻指数

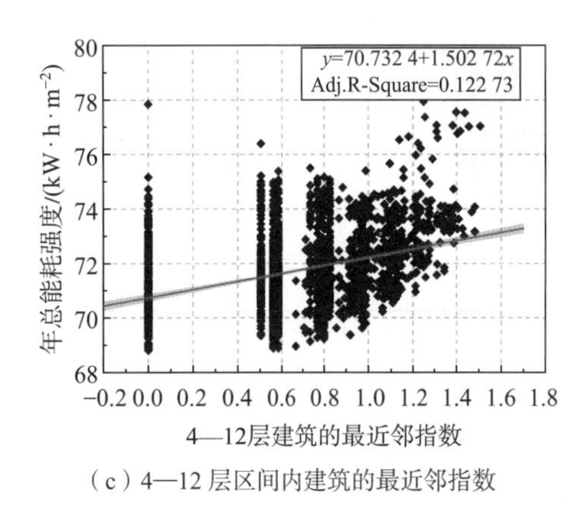

（c）4—12 层区间内建筑的最近邻指数

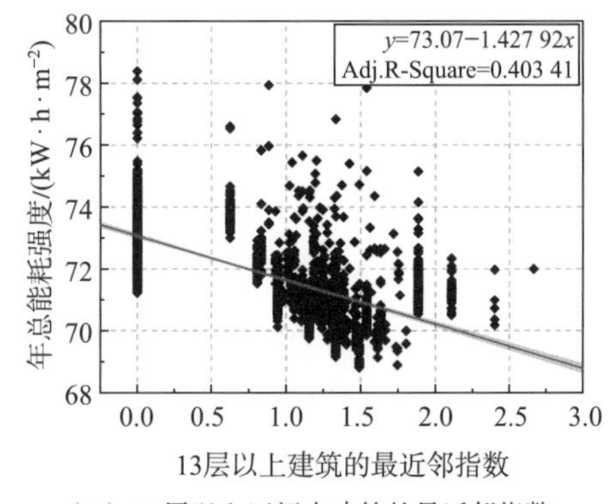

（d）13 层以上区间内建筑的最近邻指数

图 4-68　容积率可变条件下年总能耗强度与建筑最近邻指数的散点图

图 4-69 为 13 层以上建筑最近邻指数与年制冷和采暖所需能耗的散点关系图，从中可以看到年采暖与制冷能耗强度都与建筑最近邻指

数存在一定的线性关系。其中，年制冷能耗强度与建筑最近邻指数的线性关系较弱，且呈负相关，两者之间的 R^2 约为 0.111，非标准系数约为 -0.393，显示随着 13 层以上的高层建筑在街区场地内分布越分散、越均匀，建筑年制冷能耗强度表现出一定的下降趋势。对于采暖所需能耗而言，两者之间存在较为明显的线性负相关性，R^2 约为 0.449，非标准系数约为 -1.035，随着建筑布局的分散，建筑采暖所需能耗表现出明显的下降趋势。

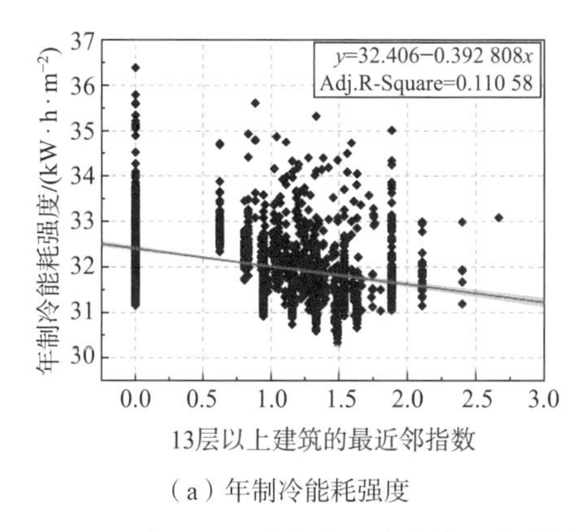

（a）年制冷能耗强度

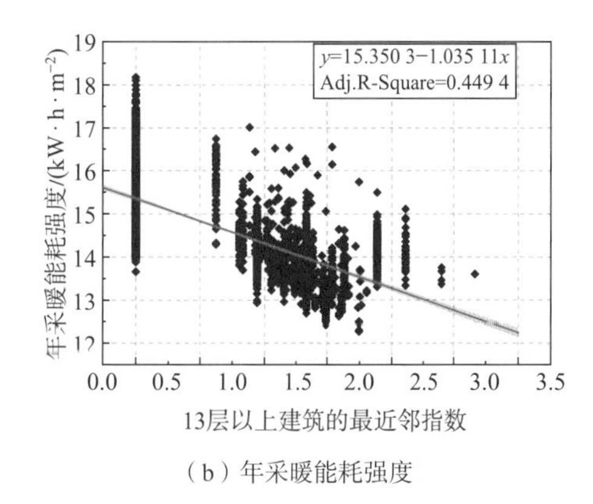

（b）年采暖能耗强度

图 4-69　容积率可变条件下年制冷、采暖能耗强度与 13 层以上建筑最近邻指数的散点图

从上述图像关系可以推出，13 层以上高层建筑相互之间的距离越近，相互遮挡效应越明显，从而增加了冬季建筑的采暖能耗，而在夏季，建筑聚集导致热岛效应显著，因此制冷所需能耗也在一定程度上有所增加。随着建筑间距增大，布局逐渐分散，建筑间的遮挡效应和热岛效应减弱，因此建筑采暖与制冷所需能耗也不断下降。

（14）开放空间布局

图 4-70 为按照开放空间的位置编号顺序绘制年总能耗强度的散点图，显示两者呈现负相关性，但 R^2 约为 0.054，表示两者无明显线性关系。但事实上，开放空间的位置变量并非数值，位置与位置之间也并非连续的数值关系，因此直接按照位置编号顺序进行线性拟合是不合适的。通过前面的相关研究已经明确，不同的开放空间位置的确可以对建筑能源绩效产生影响，并且不同的位置对其的影响大小不同，存在一定的等级差异。因此在这里，可将开放空间的位置变量视作分类变量，根据它们的能耗数值表现进行排序，重新编号并转换为数值，从而按连续性变量处理。

将原始数据的 0 号、1 号、2 号、3 号、4 号、5 号、6 号、7 号、8 号用地转换为对应数值，分别是 6、1、2、5、8、9、4、3、7，即 0 号用地对应数值 6；1 号用地对应数值 1，以此类推（图 4-71）。完成编号后重新绘制用地位置与年总能耗强度的图像，如图 4-72 所示，可以发现

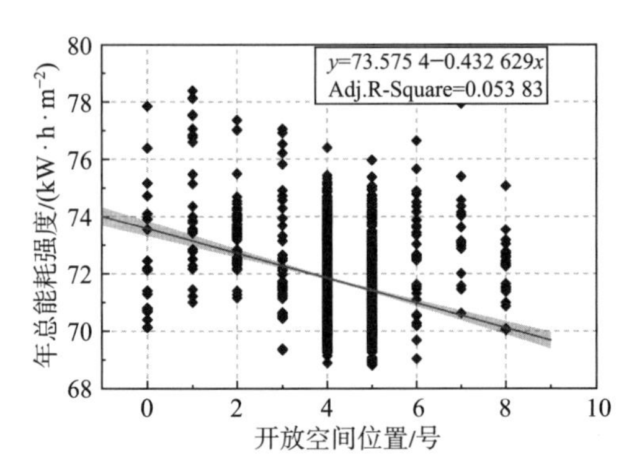

图 4-70　容积率可变条件下年总能耗强度与开放空间位置的散点图

经过位置调整后的年总能耗强度与开放空间位置表现出了较弱的线性相关性，其中 R^2 约为 0.102，非标准系数约为 -0.355，说明数值越大，数值所对应的街区建筑年总能耗强度越低。相较于图 4-70 中的拟合方程，本次拟合效果整体有所提高。

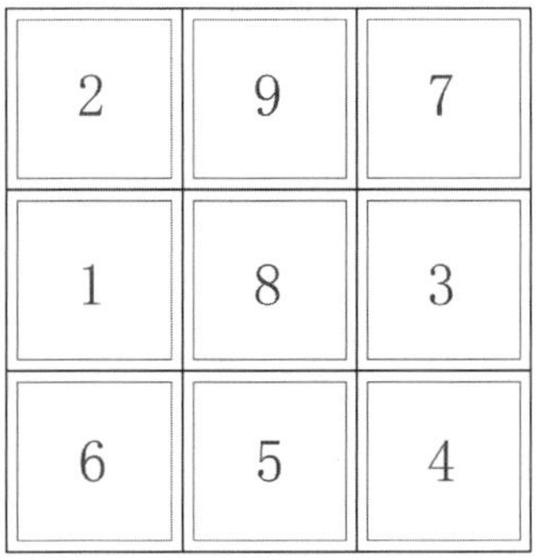

2	9	7
1	8	3
6	5	4

图 4-71　容积率可变条件下重新编号的街区用地

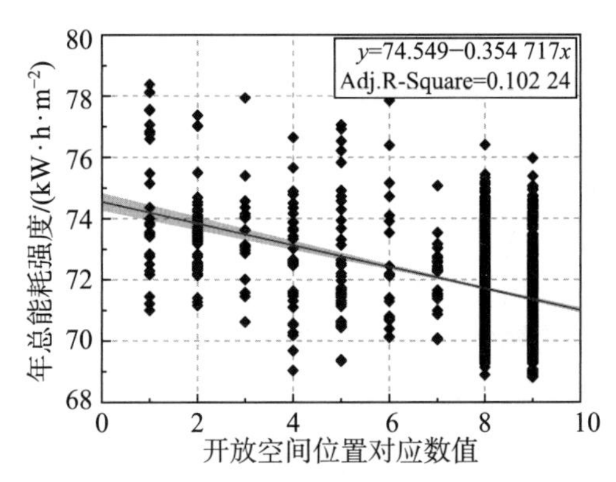

图 4-72　容积率可变条件下年总能耗强度与开放空间位置的散点图

如图 4-73 和图 4-74 所示，分别绘制了年制冷、采暖能耗强度与开放空间位置的散点图，以检查两者之间的线性关系。由图可知，制冷所需能耗与开放空间位置具有一定的线性相关性，呈负相关，其 R^2 约为 0.259，非标准系数约为 -0.267，表示随着街区位置所对应的数值越大，街区对应的年制冷能耗强度越低。但采暖所需能耗与开放空间位置的线性关系不明显，其 R^2 约为 0.011，非标准系数约为 -0.088，可认为两者不存在线性关系。从散点图的分布也能发现，不同的开放空间位置对采暖所需能耗的影响并不大，每个位置对应街区的采暖所需能耗数值的离散程度大，分布不集中，未与开放空间位置表现出某种特定的趋势。

在结束对形态因子与总能耗强度线性关系的判定后，选取与总能耗强度呈现线性相关性的形态因子进行相关性分析，利用统计产品与服务解

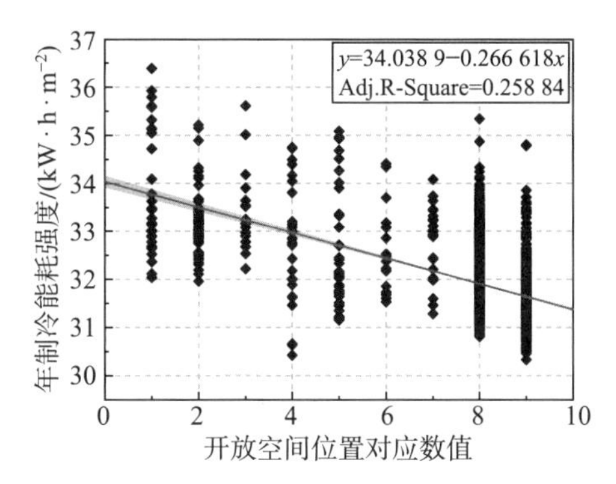

图 4-73 容积率可变条件下年制冷能耗强度与开放空间位置的散点图

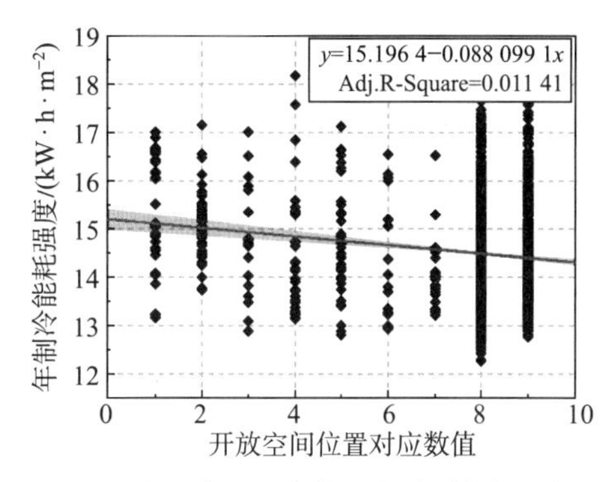

图 4-74 容积率可变条件下年采暖能耗强度与开放空间位置的散点图

决方案（SPSS）完成皮尔逊（Pearson）相关性分析后建立皮尔逊（Pearson）相关系数矩阵。

将所有进行相关性分析的形态因子作为自变量并编号，具体编号如表 4-8 所示，街区总能耗强度（y）作为因变量。

表 4-8 容积率可变条件下与街区总能耗强度相关的形态因子编号

形态因子	编号
容积率	x_1
建筑密度	x_2
平均层数	x_3
开放空间率	x_4
街区朝向的平方值	x_5
围合度	x_6
错落度	x_7
围护系数	x_8
体形系数	x_9
平均面积周长比	x_{10}
东西向街道高宽比	x_{11}
南北向街道高宽比	x_{12}
平均天空可视域	x_{13}
13 层以上建筑的最近邻指数	x_{14}
4—12 层建筑的最近邻指数	x_{15}
开放空间位置	x_{16}
街区总能耗强度	y

表 4-9 为城市形态因子与街区总能耗强度的相关性分析结果。由表可知，围护系数（x_8）与街区总能耗强度（y）的显著性 $p=0.016 < 0.05$，说明两者具有统计学意义，相关系数为 0.054，表明两者基本不相关。其余形态因子与街区总能耗强度的显著性 p 值均小于 0.01，均具有统计学意义。

表 4-9　容积率可变条件下的形态因子与街区总能耗强度的皮尔逊（Pearson）相关性分析结果

形态因子		x_1	x_2	x_3	x_4	x_5	x_6	x_7	x_8	x_9	x_{10}	x_{11}	x_{12}	x_{13}	x_{14}	x_{15}	x_{16}	y
x_1	相关系数	1.000	-0.921**	0.985**	-0.950**	0.265**	-0.664**	0.265**	0.822**	-0.850**	0.759**	0.578**	0.147**	-0.606**	0.589**	0.054*	-0.203**	-0.468**
	显著性（双尾）	—	0.000	0.000	0.000	0.000	0.000	0.000	0.000	0.000	0.000	0.000	0.000	0.000	0.000	0.016	0.000	0.000
x_2	相关系数	-0.921**	1.000	-0.943**	0.884**	-0.217**	0.655**	-0.096**	-0.669**	0.866**	-0.849**	-0.473**	-0.114**	0.543**	-0.600**	-0.195**	0.154**	0.516**
	显著性（双尾）	0.000	—	0.000	0.000	0.000	0.000	0.000	0.000	0.000	0.000	0.000	0.000	0.000	0.000	0.000	0.000	0.000
x_3	相关系数	0.985**	-0.943**	1.000	-0.897**	0.252**	-0.657**	0.157**	0.796**	-0.814**	0.800**	0.566**	0.117**	-0.599**	0.561**	0.091**	-0.191**	-0.447**
	显著性（双尾）	0.000	0.000	—	0.000	0.000	0.000	0.000	0.000	0.000	0.000	0.000	0.000	0.000	0.000	0.000	0.000	0.000
x_4	相关系数	-0.950**	0.884**	-0.897**	1.000	-0.225**	0.653**	-0.433**	-0.748**	0.917**	-0.707**	-0.508**	-0.179**	0.544**	-0.632**	-0.031	0.178**	0.548**
	显著性（双尾）	0.000	0.000	0.000	—	0.000	0.000	0.000	0.000	0.000	0.000	0.000	0.000	0.000	0.000	0.163	0.000	0.000
x_5	相关系数	0.265**	-0.217**	0.252**	-0.225**	1.000	-0.158**	-0.018	0.354**	-0.120**	0.078**	0.576**	-0.061**	-0.296**	0.049*	0.140**	-0.309**	0.301**
	显著性（双尾）	0.000	0.000	0.000	0.000	—	0.000	0.415	0.000	0.000	0.000	0.000	0.006	0.000	0.028	0.000	0.000	0.000
x_6	相关系数	-0.664**	0.655**	-0.657**	0.653**	-0.158**	1.000	-0.153**	-0.496**	0.624**	-0.541**	-0.438**	-0.155**	0.402**	-0.468**	0.019	0.130**	0.367**
	显著性（双尾）	0.000	0.000	0.000	0.000	0.000	—	0.000	0.000	0.000	0.000	0.000	0.000	0.000	0.000	0.400	0.000	0.000
x_7	相关系数	0.265**	-0.096**	0.157**	-0.433**	-0.018	-0.153**	1.000	0.118**	-0.441**	0.055*	0.011	0.154**	0.124**	0.275**	-0.298**	0.136**	-0.438**
	显著性（双尾）	0.000	0.000	0.000	0.000	0.415	0.000	—	0.000	0.000	0.014	0.632	0.000	0.000	0.000	0.000	0.000	0.000

续表 4-9

形态因子		x_1	x_2	x_3	x_4	x_5	x_6	x_7	x_8	x_9	x_{10}	x_{11}	x_{12}	x_{13}	x_{14}	x_{15}	x_{16}	y
x_8	相关系数	0.822**	−0.669**	0.796**	−0.748**	0.354**	−0.496**	0.118**	1.000	−0.448**	0.386**	0.711**	0.048*	−0.882**	0.255**	0.288**	−0.466**	0.054*
	显著性（双尾）	0.000	0.000	0.000	0.000	0.000	0.000	0.000	—	0.000	0.000	0.000	0.033	0.000	0.000	0.000	0.000	0.016
x_9	相关系数	−0.850**	0.866**	−0.814**	0.917**	−0.120**	0.624**	−0.441**	−0.448**	1.000	−0.806**	−0.301**	−0.195**	0.234**	−0.728**	0.105**	−0.038	0.788**
	显著性（双尾）	0.000	0.000	0.000	0.000	0.000	0.000	0.000	0.000	—	0.000	0.000	0.000	0.000	0.000	0.000	0.091	0.000
x_{10}	相关系数	0.759**	−0.849**	0.800**	−0.707**	0.078**	−0.541**	0.055*	0.386**	−0.806**	1.000	0.261**	−0.001	−0.307**	0.513**	0.126**	−0.036	−0.614**
	显著性（双尾）	0.000	0.000	0.000	0.000	0.000	0.000	0.014	0.000	0.000	—	0.000	0.950	0.000	0.000	0.000	0.108	0.000
x_{11}	相关系数	0.578**	−0.473**	0.566**	−0.508**	0.576**	−0.438**	0.011	0.711**	−0.301**	0.261**	1.000	0.039	−0.660**	0.146**	0.205**	−0.388**	0.216**
	显著性（双尾）	0.000	0.000	0.000	0.000	0.000	0.000	0.632	0.000	0.000	0.000	—	0.084	0.000	0.000	0.000	0.000	0.000
x_{12}	相关系数	0.147**	−0.114**	0.117**	−0.179**	−0.061**	−0.155**	0.154**	0.048*	−0.195**	−0.001	0.039	1.000	0.068**	0.166**	−0.236**	0.095**	−0.169**
	显著性（双尾）	0.000	0.000	0.000	0.000	0.006	0.000	0.000	0.033	0.000	0.950	0.084	—	0.003	0.000	0.000	0.000	0.000
x_{13}	相关系数	−0.606**	0.543**	−0.599**	0.544**	−0.296**	0.402**	0.124**	−0.882**	0.234**	−0.307**	−0.660**	0.068**	1.000	−0.035	−0.545**	0.613**	−0.251**
	显著性（双尾）	0.000	0.000	0.000	0.000	0.000	0.000	0.000	0.000	0.000	0.000	0.000	0.003	—	0.117	0.000	0.000	0.000

续表 4-9

形态因子		x_1	x_2	x_3	x_4	x_5	x_6	x_7	x_8	x_9	x_{10}	x_{11}	x_{12}	x_{13}	x_{14}	x_{15}	x_{16}	y
x_{14}	相关系数	0.589**	−0.600**	0.561**	−0.632**	0.049*	−0.468**	0.275**	0.255**	−0.728**	0.513**	0.146**	0.166**	−0.035	1.000	−0.256**	0.149**	−0.635**
	显著性（双尾）	0.000	0.000	0.000	0.000	0.028	0.000	0.000	0.000	0.000	0.000	0.000	0.000	0.117	—	0.000	0.000	0.000
x_{15}	相关系数	0.054*	−0.195**	0.091**	−0.031	0.140**	0.019	−0.298**	0.288**	0.105**	0.126**	0.205**	−0.236**	−0.545**	−0.256**	1.000	−0.367**	0.351**
	显著性（双尾）	0.016	0.000	0.000	0.163	0.000	0.400	0.000	0.000	0.000	0.000	0.000	0.000	0.000	0.000	—	0.000	0.000
x_{16}	相关系数	−0.203**	0.154**	−0.191**	0.178**	−0.309**	0.130**	0.136**	−0.466**	−0.038	−0.036	−0.388**	0.095**	0.613**	0.149**	−0.367**	1.000	−0.353**
	显著性（双尾）	0.000	0.000	0.000	0.000	0.000	0.000	0.000	0.000	0.091	0.108	0.000	0.000	0.000	0.000	0.000	—	0.000
y	相关系数	−0.468**	0.516**	−0.447**	0.548**	0.301**	0.367**	−0.438**	0.054*	0.788**	−0.614**	0.216**	−0.169**	−0.251**	−0.635**	0.351**	−0.353**	1.000
	显著性（双尾）	0.000	0.000	0.000	0.000	0.000	0.000	0.000	0.016	0.000	0.000	0.000	0.000	0.000	0.000	0.000	0.000	—

注：** 表示在 0.01 级别（双尾），相关性显著；* 表示在 0.05 级别（双尾），相关性显著。

在研究中一般通过相关系数 r 的大小来判断变量之间的线性相关程度，相关系数的取值范围是［-1，1］，若 $|r| \leqslant 0.2$，表示变量间的相关性极弱或不相关；$0.2 < |r| \leqslant 0.4$ 表示变量间为弱相关；$0.4 < |r| \leqslant 0.6$ 表示变量间为中度相关；$0.6 < |r| \leqslant 0.8$ 表示变量间为强相关；$0.8 < |r| \leqslant 1.0$ 为极强相关。此外，依据相关系数是否大于零来判断变量间相关性的方向：若 $r > 0$，说明变量为正相关；若 $r < 0$，说明变量为负相关。

按照相关系数绝对值的大小对形态因子由高到低进行排序，分别是 x_9、x_{14}、x_{10}、x_4、x_2、x_1、x_3、x_7、x_6、x_{16}、x_{15}、x_5、x_{13}、x_{11}、x_{12}、x_8。具体来看，x_9、x_{14}、x_{10} 分别与街区总能耗强度表现为强相关；x_4、x_2、x_1、x_3、x_7 分别与街区总能耗表现为中度相关；x_6、x_{16}、x_{15}、x_5、x_{13}、x_{11} 分别与街区总能耗表现为弱相关；x_{12}、x_8 与街区总能耗强度的相关性最弱。

从相关性方向来看，x_1、x_3、x_7、x_{10}、x_{12}、x_{13}、x_{14}、x_{16} 与街区总能耗强度表现为负相关；x_2、x_4、x_5、x_6、x_8、x_9、x_{11}、x_{15} 与街区总能耗强度表现为正相关。

为了更加直观清晰地展示变量之间的相关系数大小和关系，绘制了相关系数矩阵热力图，如图 4-75 所示。图中的颜色代表相关系数的大小，颜色越深表示相关系数越大，正数表示变量之间为正相关性，负数表示变量之间为负相关性。

由图可知，多个形态因子之间存在严重的多重共线性。例如，x_1、x_2、x_3、x_4 之间任意两个形态因子的相关系数绝对值均大于 0.8，说明存在严重的共线性；x_8、x_9 和 x_{10} 与 x_1、x_2、x_3、x_4 的相关系数均较大，都存在共线性情况。此外，x_8 与 x_{13}、x_9 与 x_{14} 等多对形态因子之间也存在共线性。

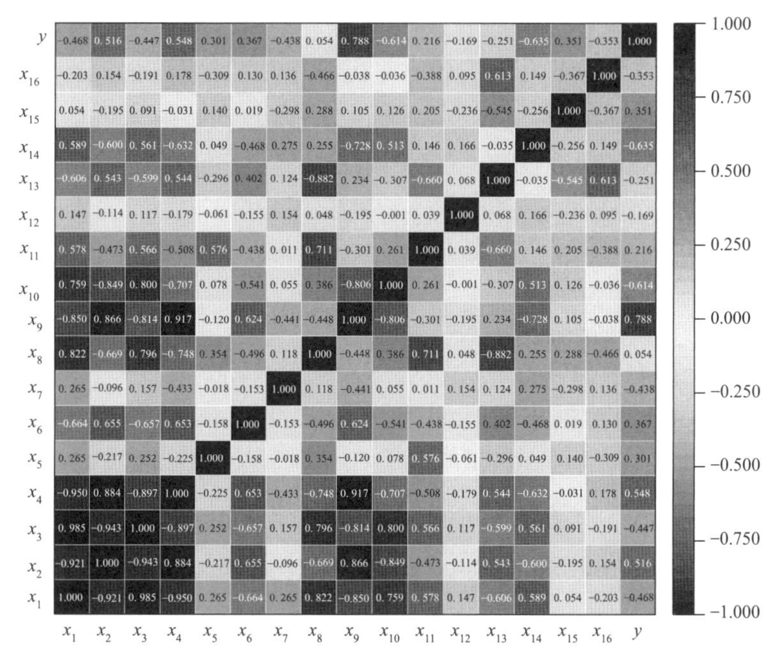

图 4-75　容积率可变条件下的形态因子与街区总能耗强度的相关系数矩阵热力图

总的来看，用于相关性分析的形态因子除了围护系数（x_8）和南北向街道高宽比（x_{12}）外，其余形态因子均与街区总能耗强度存在一定的相关性，可以用作建立回归方程，但是由于形态因子之间存在共线性等问题，还需要对形态因子进行进一步的筛选，提取出对街区总能耗强度起到主要影响作用的关键形态因子。

2）形态因子与街区总能耗强度的回归分析

正如上文所提到的，由于选取的形态因子中存在多重共线性情况，如果直接对上述形态因子进行多元线性回归则会影响普通最小二乘的估计量，导致回归系数不显著，造成回归方程精度失准以致失效。因此，在进行多元线性回归之前，首先采用最小绝对值收敛和选择算子算法（Lasso）对存在多重共线性的特征进行筛选，识别出影响街区总能耗强度的关键因素，据此再进行多元线性回归分析。

（1）最小绝对值收敛和选择算子算法（Lasso）回归介绍

最小绝对值收敛和选择算子算法（Lasso）回归俗称套索回归，是目前较为前沿的一种统计方法。该方法于1996年由罗伯特·蒂布希拉尼（Robert Tibshirani）提出，属于正则化方法的一种，是压缩估计。该方法的特点在于通过构造一个惩罚函数，对特征系数进行压缩，将一些无效的特征系数直接压缩为0，有效的特征大于0，从而完成了特征的筛选，因此被广泛用于模型的选择与改进。

在最小绝对值收敛和选择算子算法（Lasso）回归的构造中，最为关键的是λ值的确定，λ为非负数正则化参数，控制着模型的复杂程度。λ值越大，说明模型对特征的惩罚力度越大，获得的关键特征数量较少，反之则说明模型对特征的惩罚力度较小，获得的关键特征数量较多。最小绝对值收敛和选择算子算法（Lasso）回归是一种能够很好地处理共线性问题的方法，可以高效地对共线性特征进行筛选。此外，在面对统计分析中庞大的数据量时，最小绝对值收敛和选择算子算法（Lasso）模型也是一种很有效的降维手段。本书借用计量经济学软件 STATA[2] 对所选变量进行最小绝对值收敛和选择算子算法（Lasso）回归，完成关键形态因子的筛选后，利用统计产品与服务解决方案（SPSS）[3] 软件构建多元线性回归模型。

（2）形态因子筛选

在前文提出的编号为x_1至x_{16}的形态因子的基础上，去除与街区总能耗强度相关性较弱的形态因子围护系数（x_8）和南北向街道高宽比（x_{12}），将剩余所有形态因子导入计量经济学软件 STATA 中进行最小绝对值收敛和选择算子算法（Lasso）回归分析。

首先对输入的 14 个自变量进行零均值化（z-score）标准化，然后打开最小绝对值收敛和选择算子算法（Lasso）回归面板，输入正确的因变量与自变量。在计量经济学软件 STATA 中提供了多种λ值的确定方式，常用的有交叉验证法、自适应最小绝对值收敛和选择算子算法（Lasso）

和插件异方差公式法。本书选择插件异方差公式法作为λ值的选择方法。在完成相关设定后，运行软件即可得到回归系数非零的形态因子，即经过最小绝对值收敛和选择算子算法（Lasso）回归筛选出来的关键形态因子。具体结果如表 4-10 所示，共筛选出七个影响街区总能耗强度的关键形态因子，按照回归系数绝对值从大到小排列为体形系数（x_9）、平均天空可视域（x_{13}）、街区朝向的平方值（x_5）、东西向街道高宽比（x_{11}）、4—12 层建筑的最近邻指数（x_{15}）、平均面积周长比（x_{10}）及开放空间位置（x_{16}）。

表 4-10　容积率可变条件下街区总能耗强度的回归系数非零的形态因子

形态因子	x_9	x_{13}	x_5	x_{11}	x_{15}	x_{10}	x_{16}
相关系数	1.306 396 0	−0.354 088 4	0.308 884 3	0.268 156 9	0.069 284 6	−0.051 063 0	−0.008 158 5

（3）多元线性回归分析

多元线性回归分析结果如表 4-11 和表 4-12 所示。由表可知，R^2为 0.918，说明自变量x_9、x_{13}、x_5、x_{11}、x_{15}、x_{10}、x_{16}可以解释因变量y变化的 91.8%。一般而言，R^2在 0.3 以上即可认为回归方程拟合效果良好，由此来看本次回归方程拟合效果较好。此外德宾—沃森系数为 2.004，说明研究样本相互独立，不会影响回归结果的准确性。方程整体的显著性 p=0.000。

表 4-11　容积率可变条件下街区总能耗强度的多元线性回归模型摘要表

模型	R	R^2	调整后 R^2	标准估算的误差	德宾—沃森系数
1	0.958	0.918	0.917	0.434 505 29	2.004

注：预测变量为（常量）、x_{16}、x_{10}、x_5、x_{15}、x_{11}、x_9、x_{13}；因变量为 y。R 表示相关系数。

表 4-12　容积率可变条件下街区总能耗强度的多元线性回归系数表

模型		非标准化系数		标准化系数	t	显著性	共线性统计	
		B	标准误差	$Beta$			容差	VIF
1	（常量）	68.641	0.444	—	154.687	0.000	—	—
	x_9	34.279	0.476	0.874	72.087	0.000	0.282	3.546
	x_{13}	−0.097	0.005	−0.245	−19.944	0.000	0.275	3.640
	x_5	0.001	0.000	0.216	26.273	0.000	0.612	1.634
	x_{11}	1.804	0.100	0.193	18.030	0.000	0.363	2.754
	x_{15}	0.257	0.037	0.060	6.957	0.000	0.559	1.789
	x_{10}	−0.239	0.047	−0.060	−5.084	0.000	0.302	3.310
	x_{16}	−0.007	0.008	−0.008	−0.944	0.345	0.562	1.780

注：因变量为 y。

如表 4-12 所示，在“非标准化系数”一列中，B 代表回归系数。$Beta$ 为标准化后的回归系数，通过标准化系数的绝对值大小可以比较不同自变量对因变量的影响程度。t 值用于检验各自变量对因变量的显著性。

方差膨胀因子（Variance Inflation Factor，VIF）是自变量共线性诊断的关键指标，当 VIF < 5 时，可认为模型不存在共线性问题，反之则存在共线性问题。从表格可以看到自变量 x_9、x_{13}、x_5、x_{11}、x_{15}、x_{10} 的显著性 p=0.000，均小于 0.01，说明上述形态因子均可以影响街区总能耗强度。然而自变量 x_{16} 的显著性 p=0.345，大于 0.05，说明其对总能耗强度的影响并不明显。此外，表格中所有形态因子的 VIF 均小于 5，说明回归模型不存在共线性状况。

根据回归系数建立多元线性回归方程如下所示：

$$y = 34.279x_9-0.097x_{13}+0.001x_5+1.804x_{11}+0.257x_{15}-0.239x_{19}-0.007x_{16}+68.641 \quad \text{（式 4.1）}$$

如图 4-76 所示，按照标准系数的绝对值对不同形态因子对总能耗强度的影响进行排序，分别是体形系数（x_9）＞平均天空可视域（x_{13}）＞街区朝向的平方值（x_5）＞东西向街道高宽比（x_{11}）＞ 4—12 层建筑的最近邻指数（x_{15}）＞平均面积周长比（x_{10}）＞开放空间位置（x_{16}）。其中，x_9、x_5、x_{11}、x_{15} 对总能耗强度为正向影响，即对应的形态因子越大，街区总能耗强度越大，而 x_{13}、x_{10}、x_{16} 对总能耗强度为反向影响，即对应的形态因子越大，街区总能耗强度越小。

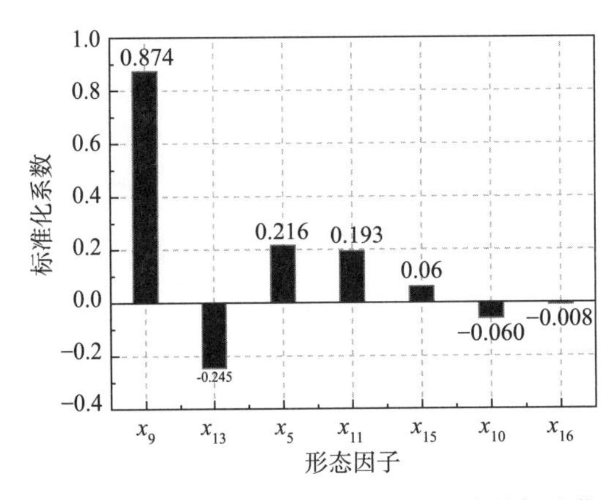

图 4-76　容积率可变条件下影响街区总能耗强度的标准化系数排序

（4）回归方程有效性验证

在完成多元线性回归方程的建立和关键形态因子的判定后，需要对回归方程的有效性进行验证，从原始数据库中随机选择 30 组实验，提取每组实验的形态因子 x_9、x_{13}、x_5、x_{11}、x_{15}、x_{10}、x_{16}，将其输入回归方程中计算街区总能耗强度的预测值，并与真实能耗值进行比较，具体结果如表 4-13 所示。整体而言，预测值与实际值的绝对值平均相差在 0.48 kW · h/（m^2 · a）左右，绘制实际值与预测值的对比图像可知（图 4-77），曲线重合程度高，拟合效果好，回归方程较为可靠。

表 4-13　容积率可变条件下影响街区总能耗强度的多元线性回归方程检验

体形系数（x_9）	平均天空可视域（x_{13}）	街区朝向的平方值（x_5）	东西向街道高宽比（x_{11}）	4—12 层建筑的最近邻指数（x_{15}）	平均面积周长比（x_{10}）	开放空间位置（x_{16}）	总能耗强度实际值 /（kW・h・m^{-2}）	回归方程总能耗强度预测值 /（kW・h・m^{-2}）
0.237 17	57.133 33	225	0.736 39	0.000 00	4.640 155 909	6	72.191 53	71.631 467 72
0.251 82	44.346 67	900	1.534 95	1.455 62	4.669 188 028	2	77.011 39	75.884 718 99
0.170 74	49.461 67	225	1.297 98	0.768 83	5.984 082 341	7	70.085 43	70.980 964 02
0.202 80	55.550 00	2 025	1.929 79	0.988 21	5.010 020 04	3	75.394 54	74.746 347 54
0.227 37	45.712 50	225	0.981 64	1.099 11	4.645 113 341	9	73.124 71	73.106 071 47
0.237 17	57.133 33	225	0.736 39	0.000 00	4.640 155 909	6	72.191 53	71.631 467 72
0.251 82	44.346 67	900	1.534 95	1.455 62	4.669 188 028	2	77.011 39	75.884 718 99
0.170 74	49.461 67	225	1.297 98	0.768 83	5.984 082 341	7	70.085 43	70.980 964 02
0.202 80	55.550 00	2 025	1.929 79	0.988 21	5.010 020 04	3	75.394 54	74.746 347 54
0.227 37	45.712 50	225	0.981 64	1.099 11	4.645 113 341	9	73.124 71	73.106 071 47
0.205 53	49.413 33	2 025	1.904 99	1.094 06	5.060 728 745	4	74.502 47	75.398 531 07
0.230 10	45.748 33	900	1.939 27	1.213 23	4.795 013 186	9	75.966 26	75.592 244 93
0.230 83	48.634 17	2 025	1.905 80	1.437 55	5.007 762 031	1	77.524 22	76.464 765 50
0.243 44	50.168 33	225	1.134 97	1.277 18	4.543 389 368	5	74.916 72	73.599 402 83
0.237 86	49.885 00	2 025	1.220 95	1.404 49	4.778 972 521	1	76.758 20	75.395 131 24
0.216 01	49.972 50	225	0.848 46	1.272 99	5.151 718 098	7	72.285 63	72.000 793 93
0.197 14	46.786 67	225	0.911 42	1.132 93	5.423 581 733	1	71.216 03	71.717 583 73
0.188 75	59.454 17	225	0.773 40	0.583 33	5.162 089 614	9	69.586 87	69.817 496 75
0.317 44	60.455 83	225	0.678 98	1.010 36	4.190 587 939	9	74.353 75	74.303 302 17
0.196 36	60.290 00	225	0.706 81	0.791 67	5.081 817 258	8	70.049 73	69.956 884 55
0.251 88	59.878 33	225	0.637 19	1.130 64	4.729 697 772	8	72.044 49	71.945 663 98
0.189 75	58.969 17	225	0.764 42	0.799 49	5.260 112 566	9	69.711 32	69.914 746 47
0.218 04	57.620 83	225	0.697 72	0.768 83	4.748 789 059	8	71.134 23	71.016 288 25
0.294 34	61.354 17	225	0.716 35	0.583 33	4.007 694 774	9	73.270 01	73.425 698 53
0.276 85	61.545 00	225	0.674 41	0.583 33	4.460 502 253	9	72.570 82	72.623 767 56
0.323 89	60.038 33	225	0.711 67	0.824 96	4.065 867 046	9	74.929 84	74.606 032 48
0.233 97	60.643 33	225	0.768 23	0.583 33	4.224 757 076	9	71.365 96	71.466 940 41
0.261 29	59.531 67	225	0.682 58	0.972 27	4.533 913 674	9	72.241 35	72.382 830 26
0.247 89	60.405 83	225	0.710 40	0.583 33	4.189 710 072	8	71.958 44	71.878 192 50
0.235 10	46.460 83	2 025	1.834 20	1.383 06	4.839 334 108	5	77.052 15	76.691 034 76

3）形态因子与街区太阳光伏发电量的相关性分析

选取实验中记录的形态因子与街区太阳光伏发电量进行相关性分析，利用统计产品与服务解决方案（SPSS）完成皮尔逊（Pearson）相关性分析后建立皮尔逊（Pearson）相关系数矩阵。

将所有进行相关性分析的形态因子作为自变量并编号，具体编号如表 4-14 所示，街区太阳光伏发电量（y）作为因变量。

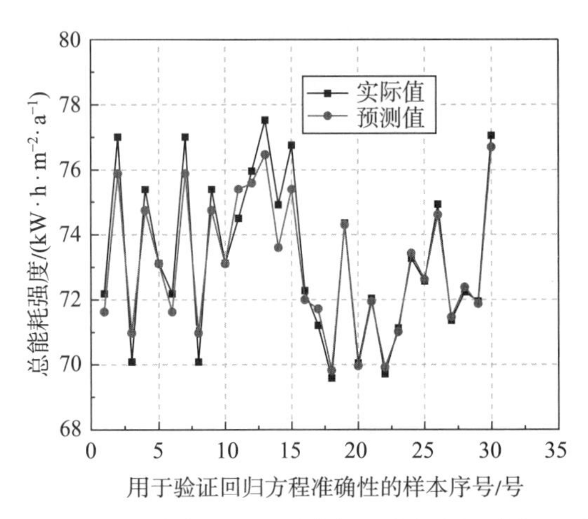

图 4-77　容积率可变条件下街区总能耗强度的实际值与预测值比较

表 4-14　容积率可变条件下与街区太阳光伏发电量相关的形态因子编号

形态因子	编号
容积率	x_1
建筑密度	x_2
平均层数	x_3
开放空间率	x_4
街区朝向的平方值	x_5
围合度	x_6
错落度	x_7
围护系数	x_8
体形系数	x_9
平均面积周长比	x_{10}
东西向街道高宽比	x_{11}
南北向街道高宽比	x_{12}
平均天空可视域	x_{13}
13 层以上建筑的最近邻指数	x_{14}
4—12 层建筑的最近邻指数	x_{15}
1—3 层建筑的最近邻指数	x_{16}
开放空间位置	x_{17}
总建筑表面积	x_{18}
总建筑体积	x_{19}
街区太阳光伏发电量	y

表 4-15 为城市形态因子与街区太阳光伏发电量的相关性分析结果。由表可知，上述所有形态因子与太阳光伏发电量的显著性 p=0.000，均小于 0.01，说明两者具有统计学意义。

表 4-15　容积率可变条件下的形态因子与街区太阳光伏发电量的皮尔逊（Pearson）相关性分析结果

形态因子		x_1	x_2	x_3	x_4	x_5	x_6	x_7	x_8	x_9	x_{10}	x_{11}	x_{12}	x_{13}	x_{14}	x_{15}	x_{16}	x_{17}	x_{18}	x_{19}	y
x_1	相关系数	1.000	-0.921**	0.985**	-0.950**	0.265**	-0.664**	0.265**	0.822**	-0.850**	0.759**	0.578**	0.147**	-0.606**	0.589**	0.054*	-0.203**	-0.731**	0.822**	1.000**	-0.935**
	显著性（双尾）	—	0.000	0.000	0.000	0.000	0.000	0.000	0.000	0.000	0.000	0.000	0.000	0.000	0.000	0.016	0.000	0.000	0.000	0.000	0.000
x_2	相关系数	-0.921**	1.000	-0.943**	0.884**	-0.217**	0.655**	-0.096**	-0.669**	0.866**	-0.849**	-0.473**	-0.114**	0.543**	-0.600**	-0.195**	0.154**	0.805**	-0.669**	-0.921**	0.996**
	显著性（双尾）	0.000	—	0.000	0.000	0.000	0.000	0.000	0.000	0.000	0.000	0.000	0.000	0.000	0.000	0.000	0.000	0.000	0.000	0.000	0.000
x_3	相关系数	0.985**	-0.943**	1.000	-0.897**	0.252**	-0.657**	0.157**	0.796**	-0.814**	0.800**	0.566**	0.117**	-0.599**	0.561**	0.091**	-0.191**	-0.772**	0.796**	0.985**	-0.947**
	显著性（双尾）	0.000	0.000	—	0.000	0.000	0.000	0.000	0.000	0.000	0.000	0.000	0.000	0.000	0.000	0.000	0.000	0.000	0.000	0.000	0.000
x_4	相关系数	-0.950**	0.884**	-0.897**	1.000	-0.225**	0.653**	-0.433**	-0.748**	0.917**	-0.707**	-0.508**	-0.179**	0.544**	-0.632**	-0.031	0.178**	0.657**	-0.748**	-0.950**	0.905**
	显著性（双尾）	0.000	0.000	0.000	—	0.000	0.000	0.000	0.000	0.000	0.000	0.000	0.000	0.000	0.000	0.163	0.000	0.000	0.000	0.000	0.000
x_5	相关系数	0.265**	-0.217**	0.252**	-0.225**	1.000	-0.158**	-0.018	0.354**	-0.120**	0.078**	0.576**	-0.061**	-0.296**	0.049*	0.140**	-0.309**	-0.256**	0.354**	0.265**	-0.225**
	显著性（双尾）	0.000	0.000	0.000	0.000	—	0.000	0.415	0.000	0.000	0.000	0.000	0.006	0.000	0.028	0.000	0.000	0.000	0.000	0.000	0.000
x_6	相关系数	-0.664**	0.655**	-0.657**	0.653**	-0.158**	1.000	-0.153**	-0.496**	0.624**	-0.541**	-0.438**	-0.155**	0.402**	-0.468**	0.019	0.130**	0.486**	-0.496**	-0.664**	0.672**
	显著性（双尾）	0.000	0.000	0.000	0.000	0.000	—	0.000	0.000	0.000	0.000	0.000	0.000	0.000	0.000	0.400	0.000	0.000	0.000	0.000	0.000
x_7	相关系数	0.265**	-0.096**	0.157**	-0.433**	-0.018	-0.153**	1.000	0.118**	-0.441**	0.055*	0.011	0.154**	0.124**	0.275**	-0.298**	0.136**	0.106**	0.118**	0.265**	-0.131**
	显著性（双尾）	0.000	0.000	0.000	0.000	0.415	0.000	—	0.000	0.000	0.014	0.632	0.000	0.000	0.000	0.000	0.000	0.000	0.000	0.000	0.000
x_8	相关系数	0.822**	-0.669**	0.796**	-0.748**	0.354**	-0.496**	0.118**	1.000	-0.448**	0.386**	0.711**	0.048*	-0.882**	0.255**	0.288**	-0.466**	-0.706**	1.000**	0.822**	-0.689**
	显著性（双尾）	0.000	0.000	0.000	0.000	0.000	0.000	0.000	—	0.000	0.000	0.000	0.033	0.000	0.000	0.000	0.000	0.000	0.000	0.000	0.000

续表 4-15

形态因子		x_1	x_2	x_3	x_4	x_5	x_6	x_7	x_8	x_9	x_{10}	x_{11}	x_{12}	x_{13}	x_{14}	x_{15}	x_{16}	x_{17}	x_{18}	x_{19}	y
x_9	相关系数	-0.850**	0.866**	-0.814**	0.917**	-0.120**	0.624**	-0.441**	-0.448**	1.000	-0.806**	-0.301**	-0.195**	0.234**	-0.728**	0.105**	-0.038	0.544**	-0.448**	-0.850**	0.877**
	显著性（双尾）	0.000	0.000	0.000	0.000	0.000	0.000	0.000	0.000	—	0.000	0.000	0.000	0.000	0.000	0.000	0.091	0.000	0.000	0.000	0.000
x_{10}	相关系数	0.759**	-0.849**	0.800**	-0.707**	0.078**	-0.541**	0.055*	0.386**	-0.806**	1.000	0.261**	-0.001	-0.307**	0.513**	0.126**	-0.036	-0.754**	0.386**	0.759**	-0.837**
	显著性（双尾）	0.000	0.000	0.000	0.000	0.000	0.000	0.014	0.000	0.000	—	0.000	0.950	0.000	0.000	0.000	0.108	0.000	0.000	0.000	0.000
x_{11}	相关系数	0.578**	-0.473**	0.566**	-0.508**	0.576**	-0.438**	0.011	0.711**	-0.301**	0.261**	1.000	0.039	-0.660**	0.146**	0.205**	-0.388**	-0.536**	0.711**	0.578**	-0.485**
	显著性（双尾）	0.000	0.000	0.000	0.000	0.000	0.000	0.632	0.000	0.000	0.000	—	0.084	0.000	0.000	0.000	0.000	0.000	0.000	0.000	0.000
x_{12}	相关系数	0.147**	-0.114**	0.117**	-0.179**	-0.061**	-0.155**	0.154**	0.048*	-0.195**	-0.001	0.039	1.000	0.068**	0.166**	-0.236**	0.095**	0.160**	0.048*	0.147**	-0.118**
	显著性（双尾）	0.000	0.000	0.000	0.000	0.006	0.000	0.000	0.033	0.000	0.950	0.084	—	0.003	0.000	0.000	0.000	0.000	0.033	0.000	0.000
x_{13}	相关系数	-0.606**	0.543**	-0.599**	0.544**	-0.296**	0.402**	0.124**	-0.882**	0.234**	-0.307**	-0.660**	0.068**	1.000	-0.035	-0.545**	0.613**	0.765**	-0.882**	-0.606**	0.552**
	显著性（双尾）	0.000	0.000	0.000	0.000	0.000	0.000	0.000	0.000	0.000	0.000	0.000	0.003	—	0.117	0.000	0.000	0.000	0.000	0.000	0.000
x_{14}	相关系数	0.589**	-0.600**	0.561**	-0.632**	0.049*	-0.468**	0.275**	0.255**	-0.728**	0.513**	0.146**	0.166**	-0.035	1.000	-0.256**	0.149**	-0.262**	0.255**	0.589**	-0.622**
	显著性（双尾）	0.000	0.000	0.000	0.000	0.028	0.000	0.000	0.000	0.000	0.000	0.000	0.000	0.117	—	0.000	0.000	0.000	0.000	0.000	0.000
x_{15}	相关系数	0.054*	-0.195**	0.091**	-0.031	0.140**	0.019	-0.298**	0.288**	0.105**	0.126**	0.205**	-0.236**	-0.545**	-0.256**	1.000	-0.367**	-0.548**	0.288**	0.054*	-0.171**
	显著性（双尾）	0.016	0.000	0.000	0.163	0.000	0.400	0.000	0.000	0.000	0.000	0.000	0.000	0.000	0.000	—	0.000	0.000	0.000	0.016	0.000
x_{16}	相关系数	-0.203**	0.154**	-0.191**	0.178**	-0.309**	0.130**	0.136**	-0.466**	-0.038	-0.036	-0.388**	0.095**	0.613**	0.149**	-0.367**	1.000	0.379**	-0.466**	-0.203**	0.166**
	显著性（双尾）	0.000	0.000	0.000	0.000	0.000	0.000	0.000	0.000	0.091	0.108	0.000	0.000	0.000	0.000	0.000	—	0.000	0.000	0.000	0.000

续表 4-15

形态因子		x_1	x_2	x_3	x_4	x_5	x_6	x_7	x_8	x_9	x_{10}	x_{11}	x_{12}	x_{13}	x_{14}	x_{15}	x_{16}	x_{17}	x_{18}	x_{19}	y
x_{17}	相关系数	−0.731**	0.805**	−0.772**	0.657**	−0.256**	0.486**	0.106**	−0.706**	0.544**	−0.754**	−0.536**	0.160**	0.765**	−0.262**	−0.548**	0.379**	1.000	−0.706**	−0.731**	0.793**
	显著性（双尾）	0.000	0.000	0.000	0.000	0.000	0.000	0.000	0.000	0.000	0.000	0.000	0.000	0.000	0.000	0.000	0.000	—	0.000	0.000	0.000
x_{18}	相关系数	0.822**	−0.669**	0.796**	−0.748**	0.354**	−0.496**	0.118**	1.000**	−0.448**	0.386**	0.711**	0.048*	−0.882**	0.255**	0.288**	−0.466**	−0.706**	1.000	0.822**	−0.689**
	显著性（双尾）	0.000	0.000	0.000	0.000	0.000	0.000	0.000	0.000	0.000	0.000	0.000	0.033	0.000	0.000	0.000	0.000	0.000	—	0.000	0.000
x_{19}	相关系数	1.000**	−0.921**	0.985**	−0.950**	0.265**	−0.664**	0.265**	0.822**	−0.850**	0.759**	0.578**	0.147**	−0.606**	0.589**	0.054*	−0.203**	−0.731**	0.822**	1.000	−0.935**
	显著性（双尾）	0.000	0.000	0.000	0.000	0.000	0.000	0.000	0.000	0.000	0.000	0.000	0.000	0.000	0.000	0.016	0.000	0.000	0.000	—	0.000
y	相关系数	−0.935**	0.996**	−0.947**	0.905**	−0.225**	0.672**	−0.131**	−0.689**	0.877**	−0.837**	−0.485**	−0.118**	0.552**	−0.622**	−0.171**	0.166**	0.793**	−0.689**	−0.935**	1.000
	显著性（双尾）	0.000	0.000	0.000	0.000	0.000	0.000	0.000	0.000	0.000	0.000	0.000	0.000	0.000	0.000	0.000	0.000	0.000	0.000	0.000	—

注：** 表示在 0.01 级别（双尾），相关性显著；* 表示在 0.05 级别（双尾），相关性显著。

按照相关系数绝对值的大小对形态因子由高到低进行排序，分别是 x_2、x_3、x_{19}、x_1、x_4、x_9、x_{10}、x_{17}、x_{18}、x_8、x_6、x_{14}、x_{13}、x_{11}、x_5、x_{15}、x_{16}、x_7、x_{12}。具体来看，x_2、x_3、x_{19}、x_1、x_4、x_9、x_{10} 分别与街区太阳光伏发电量表现为极强相关；x_{17}、x_{18}、x_8、x_6、x_{14} 分别与街区太阳光伏发电量表现为强相关；x_{13}、x_{11} 分别与街区太阳光伏发电量表现为中度相关；x_5 与街区太阳光伏发电量表现为弱相关；x_7、x_{12}、x_{15}、x_{16} 与街区太阳光伏发电量的相关性最弱。

从相关性方向来看，x_1、x_3、x_5、x_7、x_8、x_{10}、x_{11}、x_{12}、x_{14}、x_{15}、x_{18}、x_{19} 与街区太阳光伏发电量表现为负相关；x_2、x_4、x_6、x_9、x_{13}、x_{16}、x_{17} 与街区太阳光伏发电量表现正相关。

为了更加直观清晰地展示变量之间的相关系数大小和关系，绘制了相关系数矩阵热力图，如图 4-78 所示。图中的颜色代表相关系数的大小，颜色越深表示相关系数越大，颜色越浅表示相关系数越小。

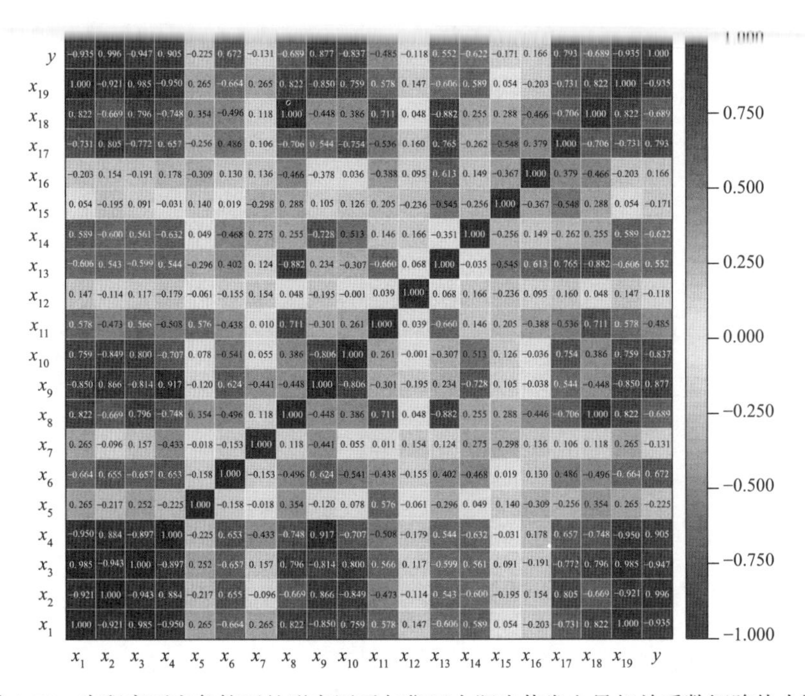

图 4-78　容积率可变条件下的形态因子与街区太阳光伏发电量相关系数矩阵热力图

由图可知，多个形态因子之间存在严重的多重共线性。例如，x_1、x_2、x_3、x_4 之间任意两个形态因子的相关系数绝对值均大于 0.8，说明存在严重共线性；x_8、x_9、x_{10}、x_{17}、x_{18} 和 x_{19} 与 x_1、x_2、x_3、x_4 的相关系数绝对值均较大，都存在共线性情况。此外，x_8 与 x_{13}、x_{18}、x_{19}，x_9 与 x_{10}、x_{19}，x_{13} 与 x_{18}，x_{18} 与 x_{19} 等多对形态因子之间也存在共线性情况。

总的来看，用于相关性分析的形态因子除了错落度（x_7）、南北向街道高宽比（x_{12}）、4—12 层建筑的最近邻指数（x_{15}）、1—3 层建筑的最近邻指数（x_{16}）外，其余形态因子均与街区太阳光伏发电量存在一定的相关性，可以用作建立回归方程，但是由于形态因子之间存在共线性等问题，还需要对形态因子进行进一步的筛选，以提取出对街区太阳光伏发电量起到主要影响作用的关键形态因子。

4）形态因子与街区太阳光伏发电量的回归分析

（1）形态因子筛选

在前文提出的编号为 x_1至 x_{19} 的形态因子的基础上，去除与街区太阳光伏发电量相关性较弱的自变量 x_7、x_{12}、x_{15}、x_{16}，将剩余所有形态因子导入计量经济学软件 STATA 中，进行最小绝对值收敛和选择算子算法（Lasso）回归分析，相关设置与前文相同。

最小绝对值收敛和选择算子算法（Lasso）回归具体结果如表 4-16 所示，共筛选出五个影响街区太阳光伏发电量的关键形态因子，按照回归系数绝对值从大到小排列为建筑密度（x_2）、开放空间率（x_4）、13 层以上建筑的最近邻指数（x_{14}）、围合度（x_6）和平均天空可视域（x_{13}）。

表 4-16　容积率可变条件下影响街区太阳光伏发电量的回归系数非零的形态因子

形态因子	x_2	x_4	x_{14}	x_6	x_{13}
相关系数	209 669.500	21 515.580	−5 864.774	3 625.884	2 501.450

（2）多元线性回归分析

对筛选的形态因子与街区太阳光伏发电量进行回归分析，结果如表 4-17 和表 4-18 所示。由表可知，R^2 为 0.996，说明自变量 x_2、x_4、x_{14}、x_6、x_{13} 可以解释因变量 y 变化的 99.6%，说明本次回归方程拟合效果相当好。此外德宾—沃森系数为 1.987，说明研究样本相互独立，不会影响回归结果的准确性。方程整体的显著性 p=0.000。

表 4-17　容积率可变条件下影响街区太阳光伏发电量的多元线性回归模型摘要表

模型	R	R^2	调整后 R^2	标准估算的误差	德宾—沃森系数
1	0.998	0.996	0.996	15 171.049	1.987

注：预测变量为（常量）、x_{13}、x_{14}、x_6、x_2、x_4；因变量为 y。

表 4-18　容积率可变条件下影响街区太阳光伏发电量的多元线性回归系数表

模型		非标准化系数		标准化系数	t	显著性	共线性统计	
		B	标准误差	$Beta$			容差	VIF
1	（常量）	−110 856.796	6 768.807	—	−16.378	0.000	—	—
	x_2	9 162 113.130	33 506.944	0.880	273.439	0.000	0.196	5.093
	x_4	180 718.223	7 225.621	0.085	25.011	0.000	0.178	5.620
	x_{14}	−10 878.544	763.376	−0.031	−14.251	0.000	0.438	2.281
	x_6	89 628.893	9 258.687	0.019	9.681	0.000	0.539	1.855
	x_{13}	1 235.711	124.907	0.020	9.893	0.000	0.510	1.962

注：因变量为 y。

如表 4-18 所示，自变量 x_2、x_4、x_{14}、x_6、x_{13} 的显著性 p=0.000，均小于 0.01，说明上述形态因子均可以影响街区太阳光伏发电量。变量 x_2 与 x_4 的方差膨胀因子（VIF）值分别为 5.093 与 5.620，存在一定的共线性问题，但是考虑到其值并不大，因此可以忽略共线性影响。

根据回归系数建立多元线性回归方程如下所示：

$$y=9\,162\,113.130x_2+180\,718.223x_4-10\,878.544x_{14}+89\,628.893x_6+1\,235.711x_{13}-110\,856.796 \quad (式 4.2)$$

如图 4-79 所示，按照标准系数的绝对值针对不同形态因子对街区太阳光伏发电量的影响进行排序，分别是建筑密度（x_2）＞开放空间率（x_4）＞ 13 层以上建筑的最近邻指数（x_{14}）＞平均天空可视域（x_{13}）＞围合度（x_6）。其中 x_2、x_4、x_6、x_{13} 对太阳光伏发电量为正向影响，即对应的形态因子越大，光伏发电量越大，而 x_{14} 对太阳光伏发电量为反向影响，即对应的形态因子越大，光伏发电量越小。

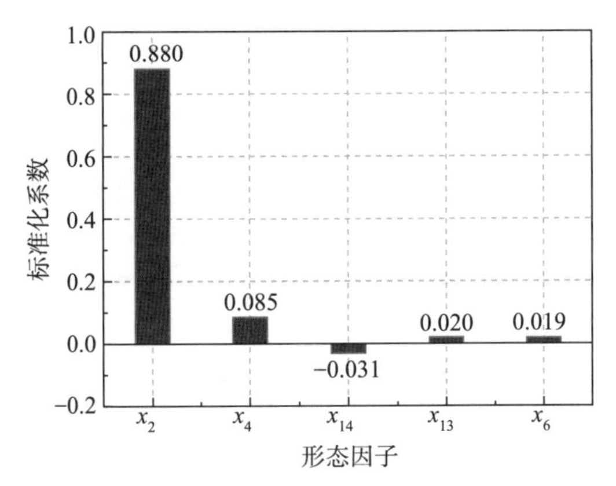

图 4-79　容积率可变条件下影响街区太阳光伏发电量的标准化系数排序

（3）回归方程有效性验证

在完成多元线性回归方程的建立和关键形态因子的判定后，需要对回归方程的有效性进行验证，从原始数据库中随机选择 30 组实验，提取每组实验的形态因子 x_2、x_4、x_{14}、x_6、x_{13} 将其输入回归方程中计算街区太阳光伏发电量的预测值，并与真实发电量进行比较，具体结果如表 4-19 所示。整体而言，预测值与实际值的绝对值平均相差在 2.23×10^4 kW・h/a 左右，绘制实际值与预测值的对比图像可知（图 4-80），曲线重合程度高，拟合效果好，回归方程较为可靠。

表 4-19　容积率可变条件下影响街区太阳光伏发电量的多元线性回归方程检验

建筑密度（x_2）	开放空间率（x_4）	13 层以上建筑的最近邻指数（x_{14}）	平均天空可视域（x_{13}）	围合度（x_6）	太阳光伏发电量实际值 /（kW·h·a^{-1}）	回归方程太阳光伏发电量预测值 /（kW·h·a^{-1}）
0.138 89	0.206 67	1.640 96	46.525 00	0.379 66	1 353 600	1 272 686.836
0.173 61	0.320 54	1.333 70	46.819 17	0.395 00	1 607 800	1 616 454.746
0.251 74	0.574 67	0.000 00	59.996 67	0.543 86	2 393 300	2 422 351.019
0.182 29	0.373 81	1.108 51	47.420 00	0.458 18	1 721 600	1 714 463.692
0.173 61	0.323 81	1.181 15	47.514 17	0.491 59	1 657 200	1 628 221.290
0.243 06	0.454 17	0.831 61	57.133 33	0.466 82	2 304 200	2 301 557.355
0.208 33	0.405 33	0.000 00	44.346 67	0.507 39	2 015 000	1 971 413.222
0.156 25	0.294 55	1.494 07	49.461 67	0.391 25	1 446 000	1 453 888.261
0.182 29	0.387 65	1.424 05	55.550 00	0.434 43	1 672 800	1 721 449.861
0.182 29	0.365 12	1.019 61	45.712 50	0.485 34	1 744 700	1 714 184.698
0.225 69	0.407 31	0.831 61	53.952 50	0.495 34	2 141 100	2 132 568.623
0.190 97	0.357 09	1.154 70	45.692 50	0.498 41	1 784 600	1 791 937.825
0.182 29	0.352 81	1.019 61	46.043 33	0.481 93	1 733 800	1 712 063.232
0.208 33	0.482 54	0.000 00	52.848 33	0.608 07	1 992 800	2 004 895.907
0.217 01	0.429 52	1.154 70	57.204 17	0.426 36	2 089 500	2 051 376.008
0.190 97	0.369 84	1.082 29	49.721 67	0.422 73	1 761 200	1 793 225.473
0.208 33	0.316 67	1.333 33	56.085 00	0.461 02	1 911 100	1 951 235.147
0.173 61	0.406 84	1.660 11	51.668 33	0.432 16	1 650 400	1 637 822.633
0.208 33	0.460 61	1.885 62	54.700 00	0.542 16	1 985 200	1 976 800.645
0.217 01	0.469 79	0.000 00	43.018 33	0.497 73	2 071 400	2 060 082.201
0.182 29	0.365 12	1.066 55	45.603 33	0.481 82	1 684 300	1 713 223.663
0.190 97	0.383 54	1.082 29	49.295 00	0.559 66	1 777 700	1 807 446.956
0.190 97	0.383 54	1.019 61	49.971 67	0.496 48	1 783 700	1 803 302.239
0.190 97	0.388 33	1.333 33	51.193 33	0.524 09	1 803 600	1 804 739.334
0.173 61	0.344 93	1.240 45	44.680 83	0.426 36	1 663 500	1 622 045.279
0.190 97	0.383 54	2.108 19	47.070 00	0.446 82	1 796 900	1 783 423.477
0.182 29	0.337 63	1.108 51	44.870 83	0.435 57	1 688 600	1 702 748.760
0.173 61	0.334 04	1.458 69	46.240 83	0.421 71	1 629 900	1 619 214.059
0.164 93	0.337 54	1.338 11	47.806 67	0.434 77	1 549 500	1 544 736.645
0.173 61	0.314 19	1.562 14	46.170 00	0.430 34	1 589 000	1 615 187.389

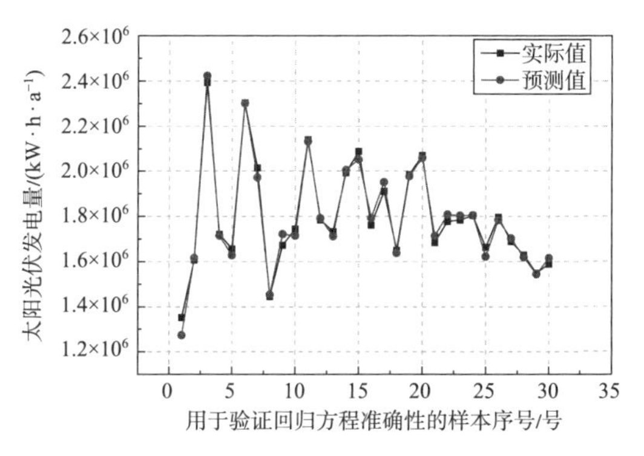

图 4-80　容积率可变条件下街区太阳光伏发电量的实际值与预测值比较

4.2.4 小结

研究二在容积率可变条件下通过多目标优化算法对高能效城市形态进行自动探寻，在此基础上利用过程数据先后进行相关性与最小绝对值收敛和选择算子算法（Lasso）回归分析，提取出影响街区建筑总能耗强度和太阳光伏发电量的关键形态因子，分别构建了街区总能耗强度和太阳光伏发电量与关键形态因子的回归方程。

从多目标优化算法生成的非支配解来看，非支配解在三个目标性能的表现上相较于其他可行解均有较大提升，显示了优化算法在迭代寻找最优方案上具有科学性与高效性。通过对非支配解对应街区形态进行解读可知，选择街区中间列用地单元作为开放空间的布局位置，将高层建筑放置在西侧且整体街区呈现南低北高布局模式，以南偏西 15° 或 0° 作为街区朝向，避免选用体形系数较大的建筑类型，如 P-4、C-1、S-3 和 C-2，这样的街区在一定程度上具有更高的能源绩效。运用 k 均值聚类算法对所获得的帕累托最优方案解集进行分类，五类街区方案在目标性能表现上都各有侧重。在街区太阳光伏发电量和街区建筑总能耗强度两个目标表现上，聚类 1 与聚类 3 分位非支配解的末端，聚类 1 具有最低的街区总能耗强度和最低的太阳光伏发电量，聚类 3 具有最高的太阳光伏发电量和最高的街区总能耗强度，而聚类 2、聚类 4、聚类 5 的目标性能表现较为均衡，按照聚类 5、聚类 2、聚类 4 的顺序街区能耗强度不断增大，街区光伏发电量不断增加。在平均日照时长的表现上聚类 5 表现最佳，聚类 4 表现最差，而聚类 1、聚类 2、聚类 3 表现较为均衡。

从过程数据进行统计分析的结果来看，在形态因子与街区总能耗强度的多元线性回归方程中，体形系数、平均天空可视域、街区朝向的平方值、东西向街道高宽比、4—12 层建筑的最近邻指数、平均面积周长比、开放空间位置是作为影响街区总能耗强度的关键形态因子，其影响程度按此顺序依次排列。此外，需要指出的是，部分未纳入回归方程的形态因子并非与街区总能耗不相关，而是由于共线性或相关关系为非线性关系被最小绝对值收敛和选择算子算法（Lasso）回归排除在外。例如，容积率和平均层数都与总能耗强度表现出负相关性、建筑密度和开放空间率都与总能耗强度表现出明显的正相关性。

在形态因子与太阳光伏发电量的多元线性回归方程中，建筑密度、开放空间率、13 层以上建筑的最近邻指数、围合度和平均天空可视域是作为影响街区太阳光伏发电量的关键形态因子，其影响程度按此顺序依次排列，其中建筑密度的影响程度远远超过其他形态因子。

在容积率可变条件下，关于哪种开发强度或容积率能够实现更高的能源绩效是一个需要权衡考虑的问题。根据上述研究成果可知，在 0.8—3.0 的区间内，随着容积率的增大，街区总能耗强度呈现不断下降的趋势，因此仅从能耗角度出发，在可能的用地开发强度范围内，容积率应越大越好。但是，一般来说，在城市居住区中，容积率越高建筑密度越小，因此在同一地块内可利用进行屋顶发电的面积就越小，从光伏发电的角度来看，容积率过大反而不好，此外容积率过大还会带来社区整体环境品质下降、空间压抑等其他方面问题。而优化算法提供的帕累托最优解集可为之提供参考，在非支配解的五大聚类中，聚类 5 的性能较为均衡，容积率处于 1.5 上下，显示出该容积率条件下的街区在多性能目标上更易达到平衡，因此可将 1.5 作为建湖地区高能效居住街区的容积率推荐值。

4.3 容积率限定条件下的街区形态自动寻优

4.3.1 实验组织过程

在实际的城市用地开发过程中，用地的容积率作为上位规划指标对用地的开发强度进行限定。因此为了探讨贴近真实设计场景下的高能效理想街区模式，研究小组组织了容积率限定条件下的街区形态能源绩效评估实验。在上一轮实验中，研究结果显示正南北朝向和南偏西 15° 是建湖地区的较佳朝向，此外，在 0.8—3.0 容积率范围内，容积率越大，街区整体能耗强度越低。结合《城市居住区规划设计标准》（GB 50180—2018）相关规范要求，选取 2.5 作为本次优化实验的容积率限定条件。在本实验中，街区朝向为 0° 并保持不变，将街区一块用地单元作为开放空间，其余八块用地单元上可自由放置不同高度、不同类型的建筑。具体实验流程如图 4-81 所示，选取建筑类型、建筑层数、开放空间布局作为控制性形态因子，取值范围如表 4-20 所示。同时选取街区平均月负荷匹配指数、街区建筑总能耗强度和街区建筑大寒日首层南向平均日照时长作为街区形态能源绩效评价指标，依次以三者数值最大、最小、最大作为优化目标。在优化算法的控制下通过不断改变形态因子的取值来改变街区整体形态，并进行性能模拟评估，自动筛选出帕累托最优解，同时记录所有过程数据用于后续结果的分析与讨论。

将实验街区功能设定为居住功能，太阳辐射、微气候与能耗计算时长为全年，日照时长计算时间为大寒日的 8：00—16：00，建筑层高统一设置为 3 m，在优化算法中设定种群大小为 40 个，迭代次数为 100 代。其余所有相关预设参数和计算参数参见第 3.4 节。

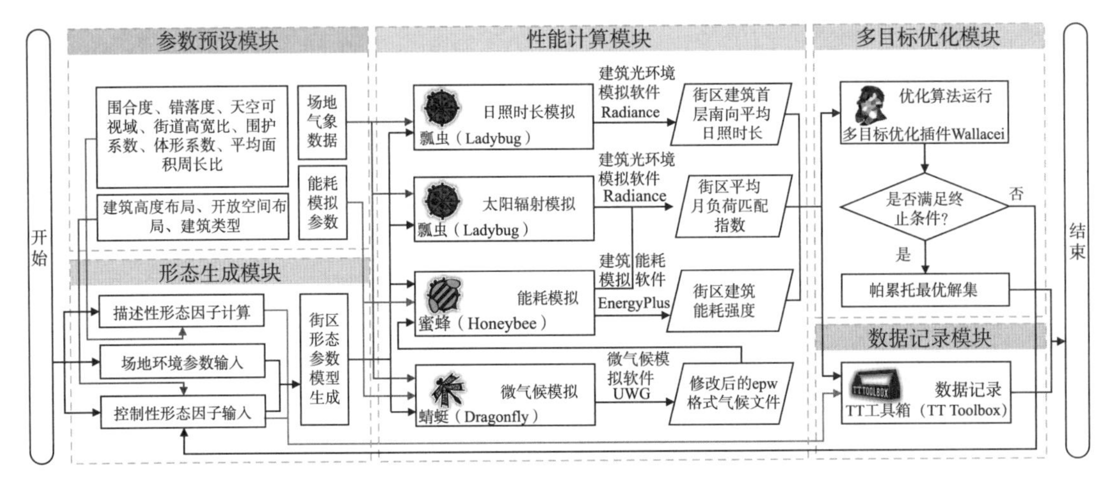

图 4-81　容积率限定条件下的街区形态自动寻优实验流程

表 4-20　容积率限定条件下的控制性形态因子取值范围

形态因子	范围	说明
建筑类型	P-1、S-1、C-1、P-2、S-2、C-2、P-3、P-4、S-3	共 9 种，每种类型有其对应的层数变化区间
建筑层数	3 层、6 层、9 层、12 层、18 层、24 层、30 层	共 7 种，3 层可选类型为 P-1、S-1、C-1；6 层、9 层、12 层可选 P-2、S-2、C-2；18 层、24 层、30 层可选 P-3、P-4、S-3。由于添加了容积率约束模块，可能会出现范围外的建筑层数，具体可参见第 3.4.1 节
开放空间布局	0 号、1 号、2 号、3 号、4 号、5 号、6 号、7 号、8 号	共 9 种，数字为用地单元编号

4.3.2　形态优化分析

本实验在微软操作系统 Windows 10（i7-9700、8 核、3.00 GHz、32 G 内存）上迭代运算，共用时近 305 h，迭代 100 代，优化目标值收敛达到稳定状态。优化实验产生非支配解 413 组，去除重复解 355 组后获得非支配解 58 组，实验累计产生数据共计 4 000 组，其中无效数据 10 组，重复数据 2 094 组，有效数据共计 1 896 组。需要指出的是，产生较多的重复值说明优化充分达到收敛状态，优化算法在最优取值范围内来回选择。

1）整体优化趋势分析

调用华莱士分析（Wallacei Analytics）板块中的运算器可对优化运行过程中的优化目标变化趋势进行可视化。图 4-82 展示了本实验中的三个优化目标迭代变化趋势，由于多目标算法以逐渐趋小为默认优化方向，因此为了使负荷匹配指数和平均日照时长向趋大的优化方向进行，故对其取负值后连入算法程序中，因此（a）（b）和（e）（f）分别表示其负值的变化趋势。

在图 4-82 中，(a)(c)(e) 为对应目标的标准差变化趋势图，其中每条曲线表示一次迭代中 40 组实验目标结果的标准差，曲线反映了每一代中不同实验的目标值分布与本代目标平均值的关系，曲线越宽说明本次迭代中大部分目标值与平均值的差异较大；曲线越陡峭说明本次迭代中大部分目标值与平均值的差异较小。此外曲线颜色表示迭代次数，曲线颜色由浅渐变至深，表示迭代次数从远至近。(b)(d)(f) 为对应目标的平均值变化趋势图，每个圆圈表示一次迭代中 33 组实验目标结果的平均值。折线表示在整个优化过程中每代目标平均值的变化曲线，虚线为拟合的变化趋势线。

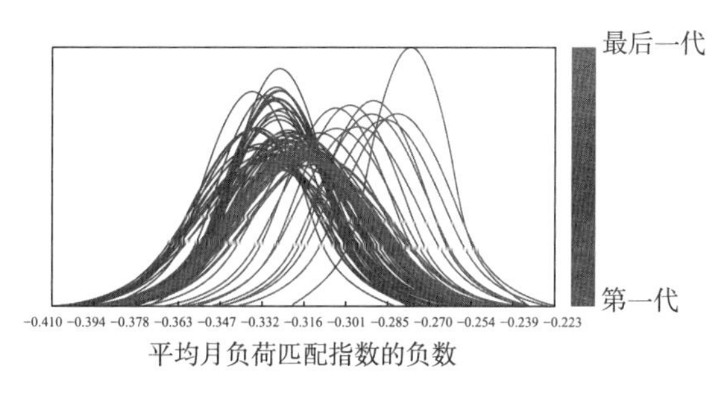

(a) 街区平均月负荷匹配指数负数的标准差变化趋势

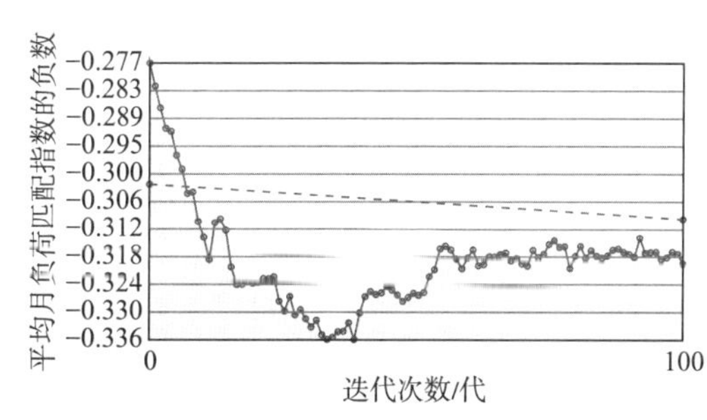

(b) 街区平均月负荷匹配指数负数的平均值变化趋势

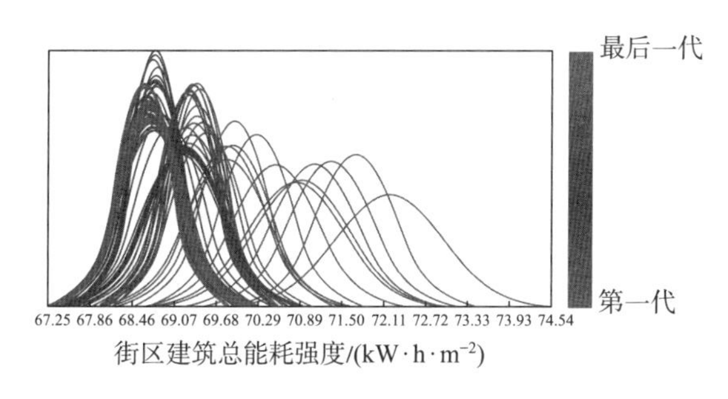

(c) 街区建筑总能耗强度的标准差变化趋势

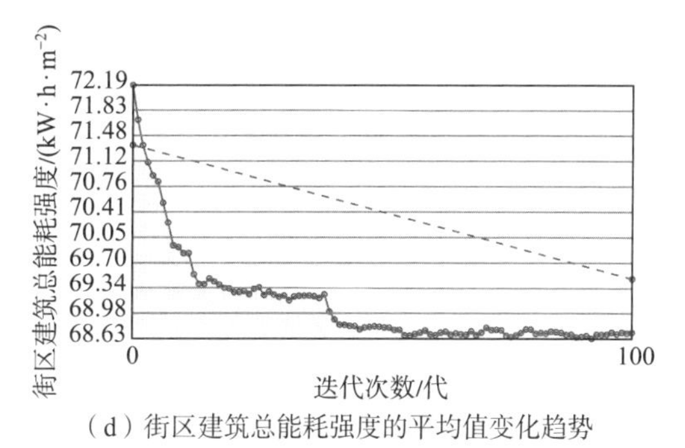

(d) 街区建筑总能耗强度的平均值变化趋势

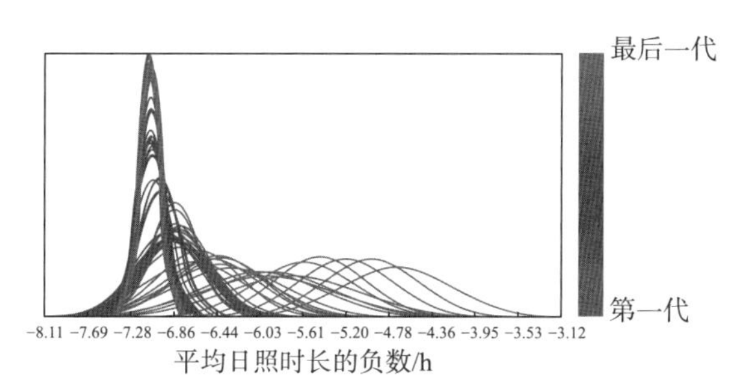

(e) 平均日照时长负数的标准差变化趋势

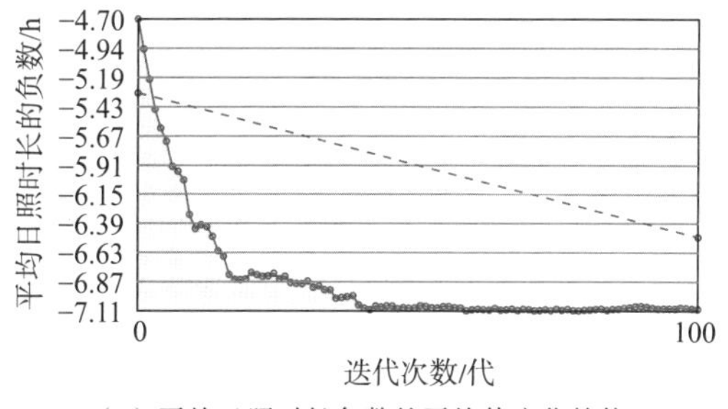

(f) 平均日照时长负数的平均值变化趋势

图 4-82　容积率限定条件下优化实验中的不同目标变化趋势

由图 4-82 (a) 可知，曲线在由浅变深的过程中，位置先向左移动后又向右微移，表示街区平均月负荷匹配指数随着迭代的进行不断朝着趋大的方向前进，在到达极值后，又逐渐减小直至收敛。但深色曲线跨度较大，坡度平缓，表示在后期迭代中，不同实验的该目标值的离散程度较强，与总体平均值差异较大。从（b）图可以更加清晰地看到，从第 1 代至第 42 代的过程中，街区平均月负荷匹配指数的平均值呈现急剧下降，从 0.277 上升到 0.336 左右，此后的 20 代优化进程中，负荷匹配指数的平均值没有进一步下降，而是呈现缓慢上升的趋势，最终稳定在 0.318 左右。

由图 4-82（c）可知，曲线在由浅变深的过程中，位置不断向左移动，曲线宽度不断减小，陡峭程度不断增加，说明每代产生的目标值与平均值较为接近，数据集中程度较高，收敛性好。（d）图显示从第 1 代至第 50 代，街区总能耗强度的平均值经历了快速下降过程，从 72.19 kW·h/（m^2·a）下降至 68.63 kW·h/（m^2·a），最终在第 50 代后趋于稳定，在 68.75 kW·h/（m^2·a）上下波动。

从图 4-82（e）可以观察到，浅色曲线在向深色曲线过渡的过程中，整体位置不断向左移动，曲线坡度不断增大，横向跨度不断减小，表示街区平均日照时长不断增大，并且每次迭代中不同实验的目标值与平均值较为接近，分布区间较小，数值集中程度较大，优化效果十分明显。从（f）图可以更为清晰地观察到，自第 1 代至第 40 代，街区平均日照时长的平均值快速上升，从 4.7 h 迅速提高到 7.11 h；自第 40 代之后，平均日照时长稳定维持在 7.0 h 左右。

总体而言，实验中的三个优化目标值在优化迭代的过程中都得到了明显的改善与提高，取得了较为良好的表现，在迭代的后期都进入稳定波动阶段，说明各相关参数设置合理，结果具有可信度，可由此展开更进一步的分析。

2）街区形态演变趋势分析

选择整个优化实验中包含各目标最大值与最小值的 20 个过程案例，按照整体优化进程中所对应的次序进行编号，绘制成表 4-21，以直观地展现街区形态演变趋势。

观察表 4-21 可以发现，建筑高度从设定的均匀一致开始，逐渐拉开高度差，到优化后期可以明显地看到场地内的建筑高度两极分化明显，仅保留层数较高的高层建筑和层数较低的多层建筑，中间层数的建筑出现次数相对较少。此外，高层建筑从开始的街区内均匀散布到逐渐向北移动，到后期高层建筑几乎仅出现在最北侧的用地单元上。对于建筑类型而言，优化前期街区内出现的建筑类型较多，随着优化实验的进行，街区内的建筑类型逐渐减少，到优化后期主要以高大点式建筑和低层板式建筑为主。对于开放空间而言，优化前期不同用地单元上都有所分布，后期主要分布在 0 号或 1 号用地上。对于优化目标而言，随着优化进程的推进，整体优化目标值都有明显提升。

表 4-21　容积率限定条件下的优化实验过程案例

第 1 代		第 39 代		第 72 代		第 172 代	
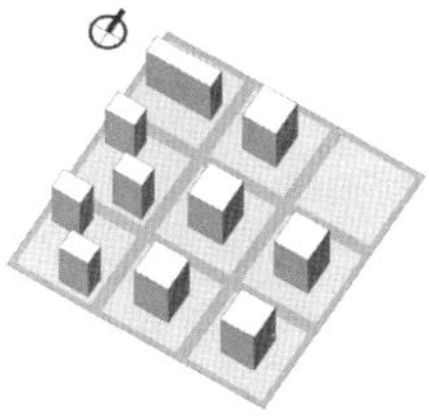		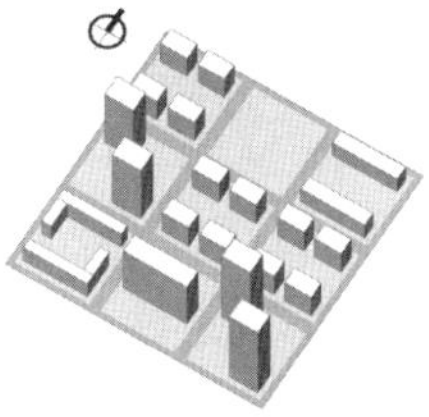		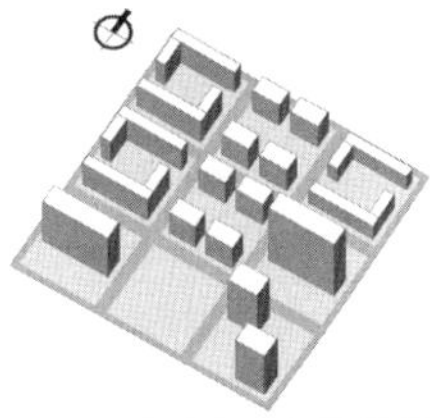		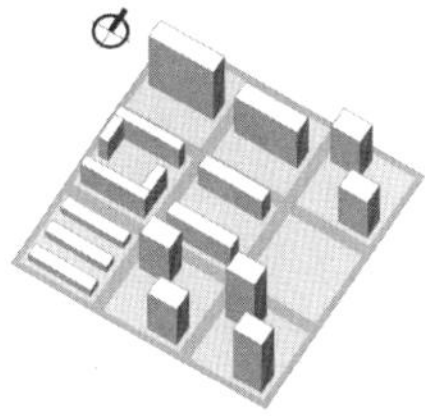	
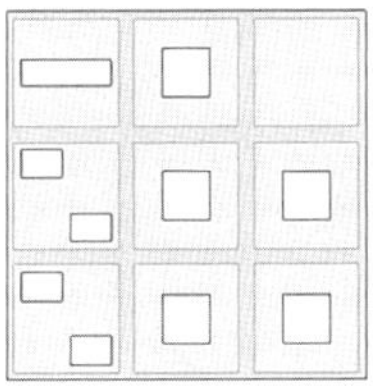		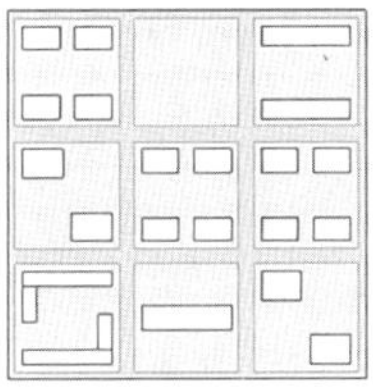		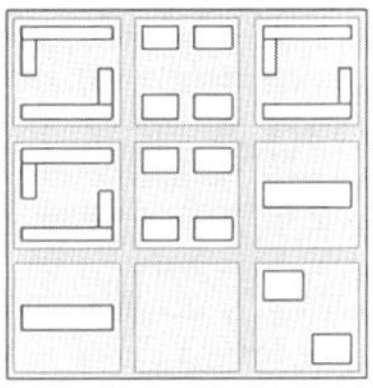		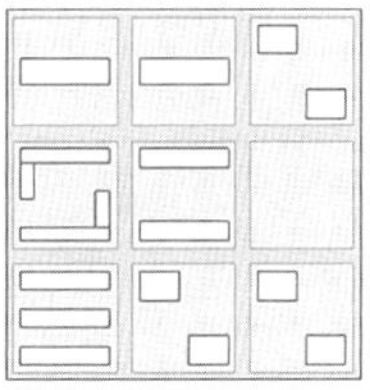	
负荷匹配指数	0.232（最小）	负荷匹配指数	0.281	负荷匹配指数	0.288	负荷匹配指数	0.278
总能耗强度 / $(\mathrm{kW\cdot h\cdot m^{-2}\cdot a^{-1}})$	69.35	总能耗强度 / $(\mathrm{kW\cdot h\cdot m^{-2}\cdot a^{-1}})$	73.60（最大）	总能耗强度 / $(\mathrm{kW\cdot h\cdot m^{-2}\cdot a^{-1}})$	73.04	总能耗强度 / $(\mathrm{kW\cdot h\cdot m^{-2}\cdot a^{-1}})$	72.09
平均日照时长/h	4.74	平均日照时长/h	4.17	平均日照时长/h	3.29（最小）	平均日照时长/h	5.37
第 355 代		第 486 代		第 605 代		第 713 代	
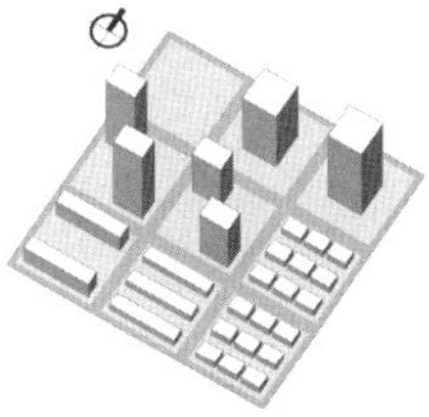		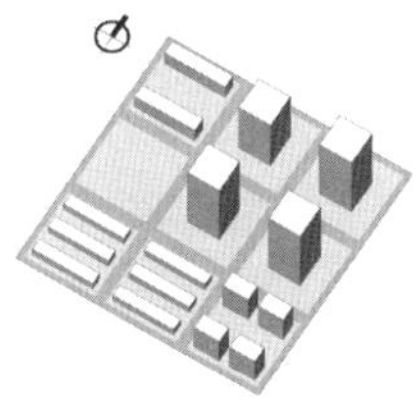		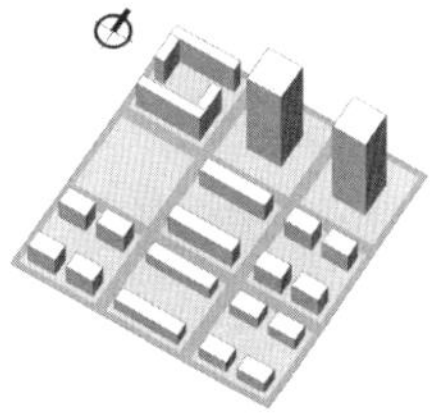		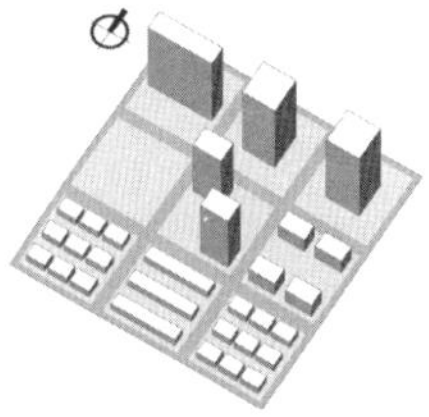	
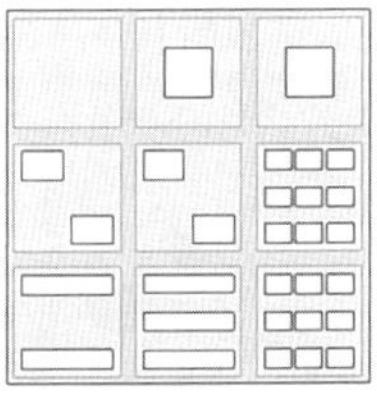		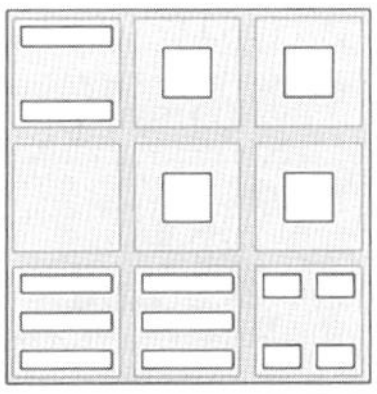				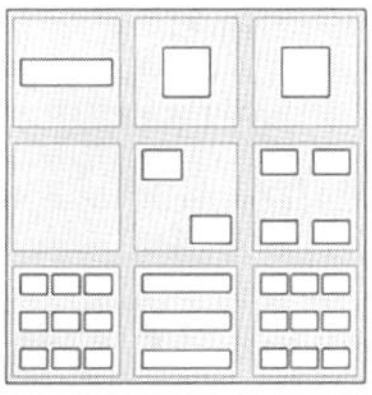	
负荷匹配指数	0.327	负荷匹配指数	0.312	负荷匹配指数	0.310	负荷匹配指数	0.322
总能耗强度 / $(\mathrm{kW\cdot h\cdot m^{-2}\cdot a^{-1}})$	70.47	总能耗强度 / $(\mathrm{kW\cdot h\cdot m^{-2}\cdot a^{-1}})$	69.48	总能耗强度 / $(\mathrm{kW\cdot h\cdot m^{-2}\cdot a^{-1}})$	70.29	总能耗强度 / $(\mathrm{kW\cdot h\cdot m^{-2}\cdot a^{-1}})$	70.59
平均日照时长/h	6.62	平均日照时长/h	6.16	平均日照时长/h	5.90	平均日照时长/h	6.52
第 804 代		第 923 代		第 1 079 代		第 1 142 代	
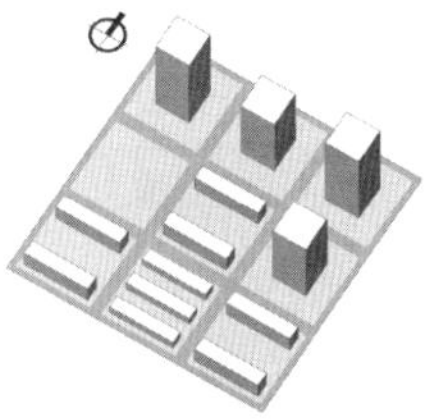		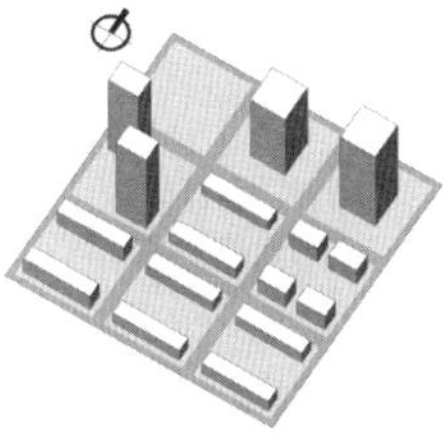		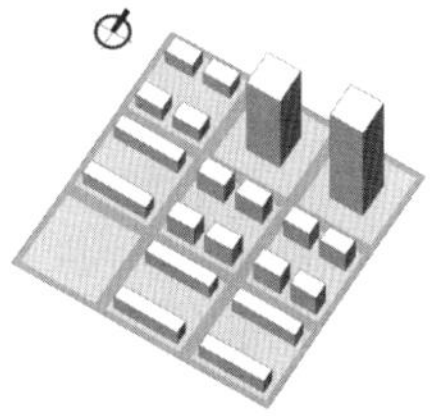		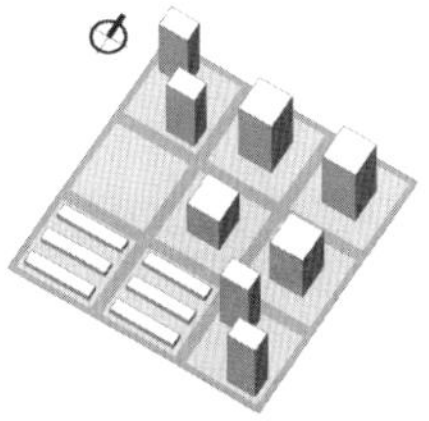	

续表 4-21

第 804 代		第 923 代		第 1 079 代		第 1 142 代	
						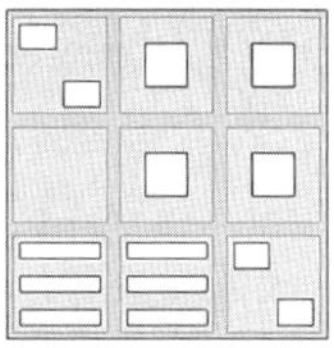	
负荷匹配指数	0.298	负荷匹配指数	0.291	负荷匹配指数	0.312	负荷匹配指数	0.287
总能耗强度 /（kW·h·m^{-2}·a^{-1}）	68.85	总能耗强度 /（kW·h·m^{-2}·a^{-1}）	70.73	总能耗强度 /（kW·h·m^{-2}·a^{-1}）	70.13	总能耗强度 /（kW·h·m^{-2}·a^{-1}）	69.80
平均日照时长/h	7.29（最大）	平均日照时长/h	6.58	平均日照时长/h	5.11	平均日照时长/h	6.74

第 1 265 代		第 1 337 代		第 1 385 代		第 1 456 代	
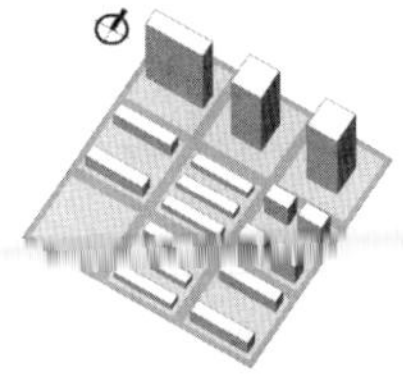		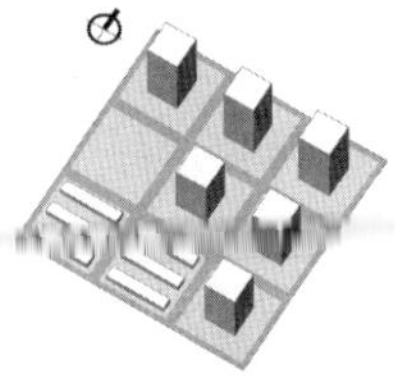		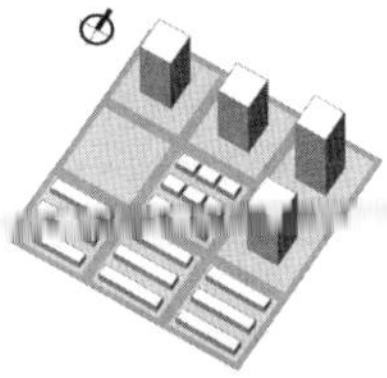		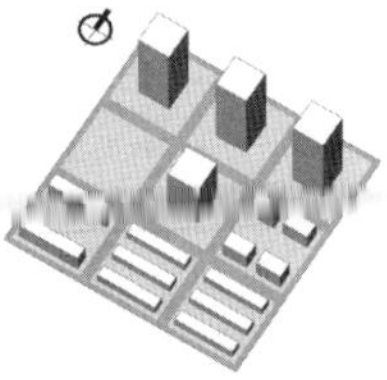	
		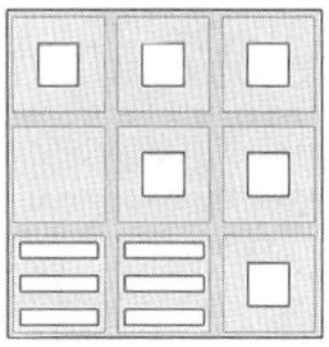		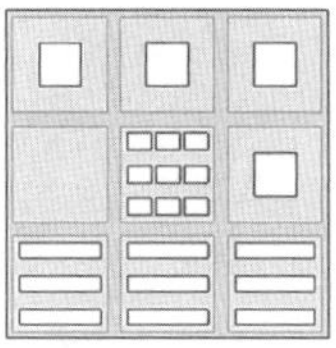		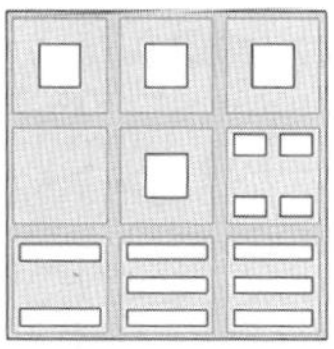	
负荷匹配指数	0.332	负荷匹配指数	0.289	负荷匹配指数	0.354（最大）	负荷匹配指数	0.317
总能耗强度 /（kW·h·m^{-2}·a^{-1}）	70.04	总能耗强度 /（kW·h·m^{-2}·a^{-1}）	68.06（最小）	总能耗强度 /（kW·h·m^{-2}·a^{-1}）	68.88	总能耗强度 /（kW·h·m^{-2}·a^{-1}）	68.77
平均日照时长/h	6.470	平均日照时长/h	7.010	平均日照时长/h	6.950	平均日照时长 /h	7.186

第 1 547 代		第 1 650 代		第 1 784 代		第 1 896 代	
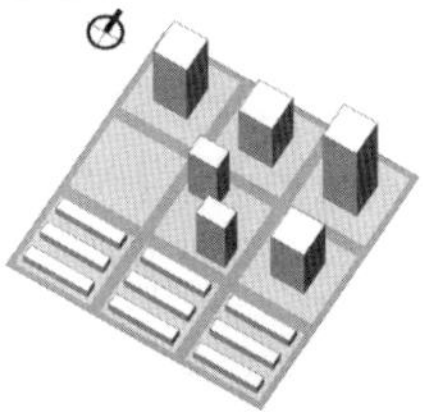		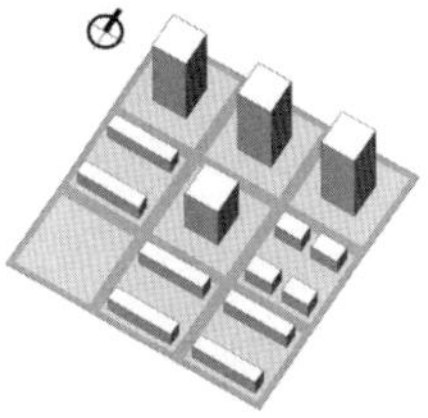		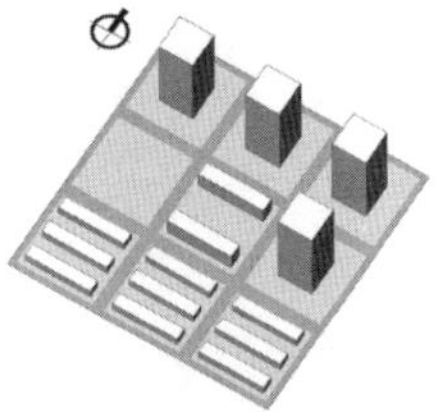		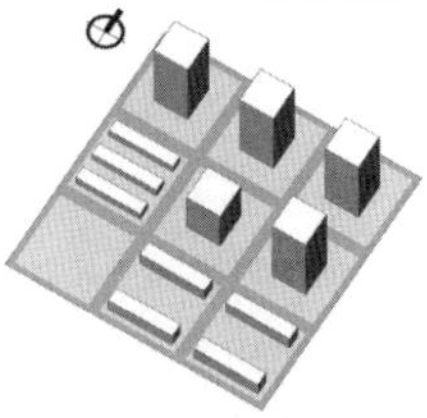	
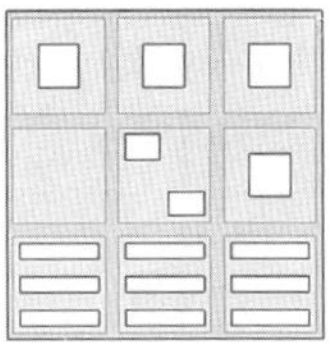						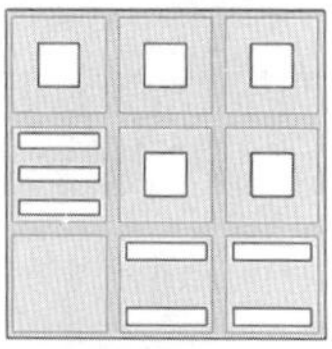	
负荷匹配指数	0.319	负荷匹配指数	0.284	负荷匹配指数	0.331	负荷匹配指数	0.284
总能耗强度 /（kW·h·m^{-2}·a^{-1}）	69.24	总能耗强度 /（kW·h·m^{-2}·a^{-1}）	68.93	总能耗强度 /（kW·h·m^{-2}·a^{-1}）	68.74	总能耗强度 /（kW·h·m^{-2}·a^{-1}）	68.38
平均日照时长/h	6.77	平均日照时长/h	6.81	平均日照时长/h	7.14	平均日照时长 /h	7.00

3）非支配解集分布分析

图 4-83 为本次优化进程中所有可行解共同构成的解集空间分布图，图中 x、y、z 三个坐标轴分别对应街区平均月负荷匹配指数负数、街区建筑总能耗强度和街区平均日照时长负数。

解集空间中的每一个立方体代表每一次实验计算出的可行解。而灰色的空间曲面是本次优化产生的帕累托前沿面，被前沿面穿过的立方体为非支配解。代表可行解与非支配解立方体的位置能够表征对应街区的三项性能优劣，立方体越接近三维坐标原点，就说明其所对应的负荷匹配指数越大、采光性能越好、总能耗强度越低。从图中可以看出，非支配解集分布于整体可行解最前端，最为靠近坐标原点，说明与优化过程中产生的其他可行解相比较，非支配解各项性能都表现较优。

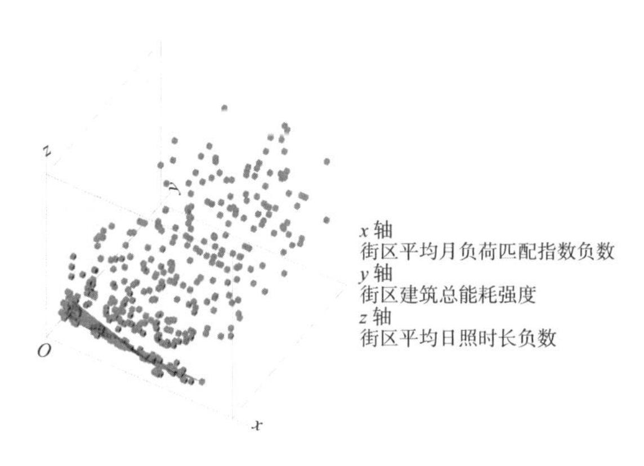

图 4-83　容积率限定条件下优化进程的解集空间分布图

4）优化目标相关关系分析

在多目标优化中，不同优化目标之间存在错综复杂的相互关系，为了清晰地探明三个目标整体之间的制约关系和两两之间的相互关系，根据本次实验记录的非支配解集数据，将平均月负荷匹配指数与平均日照时长的数据格式从负数转为正数后，绘制了三个优化目标的相关性矩阵图。如图 4-84 所示，矩阵的上三角为优化目标两两之间的相关系数；矩阵的对角部分为不同目标值的分布直方图，竖条越高表示对应数值出现的次数越多；矩阵的下三角为优化目标的散点图，黑线为拟合直线。

观察直方图可知，在非支配解集中，街区建筑总能耗强度主要集中于 68.20—68.82 kW・h/（m^2・a）区间内，主体图像偏于左侧，形成较为明显的“山峰”状形态；平均月负荷匹配指数相较于其他两个目标在不同数值区间内总体分布较为均匀，大部分数值集中在 0.312 左右，大于该数的目标值出现频次相对较少；观察平均日照时长的直方图发现，主体图像偏于右侧，并且数据高度集中于 7.10 h 左右，只有少量的数据分布在 5.80 h 以下。

结合图 4-84 上三角和下三角部分的相关系数和散点图像综合分析可知，在非支配解集中，街区建筑总能耗强度与平均月负荷匹配指数的相关系数约为 0.228，说明两者存在较弱的相关关系。在容积率固定的条件下，建筑总能耗强度越高说明街区总能源消耗量越大，而平均月负荷匹配指数与街区太阳光伏发电量和能源消耗量有关，因此两者之间会存在一定的相关关系。

街区平均日照时长与总能耗强度的相关系数为 -0.685，说明两者存在较强的负相关性。一般来说，底层窗台大寒日的平均日照时长越大，说明街区内建筑间的遮挡效应越弱，上一轮优化实验的结果已经显示，建筑间的遮挡对建筑能耗有不容忽视的影响，遮挡越严重建筑能耗越呈现出增大的趋势，因此可知街区平均日照时长与总能耗强度两者的优化方向一致，即平均日照时长越大的同时总能耗强度越小。

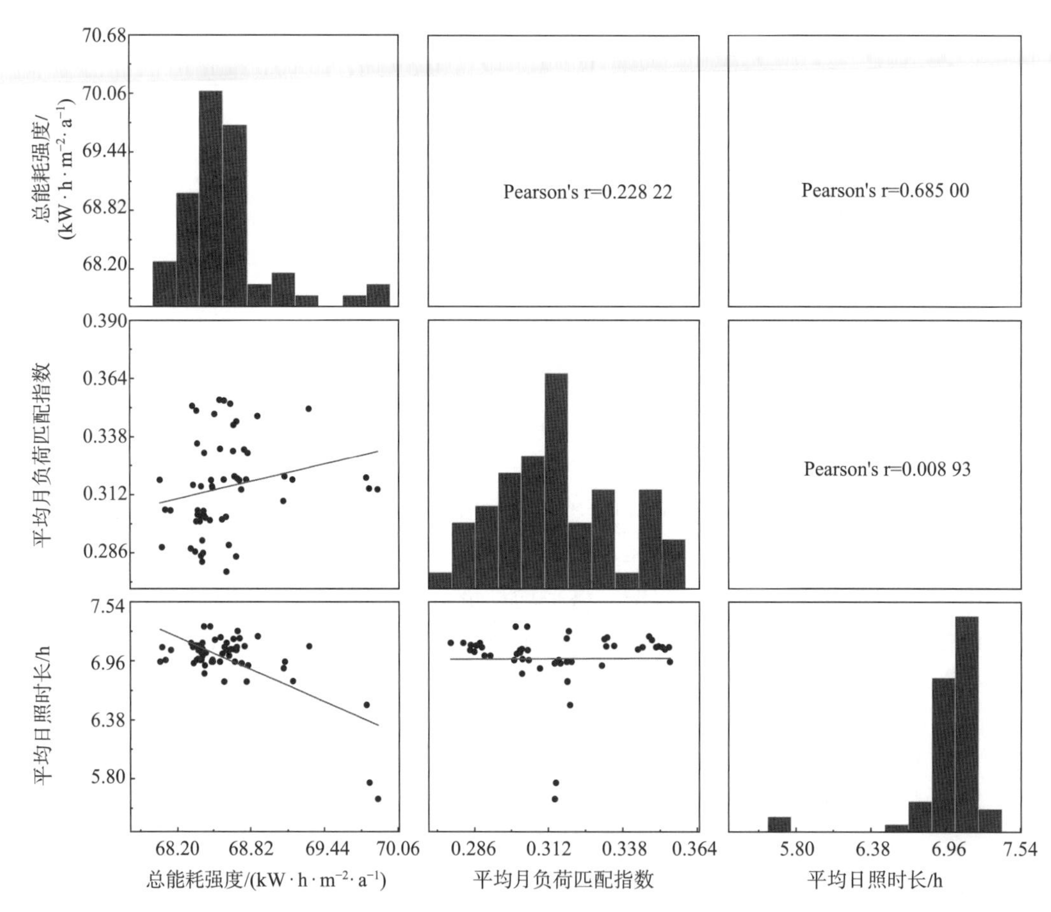

图 4-84　容积率限定条件下的优化目标相关性矩阵图

平均日照时长与平均月负荷匹配指数的相关系数约为 0.009，说明两者之间不存在相关关系。从散点图可知，随着平均月负荷匹配指数增大，平均日照时长不受其影响，基本维持稳定。

5）非支配解性能提升分析

为了直观地验证非支配解相较于其他可行解在各项性能上均有所提升，选取本次优化实验中的非支配解与其余可行解分别绘制三个优化目标的箱形图，对比两者在不同优化目标上的性能表现。

如图 4-85（a）所示，可行解的街区平均月负荷匹配指数主要分布在 0.235—0.352 区间内，中位数为 0.305，平均值为 0.308。非支配解的街区平均月负荷匹配指数主要分布在 0.278—0.352 范围内，中位数为 0.314，平均值为 0.314。

如图 4-85（b）所示，可行解的街区建筑总能耗强度主要分布在 68.1—71.9 kW·h/（m^2·a）区间内，中位数为 69.4 kW·h/（m^2·a），平均值为 69.7 kW·h/（m^2·a），在箱形图上界外存在大量能耗值高于 72 kW·h/（m^2·a）的离群点，显示可行解在能耗强度的分布上离散程度较大，分布区间较广。非支配解的街区建筑总能耗强度主要分布在 68.1—69.1 kW·h/（m^2·a）范围内，中位数为 68.5 kW·h/（m^2·a），平均值为 68.7 kW·h/（m^2·a），数据分布高度集中，离群点能耗最大值也位于 70 kW·h/（m^2·a）以下，显示出非支配解在街区建筑总能耗强度方面要大大优于可行解。

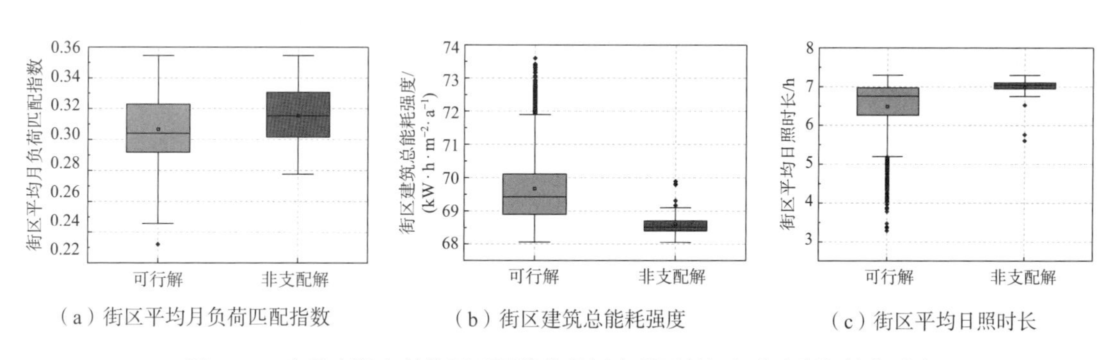

（a）街区平均月负荷匹配指数　（b）街区建筑总能耗强度　（c）街区平均日照时长

图 4-85　容积率限定条件下不同优化目标上的可行解与非支配解性能对比

如图 4-85（c）所示，可行解的街区平均日照时长主要分布于 5.2—7.4 h 的范围内，中位数为 6.7 h，平均值为 6.5 h。此外，箱形图显示可行解在下界以下存在大量的离群点，显示可行解的平均日照时长数据分布较为分散，波动较大。非支配解的街区平均日照时长主要分布于 6.7—7.4 h 的范围内，中位数为 7.0 h，平均值为 6.9 h，除个别离群点对应日照时长数值较小外，整体数据分布集中，显示非支配解的日照性能较优。

根据数据结果分析显示，非支配解在本次实验三个优化目标上的性能表现总体优于可行解，在各项性能上均有较为明显的提升。

6）非支配解控制性形态因子取值分析

在明确非支配解具有全局较优的性能表现的基础上，通过数据统计分析对比整体优化进程产生的所有可行解与非支配解在控制性形态因子取值上的差异，试图厘清控制性形态因子在非支配解集中的分布规律。

（1）开放空间布局

图 4-86、图 4-87 显示了在本次实验优化进程中可行解的开放空间布局变化趋势和分布频次。实验街区共有 9 块用地，均在实验过程中被选作过街区开放空间。由图 4-86 可知，在实验初始阶段，从 0 号地块至 8 号地块依次交替被算法挑选作为开放空间，出现密度与频次大致相同。实验迭代运行至第 200 代后，4 号和 6 地块就不再出现在算法选择范围内了，同时 3 号、5 号、7 号和 8 号用地出现频次也逐渐下降。实验运行至第 400 代后，优化算法对开放空间的位置选择范围就缩小为 0 号、1 号和 2 号三块用地单元，其中 1 号与 0 号用地出现频次最高，其次是 2 号用地。自实验迭代至第 1 400 代后，2 号用地被算法选作开放空间的次数大幅下降，在此后的优化进程中，仅零星出现过几次，而 0 号和 1 号用地交替被选择直至实验结束。

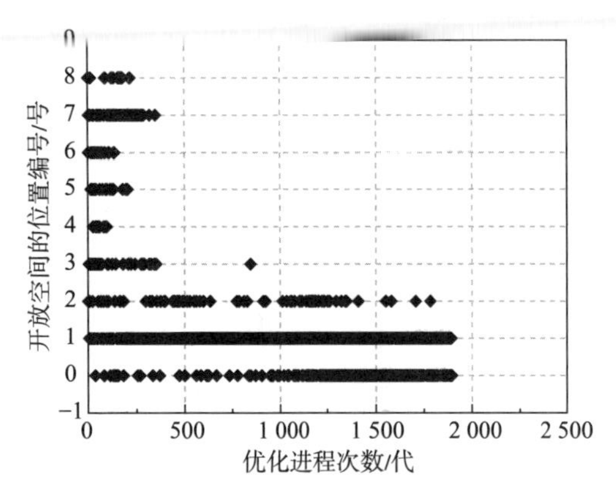

图 4-86　容积率限定条件下的可行解开放空间布局变化趋势

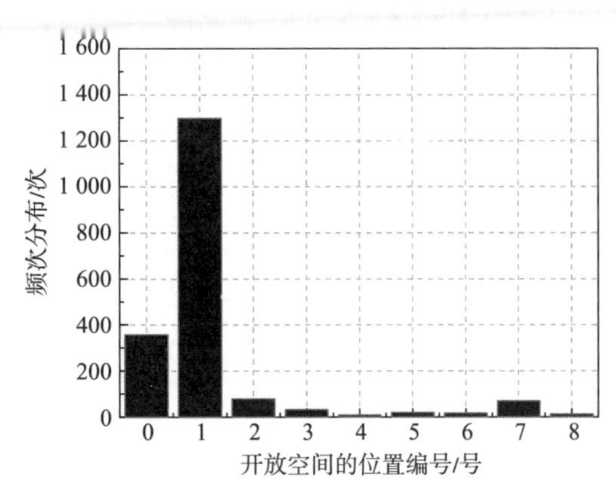

图 4-87　容积率限定条件下的可行解开放空间布局分布频次

从图 4-87 可以看到，在整个优化进程中，0 号与 1 号用地作为开放空间位置出现的频次遥遥领先其他用地单元的出现频次，1 号用地共出现 1 298 次，0 号用地出现 357 次，2 号、7 号、3 号、5 号、6 号、8 号和 4 号用地出现次数由高到低，依次为 79 次、70 次、33 次、20 次、17 次、13 次和 9 次。

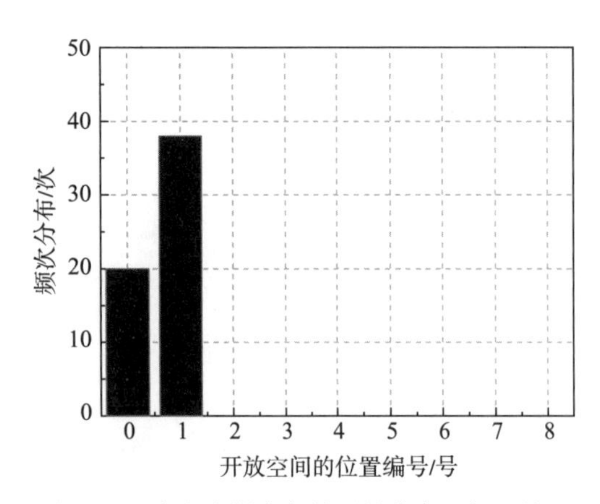

图 4-88　容积率限定条件下的非支配解开放空间布局分布频次

如图 4-88 所示，在非支配解中，仅有 0 号与 1 号用地单元被选作开放空间的布局位置，其中 1 号用地出现 38 次，0 号用地出现 20 次，显示出以这两块用地在本实验的条件限定下作为开放空间的街区能够获得较佳的优化目标值。

（2）建筑高度布局

图 4-89 展示了可行解中不同用地单元建筑层数的演变趋势，可以发现在优化启动阶段，不同层数在 9 块用地单元上都曾出现，显示出算法在各地块的建筑层数选择上具有均好性和较强的覆盖性。随着优化实验的运行，优化算法对不同用地上建筑层数的选择表现出一定的倾向性和固定趋势。

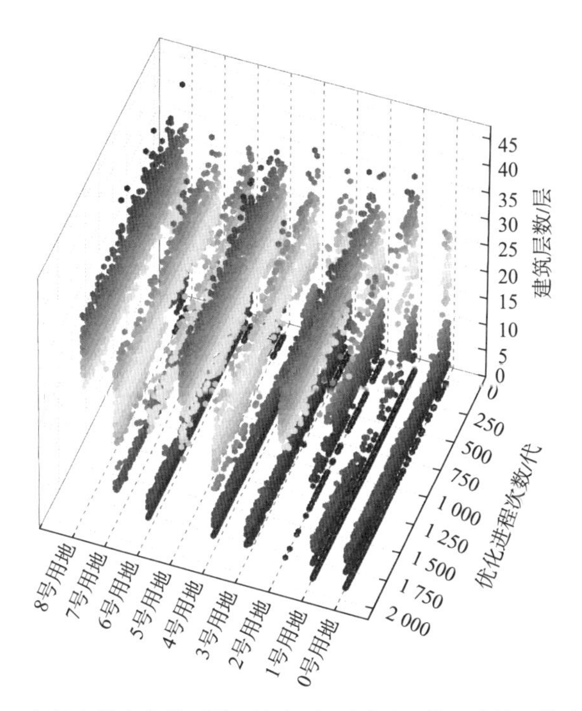

图 4-89　容积率限定条件下的可行解中不同用地单元建筑层数演变趋势

不同用地单元上建筑层数的具体频次分布如图 4-90 所示。从建筑层数角度来看，优化实验过程生成的街区在层数分布上呈现两极分化，1—6 层和 19 层及以上出现频次相对较高，而 7—18 层区间内出现断档，出现频次相对较少。

从用地单元角度来看，0 号、1 号和 3 号用地除了在优化实验早期出现过高层建筑外，在后续的优化实验中基本以多层建筑为主，主要层数集中在 1—6 层。2 号、5 号和 8 号用地层数变化趋势也较为相似，仅在实验前期出现过多层建筑，在优化实验后期以高层建筑为主，主要层数集中在 19 层及以上的层数区间内。4 号、6 号和 7 号用地出现的建筑层数涵盖区间范围相对比较均衡，在优化后期主要 1—9 层和 19—30 层为主，10—18 层中间段的建筑层数出现较少。

通过上述数据可以清晰地发现，在整体优化过程中，优化算法倾向于将建筑层数较多的建筑放置在实验街区场地的北侧，即 2 号、5 号和 8 号地块，而前面的单元地块出现高层建筑的频率较小，主要以多层建筑为主，整体街区高度布局呈现南低北高的趋势。

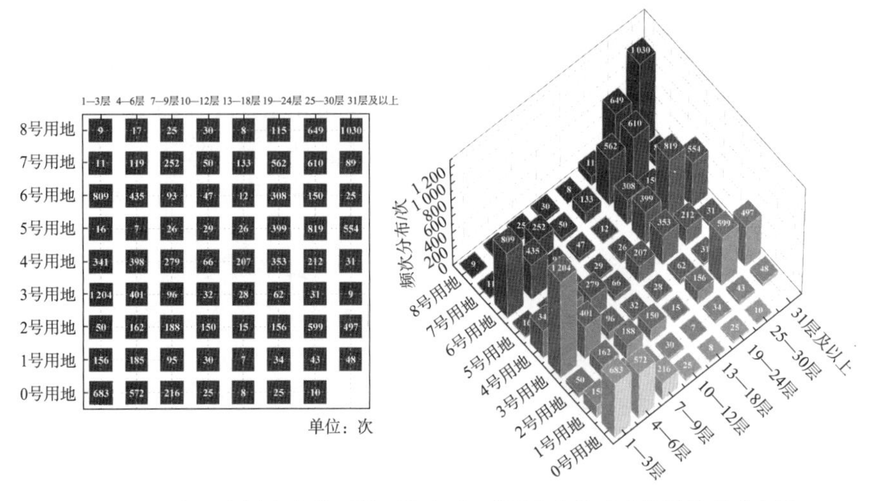

图 4-90　容积率限定条件下的可行解中不同用地单元建筑层数分布频次

如图 4-91 和图 4-92 所示，可以更加清晰地把握优化算法的选择规律与偏好，以及非支配解对应街区的层高布局模式特点。从图中可以看到 0 号、1 号和 3 号用地中仅出现 9 层以下的建筑，主要层数集中在 1—6 层。与之相反，2 号、5 号和 8 号用地中仅出现过 19 层及以上的高层建筑，主要层数集中在 25 层及以上的层数区间内，最高层数为 34 层。而 4 号、6 号和 7 号用地上出现的建筑层数分布区间较大，其中在 4 号用地，1—9 层建筑出现频次为 27 次，13—30 层建筑出现频次为 31 次；在 6 号用地，1—6 层建筑出现频次为 54 次，19—24 层建筑出现频次为 4 次；在 7 号用地，13—30 层建筑出现频次为 52 次，而 7—9 层建筑仅出现 6 次。

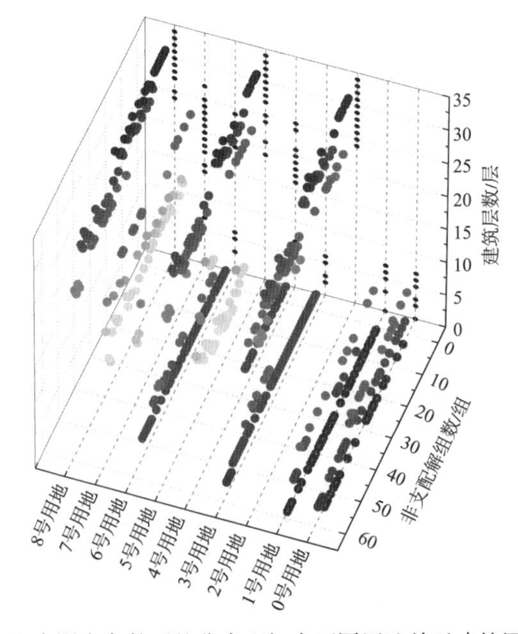

图 4-91　容积率限定条件下的非支配解中不同用地单元建筑层数演变趋势

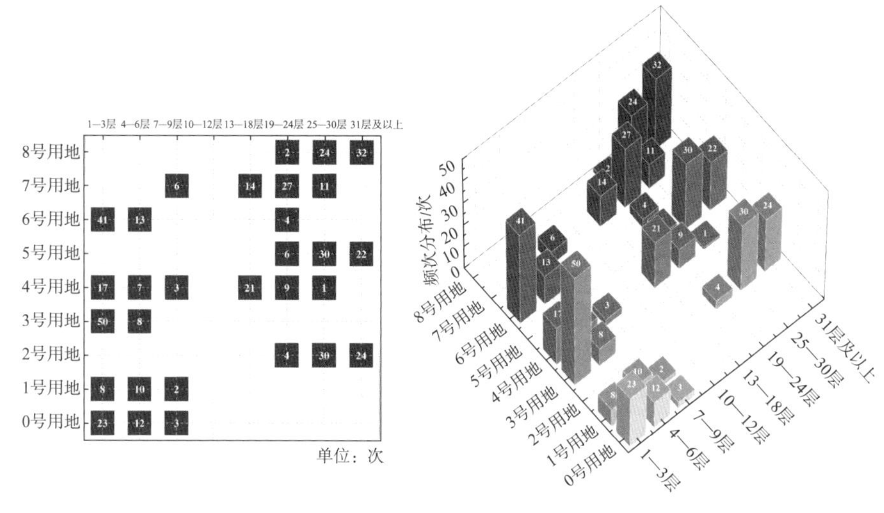

图 4-92　容积率限定条件下的非支配解中不同用地单元建筑层数分布频次

总的来说，非支配解对应街区的层数布局呈现出明显的台地式布局特征，即越靠南建筑层数越少，高度越低，这种布局模式一来可以保证南侧建筑对北侧建筑屋顶几乎无遮挡，提升整体街区的日照条件，使得屋顶太阳光伏发电量达到最大；二来能够在夏季使东南风进入街区内部带走热量，降低街区建筑制冷能耗强度，同时高大的建筑位于街区北侧能够有效阻挡冬季寒冷北风南下，从而减少建筑的采暖能耗。

（3）建筑类型

图 4-93 展示了可行解中不同用地单元建筑类型的分布频次，从中可以发现，在每块用地单元上，除了 C-1 在 8 号用地单元和 S-1 在 7 号用地单元上未曾出现过外，其余七种建筑类型在每块用地单元上几乎都出现过，显示出优化算法在搜索空间内取值具有较高的覆盖性。

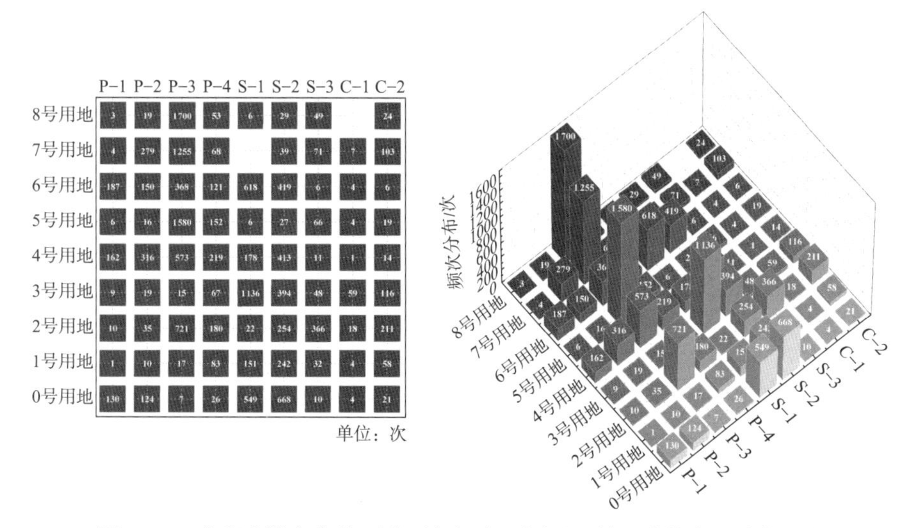

图 4-93　容积率限定条件下的可行解中不同用地单元建筑类型分布频次

从用地角度来看，0 号与 1 号用地上的建筑类型出现次数之和较少，与其经常被选作开放空间位置相关；其次，0 号、1 号、2 号、4 号和 6 号用地上不同建筑类型出现次数差异相对较小，出现频次最高与出现频次次之的建筑类型出现次数相差不大。而 3 号、5 号、7 号和 8 号用地反复多次出现同一种类型，不同类型出现的均等性较弱，其中频次最高的建筑类型出现次数基本超过 1 000 次。

从建筑类型的角度来看，出现频次最高的建筑类型是 P-3，较高的有 S-1 和 S-2，而 P-4、S-3、C-1 和 C-2 出现频次较少，根据研究一结论可知，出现频次较低的建筑类型往往是同等条件下能耗强度最大的建筑类型，而出现频次较高的是能耗强度较小、较为节能的建筑类型。因此，算法在不断迭代优化的过程中逐渐抛弃了性能较差的建筑类型，降低其出现的频次，增大性能较好的建筑类型出现频次。

图 4-94 为非支配解中不同用地单元建筑类型的分布频次，与图 4-93 中显示的可行解不同，非支配解中并非所有类型在用地上都曾出现过。例如，P-4、C-1 和 C-2 在非支配解中未曾出现，说明这三种建筑类型性能较差，被优化算法所淘汰。P-1 出现 1 次，P-2 出现 6 次，S-3 类型共出现 4 次，说明三者同样不受优化算法所青睐。从整个实验街区各地块建筑类型出现频次之和来看，出现频次最高的是 P-3、S-1 和 S-2，共计出现频次分别为 257 次、138 次和 58 次，说明上述三种建筑类型具有较好的目标性能，能够符合多目标算法的优化趋势。

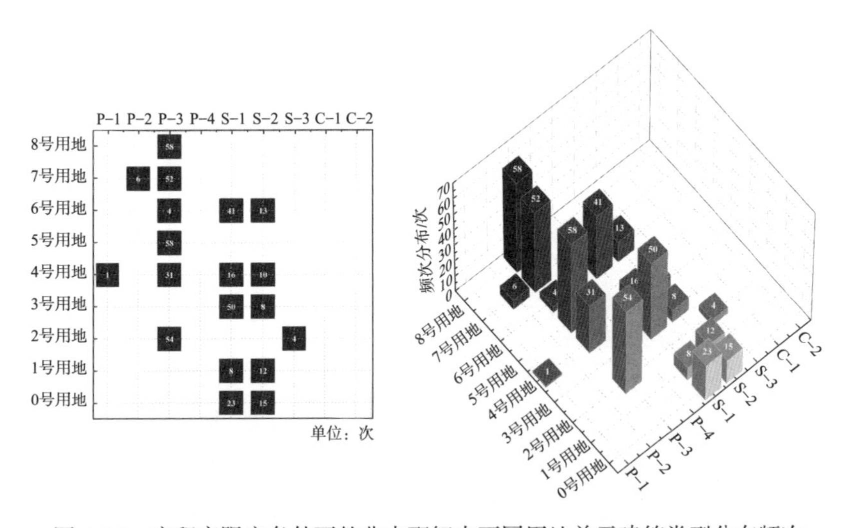

图 4-94 容积率限定条件下的非支配解中不同用地单元建筑类型分布频次

从用地角度来看，仅有 4 号用地和 6 号用地上出现的建筑类型在三种以上（含三种），其余用地上出现的建筑类型均为两种以下（含两种）。0 号用地上出现的建筑类型有 S-1 和 S-2，出现频次分别为 23 次和 15 次；1 号用地与 0 号用地相同，也是出现了 S-1 和 S-2 两种建筑类型，频次分别为 8 次和 12 次；2 号用地上出现的建筑类型为 P-3（共 54 次）、S-3（4 次）；3 号用地上出现的建筑类型为 S-1（共 50 次）、S-2（共 8 次）；4 号用地上出现的建筑类型为 P-1、P-3、S-1 和 S-2，出现频次依次为 1 次、31 次、16 次和 10 次；5 号用地上出现的建筑类型为 P-3，共 58 次；6 号用地上出现的建筑类型为 P-3、S-1 和 S-2，出现频次分别为 4 次、41 次和 13 次；7 号用地上出现的建筑类型为 P-2 和 P-3，其中 P-3 出现频次较大为 52 次，而 P-2 仅出现 6 次；在 8 号用地中仅有建筑类型 P-3，出现频次为 58 次。

可以看出在非支配解中，实验街区靠北侧的用地单元 2 号、5 号、8 号以 P-3 建筑类型为主，P-3 类型属于面宽、体积均较大的点式建筑。南面的单元地块则以多层和小高层板式建筑为主。

7）非支配解优选决策分析

图 4-95 为本次实验产生的 58 组非支配解所代表的街区形态。总体来看，非支配解街区有以下几大特征：首先，最突出的特征是整体街区呈现北高南低的垂直布局模式，最高的建筑往往坐落于最北侧的用地单元上，由北往南建筑高度依次递减；其次，非支配解对应街区中出现的建筑类型种类有限，以高层点式 P-3、多层板式 S-2 和低层板式 S-1 为主，高层点式建筑主要分布于场地东北角，多层和低层板式建筑位于场地南侧，最后开放空间主要分布于 0 号和 1 号用地单元的位置。

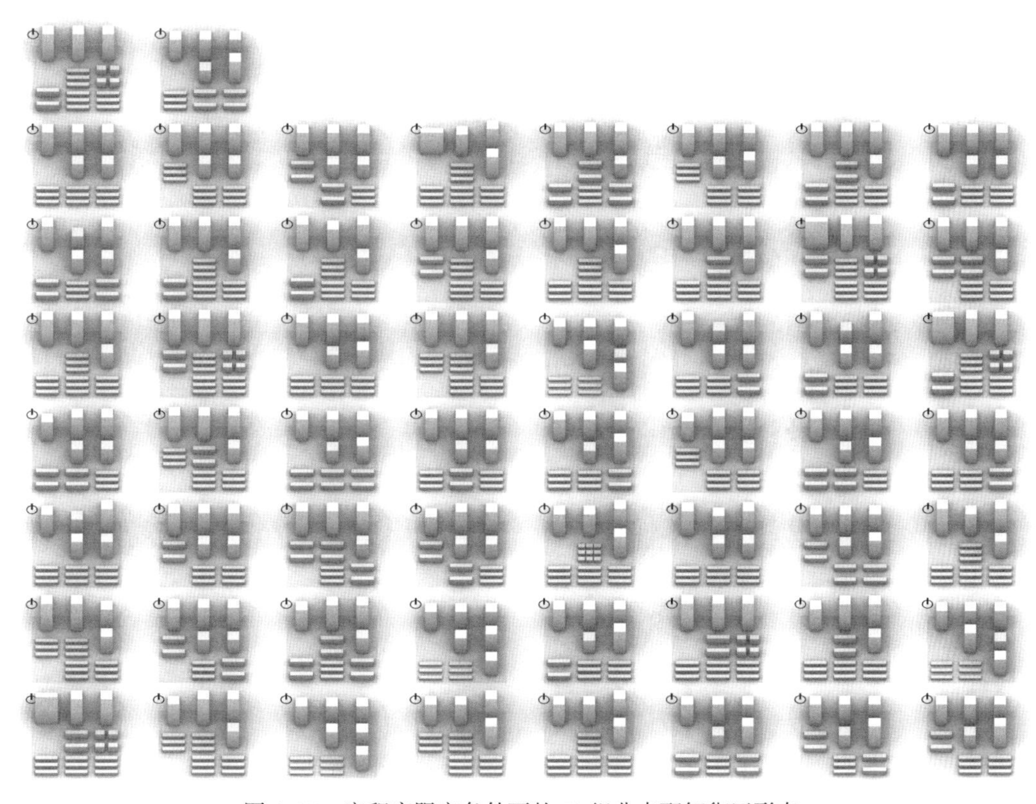

图 4-95　容积率限定条件下的 58 组非支配解街区形态

究其原因，南低北高式的布局具有三重优势：第一，相较于街区高度一致或南高北低或散乱式布局模式，该布局模式能够保证南侧建筑对北侧建筑的遮挡效应最小，因此提升了街区底层建筑的采光性能。第二，南侧建筑较低，使得东西向街道层峡内的热量不容易聚集，尤其是在夏季建湖地区主导风向东南风的作用下，街道峡谷内的热量更容易散去，从而降低了建筑制冷能耗。在冬季的时候，由于南侧建筑相对较矮，对北侧建筑立面的遮蔽范围较小，对北侧建筑太阳辐射的热影响较小。此外高大建筑统一位于东北侧，因此也阻挡了冬季主导风向东北风向对街区内部的侵袭，可降低街区冬季采暖所需能耗。第三，南低北高的布局模式能够保证每栋建筑的屋顶都能享有充分的日照辐射，因此能够增加屋顶太阳光伏发电量，在总能耗强度同时下降的背景下，街区平均月负荷匹配指数随之上升。而关于建筑类型的选择，在非支配解中主要的建筑类型，如 P-3、S-2 和 S-1，都是较为节能的建筑类型，其中 P-3 为点式建筑，体量较大，面宽较阔，放置在场地北侧能够有效阻挡寒风。而 S-1 和 S-2 作为板式建筑，一方面体形系数较小，比较节能，另一方面板式建筑之间能够形成东西向的风廊，有助于缓解街区内部的热岛效应，降低夏季建筑制冷所需能耗。

从具体方案选择来看，通过平行坐标图（图 4-96）以及结合之前的优化目标相关性分析可知，年总能耗强度与平均月负荷匹配指数的竞争关系较小，而街区建筑底层南向平均采光时长与两者的关系较弱，且整体非支配解的日照时长均较长。因此，设计师可以根据自身设计偏好选出具有较高的平均月负荷匹配指数（AV.LM）与较低年总能耗强度（EUIy）以及较优的平均日照时长（H）的街区布局方案。

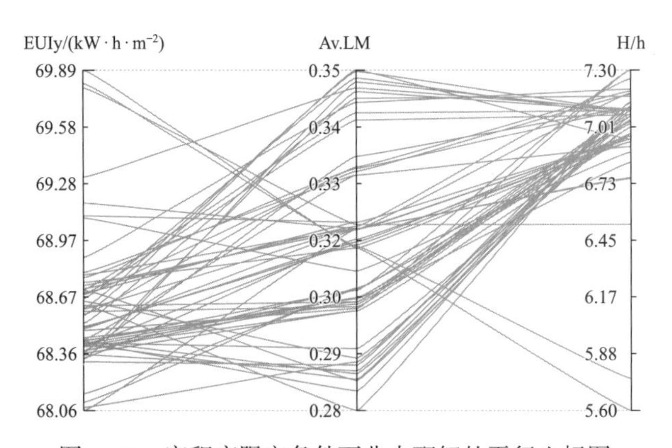

图 4-96　容积率限定条件下非支配解的平行坐标图

选取非支配解集中具有代表性的街区方案以及在可行解中出现的单目标最差方案作为代表性方案，绘制成表 4-22，每个街区轴侧示意图下方的三张小示意图从左到右依次代表年总能耗强度、屋顶年太阳辐射量和底层南向大寒日日照时长。

表 4-22　容积率限定条件下典型街区形态能源绩效对比

方案 1				方案 2				方案 3			
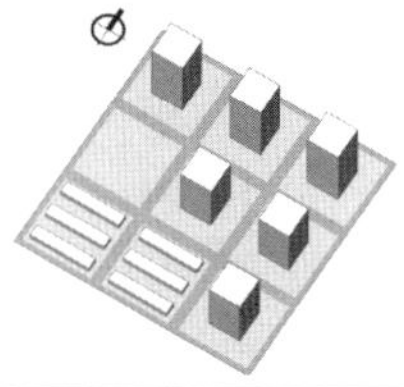				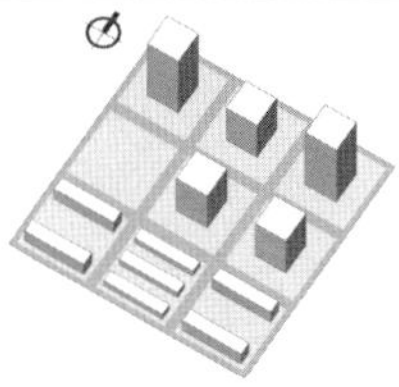				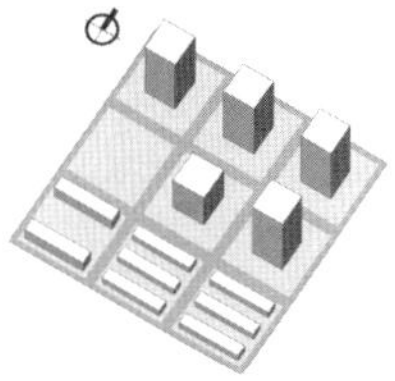			
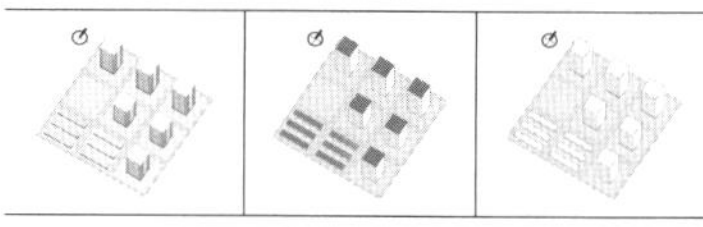				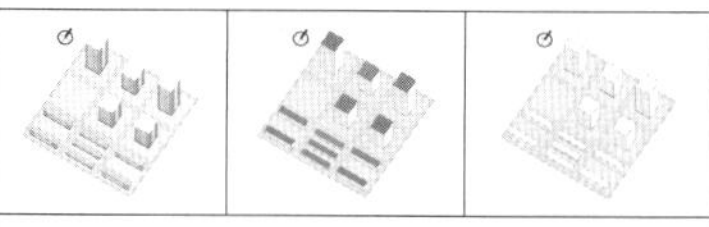				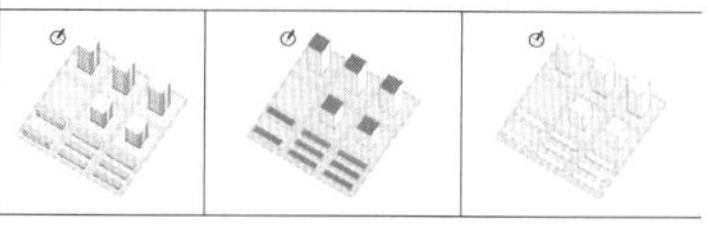			
非支配解				非支配解				非支配解			
Av.LM	0.319	H/h	6.95	Av.LM	0.354（最大值）	H/h	6.95	Av.LM	0.305	H/h	7.30（最大值）
EUIy/（kW·h·m^{-2}）		68.06（最小值）		EUIy/（kW·h·m^{-2}）		68.57		EUIy/（kW·h·m^{-2}）		68.43	
方案 4				方案 5				方案 6			
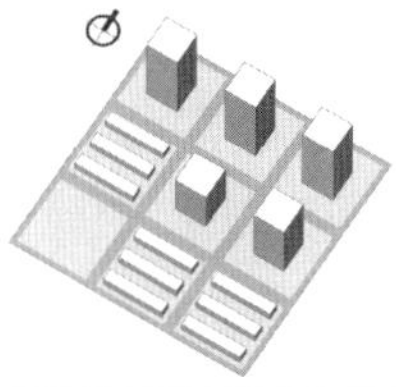				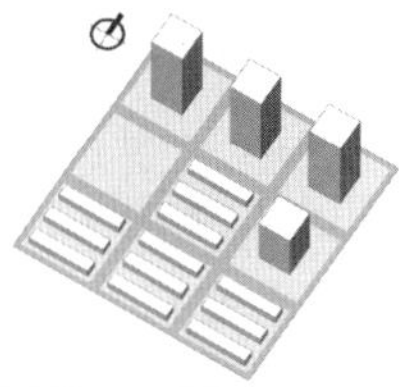				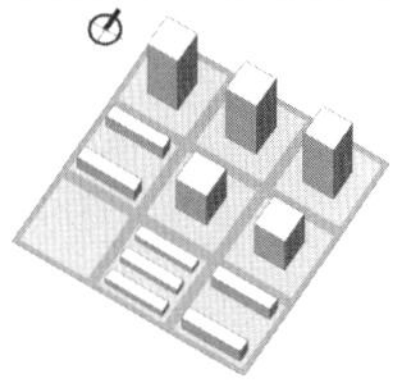			
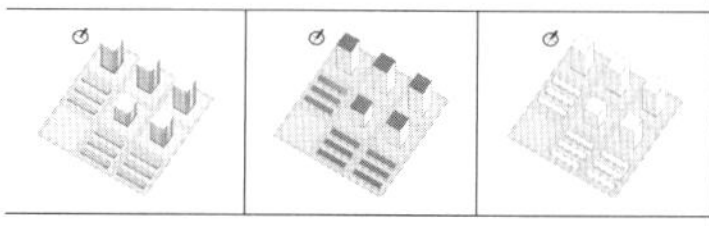				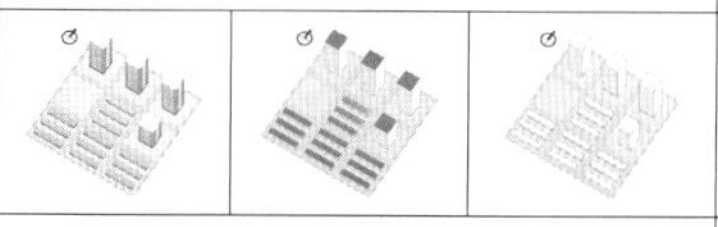				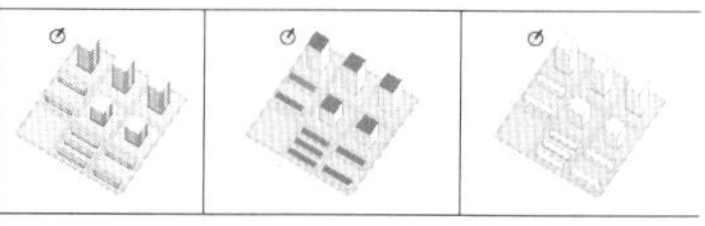			
非支配解				非支配解				非支配解			
Av.LM	0.352	H/h	7.09	Av.LM	0.354	H/h	7.09	Av.LM	0.285	H/h	7.11
EUIy/（kW·h·m^{-2}）		68.33		EUIy/（kW·h·m^{-2}）		68.61		EUIy/（kW·h·m^{-2}）		68.41	
方案 7				方案 8				方案 9			
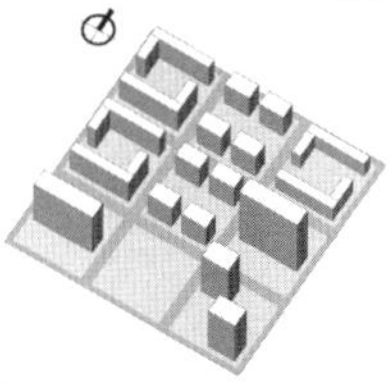				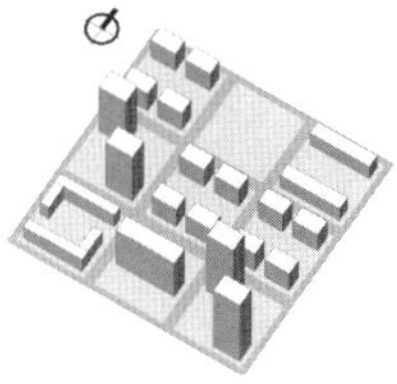				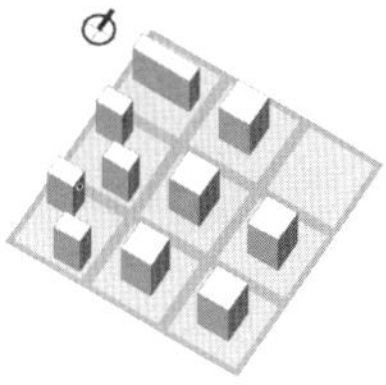			
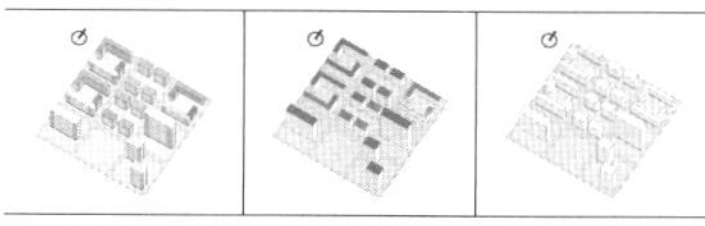				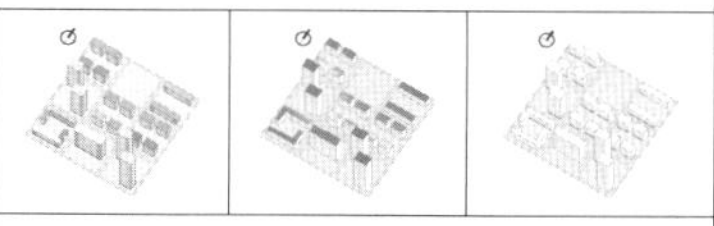				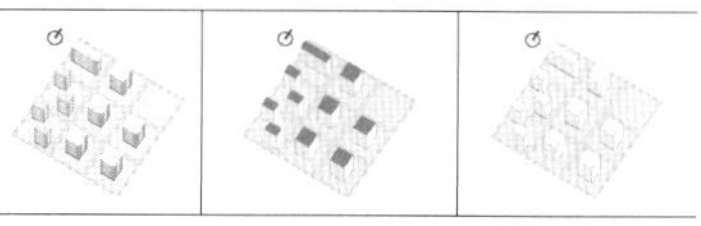			
可行解				可行解				可行解			
Av.LM	0.288	H/h	3.29（最小）	Av.LM	0.281	H/h	4.17	Av.LM	0.232（最小）	H/h	4.74
EUIy/（kW·h·m^{-2}）		73.04		EUIy/（kW·h·m^{-2}）		73.60（最大）		EUIy/（kW·h·m^{-2}）		69.35	

4.3.3 形态因子与建筑能源绩效的统计分析

上述分析初步探明了控制性形态因子在整体优化进程中和在非支配解集中的变化与分布规律，明确了在容积率限定条件下获取较高目标性能街区的形态控制基本原则。在街区形态演变的过程中，除了控制性形态因子不断发生改变外，其余描述性城市形态因子亦在同步发生改变。为了探讨在容积率限定条件下城市形态因子与建筑能源绩效的关联性，研究小组将利用本次实验产生的所有过程数据分析选定的城市形态因子与街区年总能耗强度和街区平均月负荷匹配指数的相关性，同时建立回归模型量化关键形态因子对建筑总能耗强度和平均月负荷匹配指数的具体影响大小。

1）形态因子与街区年总能耗强度的相关性分析

（1）围合度

如图 4-97 所示，在容积率限定条件下，年总能耗强度与围合度散点图呈现团状、中心聚集特征，未表现出明显的线性趋势，线性拟合方程的 R^2 约为 1.85×10^{-4}，说明两者之间不存在线性关系。此外，年制冷能耗强度、采暖能耗强度与围合度也表现出相似的关系（图 4-98、图 4-99），线性拟合方程的 R^2 均极小，图像也未发现存在明显的线性趋势，因此可认为年制冷能耗强度和采暖能耗强度与围合度之间同样不存在线性关系。

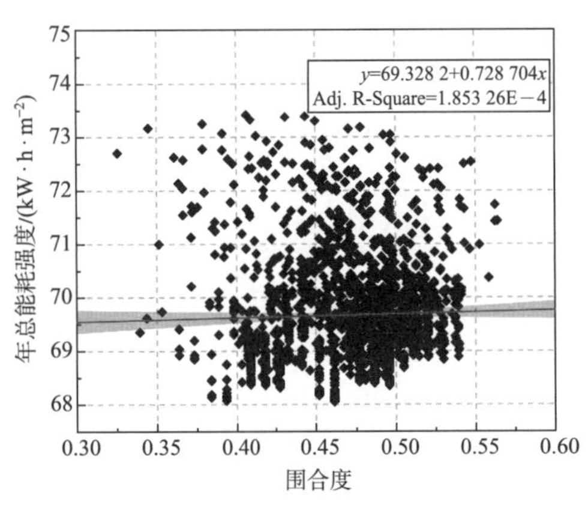

图 4-97　容积率限定条件下年总能耗强度与围合度的散点图

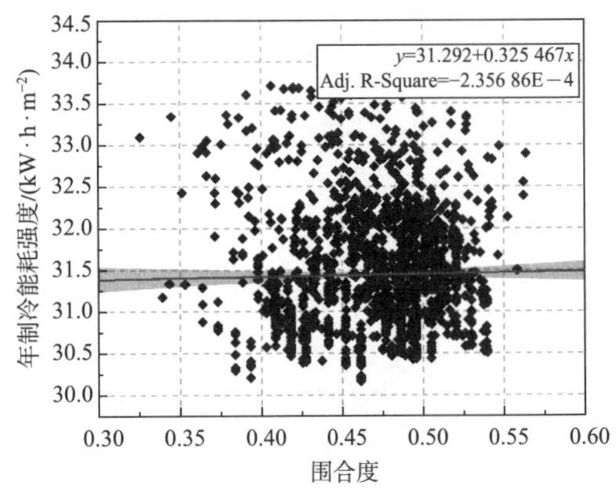

图 4-98　容积率限定条件下年制冷能耗强度与围合度的散点图

（2）错落度

如图 4-100 至图 4-102 所示，在容积率限定条件下，年制冷能耗强度、采暖能耗强度和总能耗强度与错落度的散点图较为类似，都未能表现出明显的线性趋势，且对应的线性拟合方程的 R^2 均较小，可认为错落度与能耗强度之间不存在线性关系。

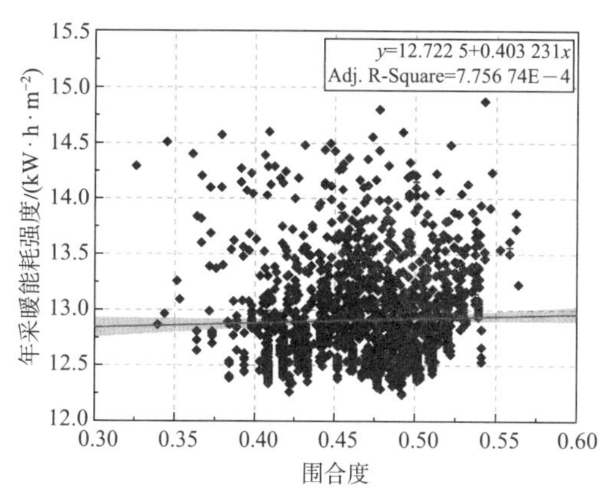

图 4-99　容积率限定条件下年采暖能耗强度与围合度的散点图

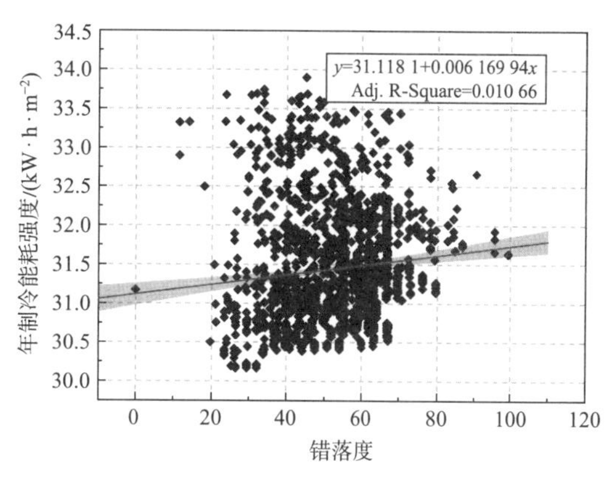

图 4-100　容积率限定条件下年制冷能耗强度与错落度的散点图

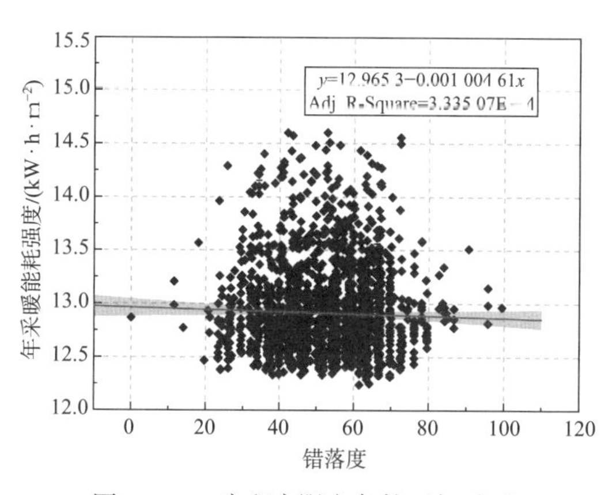

图 4-101　容积率限定条件下年采暖能耗强度与错落度的散点图

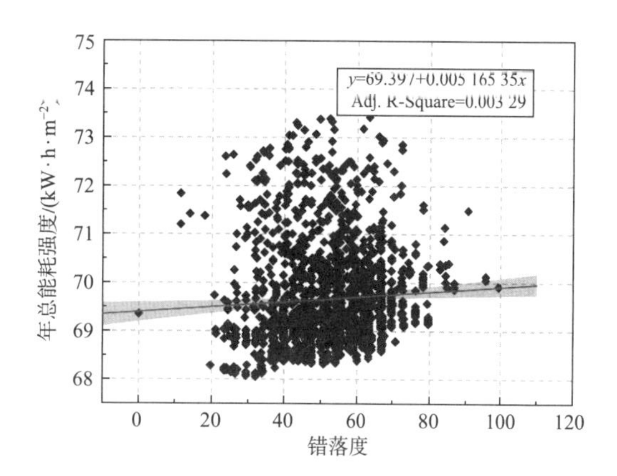

图 4-102　容积率限定条件下年总能耗强度与错落度的散点图

（3）围护系数

如图 4-103 所示，年制冷能耗强度与围护系数的散点图呈现较为明显的线性关系，两者线性拟合方程的 R^2 约为 0.811，非标准系数约为 7.049，显示出两者之间存在着较强的线性正相关性。如图 4-104 所示，年采暖能耗强度与围护系数的关系也与之类似，两者线性拟合方程的 R^2 约为 0.634，非标准系数约为 3.657，表明两者也存在着较强的线性正相关性。而年总能耗强度与围护系数的线性关系则更加突出（图 4-105），两者拟合方程的 R^2 约为 0.910，非标准系数约为 10.706，表明年总能耗强度与围护系数存在强烈的线性正相关性，即围护系数越大，年总能耗强度也随之增大。

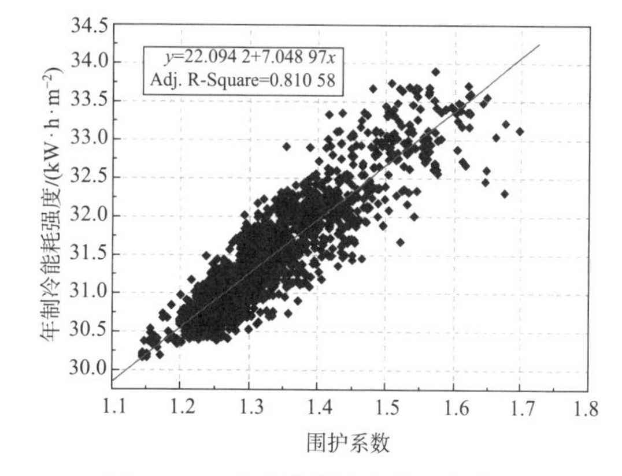

图 4-103　容积率限定条件下年制冷能耗强度与围护系数的散点图

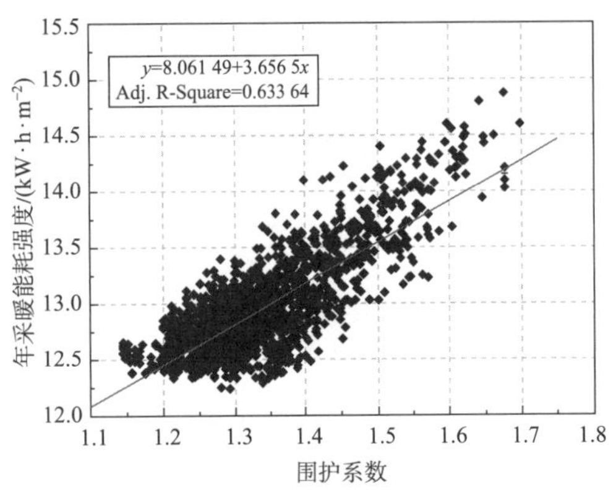

图 4-104　容积率限定条件下年采暖能耗强度与围护系数的散点图

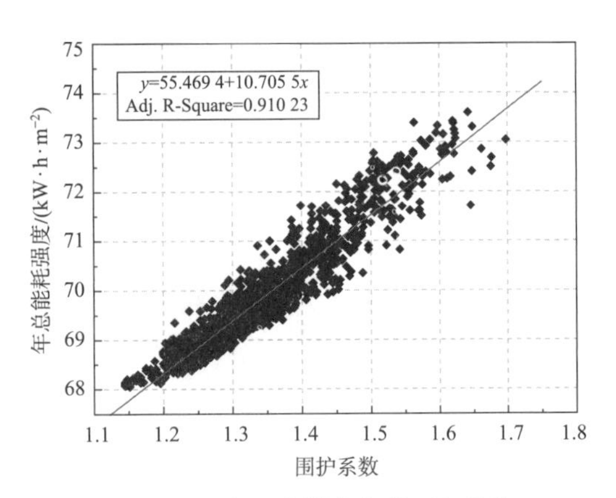

图 4-105　容积率限定条件下年总能耗强度与围护系数的散点图

在容积率限定条件下，由于街区总建筑面积是定值，因此在同等面积条件下，围护系数越大，说明对应街区建筑的总外表面就越大。而建筑外表面是影响建筑得热和失热的重要媒介，与外界空气接触面积越大，越容易导致建筑夏季制冷和冬季采暖所需能耗增长，最终导致外表面面积越大的建筑总能耗强度越高。

（4）体形系数

如图 4-106 所示，年制冷能耗强度与体形系数的散点图存在比较明显的线性趋势，两者线性拟合方程的 R^2 约为 0.789，非标准系数约为 51.571，表现出较强的线性正相关。如图 4-107 所示，年采暖能耗强度与体形系数的散点图也存在一定的线性趋势，拟合方程的 R^2 约为 0.643，非标准系数约为 27.302，两者存在线性正相关性。年总能耗强度与体形系数的线性关系十分明显，两者线性拟合方程的 R^2 约为 0.899，非标准系数约为 78.873，显示出两者存在较强的线性正相关性（图 4-108）。换言之，体形系数越大，建筑年总能耗强度越大。体形系数是衡量建筑形体紧凑度的重要指标，一般来说，建筑形体越紧凑，建筑能耗越低。

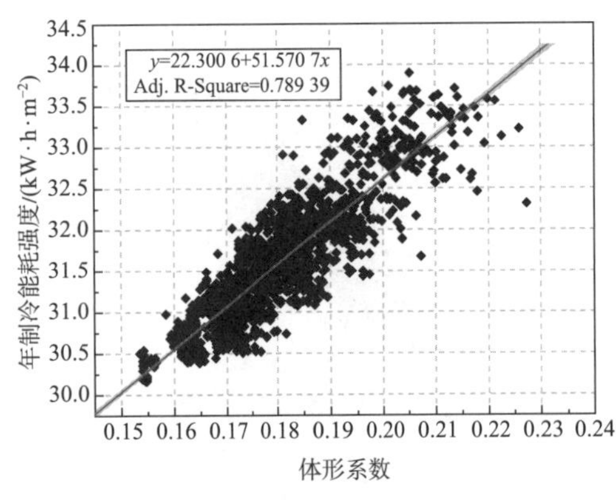

图 4-106　容积率限定条件下年制冷能耗强度与体形系数的散点图

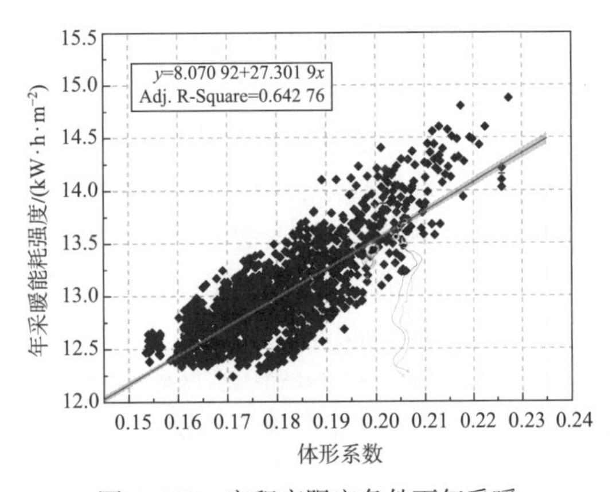

图 4-107　容积率限定条件下年采暖能耗强度与体形系数的散点图

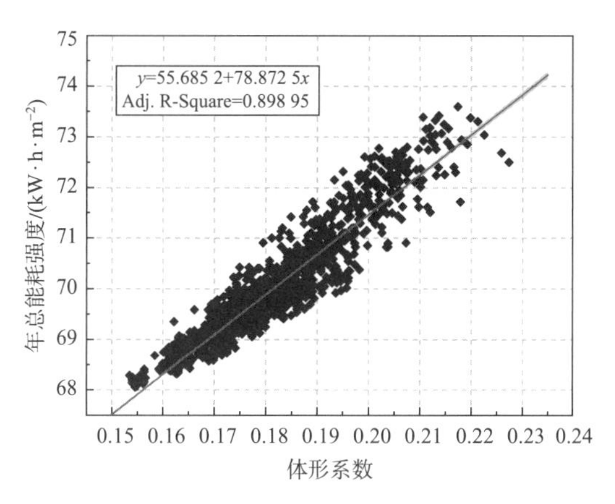

图 4-108　容积率限定条件下年总能耗强度与体形系数的散点图

（5）平均面积周长比

如图 4-109 所示，年制冷能耗强度与平均面积周长比的散点图存在一定的线性趋势，两者线性拟合方程的 R^2 约为 0.253，非标准系数约为 -0.094，说明两者之间存在一定的线性负相关性。如图 4-110 所示，年采暖能耗强度与平均面积周长比也存在类似的相关关系，两者线性拟合方程的 R^2 约为 0.358，非标准系数约为 -0.656，说明两者存在线性负相关性。而年总能耗强度与平均面积周长比的线性拟合方程的 R^2 约为 0.355，非标准系数约为 -1.596，两者存在线性负相关性，说明随着平均面积周长比的增大，建筑年总能耗强度也随之下降（图 4-111）。平均面积周长比是衡量形体紧凑度的重要指标，平均面积周长比越大说明形体越紧凑，因此能耗也越小。

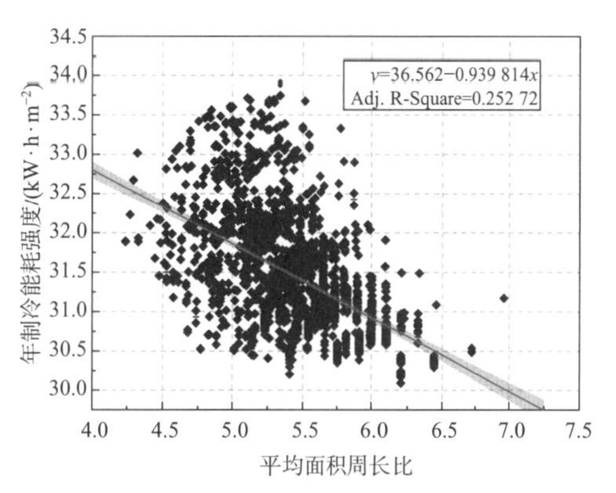

图 4-109　容积率限定条件下年制冷能耗强度与平均面积周长比的散点图

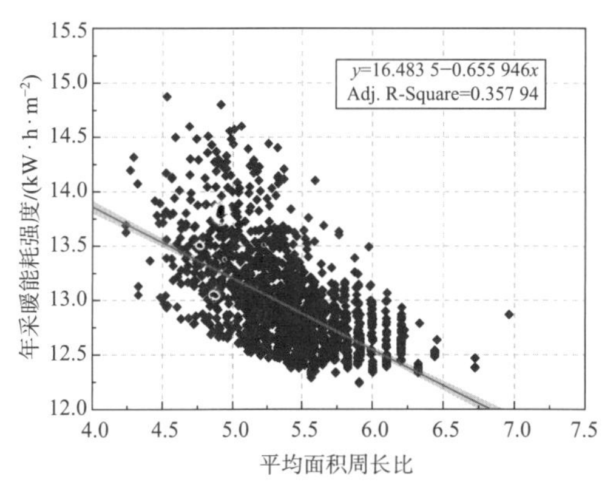

图 4-110　容积率限定条件下年采暖能耗强度与平均面积周长比的散点图

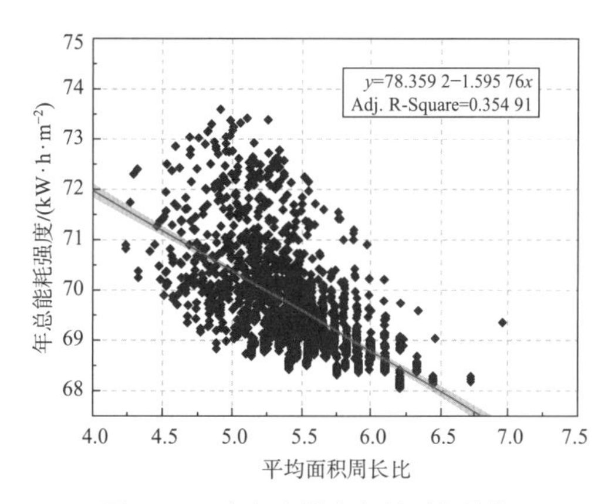

图 4-111　容积率限定条件下年总能耗强度与平均面积周长比的散点图

（6）平均街道高宽比

如图 4-112 所示，年制冷能耗强度与东西向街道高宽比的散点图线性关系较弱，线性拟合方程的 R^2 约为 0.087，非标准系数约为 2.996，说明两者线性关系较弱，但存在正相关性。而年采暖所需能耗强度与东西向街道高宽比的散点图呈现出一定的线性关系，其拟合方程的 R^2 约为 0.353，非标准系数约为 3.537，表明两者之间存在一定的线性正相关性（图 4-113）。对于年总能耗强度而言，其与东西向街道高宽比也表现出一定的线性正相关性（图 4-114）。

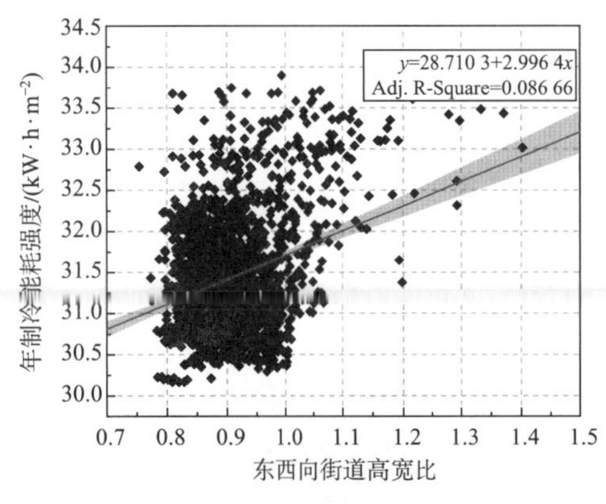

图 4-112 容积率限定条件下年制冷能耗强度与东西向街道高宽比的散点图

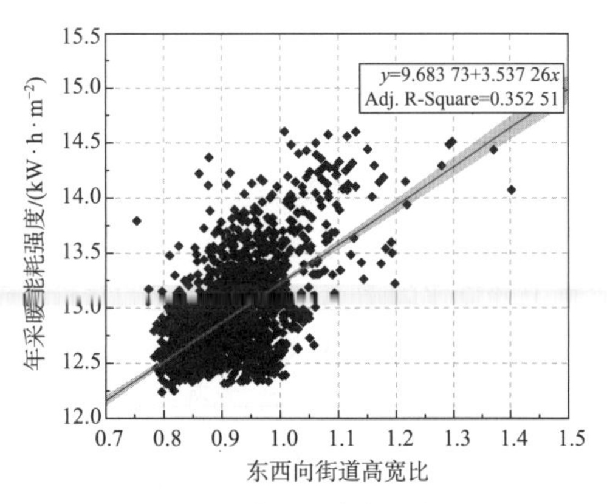

图 4-113 容积率限定条件下年采暖能耗强度与东西向街道高宽比的散点图

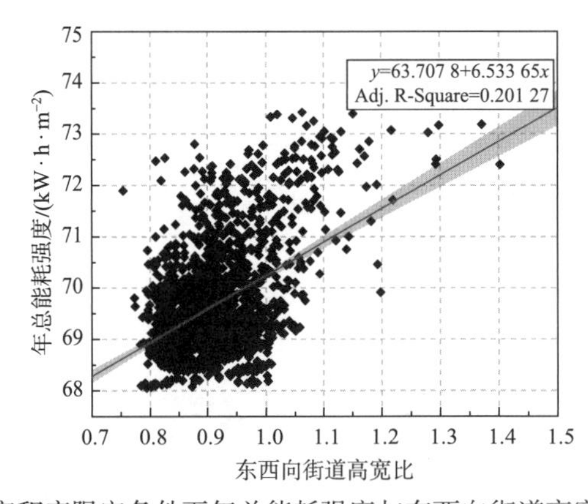

图 4-114 容积率限定条件下年总能耗强度与东西向街道高宽比的散点图

将东西向街道高宽比分开来看，图 4-115 为平均南侧建筑与街道高宽比与年总能耗强度的散点图呈现较为明显的线性趋势，两者线性拟合方程的 R^2 约为 0.366，非标准系数约为 5.052，说明两者之间存在一定的线性正相关性。随着南侧建筑高度与北侧街道宽度的比值越大，街区建筑的年总能耗强度也随之上升。而年总能耗强度和平均北侧建筑与街道高宽比的线性关系并不明显，两者散点图呈现中心聚集特征，对此进行线性方程拟合，

显示拟合方程的 R^2 约为 0.012，非标准系数约为 -1.187，说明两者之间不存在线性关系，但存在一定的负相关性，即随着街区北侧建筑高度与南侧街道宽度比值的平均值越大，年总能耗强度呈现下降的趋势（图 4-116）。

由此可知，南侧建筑对北侧建筑的遮挡与街区年能耗强度关系十分密切，南侧建筑高度越高，对北侧建筑的遮挡就越显著。如图 4-117 和图 4-118 所示，随着高宽比的增大，南侧建筑对北侧建筑造成的遮挡效应增加，致使北侧建筑部分区域太阳得热减少，因此采暖呈现明显的上升趋势；此外遮挡效应使得街道层峡内部热量在夏季难以向外界释放，导致夏季整体街区的制冷所需能耗增加。

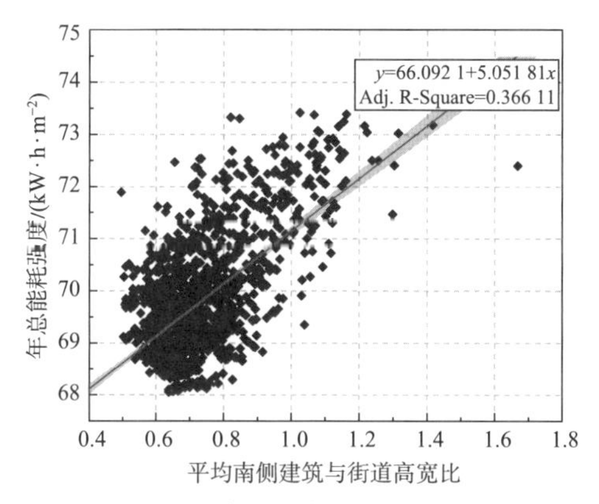

图 4-115　容积率限定条件下年总能耗强度和平均南侧建筑与街道高宽比的散点图

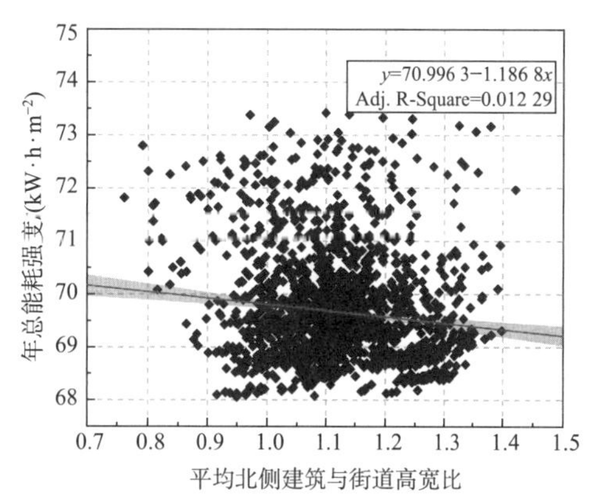

图 4-116　容积率限定条件下年总能耗强度和平均北侧建筑与街道高宽比的散点图

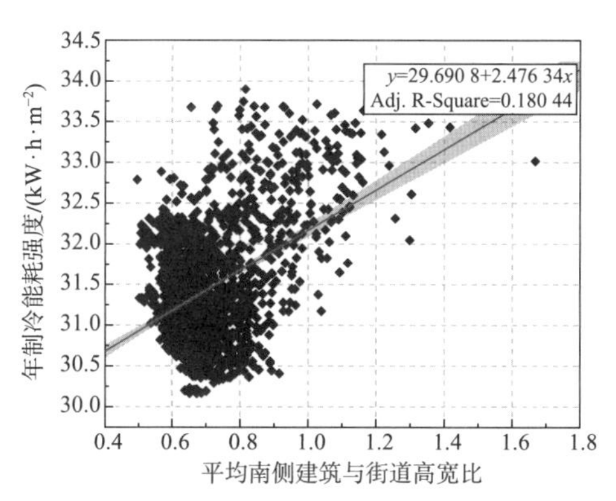

图 4-117　容积率限定条件下年制冷能耗强度和平均南侧建筑与街道高宽比的散点图

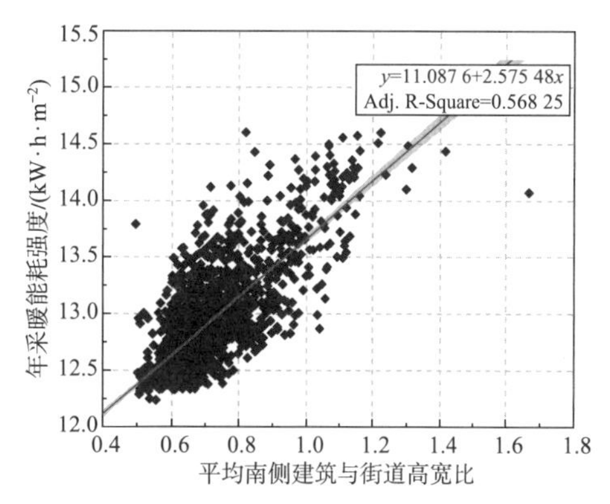

图 4-118　容积率限定条件下年采暖能耗强度和平均南侧建筑与街道高宽比的散点图

如图 4-119 所示，年制冷能耗强度与南北向街道高宽比的线性拟合方程的 R^2 约为 0.109，非标准系数约为 0.580，显示两者存在较弱的线性正相关性。如图 4-120 所示，年采暖能耗强度与南北向街道高宽比的线性拟合方程的 R^2 约为 0.099，非标准系数约为 0.324，说明两者之间不存在明显的线性关系。年总能耗强度也与之类似，与南北向街道高宽比表现为较弱的线性正相关性，其拟合方程的 R^2 约为 0.129，非标准系数约为 0.904（图 4-121）。换言之，南北向街道层峡的高宽比越大，街区建筑的年总能耗强度也越大。

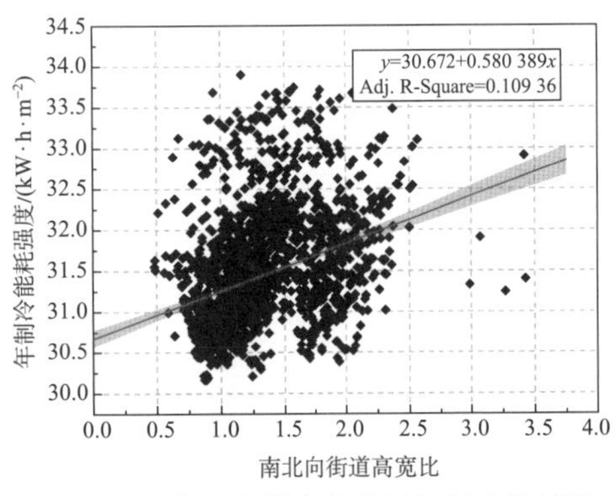

图 4-119　容积率限定条件下年制冷能耗强度与南北向街道高宽比的散点图

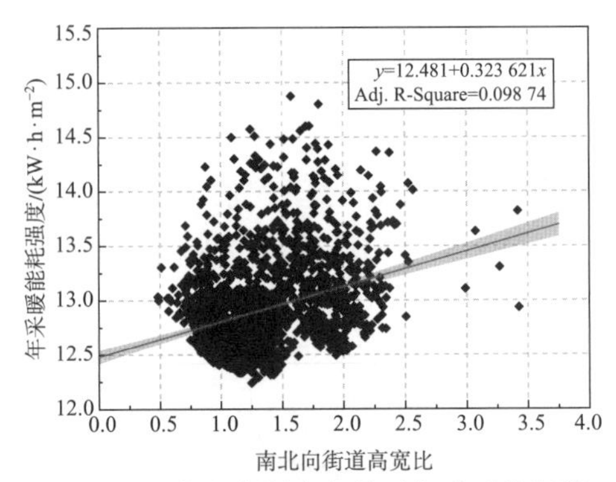

图 4-120　容积率限定条件下年采暖能耗强度与南北向街道高宽比的散点图

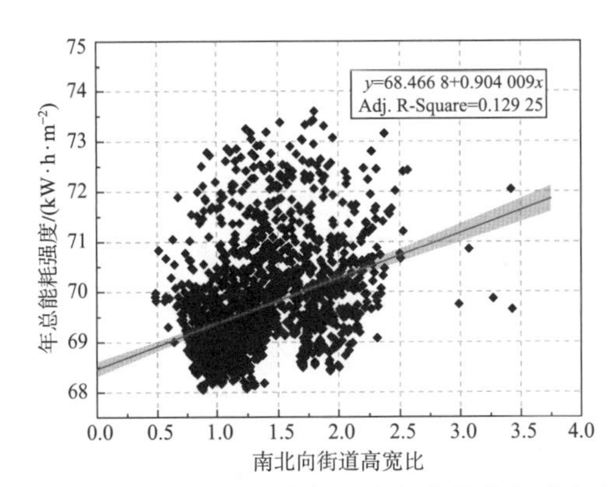

图 4-121　容积率限定条件下年总能耗强度与南北向街道高宽比的散点图

将南北向街道高宽比分开来看，如图 4-122 和图 4-123 所示，平均西侧建筑与街道高宽比、平均东侧建筑与街道高宽比均和街区年总能耗强度表现出一定的线性正相关性，即随着东侧建筑高度与街道宽度或西侧建筑高度与街道宽度的比例增大，整体街区的年能耗强度也表现出不断增大的趋势。

总的来看，东西向街道高宽比与街区年总能耗强度的线性相关程度要大于南北向街道高宽比与年总能耗强度的线性相关程度。其中，平均南侧建筑与街道高宽比和街区年总能耗强度的线性相关程度最大，其次是平均东侧建筑与街道高宽比、平均西侧建筑与街道高宽比，平均北侧建筑与街道高宽比和年总能耗强度的线性相关程度最低。简单分析可知，一般来说，建筑东面、西面和南面是日照主要接受面，对相邻建筑都能产生遮挡效应，因此与建筑能耗之间存在紧密联系。其中南侧是建筑的主立面，也是夏热冬冷地区接收太阳辐射量最大的面，故南侧建筑产生的遮挡对整体街区的影响最大。

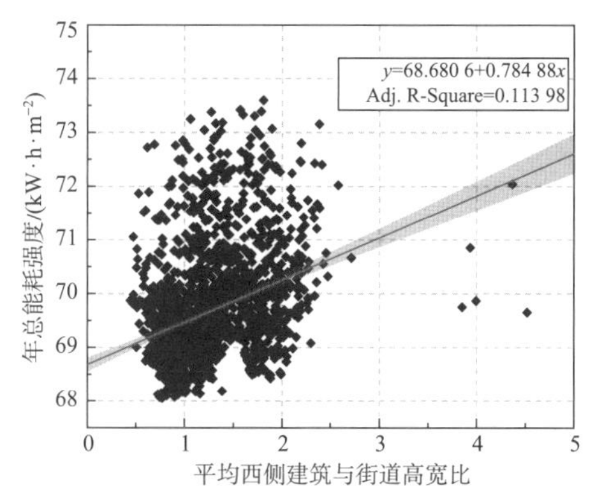

图 4-122　容积率限定条件下年总能耗强度和平均西侧建筑与街道高宽比的散点图

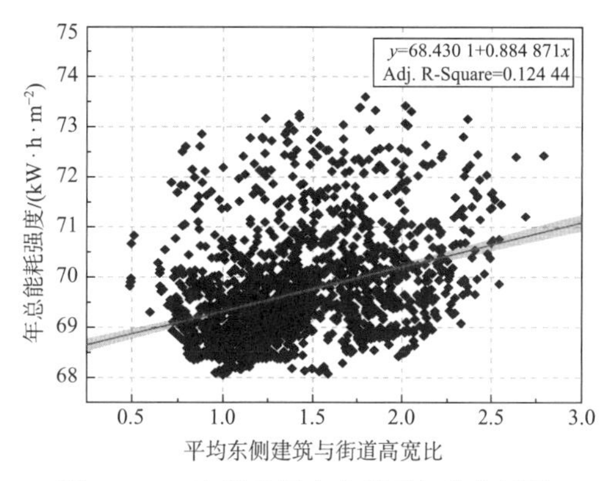

图 4-123　容积率限定条件下年总能耗强度和平均东侧建筑与街道高宽比的散点图

（7）平均天空可视域

如图 4-124 所示，年制冷能耗强度与平均天空可视域的散点图存在明显的线性趋势，两者线性拟合方程的 R^2 约为 0.625，非标准系数约为 -0.194，说明两者存在较强的线性负相关性。年采暖能耗强度与平均天空可视域的关系也与之类似，两者也存在一定的线性负相关性（图 4-125）。对于年总能耗强度而言，随着平均天空可视域的增大，街区建筑年总能耗强度表现出明显的下降趋势（图 4-126），两者线性拟合方程的 R^2 约为 0.680，非标准系数约为 -0.289。

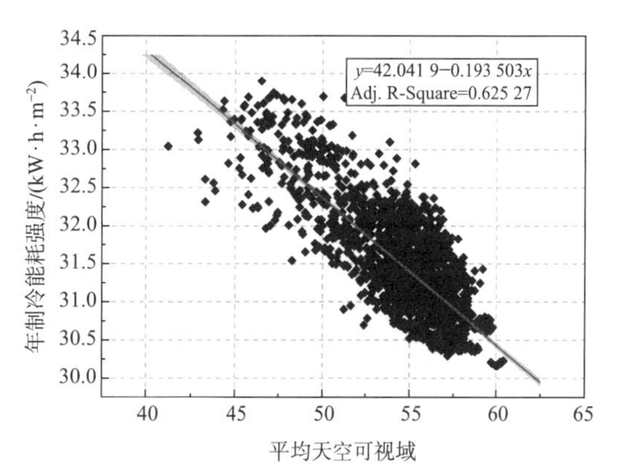

图 4-124　容积率限定条件下年制冷能耗强度与平均天空可视域的散点图

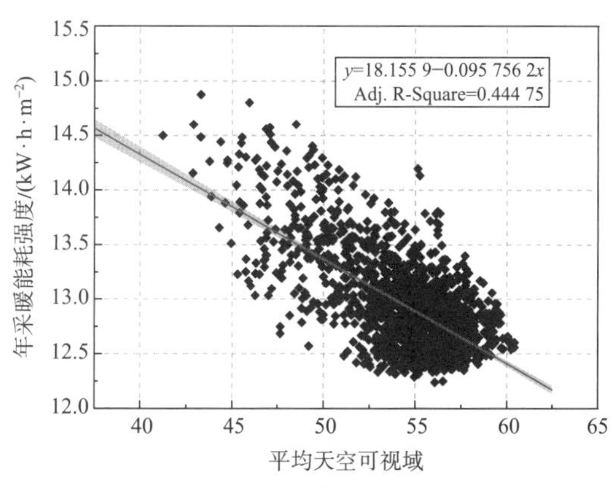

图 4-125　容积率限定条件下年采暖能耗强度与平均天空可视域的散点图

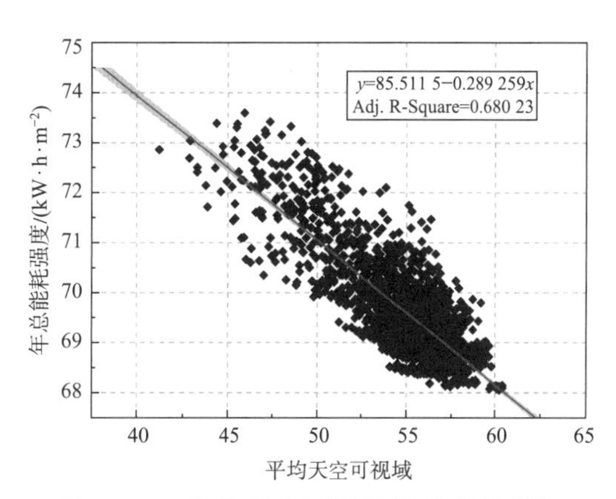

图 4-126　容积率限定条件下年总能耗强度与平均天空可视域的散点图

平均天空可视域与城市热岛效应和建筑遮挡效应紧密相关，一般来说，平均天空可视域越大，说明建筑间的遮挡效应越弱，热岛效应也越弱，因此建筑能耗在一定程度上得以降低。

（8）建筑最近邻指数

如图 4-127 所示，街区所有建筑的最近邻指数和 1—3 层区间内建筑的最近邻指数与建筑年总能耗强度的散点图均未表现出明显的线性趋势，且拟合方程的 R^2 较小，说明两者之间不存在线性关系。4—12 层区间内建筑的最近邻指数与年总能耗强度的散点图呈现一定的线性趋势，其线性拟合方程的 R^2 约为 0.150，非标准系数约为 1.107，说明两者存在一定的线性正相关性。4—12 层的建筑在街区场地内分散得越均匀，建筑的年总能耗强度就越大。对于 13 层以上的建筑来说，其最近邻指数与年总能耗强度之间也存在一定的线性负相关性，两者线性拟合方程的 R^2 约为 0.137，非标准系数约为 -2.567，说明随着最近邻指数的增大，13 层以上建筑在场地内分布得越均匀，高层建筑的遮挡效应会随之下降，街区建筑的年总能耗强度也会随之下降。

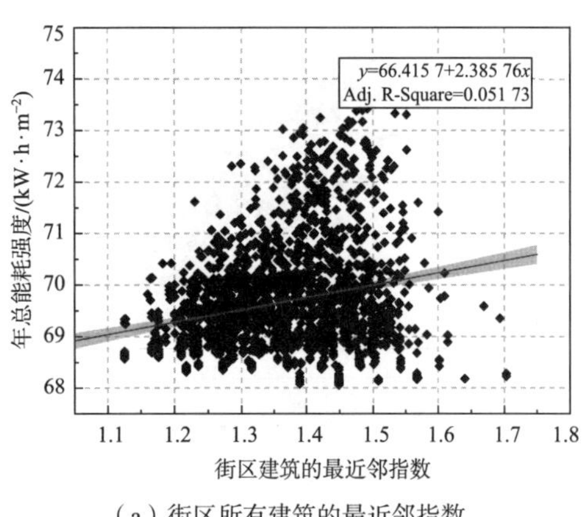

（a）街区所有建筑的最近邻指数

（b）1—3 层建筑的最近邻指数

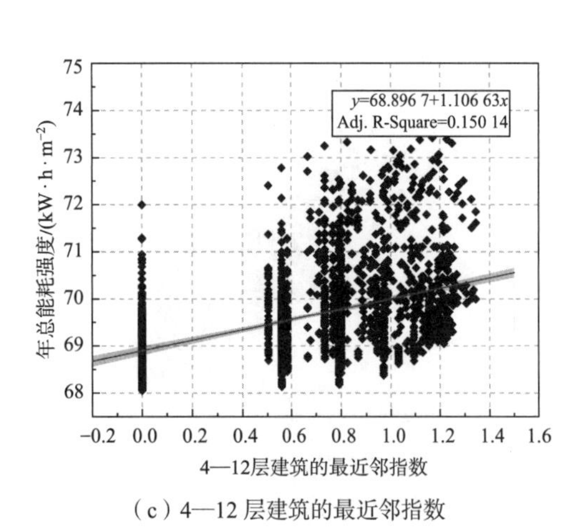

（c）4—12 层建筑的最近邻指数

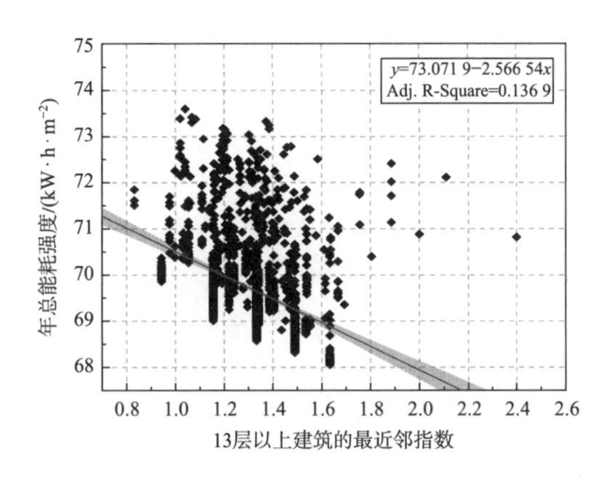

（d）13 层以上建筑的最近邻指数

图 4-127 容积率限定条件下年总能耗强度与建筑最近邻指数的散点图

在结束对形态因子与总能耗强度线性关系的判定后，选取与总能耗强度呈现线性相关关系的形态因子进行相关性分析，利用统计产品与服务解决方案（SPSS）软件完成皮尔逊（Pearson）相关性分析后建立皮尔逊（Pearson）相关系数矩阵。

将所有进行相关性分析的形态因子作为自变量并编号，具体编号如表 4-23 所示，街区总能耗强度（y）作为因变量。

表 4-23　容积率限定条件下与街区总能耗强度相关的形态因子编号

形态因子	编号
围合度	x_1
错落度	x_2
围护系数	x_3
体形系数	x_4
平均面积周长比	x_5
东西向街道高宽比	x_6
平均南侧建筑与街道高宽比	x_7
平均北侧建筑与街道高宽比	x_8
南北向街道高宽比	x_9
平均东侧建筑与街道高宽比	x_{10}
平均西侧建筑与街道高宽比	x_{11}
平均天空可视域	x_{12}
4—12 层建筑的最近邻指数	x_{13}
13 层以上建筑的最近邻指数	x_{14}
街区总能耗强度	y

表 4-24 展示了容积率限定为 2.5 条件下的城市形态因子与街区总能耗强度的相关性分析结果。由表可知，围合度（x_1）与街区总能耗强度（y）的显著性 p=0.245＞0.05，说明两者不具有统计学意义，且相关系数为 0.027，表明两者基本不相关。其余形态因子与街区总能耗强度的显著性 p 值均小于 0.01，均具有统计学意义。

按照相关系数绝对值的大小对形态因子由高到低进行排序，分别是 x_3、x_4、x_{12}、x_7、x_5、x_6、x_{13}、x_{14}、x_9、x_{10}、x_{11}、x_8、x_2、x_1。具体来看，x_3、x_4、x_{12} 分别与街区总能耗强度表现为极强相关；x_7 与街区总能耗强度表现为强相关；x_5、x_6 分别与街区总能耗表现为中度相关；x_{13}、x_{14}、x_9、x_{10}、x_{11} 分别与街区总能耗强度表现为弱相关，x_8、x_2、x_1 与街区总能耗强度的相关性最弱，可认为不存在线性相关性。

从相关性方向来看，x_5、x_8、x_{12}、x_{14} 与街区总能耗强度表现为负相关；x_1、x_2、x_3、x_4、x_6、x_7、x_9、x_{10}、x_{11}、x_{13} 与街区总能耗强度表现正相关。

表 4-24 容积率限定条件下形态因子与街区总能耗强度的皮尔逊（Pearson）相关性分析结果

形态因子		x_1	x_2	x_3	x_4	x_5	x_6	x_7	x_8	x_9	x_{10}	x_{11}	x_{12}	x_{13}	x_{14}	y
x_1	相关系数	1.000	0.331**	0.111**	0.133**	−0.317**	−0.321**	−0.073**	−0.370**	0.053*	0.009	0.089**	−0.022	0.079**	−0.191**	0.027
	显著性（双尾）	—	0.000	0.000	0.000	0.000	0.000	0.001	0.000	0.022	0.699	0.000	0.349	0.001	0.000	0.245
x_2	相关系数	0.331**	1.000	0.185**	0.245**	−0.479**	−0.092**	−0.298**	0.242**	0.142**	0.090**	0.180**	−0.023	0.277**	−0.610**	0.062**
	显著性（双尾）	0.000	—	0.000	0.000	0.000	0.000	0.000	0.000	0.000	0.000	0.000	0.308	0.000	0.000	0.007
x_3	相关系数	0.111**	0.185**	1.000	0.987**	−0.722**	0.439**	0.512**	−0.010	0.396**	0.385**	0.376**	−0.844**	0.410**	−0.454**	0.954**
	显著性（双尾）	0.000	0.000	—	0.000	0.000	0.000	0.000	0.648	0.000	0.000	0.000	0.000	0.000	0.000	0.000
x_4	相关系数	0.133**	0.245**	0.987**	1.000	−0.766**	0.408**	0.490**	−0.028	0.399**	0.386**	0.379**	−0.816**	0.386**	−0.481**	0.948**
	显著性（双尾）	0.000	0.000	0.000	—	0.000	0.000	0.000	0.225	0.000	0.000	0.000	0.000	0.000	0.000	0.000
x_5	相关系数	−0.317**	−0.479**	−0.722**	−0.766**	1.000	−0.235**	−0.256**	−0.016	−0.558**	−0.527**	−0.544**	0.423**	−0.094**	0.441**	−0.596**
	显著性（双尾）	0.000	0.000	0.000	0.000	—	0.000	0.000	0.478	0.000	0.000	0.000	0.000	0.000	0.000	0.000
x_6	相关系数	−0.321**	−0.092**	0.439**	0.408**	−0.235**	1.000	0.733**	0.520**	0.238**	0.249**	0.210**	−0.579**	0.188**	−0.010	0.449**
	显著性（双尾）	0.000	0.000	0.000	0.000	0.000	—	0.000	0.000	0.000	0.000	0.000	0.000	0.000	0.657	0.000
x_7	相关系数	−0.073**	−0.298*	0.512**	0.490**	−0.256**	0.733**	1.000	−0.199**	0.242**	0.285**	0.182**	−0.591**	0.101**	0.190**	0.605**
	显著性（双尾）	0.000	0.000	0.000	0.000	0.000	0.000	—	0.000	0.000	0.000	0.000	0.000	0.000	0.000	0.000
x_8	相关系数	−0.370**	0.242**	−0.010	−0.028	−0.016	0.520**	−0.199**	1.000	0.040	0.000	0.073**	−0.093**	0.145**	−0.253**	−0.113**
	显著性（双尾）	0.001	0.000	0.000	0.000	0.000	0.000	0.000	—	0.085	0.992	0.002	0.000	0.000	0.000	0.000

续表 4-24

形态因子		x_1	x_2	x_3	x_4	x_5	x_6	x_7	x_8	x_9	x_{10}	x_{11}	x_{12}	x_{13}	x_{14}	y
x_9	相关系数	0.000	0.000	0.648	0.225	0.478	0.000	0.242**	0.040	1.000	0.956**	0.963**	−0.239**	0.158**	−0.164**	0.360**
	显著性（双尾）	0.053*	0.142**	0.396**	0.399**	−0.558**	0.238**	0.000	0.085	—	0.000	0.000	0.000	0.000	0.000	0.000
x_{10}	相关系数	0.009	0.090**	0.385**	0.386**	−0.527**	0.249**	0.285**	0.000	0.956**	1.000	0.841**	−0.233**	0.124**	−0.139**	0.353**
	显著性（双尾）	0.022	0.000	0.000	0.000	0. 000	0.000	0.000	0.992	0.000	—	0.000	0.000	0.000	0.000	0.000
x_{11}	相关系数	0.089**	0.180**	0.376**	0.379**	−0.544**	0.210**	0.182**	0.073**	0.963**	0.841**	1.000	−0.227**	0.177**	−0.176**	0.338**
	显著性（双尾）	0.699	0.000	0.000	0.000	0. 000	0.000	0.000	0.002	0.000	0.000	—	0.000	0.000	0.000	0.000
x_{12}	相关系数	−0.022	−0.023	−0.844**	−0.816**	0.423**	−0.579**	−0.591**	−0.093**	−0.239**	−0.233**	−0.227**	1.000	−0.545**	0.307**	−0.825**
	显著性（双尾）	0. 000	0. 000	0. 000	0. 000	0.000	0. 000	0.000	0.000	0.000	0.000	0.000		0.000	0.000	0.000
x_{13}	相关系数	0.079**	0.277**	0.410**	0.386**	−0.094**	0.188**	0.101**	0.145**	0.158**	0.124**	0.177**	−0.545**	1.000	−0.441**	0.388**
	显著性（双尾）	0.349	0.308	0.000	0.000	0. 000	0.000	0.000	0.000	0.000	0.000	0.000	0.000		0.000	0.000
x_{14}	相关系数	−0.191**	−0.610**	−0.454**	−0.481**	0.441**	−0.010	0.190**	−0.253**	−0.164**	−0.139**	−0.176**	0.307**	−0.441**	1.000	−0.371**
	显著性（双尾）	0. 001	0. 000	0. 000	0. 000	0.000	0. 000	0.000	0.000	0.000	0.000	0.000	0.000	0.000		0.000
y	相关系数	0.027	0.062**	0.954**	0.948**	−0.596**	0.449**	0.605**	−0.113**	0.360**	0.353**	0.338**	−0.825**	0.388**	−0.371**	1.000
	显著性（双尾）	0.000	0.000	0.000	0.000	0. 000	0.657	0.000	0.000	0.000	0.000	0.000	0.000	0.000	0.000	

注：** 表示在 0.01 级别（双尾），相关性显著；* 表示在 0.05 级别（双尾），相关性显著。

为了更加直观清晰地展示变量之间的相关系数大小和关系，研究小组绘制了相关系数矩阵热力图，如图 4-128 所示。图中的颜色代表相关系数的大小，颜色越深表示相关系数越大，颜色越浅则表示相关系数越小。

由图 4-128 可知，多个形态因子之间存在严重的多重共线性。例如，x_3 与 x_4 的相关系数为 0.987，存在严重的共线性关系；x_5、x_{12} 分别与 x_3、x_4 都存在共线性情况，x_9 与 x_{10} 和 x_{11}、x_{10} 与 x_{11} 也存在共线性关系。

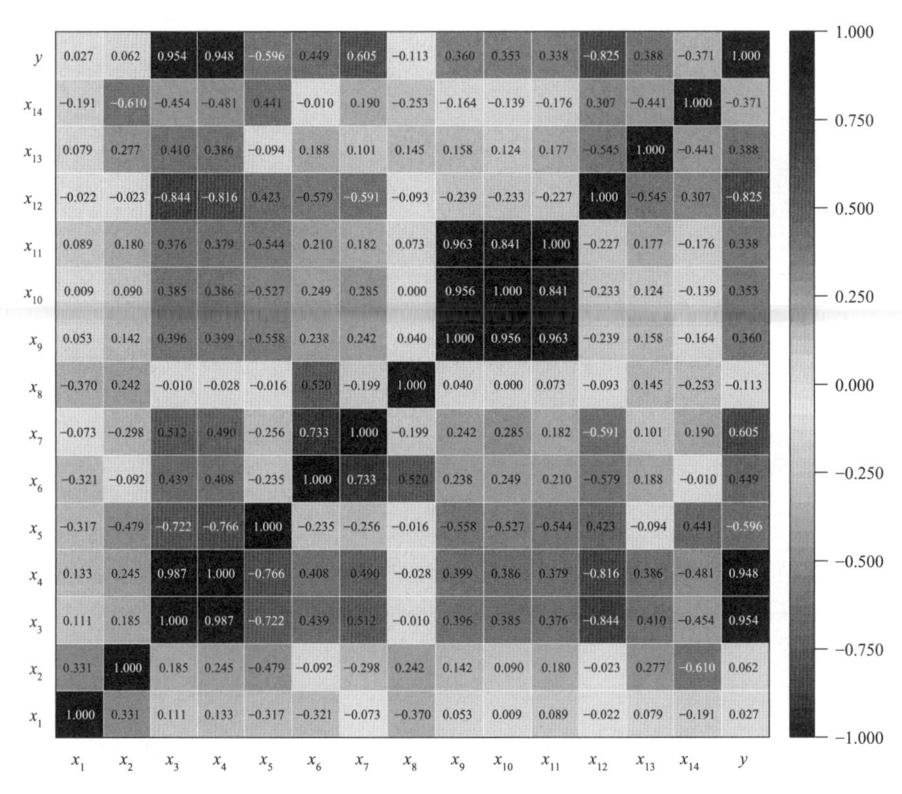

图 4-128　容积率限定条件下形态因子与街区总能耗强度的相关系数矩阵热力图

总的来看，用于相关性分析的形态因子除了围合度（x_1）、错落度（x_2）和平均北侧建筑与街道高宽比（x_8）外，其余形态因子均与街区总能耗强度存在一定的相关性，可以用作建立回归方程，但是由于形态因子之间存在共线性等问题，还需要对形态因子进行进一步筛选，提取出对街区总能耗强度起到主要影响作用的关键形态因子。

2）形态因子与街区年总能耗强度的回归分析

（1）形态因子筛选

在前文提出的编号为 x_1 至 x_{14} 的形态因子的基础上，去除与街区总能耗强度相关性较弱的自变量 x_1、x_2、x_8，将剩余所有形态因子导入计量经济学软件 STATA 中，进行最小绝对值收敛和选择算子算法（Lasso）回归分析，相关设置与前文相同。

最小绝对值收敛和选择算子算法（Lasso）回归具体结果如表 4-25 所示，共筛选出四个影响街区总能耗强度的关键形态因子，按照回归系数绝对值从大到小排列为体形系数（x_4），平均面积周长比（x_5），平均南侧建筑与街道高宽比（x_7）和平均西侧建筑与街道高宽比（x_{11}）。

表 4-25　容积率限定条件下影响街区总能耗强度的回归系数非零的形态因子

形态因子	x_4	x_5	x_7	x_{11}
相关系数	1.033 595 0	0.192 736 9	0.144 137 5	0.024 616 9

（2）多元线性回归分析

对筛选的形态因子与街区总能耗强度进行回归分析，结果如表 4-26 和表 4-27 所示。由表可知，R^2 为 0.958，说明自变量 x_4、x_5、x_7、x_{11} 可以解释因变量 y 变化的 95.8%，说明本次回归方程拟合效果相当好。此外德宾—沃森系数为 2.022，说明研究样本相互独立，不会影响回归结果的准确性。方程整体的显著性 p−0.000。

表 4-26　容积率限定条件下影响街区总能耗强度的多元线性回归模型摘要表

模型	R	R^2	调整后的 R^2	标准估算的误差	德宾—沃森系数
1	0.979	0.958	0.958	0.215 358 1	2.022

注：预测变量为（常量）、x_{11}、x_7、x_5、x_4；因变量为 y。

表 4-27　容积率限定条件下影响街区总能耗强度的多元线性回归系数表

模型		非标准化系数		标准化系数	t	显著性	共线性统计	
		B	标准误差	Beta			容差	VIF
1	（常量）	47.822	0.222	—	215.114	0.000	—	—
	x_4	91.356	0.695	1.098	131.432	0.000	0.318	3.145
	x_5	0.852	0.022	0.318	38.201	0.000	0.320	3.124
	x_7	1.136	0.046	0.136	24.494	0.000	0.719	1.390
	x_{11}	0.164	0.013	0.071	12.508	0.000	0.693	1.442

注：因变量为 y。

如表 4-27 所示，自变量 x_4、x_5、x_7、x_{11} 的显著性 p=0.000 均小于 0.01，说明上述形态因子均可以影响街区总能耗强度。模型整体的显著性 p=0.000，可认为回归模型具有统计学意义。

根据回归系数建立多元线性回归方程如下所示：

$$y=91.356x_4+0.852x_5+1.136x_7+0.164x_{11}+47.822 \quad （式 4.3）$$

如图 4-129 所示，按照标准系数的绝对值针对不同形态因子对总能耗强度的影响进行排序，分别是体形系数（x_4）＞平均面积周长比（x_5）＞平均南侧建筑与街道高宽比（x_7）＞平均西侧建筑与街道高宽比

（x_{11}）。x_4、x_5、x_7、x_{11} 对街区总能耗强度为正向影响，即对应的形态因子越大，能耗强度越大。

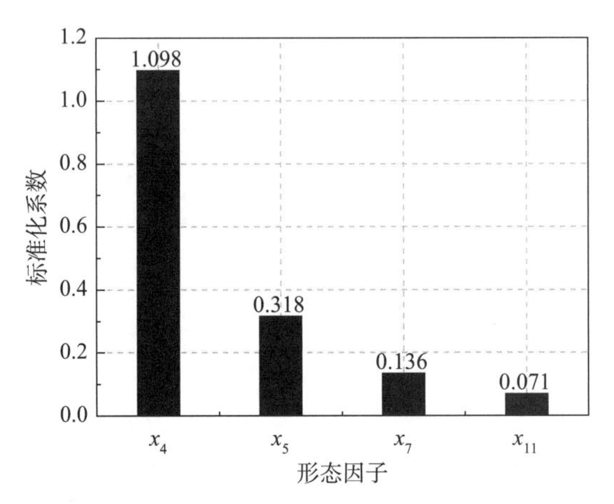

图 4-129　容积率限定条件下影响街区总能耗强度的标准化系数排序

（3）回归方程有效性验证

在完成多元线性回归方程的建立和关键形态因子的判定后，需要对回归方程的有效性进行验证，从原始数据库中随机选择 30 组实验，提取每组实验的形态因子 x_4、x_5、x_7、x_{11}，将其输入回归方程中计算街区总能耗强度的预测值，并与真实能耗强度进行比较，具体结果如表 4-28 所示。整体而言，预测值与实际值的绝对值平均相差在 0.21 kW・h/（m^2・a）左右，绘制实际值与预测值的对比图像可知（图 4-130），曲线重合程度高，拟合效果好，回归方程较为可靠。

表 4-28　容积率限定条件下影响街区总能耗强度的多元线性回归方程检验

体形系数（x_4）	平均面积周长比（x_5）	平均南侧建筑与街道高宽比（x_7）	平均西侧建筑与街道高宽比（x_{11}）	总能耗强度实际值 /（kW・h・m^{-2}・a^{-1}）	回归方程总能耗强度预测值 /（kW・h・m^{-2}・a^{-1}）
0.185 747	5.414 595 584	0.829 410	1.193 828	70.288 886	70.542 335 92
0.171 018	5.372 502 458	0.893 276	4.517 674	69.652 460	69.778 552 57
0.177 372	4.918 960 132	0.784 766	1.793 093	69.709 318	69.402 511 89
0.174 003	5.336 691 891	0.743 623	2.021 626	69.468 640	69.441 381 95
0.189 827	5.316 999 511	0.583 481	1.336 745	70.865 517	70.575 979 59
0.192 210	5.079 829 521	0.723 728	2.212 539	71.071 682	70.894 562 92
0.204 556	4.988 601 047	0.866 779	1.558 691	71.493 437	71.999 992 30
0.176 753	5.620 503 597	0.790 026	1.190 838	70.422 460	69.850 883 10
0.197 465	4.779 246 600	0.764 242	1.616 120	70.823 193	71.066 753 23
0.183 142	5.093 620 749	1.056 403	2.151 790	70.274 061	70.445 852 80

续表 4-28

体形系数（x_4）	平均面积周长比（x_5）	平均南侧建筑与街道高宽比（x_7）	平均西侧建筑与街道高宽比（x_{11}）	总能耗强度实际值 /（$kW \cdot h \cdot m^{-2} \cdot a^{-1}$）	回归方程总能耗强度预测值 /（$kW \cdot h \cdot m^{-2} \cdot a^{-1}$）
0.187 505	4.510 864 417	0.682 495	2.279 695	69.901 257	69.944 147 56
0.196 728	4.725 518 271	0.690 359	2.198 609	71.191 667	70.965 244 44
0.177 379	5.781 416 216	0.721 161	1.051 887	70.157 041	69.944 150 90
0.212 030	4.785 948 455	0.628 454	1.095 474	71.507 240	72.163 422 24
0.180 379	4.972 996 628	0.811 211	1.800 510	69.814 466	69.754 516 39
0.198 027	5.185 699 914	0.923 865	1.539 346	71.555 572	71.633 134 32
0.174 283	5.809 900 070	0.828 519	0.759 906	70.108 786	69.759 654 78
0.175 589	5.160 730 966	0.789 152	1.840 314	69.382 191	69.458 339 63
0.190 574	5.185 699 914	0.526 041	1.116 460	70.457 083	70.430 976 69
0.168 415	5.631 899 076	0.695 722	1.004 468	69.063 631	68.961 171 70
0.184 794	5.123 948 310	0.732 762	1.180 577	69.772 765	70.095 676 88
0.192 194	4.881 072 665	0.706 180	1.931 379	70.475 364	70.657 715 61
0.166 134	6.334 446 084	0.855 570	1.182 294	69.588 496	69.562 109 50
0.190 837	4.725 897 921	0.664 419	1.992 096	70.552 692	70.364 053 73
0.199 764	5.325 636 014	0.904 842	1.735 811	72.128 973	71.921 655 38
0.189 530	4.873 294 347	1.092 919	1.180 977	70.461 880	70.723 985 68
0.170 078	5.897 617 363	0.961 571	1.168 785	69.660 441	69.668 441 16
0.201 290	4.460 303 301	0.675 849	2.239 726	71.272 250	71.146 307 18
0.177 856	5.237 960 548	0.755 964	1.929 229	69.587 435	69.708 123 78
0.176 361	4.976 931 921	0.775 377	2.258 910	69.815 776	69.425 271 02

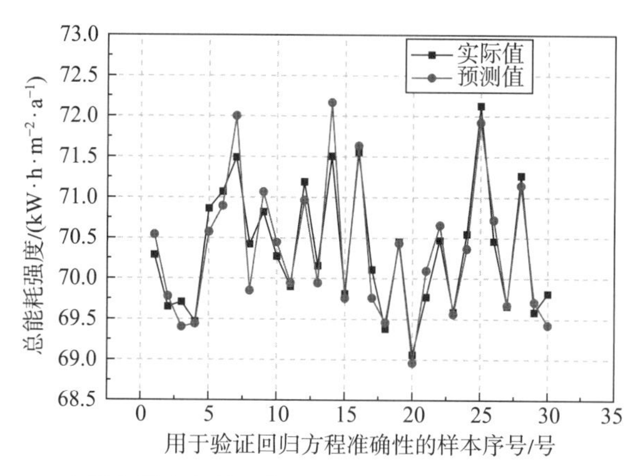

图 4-130　容积率限定条件下街区总能耗强度的实际值与预测值比较

3）形态因子与街区平均月负荷匹配指数的相关性分析

选取实验中记录的形态因子与街区平均月负荷匹配指数进行相关性分析，利用统计产品与服务解决方案（SPSS）完成皮尔逊（Pearson）相关性分析后建立皮尔逊（Pearson）相关系数矩阵。

将所有进行相关性分析的形态因子作为自变量并编号，具体编号如表 4-29 所示，街区平均月负荷匹配指数（y）作为因变量。

表 4-29　容积率限定条件下影响街区平均月负荷匹配指数的形态因子编号

形态因子	编号
围合度	x_1
错落度	x_2
围护系数	x_3
体形系数	x_4
平均面积周长比	x_5
东西向街道高宽比	x_6
平均南侧建筑与街道高宽比	x_7
平均北侧建筑与街道高宽比	x_8
南北向街道高宽比	x_9
平均东侧建筑与街道高宽比	x_{10}
平均西侧建筑与街道高宽比	x_{11}
平均天空可视域	x_{12}
4—12 层建筑的最近邻指数	x_{13}
13 层以上建筑的最近邻指数	x_{14}
街区建筑总占地面积	x_{15}
街区平均月负荷匹配指数	y

表 4-30 为城市形态因子与街区平均月负荷匹配指数的相关性分析结果。由表可知，体形系数（x_4）与街区平均月负荷匹配指数（y）的显著性 $p=0.473 > 0.05$，说明两者不具有统计学意义。其余形态因子与街区平均月负荷匹配指数的显著性 p 值都小于 0.01，均具有统计学意义。

按照相关系数绝对值的大小对形态因子由高到低进行排序，分别是 x_{15}、x_2、x_5、x_7、x_{13}、x_{12}、x_{14}、x_1、x_6、x_8、x_{11}、x_9、x_3、x_{10}、x_4。具体来看，x_{15} 与街区平均月负荷匹配指数表现为强相关；x_2、x_5、x_7 分别与街区平均月负荷匹配指数表现为中度相关；x_{13}、x_{12}、x_{14}、x_1、x_6 分别与街区平均月负荷匹配指数表现为弱相关；x_8、x_{11}、x_9、x_3、x_{10}、x_4 与街区平均月负荷匹配指数的相关性最弱。

从相关性方向来看，x_{15}、x_2、x_{12}、x_1、x_8、x_{11}、x_9、x_{10}、x_4 与街区平均月负荷匹配指数表现为正相关；x_3、x_6、x_{14}、x_{13}、x_7、x_5 与街区平均月负荷匹配指数表现负相关。

表 4-30　容积率限定条件下形态因子与街区平均月负荷匹配指数的皮尔逊（Pearson）相关性分析结果

形态因子		x_1	x_2	x_3	x_4	x_5	x_6	x_7	x_8	x_9	x_{10}	x_{11}	x_{12}	x_{13}	x_{14}	x_{15}	y
x_1	相关系数	1.000	0.331**	0.111**	0.133**	−0.317**	−0.321**	−0.073**	−0.370**	0.053*	0.009	0.089**	−0.022	0.079**	−0.191**	0.305**	0.312**
	显著性（双尾）	—	0.000	0.000	0.000	0.000	0.000	0.001	0.000	0.022	0.699	0.000	0.349	0.001	0.000	0.000	0.000
x_2	相关系数	0.331**	1.000	0.185**	0.245**	−0.479**	−0.092**	−0.298**	0.242**	0.142**	0.030**	0.180**	−0.023	0.277**	−0.610**	0.604**	0.588**
	显著性（双尾）	0.000	—	0.000	0.000	0.000	0.000	0.000	0.000	0.000	0.000	0.000	0.308	0.000	0.000	0.000	0.000
x_3	相关系数	0.111**	0.185**	1.000	0.987**	−0.722**	0.439**	0.512**	−0.010	0.396**	0.335**	0.376**	−0.844**	0.410**	−0.454**	0.061**	−0.077**
	显著性（双尾）	0.000	0.000	—	0.000	0.000	0.000	0.000	0.648	0.000	0.000	0.000	0.000	0.000	0.000	0.008	0.001
x_4	相关系数	0.133**	0.245**	0.987**	1.000	−0.766**	0.408**	0.490**	−0.028	0.399**	0.336**	0.379**	−0.816**	0.386**	−0.481**	0.137**	0.016
	显著性（双尾）	0.000	0.000	0.000	—	0.000	0.000	0.000	0.225	0.000	0.000	0.000	0.000	0.000	0.000	0.000	0.473
x_5	相关系数	−0.317**	−0.479**	−0.722**	−0.766**	1.000	−0.235**	−0.256**	−0.016	−0.558**	−0.527**	−0.544**	0.423**	−0.094**	0.441**	−0.576**	−0.478**
	显著性（双尾）	0.000	0.000	0.000	0.000	—	0.000	0.000	0.478	0.000	0.000	0.000	0.000	0.000	0.000	0.000	0.000
x_6	相关系数	−0.321**	−0.092**	0.439**	0.408**	−0.235**	1.000	0.733**	0.520**	0.238**	0.249**	0.210**	−0.579**	0.188**	−0.010	−0.142**	−0.251**
	显著性（双尾）	0.000	0.000	0.000	0.000	0.000	—	0.000	0.000	0.000	0.000	0.000	0.000	0.000	0.657	0.000	0.000
x_7	相关系数	−0.073**	−0.298**	0.512**	0.490**	−0.256**	0.733**	1.000	−0.199**	0.242**	0.285**	0.182**	−0.591**	0.101**	0.190**	−0.292**	−0.402**
	显著性（双尾）	0.001	0.000	0.000	0.000	0.000	0.000	—	0.000	0.000	0.000	0.000	0.000	0.000	0.000	0.000	0.000
x_8	相关系数	−0.370**	0.242**	−0.010	−0.028	−0.016	0.520**	−0.199**	1.000	0.040	0.000	0.073**	−0.093**	0.145**	−0.253**	0.161**	0.143**
	显著性（双尾）	0.000	0.000	0.648	0.225	0.478	0.000	0.000	—	0.085	0.992	0.002	0.000	0.000	0.000	0.000	0.000

续表 4-30

形态因子		x_1	x_2	x_3	x_4	x_5	x_6	x_7	x_8	x_9	x_{10}	x_{11}	x_{12}	x_{13}	x_{14}	x_{15}	y
x_9	相关系数	0.053*	0.142**	0.396**	0.399**	−0.558**	0.238**	0.242**	0.040	1.000	0.956**	0.963**	−0.239**	0.158**	−0.164**	0.167**	0.101**
	显著性（双尾）	0.022	0.000	0.000	0.000	0.000	0.000	0.000	0.085	—	0.000	0.000	0.000	0.000	0.000	0.000	0.000
x_{10}	相关系数	0.009	0.090**	0.385**	0.386**	−0.527**	0.249**	0.285**	0.000	0.956**	1.000	0.841**	−0.233**	0.124**	−0.139**	0.132**	0.069**
	显著性（双尾）	0.699	0.000	0.000	0.000	0.000	0.000	0.000	0.992	0.000	—	0.000	0.000	0.000	0.000	0.000	0.002
x_{11}	相关系数	0.089**	0.180**	0.376**	0.379**	−0.544**	0.210**	0.182**	0.073**	0.963**	0.841**	1.000	−0.227**	0.177**	−0.176**	0.186**	0.122**
	显著性（双尾）	0.000	0.000	0.000	0.000	0.000	0.000	0.000	0.002	0.000	0.000	—	0.000	0.000	0.000	0.000	0.000
x_{12}	相关系数	−0.022	−0.023	−0.844**	−0.816**	0.423**	−0.579**	−0.591**	−0.093**	−0.239**	−0.233**	−0.227**	1.000	−0.545**	0.307**	0.224**	0.331**
	显著性（双尾）	0.349	0.308	0.000	0.000	0.000	0.000	0.000	0.000	0.000	0.000	0.000	—	0.000	0.000	0.000	0.000
x_{13}	相关系数	0.079**	0.277**	0.410**	0.386**	−0.094**	0.188**	0.101**	0.145**	0.158**	0.124**	0.177**	−0.545**	1.000	−0.441**	−0.305**	−0.339**
	显著性（双尾）	0.001	0.000	0.000	0.000	0.000	0.000	0.000	0.000	0.000	0.000	0.000	0.000	—	0.000	0.000	0.000
x_{14}	相关系数	−0.191**	−0.610**	−0.454**	−0.481**	0.441**	−0.010	0.190**	−0.253**	−0.164**	−0.139**	−0.176**	0.307**	−0.441**	1.000	−0.345**	−0.313**
	显著性（双尾）	0.000	0.000	0.000	0.000	0.000	0.657	0.000	0.000	0.000	0.000	0.000	0.000	0.000	—	0.000	0.000
x_{15}	相关系数	0.305**	0.604**	0.061**	0.137**	−0.576**	−0.142**	−0.292**	0.161**	0.167**	0.132**	0.186**	0.224**	−0.305**	−0.345**	1.000	0.976**
	显著性（双尾）	0.657	0.000	0.000	0.000	0.000	0.000	0.000	0.000	0.657	0.000	0.000	0.000	0.000	0.000	—	0.000
y	相关系数	0.312**	0.588**	−0.077**	0.016	−0.478**	−0.251**	−0.402**	0.143**	0.101**	0.069**	0.122**	0.331**	−0.339**	−0.313**	0.976**	1.000
	显著性（双尾）	0.000	0.000	0.001	0.473	0.000	0.000	0.000	0.000	0.000	0.002	0.000	0.000	0.000	0.000	0.000	—

为了更加直观清晰地展示变量之间的相关系数大小和关系，研究团队绘制了相关系数矩阵热力图，如图 4-131 所示。图中的颜色代表相关系数的大小，颜色越深表示相关系数越大，正数表示变量之间为正相关性，负数表示变量之间为负相关性。

由图可知，多个形态因子之间存在严重的多重共线性。例如，x_3 与 x_4 的相关系数为 0.987，存在严重的共线性关系；x_5、x_{12} 分别与 x_3、x_4 都存在共线性情况，x_9 与 x_{10} 和 x_{11}、x_{10} 与 x_{11} 也存在共线性关系。

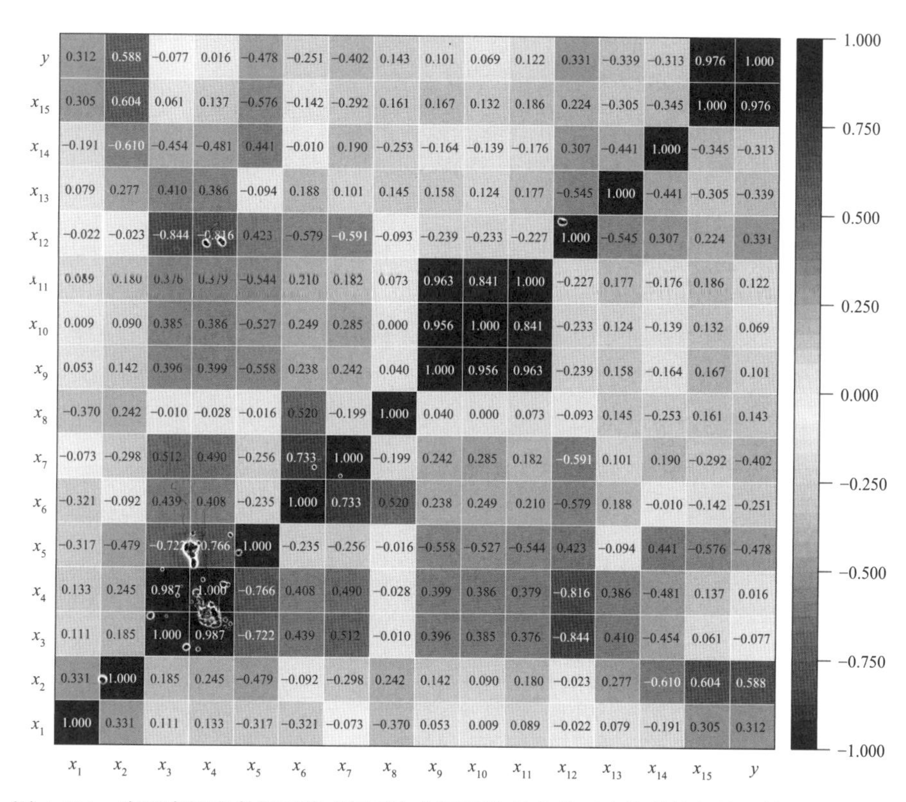

图 4-131　容积率限定条件下形态因子与街区平均月负荷匹配指数的相关系数矩阵热力图

总的来看，用于相关性分析的形态因子除了围护系数（x_3）、体形系数（x_4）和平均东侧建筑与街道高宽比（x_{10}）外，其余形态因子均与街区平均月负荷匹配指数存在一定的相关性，可以用作建立回归方程，但是由于形态因子之间存在共线性等问题，还需要对形态因子进行进一步的筛选，以提取出对平均月负荷匹配指数起到主要影响作用的关键形态因子。

4）形态因子与街区平均月负荷匹配指数的回归分析

（1）形态因子筛选

在前文提出的编号为 x_1 至 x_{15} 的形态因子的基础上，去除与街区平均月负荷匹配指数相关性较弱的自变量 x_3、x_4、x_{10}，将剩余所有形态因子导入计量经济学软件 STATA 中，进行最小绝对值收敛和选择算子算法（Lasso）回归分析，相关设置与前文相同。

最小绝对值收敛和选择算子算法（Lasso）回归具体结果如表 4-31 所示，共筛选出 6 个影响街区平均月负荷匹配指数的关键形态因子，按照回归系数绝对值从大到小排列为街区建筑总占地面积（x_{15}）、平均南侧建筑与街道高宽比（x_7）、平均天空可视域（x_{12}）、平均面积周长比（x_5）、围合度（x_1）和 13 层以上建筑的最近邻指数（x_{14}）。

表 4-31　容积率限定条件下影响街区平均月负荷匹配指数的回归系数非零的形态因子

形态因子	x_{15}	x_7	x_{12}	x_5	x_1	x_{14}
相关系数	0.004 799 0	−0.001 400 3	0.000 862 6	0.000 444 3	0.000 104 6	1.95E−6

（2）多元线性回归分析

表 4-32 为多元线性回归后的结果，可以看到自变量 x_{14} 的显著性 p=0.423 ＞ 0.05，说明不具有统计学意义，因此将自变量 x_{14} 剔除后重新进行多元线性回归。

重新进行的多元线性回归结果如表 4-33 和表 4-34 所示。由表可知，R^2 为 0.971，说明自变量 x_{15}、x_7、x_{12}、x_5、x_1 可以解释因变量 y 变化的 97.1%，说明本次回归方程的拟合效果较好。此外德宾—沃森系数为 1.858，较接近 2，说明研究样本相互独立，不会影响回归结果的准确性。方程整体的显著性 p=0.000。

表 4-32　容积率限定条件下影响街区平均月负荷匹配指数的多元线性回归系数表一

模型		非标准化系数		标准化系数	t	显著性	共线性统计	
		B	标准误差	$Beta$			容差	VIF
1	（常量）	−0.051	0.004	—	−12.455	0.000	—	—
	x_7	−0.015	0.001	−0.082	−14.176	0.000	0.450	2.223
	x_{15}	3.038E−5	0.000	0.951	144.431	0.000	0.351	2.846
	x_{12}	0.000	0.000	0.056	8.562	0.000	0.358	2.796
	x_1	0.016	0.002	0.027	6.509	0.000	0.868	1.152
	x_5	0.002	0.000	0.032	4.502	0.000	0.305	3.280
	x_{14}	0.001	0.001	0.004	0.801	0.423	0.562	1.779

注：因变量为 y。

表 4-33　容积率限定条件下影响街区平均月负荷匹配指数的多元线性回归模型摘要表

模型	R	R^2	调整后的 R^2	标准估算的误差	德宾—沃森系数
1	0.986	0.971	0.971	0.003 760 125	1.858

注：预测变量为（常量）、x_{15}、x_7、x_{12}、x_5、x_1；因变量为 y。

表 4-34　容积率限定条件下影响街区平均月负荷匹配指数的多元线性回归系数表二

模型		非标准化系数		标准化系数	t	显著性	共线性统计	
		B	标准误差	$Beta$			容差	VIF
1	（常量）	−0.052	0.004	—	−12.676	0.000	—	—
	x_7	−0.014	0.001	−0.080	−15.647	0.000	0.578	1.729
	x_{15}	3.035E−5	0.000	0.950	145.776	0.000	0.358	2.790

模型		非标准化系数		标准化系数	t	显著性	共线性统计	
		B	标准误差	*Beta*			容差	VIF
1	x_{12}	4.300E-4	0.000	0.058	9.963	0.000	0.446	2.241
	x_1	0.016	0.002	0.027	6.498	0.000	0.868	1.152
	x_5	0.002	0.000	0.033	4.711	0.000	0.314	3.183

注：因变量为 y。

如表 4-34 所示，自变量 x_{15}、x_7、x_{12}、x_5、x_1 的显著性 p=0.000，均小于 0.01，说明上述形态因子均可以影响街区平均月负荷匹配指数，且上述自变量方差膨胀因子（VIF）的值均小于 5，表明不存在共线性关系。

根据回归系数建立多元线性回归方程如下所示：

$$y = -0.014x_7 + (3.035\text{E}-5)x_{15} + (4.300\text{E}-5)x_{12} + 0.016x_1 + 0.002x_5 - 0.052 \quad （式 4.4）$$

如图 4-132 所示，按照标准系数的绝对值针对不同形态因子对街区平均月负荷匹配指数的影响进行排序，分别是街区建筑总占地面积（x_{15}）＞平均南侧建筑与街道高宽比（x_7）＞平均天空可视域（x_{12}）＞平均面积周长比（x_5）＞围合度（x_1）。其中，x_{15}、x_{12}、x_5、x_1 对街区平均月负荷匹配指数为正向影响，即对应的形态因子越大，街区平均月负荷匹配指数越大；而 x_7 对街区平均月负荷匹配指数为反向影响，即对应的形态因子越大，街区平均月负荷匹配指数越小。

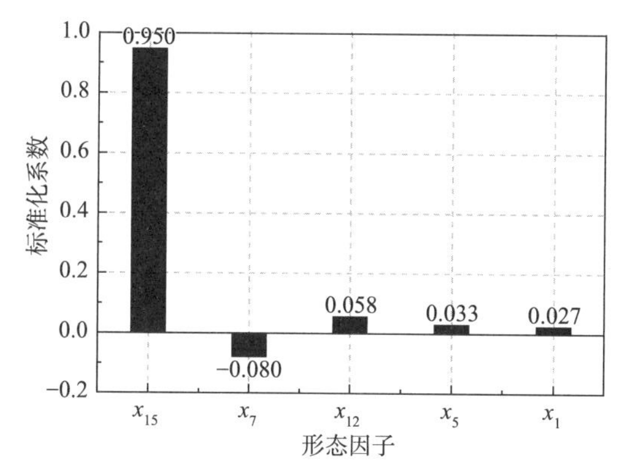

图 4-132　容积率限定条件下街区平均月负荷匹配指数的标准化系数排序

（3）回归方程有效性验证

在完成多元线性回归方程的建立和关键形态因子的判定后，需要对回归方程的有效性进行验证，从原始数据库中随机选择 30 组实验，提取每组实验的形态因子 x_{15}、x_7、x_{12}、x_5、x_1 将其输入回归方程中计算街区平均月负荷匹配指数的预测值，并与真实值进行比较，具体结果如表

4-35 所示。整体而言，预测值与实际值的绝对值平均相差在 0.002 左右，绘制实际值与预测值的对比图像可知（图 4-133），曲线重合程度高，拟合效果好，回归方程较为可靠。

表 4-35　容积率限定条件下街区平均月负荷匹配指数的多元线性回归方程检验

街区建筑总占地面积（x_{15}）	平均南侧建筑与街道高宽比（x_7）	平均天空可视域（x_{12}）	平均面积周长比（x_5）	围合度（x_1）	平均月负荷匹配指数实际值	回归方程平均月负荷匹配指数预测值
10 000	0.771 506	57.807 500	6.205 013 651	0.461 477	0.279 609	0.285 349 800
11 000	0.652 502	54.702 500	5.587 154 015	0.418 068	0.311 564	0.314 100 443
10 500	0.662 230	56.075 000	5.735 194 595	0.486 250	0.299 032	0.300 766 419
11 000	0.603 398	57.420 000	5.260 140 235	0.484 205	0.319 497	0.316 360 588
10 000	0.649 354	57.790 000	5.804 504 295	0.441 364	0.285 608	0.285 929 577
12 000	0.619 623	57.792 500	5.360 004 717	0.510 909	0.346 108	0.347 270 606
10 500	0.624 994	55.262 500	5.826 215 640	0.476 818	0.299 260	0.300 969 478
10 500	0.684 625	55.177 500	5.455 686 189	0.408 636	0.298 444	0.298 266 123
10 000	0.651 542	53.824 167	5.902 490 851	0.408 636	0.283 594	0.283 865 962
9 500	0.684 647	54.518 333	6.324 910 661	0.408 636	0.278 533	0.269 370 823
11 500	0.603 296	56.075 000	5.541 087 161	0.420 000	0.330 863	0.330 493 280
12 000	0.621 289	57.060 000	5.082 153 003	0.442 727	0.342 484	0.345 285 692
11 000	0.643 412	55.213 333	5.673 597 912	0.408 636	0.310 115	0.314 469 337
10 000	0.646 877	56.380 000	6.004 563 468	0.501 477	0.285 570	0.286 719 881
11 000	0.681 755	57.032 500	5.591 121 299	0.475 568	0.312 656	0.315 620 736
11 500	0.623 225	58.109 167	5.541 087 161	0.486 250	0.331 576	0.332 148 966
10 000	0.637 501	53.746 667	5.897 617 363	0.406 818	0.284 965	0.283 990 376
11 500	0.586 124	56.887 500	5.470 459 519	0.501 477	0.332 782	0.332 245 440
10 000	0.652 078	60.290 833	6.205 013 651	0.461 477	0.291 552	0.288 089 625
10 500	0.649 344	55.001 667	5.730 823 233	0.408 636	0.299 403	0.299 234 723
9 500	0.666 002	53.257 500	6.099 122 946	0.408 636	0.270 108	0.268 638 119
10 000	0.637 926	56.293 333	6.102 770 658	0.486 250	0.282 058	0.286 760 711
11 000	0.620 140	53.574 167	5.433 719 490	0.416 250	0.314 779	0.313 732 371
10 500	0.647 755	56.806 667	5.455 686 189	0.476 818	0.299 734	0.300 573 757
10 000	0.627 977	54.245 833	6.003 842 459	0.408 636	0.286 119	0.284 579 891
10 500	0.575 284	56.835 000	5.730 823 233	0.476 818	0.300 483	0.302 150 808
11 500	0.632 321	53.985 833	5.392 986 960	0.406 818	0.329 974	0.328 681 476
11 000	0.647 908	55.009 167	5.673 597 912	0.408 636	0.315 599	0.314 318 602
10 000	0.648 664	52.402 500	5.710 370 032	0.406 818	0.283 002	0.282 881 607
11 500	0.655 261	56.295 833	5.232 506 423	0.418 068	0.324 384	0.329 212 655

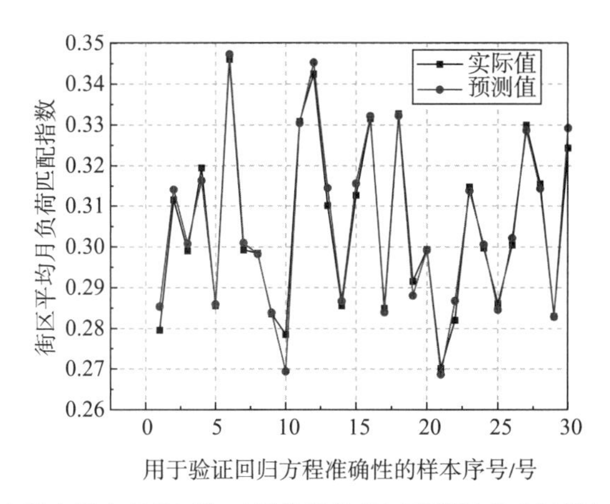

图 4-133　容积率限定条件下街区平均月负荷匹配指数的实际值与预测值比较

4.3.4　小结

研究三在容积率限定为 2.5 的条件下通过多目标优化算法对高能效城市形态进行自动探寻，在此基础上利用过程数据先后进行相关性与最小绝对值收敛和选择算子算法（Lasso）回归分析，提取出了在此条件下影响街区建筑总能耗强度和平均月负荷匹配指数的关键形态因子，分别构建了街区总能耗强度和平均月负荷匹配指数与关键形态因子的回归方程。

从多目标优化算法生成的非支配解来看，非支配解在三个目标性能的表现上相较于其他可行解均有较大提升，显示出优化算法在迭代寻找最优方案上具有科学性与高效性。通过对非支配解对应街区形态进行解读可知，整体街区采用南低北高的垂直布局模式，高层建筑被放置在冬季主导风向位置，避免选用体形系数较大的建筑类型，如 P-4、C-1、S-3 和 C-2，多选用形体简洁的 P-3、S-1 和 S-2 等建筑类型，选择街区西南角用地单元作为开放空间的布局位置，此类街区在一定程度上具有更高的能源绩效。

从过程数据进行统计分析的结果来看，在形态因子与街区总能耗强度的多元线性回归方程中，体形系数、平均面积周长比、平均南侧建筑与街道高宽比、平均西侧建筑与街道高宽比是作为影响街区总能耗强度的关键形态因子，其影响程度按此顺序依次排列。结合研究二中容积率可变条件下的结论可知，影响街区建筑能耗的首要形态因子是建筑形体的紧凑度，一般来说，形体越紧凑，建筑能耗越小，其次才是建筑之间的遮挡关系、位置关系。此外，需要指出的是，部分未被纳入回归方程的形态因子并非与街区总能耗强度不相关，而是由于在容积率限定条件下，部分形态因子的变化区间有限，数据不具有统计学意义，故未被纳入回归方程的建立中，同时也存在部分形态因子由于共线性或相关关系为非线性关系而被最小绝对值收敛和选择算子算法（Lasso）回归排除在外。

在形态因子与平均月负荷匹配指数的多元线性回归方程中，街区建筑总占地面积、平均南侧建筑与街道高宽比、平均天空可视域、平均面积周长比、围合度是作为影响街区平均月负荷匹配指数的关键形态因子，其影响程度按此顺序依次排列，其中街区建筑总占地面积的影响程度远远超过其他形态因子。不难理解，街区平均月负荷匹配指数与产能和耗能相关，其中与产能密切相关的是可以进行有效发电的屋顶面积和建筑间的遮挡关系，与耗能相关的是建筑形体的紧凑度、建筑间的遮挡关系等。

在容积率限定条件下，根据寻优目标的优化方向，算法运行迭代的关键是保持整体街区有充足的太阳光伏发电量供应，此外整体街区的能耗强度要保持较低状态，同时建筑底层采光也要具有较好的性能。落实到街区形态上，从非支配解可以观察到，较优的形态布局采用高低搭配的模式进行街区布局，低层建筑密度较大，屋顶面积较大，作为街区内部主要的太阳能供应方；而高层建筑体量大，体形系数小，能耗强度较低，用于满足街区开发容量的要求，同时也符合降低街区能耗强度的要求。在此基础上，通过优化建筑间距、遮挡关系、垂直布局关系从而进一步提升街区平均月负荷匹配指数、降低街区建筑总能耗强度和提高建筑大寒日底层窗台南向平均日照时长。

4.4 能源绩效驱动的城市形态优化策略

综合上述三项实验的相关结果，研究小组从城市密度、城市肌理和建筑类型三个方面提出相应的夏热冬冷地区基于建筑能源绩效提升的街区层级城市形态生成与优化策略，力图实现在优化策略的指导下，通过合理组织、协调城市形态要素来优化城市微气候，最终达到提高街区能源绩效的目的。相应优化策略的具体内容总结如下：

1）城市密度

城市密度指标决定了街区用地的开发强度与开发密度，其与建筑能耗强度的关系十分紧密。容积率、平均层数与建筑能耗强度呈现明显的负相关性。而建筑密度、开放空间率与能耗强度呈现明显的正相关性。因此，在规划许可的条件下，可增大地块使用容积率进而使街区建筑能耗强度维持在较低状态，尤其是在城市用地日趋紧张、城市向高密度发展的背景下集约化土地利用更显重要。但高容积率发展也会带来相应的问题，根据寻优实验结果，本书提出夏热冬冷地区较优的居住用地容积率推荐值为 1.5 左右，在该容积率条件下，整体街区能够兼顾建筑总能耗强度、街区太阳光伏发电量和街区底层采光质量等多种性能目标。

2）城市肌理

（1）街区朝向

街区朝向能够在很大程度上影响街区建筑表面的太阳辐射得热和街

区内部建筑的遮挡关系进而影响建筑能耗。根据研究小组自动寻优实验结果显示，在夏热冬冷地区南偏西 15° 至正南之间的街区朝向较好，能够获取最佳的建筑总能耗强度。

（2）高度布局

基于对错落度与不同高度建筑的最近邻指数与优化目标关联性分析，建议街区采用南低北高的垂直布局模式，将高层建筑放置于冬季主导风来风方向，低层建筑和多层建筑沿夏季主导风向依次排列。该布局模式能够保证南侧建筑对北侧建筑的遮蔽影响较小，从而提高街区建筑底层的日照时长。同时，夏季主导风能够直接进入街区内部带走热量，降低建筑制冷所需能耗，冬季可保证不同位置的建筑均能享有充足的太阳辐射，获取辐射热量，同时高大建筑位于主导冷风的上风向，起到有效阻挡寒风的作用，进而降低了街区建筑采暖所需能耗。此外，此种布局模式可保证每栋建筑的屋顶都能享有充分的日照辐射，因此能够增加屋顶太阳光伏发电量。

（3）平均面积周长比

平均面积周长比主要用于衡量建筑平面形态的紧凑度。在高能效城市街区的设计当中，建议尽量提高街区建筑的平均面积周长比，尽量设计较为规则的建筑平面和形态较为简洁的建筑。平均面积周长比越大，说明单位面积对应的外周长越小，因此建筑越不容易得热或失热，提高了建筑的能效水平。

（4）体形系数

与平均面积周长比类似，体形系数反映了建筑在三维空间层面上的形体紧凑度，是衡量建筑形体节能与否、建筑形态散热和失热能力强弱的关键指标。体形系数与建筑能耗强度存在明显的关联性，体形系数越大，建筑能耗强度越大，体形系数越小，建筑能耗强度越小。因此，建议在街区城市设计的过程中，务必严格控制建筑形体的体形系数，在可能的范围内尽量减小建筑的体形系数，严格控制建筑形体的复杂程度，减少街区中异形建筑的比例，尽量选用形体简单的建筑进行整体空间的组织与建构。

（5）平均街道高宽比

街道高宽比是衡量街区内部建筑间距的重要指标。由于较大的街道高宽比在夏季能够给北侧街道和建筑提供充足的遮蔽，降低建筑制冷所需能耗，而冬季却因为遮蔽效应致使北侧建筑难以获取充足的太阳辐射，进而增加建筑采暖所需能耗，因此既往定性研究对于平均街道高宽比的取值有利于降低全年总体能耗存在一定的争议。东西向街道高宽比对建筑能耗强度有着重要影响，而南北向街道高宽比对建筑能耗强度影响不大。具体来看，平均南侧建筑与街道高宽比对能耗强度的影响最为显著，高宽比越大能耗强度越大；平均西侧建筑与街道高宽比和平均东侧建筑与街道高宽比，同样是高宽比越大能耗强度越大；平均北侧建筑与街道高宽比和建筑能耗强度未有明显关联性。建议在夏热冬冷地区街区形态设计的过程中，将高宽比设置在 0.8 至 1.5 的变化范围内，尽量减小平均南侧建筑与街道高宽比，降低南侧建筑对北侧建筑的遮挡作用，同时在可能的条件下降低西侧或东侧建筑与街道宽度的比值。

（6）平均天空可视域

天空可视域与街道高宽比的内涵相似，可以反映街区建筑间的遮挡与开阔度情况。街区平均天空可视域越大，建筑能耗强度越小，光伏发电量越大。因此建议街区应保持较大的平均天空可视域，避免热量在街区内聚集。

（7）开放空间布局

开放空间布局与街区能源绩效存在一定的关联性，一方面适宜的开放空间布局能够调节街区内部的微气候环境，提升热舒适性，改善建筑能源绩效；另一方面合理布局能够拉开建筑间距，避免建筑与建筑的直接遮挡效应加剧。建议避免将街区开放空间放置在冬季主导风来风方向一侧的场地边缘处，宜将其放置在用地中央或与冬季主导风方向相反方向一侧的场地上。

3）建筑类型

建筑类型对街区能源绩效的影响十分显著，就建筑类型来看，庭院式建筑类型的优势在于夏季制冷能耗强度较低，而年总能耗强度与其他同等面积的建筑类型相比偏高。建议在夏热冬冷地区的街区形态设计中，尽量减少使用庭院式建筑类型，如 C-1 与 C-2。减少使用面宽较大的高层板式建筑，如 S-3。推荐使用 P-3、S-2 和 S-1 三种建筑类型，其中 P-3 为点式建筑，体量较大，平面长宽比为 1 ： 1，形体较为紧凑，整体能耗强度较低。而 S-1 和 S-2 作为板式建筑，体形系数较小，比较节能，再加上板式建筑之间能够形成东西向的风廊，通过合理布置顺应夏季主导风向，有助于缓解街区内部的热岛效应，降低夏季建筑制冷所需能耗。

4.5 本章小结

对第 3 章构建的三项形态探究实验结果进行分析，借助统计产品与服务解决方案（SPSS）软件，对不同城市形态因子与街区能源绩效的相关性展开分析，随后基于计量经济学软件 STATA，运用最小绝对值收敛和选择算子算法（Lasso）回归分析法识别并提取出对城市街区能源绩效起重要影响的关键形态因子，最后根据关键形态因子建立回归模型，获取各关键形态因子对能源绩效的影响效应与权重。在此基础上，提出能够满足减小建筑能源消耗、提升可再生能源利用潜力、维持较佳日照时长的夏热冬冷地区居住街区的城市形态生成与优化策略及典型模式。

第 4 章参考文献

[1] RATTI C, RAYDAN D, STEEMERS K. Building form and environmental performance: archetypes, analysis and an arid climate[J]. Energy and buildings, 2003, 35(1): 49-59.

[2] ACOCK A C. A gentle introduction to Stata[M]. 2nd ed. College Station: Stata Press, 2008.

[3] NIE N H, BENT D H, HULL C H. SPSS: statistical package for the social sciences [M]. New York: McGraw-Hill, 1975.

第 4 章图表来源

图 4-1 至图 4-133 源自：笔者绘制 .

表 4-1 至表 4-35 源自：笔者绘制 .

第二部分　算法优化部分

5 结合机器学习和建筑网络分析预测建筑群能耗

5.1 引言

建筑是主要的能源用户，需要消耗40%以上的一次能源[1]；在城市中，建筑能耗占一次能源使用总量的75%[2]。国际能源署的建筑与社区节能（Energy in Buildings and Communities，EBC）项目附件讨论了建筑总能源使用以及减少能源使用和相关碳排放的方法[3-4]。建筑能源模型的使用大大提高了能源利用效率，减少了其对环境的影响[5-6]。为开发单体建筑的高效能源模型，专业人员已经进行了大量的研究[5, 7-8]。近年来，一些研究人员已认识到在大型分布式建筑群区域进行能源使用研究的重要性，开始分析分布式建筑的能源使用模式，优化净零能耗建筑或分布式能源系统[9-10]，以及通过基准建筑能源使用和减少城市建筑碳排放，对城市级建筑进行能源利用研究[11-12]。专注于对大型城市建筑能源使用进行分析和建模，有助于深入了解大型建筑能源使用模式和节能机会[13-14]。此外，在大型建筑能源使用建模中，越来越多的研究人员开始研究建筑群之间的影响和相互关系。引入建筑间效应（Inter-Building Effect，IBE）的概念，以理解空间邻近建筑内部复杂的相互影响[15-17]。如韩一龙等人探讨了在意大利佩鲁贾两个现实城市环境下，建筑间效应对建筑能源性能的相互遮蔽和反射作用[18]。韩一龙等人通过在建筑围护结构中嵌入相变材料，进一步模拟了建筑间效应对能耗的影响[19]。

李（Li）等人根据建筑的实际能源使用数据，采用组合分析和个别详细的案例研究，分析了美国、欧洲和亚洲51栋高性能办公建筑[20]。庞秀峰等人将实时数据共享、用于评估过去和现在天气数据的数据库、用于建筑业主之间交流节能策略的网络，以及用于实时建筑能源模拟的一套建模工具结合在一起，所有这些都是为了促进相邻建筑的大型能源效率[21]。丰塞卡（Fonseca）等提出了一个综合模型，用于表征小区和城区的时空建筑能耗模式。该模型使用空间［使用地理信息系统（GIS）的建筑位置］和时间（小时）分析维度，计算住宅、商业和工业部门的电力和温度需求[22]。为了预测大量建筑的能源使用，帕瑙（Panao）和布里托（Brito）提出了一个自下而上的建筑存量能源模型[19]。他们预测了住宅建筑的每小时用电量，并使用大约250栋住宅的智能电表数据验证了该模型[23]。卡洛吉鲁（Kalogirou）等人利用225栋建筑的用电数据，并应用神经网络的反向传播方法来预测建筑所需的热负荷[24]。康斯坦丁（Constantine）使用数据驱动预测模型，包括线性回归、随机森林和支持向量回归，预测纽约市建筑中城市级电力和天然气使用量[21]。该项目包括23 000栋建筑，并在建筑和区域改进计划（Zone Improvement Plan，ZIP）编码级别进行模型验证[11]。

类似地，许（Hsu）研究了纽约市多户建筑，并使用聚类回归和聚类验证方法来确定建筑的能源使用[12]。贾因（Jain）等人基于传感器的预测方法，并结合支持向量回归建模，研究了时间和空间粒度对多户建筑能耗的影响[25]。霍金斯（Hawkins）等人应用了统计和人工神经网络（ANN）方法来预测英国高等教育建筑的能源使用决定因素[26]，其中，用电量预测的平均绝对百分误差为34%，取暖燃料使用预测的平均绝对百分误差为25%。卡夫格基（Kavgic）等人运用蒙特卡罗方法预测贝尔格莱德住房存量空间供暖的能源使用[27]，并进一步分析了城市级家庭能源模型的不确定性，以解决灵敏度对能源使用的影响[28]。

上述基于机器学习的模型通常被称为“黑盒子”。“黑盒子”可以测量建筑系统的输入和输出数据，并将数学函数拟合到数据中，力求高准确度，但这些模型忽略了对系统物理的理解，泛化能力较差。实现系统物理的“白盒子”模型可以利用建筑参数对系统动力学进行建模[29]。例如，开发了创新软件或基于网络的应用程序来分析和预测分布式或城市地区建筑群的能源使用。城市建筑能耗模拟与分析平台CityBES是一个基于建筑能耗模拟软件Energyplus的网络应用程序，提供了一个可视化平台，专注于城市建筑存量的能源建模和分析，以支持城区级或城市级建筑能源效率计划[30-31]，并预测能源使用，从而为建筑改造提供信息。基于城市建筑能耗模拟与分析平台CityBES，陈毅兴（Chen）等人分析了建筑几何结构建模对城市建筑能耗模型的影响，以了解一组建筑如何协同工作[31]。城市能源分析师（City Energy Analyst，CEA）为分析和优化小区和城区的能源系统提供了一个计算框架。城市能源分析师有一个独特的界面，便于对节能的能源模式进行时空分析[32]。通常，使用这些软件或基于网络的应用程序，每栋建筑都在城市建筑能耗模拟与分析平台EnergyPlus中明确而详细地建模。虽然这种方法可以获得准确的结果，但耗时较长，并且需要大量的数据。

为了降低城市建筑能耗模型的复杂性，一些研究提倡使用降阶建筑模型或建筑原型模型。费尔斯曼（Felsmann）等人使用降阶建筑能源系统建模（如城区供暖或制冷系统），来创建大规模城市能源模拟[33]。海达里尼亚德（Heidarinejad）等人开发了一个框架，根据不同影响变量对内部、外部和系统热负荷的贡献，快速创建城市级降阶建筑能源模型，然后应用典型的建筑几何结构进行仿真，验证了该框架的有效性[34]。赵（Zhao）等人开发了一个降阶建筑能源模型来评估单体建筑能源性能，并应用回归和马尔可夫链蒙特卡罗技术集成基于物理的能源建模来重现单体建筑模型，由此产生的模型代表城市级有效能源模型开发[35]。

减少数据需求的一种方法包括开发和复制原型建筑模型。美国能源部已经开发了一套原型建筑模型，其中覆盖了美国 80% 的商业建筑库存，以支持城市能源使用分析。该数据库包括针对 16 个不同气候区的商业样本建筑类型[36-37]。同样，马斯图里奇（Mastrucci）等人采用基于地理信息系统的统计降尺度方法分析了六种住宅类型，并采用多元线性回归模型对城市级节能效果进行了估算[38]。卡普托（Caputo）等人使用四个原型来表征一个城市或小区建筑环境的能源性能，并评估不同能源策略的效果[39]。关于此类建筑原型和雏形的知识应用可以超越单个建筑，用于小区或城市的高效能源模型。此外，城市级建筑能源基准政策提供了一个整体数据集基础，并能够比较相似建筑之间的能源性能[12, 40-41]。整体建筑能耗数据可以通过调查建筑群的紧密程度来确定样本建筑，其中，聚类分析是最有效的方法之一。德布（Deb）等人通过聚类分析，研究了影响 56 栋办公楼能耗的关键变量[42]。聚类方法侧重于从大型建筑数据集中选取少量具有代表性的样本建筑[43]。盖塔尼（Gaitani）等人应用采暖面积、建筑使用年限、建筑围护结构保温、教室和学生人数、办公时间、采暖系统使用年限等多个变量，采用主成分分析法和聚类分析法确定样本建筑[41]。塔迪奥利（Tardioli）等人开发了一个新的框架，将建筑分类、聚类和预测建模相结合，从日内瓦市 13 614 栋多功能建筑的数据集中识别出 67 栋具有代表性的建筑[44]。

然而，上述研究存在两个挑战：第一，如何捕捉多栋建筑之间的影响和相互关系，以便根据现有建筑存量定义样本建筑；第二，如何使用样本建筑能源数据集和机器学习技术来学习和预测建筑群的能源使用情况。为了解决这些预测差距，本章提出了一种新的数据驱动方法，将基于社会网络分析的建筑网络和人工神经网络（Buildings Network and Artificial Neural Network，BN-ANN）技术相结合，预测建筑群的能源使用情况。利用建筑之间的能源使用模式来识别样本建筑，并根据社会网络分析理论创建建筑网络。建筑网络根据任意两栋建筑之间能源使用的相关系数创建，包括样本建筑的能源使用与所有建筑的总能源使用之间的相关性，以及样本建筑的能源使用与非样本建筑的能源使用之间的相关性。建筑网络和人工神经网络模型建立在网络上，旨在应用来自小参照组（如 n 栋建筑）的能源使用和建筑特征，准确、高效地预测较大群体［如（$n+m$）栋建筑］的能源使用情况。为了验证该技术，研究小组利用东南大学四牌楼校区内的建筑评估了所提出的方法，使用了 2015 年至 2017 年 3 年间的月度能源使用数据。根据需要，选择了 17 栋典型建筑，涵盖了四种功能类型，即办公楼、教学楼、实验楼和宿舍楼。

此项工作的主要贡献是在独特的跨学科方法中结合社会网络分析创建建筑网络和样本建筑，并用人工神经网络学习建筑群的能源使用模式。

该技术有效地学习了建筑群能源使用的建筑特征与网络，为分析大型区域的建筑能源使用模式提供了参考框架。此外，基于实际数据，使用建筑群对所提出的算法进行了验证，结果表明该算法具有较高的准确性。虽然能源预测至关重要，但数据驱动能源建模也开辟了许多其他应用领域，如建筑群性能监测、控制和优化、分布式能源系统和微型电网的实施，这些都需要建筑之间的协作。

5.2 方法

为了建立建筑网络和人工神经网络的关系，研究小组首先进行了三项主要工作：第一，建筑能源使用预测的特征选择；第二，利用社会网络分析提取样本建筑与建筑之间的网络；第三，基于建筑网络的人工神经网络算法的集成。

5.2.1 特征选择

在实施建筑网络和人工神经网络法之前，需要对原始数据进行预处理，以消除能源使用数据中的错误或缺失测量。由于拉格朗日插值多项式的计算效率和因果关系在时间序列应用中非常重要，因此，本章研究将其应用于插值滤波器。如果有（x_1，y_1），（x_2，y_2），…，（x_n，y_n）这样的时间序列数据，就可以制定缺省测量的插值公式，如式 5.1 所示。

$$y=\sum_{i=0}^{n} y_i \prod_{j=0, j\neq i}^{n} \frac{x-x_j}{x_i-x_j} \qquad （式 5.1）$$

其中，y 是插值；n 是用于内插的数据量。

过滤数据集后，一栋建筑的能源使用数据的时间序列数据可以用式 5.2 表示。

$$X=(x_1,\ x_2,\ \cdots,\ x_t,\ \cdots,\ x_n)^T \qquad （式 5.2）$$

其中，1、2……n 是离散时间步长；T 是转置。

对于基于特征的预测，特征是包含与对象识别相关的信息变量。在预测能源使用时，应包括建筑能源的使用、趋势和决定因素。因此，研究小组考虑了两种特征，分别是能源使用参数的取值和变化。参数变化用式 5.3 表示。

$$\Delta x=x_t-x_{t-1} \qquad （式 5.3）$$

为了更好地预测建筑能源使用，研究人员还考虑了一些决定因素，包括建筑的建造年份、结构形式、层数、建筑面积与屋顶类型等。

5.2.2 网络提取

预测分布式建筑群的能源使用总量或需求为一复杂难题，尤其是在城市级规模上。此外，收集大型建筑群的历史能源使用数据集也非常困难。克服上述难题的其中一种可能途径是使用典型的样本建筑几何形态模拟或估计能源使用情况。然而，该方法忽略了实际的能源使用模式，这些能源使用模式不仅受到建筑几何形态的影响，而且受到占用率、运行模式等因素的影响。因此，必须结合实际建筑能源使用模式来确定样本建筑，并考虑样本建筑与非样本建筑之间的相关性。进一步考虑应该包括相关建筑物理信息，如建筑面积、建造年份与几何形态等。

本章研究运用社会网络分析的理论，通过历史能源使用模式来提取和增强建筑网络。社会网络分析（SNA）是利用网络和图论研究网络节点（个体参与者、人或事物）与连接节点的纽带、边或链接（关系或交互）之间的联系过程[45]。社会网络分析是调查一个群体的社会结构以建立该群体参与者之间的关系进而进行网络分析的过程，它对社会媒体网络[46]、信息系统[47]和预制安装建筑工程[48]等各种学术研究以及实际应用都做出了贡献。此方法允许与网络进行交互，并说明参与者和组中其他成员的交互。网络分析也被应用于节能项目中，例如，利用社会网络来促进国内能源技术的采用[49]，利用网络分析来了解波浪能政策[50]，以及利用社交网络向家庭传播能效创新的优势[51]。

在社会网络分析方法中，主要使用两种方法来构建网络：一是距离法（如欧几里得距离），该方法通常用于计算两个参与者之间的差异性；二是相关法（如皮尔逊相关系数），该方法通常用于寻找两个参与者之间的相似性。因此，为了减少所用建筑的数量，本次研究利用建筑能源使用数据集，采用社会网络分析方法建立了建筑群中建筑之间的联系和关系，即网络。考虑到距离法推断的是能源使用的接近程度，而不是建筑能源使用模式的趋势，因此，在本次研究中，为了使用建筑网络分析建立单个建筑之间的联系，我们使用皮尔逊相关系数法来计算建筑之间的联系，如式 5.4 所示。提取网络分两步进行：第一步是使用式 5.4 来识别样本建筑，样本建筑用于预测建筑能源使用；第二步是在样本建筑和非样本建筑之间建立网络关联。

$$c\_i\_j = \frac{E(EU_i EU_j) - E(EU_i)E(EU_j)}{\sqrt{E(EU_i^2) - [E(EU_i)]^2} - \sqrt{E(EU_j^2) - [E(EU_j)]^2}} \quad （式 5.4）$$

其中，c_i_j 号是 i 号建筑和 j 号建筑之间的相关系数；EU_i 和 EU_j 是 i 号和 j 号建筑的能源使用数据集。

5.2.3 建立建筑网络和人工神经网络模型

为了使用建筑子集预测建筑群的能源使用情况，研究人员提出了建立基于网络的人工神经网络模型，亦即建筑网络和人工神经网络模型，如图 5-1 所示。人工神经网络算法解决问题的方式类似于人脑。人工神经网络是由简单的神经元组成的网络，通过定向图和加权图将输出和输入连接起来。人工神经网络算法的功能属于回归分析领域，包括时间序列预测和建模、分类，其中包括模式识别和顺序决策等。同时，由于相关研究在预测模型中考虑了多种特征，因此人工神经网络模型也非常适合于处理不同规模的特征数据集。

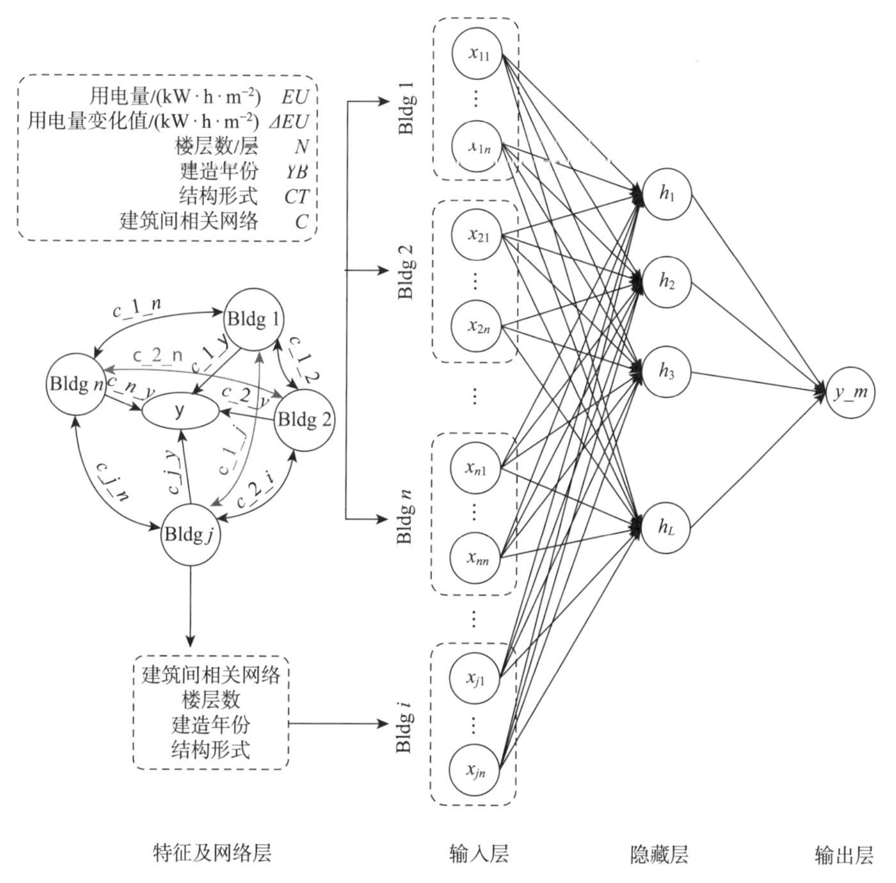

图 5-1　建筑网络和人工神经网络模型结构

注：Bldg 即 Building，表示建筑。

建筑网络和人工神经网络算法分为四层：特征层、输入层、隐藏层和输出层。在特征层中，我们选择了建筑信息属性数据集和建筑网络数据集来表示编译后的数据集，这些数据集构成了建筑网络和人工神经网络模型输入层的输入向量。

假设 EU 代表能源使用量向量，ΔEU 代表能源使用差异量向量，N 表示建筑楼层向量数，YB 表示建筑的建造年份向量，CT 表示结构形式向量，C 表示建筑之间相关网络向量，然后，输入层的输入向量可以用式 5.5 表示：

$$X_{\text{input}} = (x_1, x_2, \cdots, x_i, \cdots, x_N)^T = (EU, \Delta EU, NS, YB, CT, C)^T \quad \text{（式 5.5）}$$

其中，N 是输入层的大小。

假设 n 是建筑的数量，然后

$$EU = (e_1, e_2, \cdots, e_i, \cdots, e_n) \quad \text{（式 5.6）}$$

$$\Delta EU = (\Delta e_1, \Delta e_2, \cdots, \Delta e_i, \cdots, \Delta e_n) \quad \text{（式 5.7）}$$

$$NS = (ns_1, ns_2, \cdots, ns_i, \cdots, ns_n) \quad \text{（式 5.8）}$$

$$YB = (yb_1, yb_2, \cdots, yb_i, \cdots, yb_n) \quad \text{（式 5.9）}$$

$$CT = (ct_1, ct_2, \cdots, ct_i, \cdots, ct_n) \quad \text{（式 5.10）}$$

$$C = [c\_1\_2, c\_1\_3, \cdots, c\_1\_n, \cdots, c\_i\_j, \cdots, c\_(n-1)\_n] \quad \text{（式 5.11）}$$

为了消除特征数据集不同尺度带来的影响，需要对不同的特征向量进行归一化处理。关于隐藏层的输出、输出层的输出、自隐藏层的权值，以及自隐藏层到输出层的权值，定义分别见式 5.12 至式 5.15。

$$H = (h_1, h_2, \cdots, h_j, \cdots, h_m)^T \quad \text{（式 5.12）}$$

$$Y = (y_1, y_2, \cdots, y_k, \cdots, y_l)^T \quad \text{（式 5.13）}$$

$$V = (v_1, v_2, \cdots, v_{i,j}, \cdots, v_{m,n}) \quad \text{（式 5.14）}$$

$$W = (w_1, w_2, \cdots, w_{j,k}, \cdots, w_{m,l}) \quad \text{（式 5.15）}$$

其中，m 和 l 分别是隐藏层和输出层的长度；$v_{i,j}$ 表示将输入层第 i 个神经元的权向量赋给隐藏层第 j 个神经元；$w_{j,k}$ 表示将隐藏层第 j 个神经元的权向量赋给输出层的第 k 个神经元。输入层的长度由输入数据元素的数量确定，而隐藏层的长度（m）是随机选择的。各层之间的数学信息传递可用式 5.16 和式 5.17 表示。激活函数如式 5.18 所示。

$$h_j = f\left(\sum_{i=0}^{n} v_{ij} x_i\right) \quad (j=1, 2, \cdots, m) \quad \text{（式 5.16）}$$

$$y_k = f\left(\sum_{j=0}^{m} w_{jk} h_j\right) \quad (k=1, 2, 3) \quad \text{（式 5.17）}$$

$$f(x) = \frac{1}{1+e^{-x}} \quad \text{（式 5.18）}$$

在研究中，实测建筑能源使用数据集可以作为能量输出的地面实况，如式 5.19 所示。与输出神经元的预测结果比较，式 5.20 表示平方误差函数。

$$d=(d_1, d_2, \cdots, d_k, \cdots, d_l)^T \qquad (式 5.19)$$

$$E=\frac{1}{2}\sum_{k=1}^{l}(d_k-y_k)^2 \qquad (式 5.20)$$

利用梯度下降法计算平方误差函数的导数，并迭代不同的权值以最小化误差，如式 5.20 所示。式 5.21 和式 5.22 表示权值 v_{jk} 和 w_{ij} 的调整过程，其中，η 是梯度下降的学习率。

$$\Delta v_{jk}=\eta\left(\sum_{k=1}^{l}(d_k-y_k)y_k(1-y_k)w_{jk}\right)h_i(1-h_i)x_i \qquad (式 5.21)$$

$$\Delta w_{ij}=\eta(d_k-y_k)y_k(1-y_k)h_i \qquad (式 5.22)$$

5.3 案例研究

5.3.1 案例研究说明

以东南大学四牌楼校区内的分布式建筑群为例，研究小组对所提出的建筑群能耗预测算法进行了验证。该校区位于江苏省南京市中心城区，校区内共有 53 栋建筑，包括办公楼、实验室、教学楼、综合楼、宿舍楼等建筑类型。其他包括一些辅助性服务建筑，如幼儿园、零售店、食堂等。综合楼通常由教室、研究室、办公室、实验区等组成。由于校园内只有两栋综合楼，其能源使用模式很难识别，因此未将综合楼和其他类的几栋建筑考虑在内。本章分析的四种建筑类型包括办公楼、教学楼、实验室和宿舍楼。这四组建筑群的数据集由东南大学后勤处提供，包括能源使用、建造年份、结构形式、墙体材料、建筑总建筑面积、使用类型和楼层数。2015 年至 2017 年，每月收集能源使用数据，剔除了没有完整三年数据的建筑，结果为六栋办公楼（O_1—O_6）、四栋教学楼（E_1—E_4）、四栋实验楼（L_1—L_4）和三栋住宅楼（R_1—R_3）被用于验证目的。每栋办公楼、教学楼、实验楼和住宅楼的详细情况详见表 5-1 至表 5-4，建筑群的具体位置详见图 5-2。

表 5-1　办公楼群

建筑类型	建造年份	结构形式	楼层数/层	建筑面积 /m^2	屋顶类型
1 号办公楼（O_1）	1980	钢筋混凝土结构	16	16 910	平屋顶
2 号办公楼（O_2）	1927	钢筋混凝土结构	3	5 072	斜屋顶
3 号办公楼（O_3）	1957	砖混结构	4	3 938	斜屋顶
4 号办公楼（O_4）	1922	砖混结构	2	4 500	斜屋顶
5 号办公楼（O_5）	1990	砖混结构	8	11 748	平屋顶
6 号办公楼（O_6）	1991	钢筋混凝土结构	4	7 106	平屋顶

表 5-2　教学楼群

建筑类型	建造年份	结构形式	楼层数 / 层	建筑面积 /m²	屋顶类型
1 号教学楼（E_1）	1980	砖混结构	3	3 630	斜屋顶
2 号教学楼（E_2）	1987	砖混结构	6	5 595	平屋顶
3 号教学楼（E_3）	1982	砖混结构	6	7 482	平屋顶
4 号教学楼（E_4）	1982	砖混结构	3	2 859	平屋顶

表 5-3　实验楼群

建筑类型	建造年份	结构形式	楼层数 / 层	建筑面积 /m²	屋顶类型
1 号实验楼（L_1）	1994	砖混结构	4	2 993	平屋顶
2 号实验楼（L_2）	1955	钢筋混凝土结构	6	10 902	平屋顶
3 号实验楼（L_3）	1957	钢筋混凝土结构	1	949	斜屋顶
4 号实验楼（L_4）	1957	钢筋混凝土结构	1	1 421	斜屋顶

表 5-4　宿舍楼群

建筑类型	建造年份	结构形式	楼层数 / 层	建筑面积 /m²	屋顶类型
1 号宿舍楼（R_1）	1980	钢筋混凝土结构	4	1 313	平屋顶
2 号宿舍楼（R_2）	1990	钢筋混凝土结构	16	12 906	平屋顶
3 号宿舍楼（R_3）	1980	钢筋混凝土结构	15	9 980	平屋顶

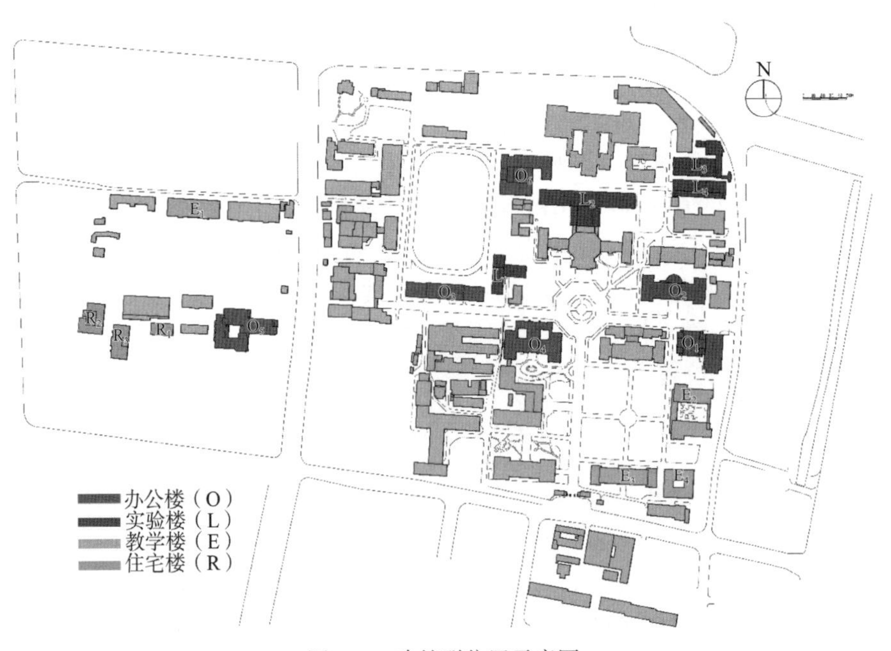

图 5-2　建筑群位置示意图

5.3.2 模型配置和评估

为了消除不同建筑特征导致的不同影响，在模型训练之前，需要配置建筑网络和人工神经网络模型的输入。就建造年份特征而言，建设年份从 1922 年到 1994 年不等，在 1960 年到 1970 年之间有明显的差异。对于 1965 年前建造的建筑，该模型将二进制值设置为 0，否则设置为 1。结构形式亦需要两个取值，该模型将“钢筋混凝土结构”的取值设置为 0，将“砖混结构”的取值设置为 1。同样，将“平屋顶”和“斜屋顶”的取值分别设置为 0 和 1。楼层数的值被归一化为［0，1］，而建筑面积用于计算建筑能源使用强度。表 5-5 给出了模型输入的不同尺度特征数据的详细情况。图 5-3 显示了建筑网络和人工神经网络模型的学习过程。根据能源使用强度数据集，将式 5.4 用于识别样本建筑。

表 5-5　建筑网络和人工神经网络模型输入的详情

特征	来源 / 范围	说明
建造年份	南京市住房和城乡建设局	离散、二进制
结构形式	钢筋混凝土结构、砖混结构	二进制
楼层数 / 层	［1，16］	离散、归一化
屋顶类型	平屋顶、斜屋顶	二进制
建筑面积 /m^2	［1 313，16 910］	计算能源使用强度
能源使用强度	不适用	归一化
相关性	式 5.4	归一化

为了动态更新建筑之间的网络，模型中采用了一个长度为ΔT的时窗来计算相关性。在模型训练过程中，随机定义了神经网络的初始参数，包括各层神经网络的权值和偏差。应用梯度下降规则来学习和更新式 5.23 和式 5.24 中所示的权重和偏差，直到预测值和实际值之间的误差最小化。在验证方面，选择交叉折叠验证法，将数据集分成 70% 用于训练，30% 用于测试。将建筑网络和人工神经网络模型与人工神经网络模型提出的预测能源使用与实测能源使用数据进行了比较：前者将建筑网络集成到人工神经网络算法中作为预测模型，分别考虑样本建筑的物理信息、能源使用强度、非样本建筑的物理信息，以及样本建筑与非样本建筑之间的相关性和总能源使用强度。然而，对于人工神经网络算法，预测模型只考虑了样本建筑的物理信息和能源使用强度，未考虑建筑网络。图 5-3 显示了拟建建筑网络和人工神经网络模型的学习过程。为了评估模型性能，使用三个指标来比较结果的准确性、平均绝对百分误差（式 5.25）、均方根误差（式 5.26）以及 Q-Q 标绘曲线。

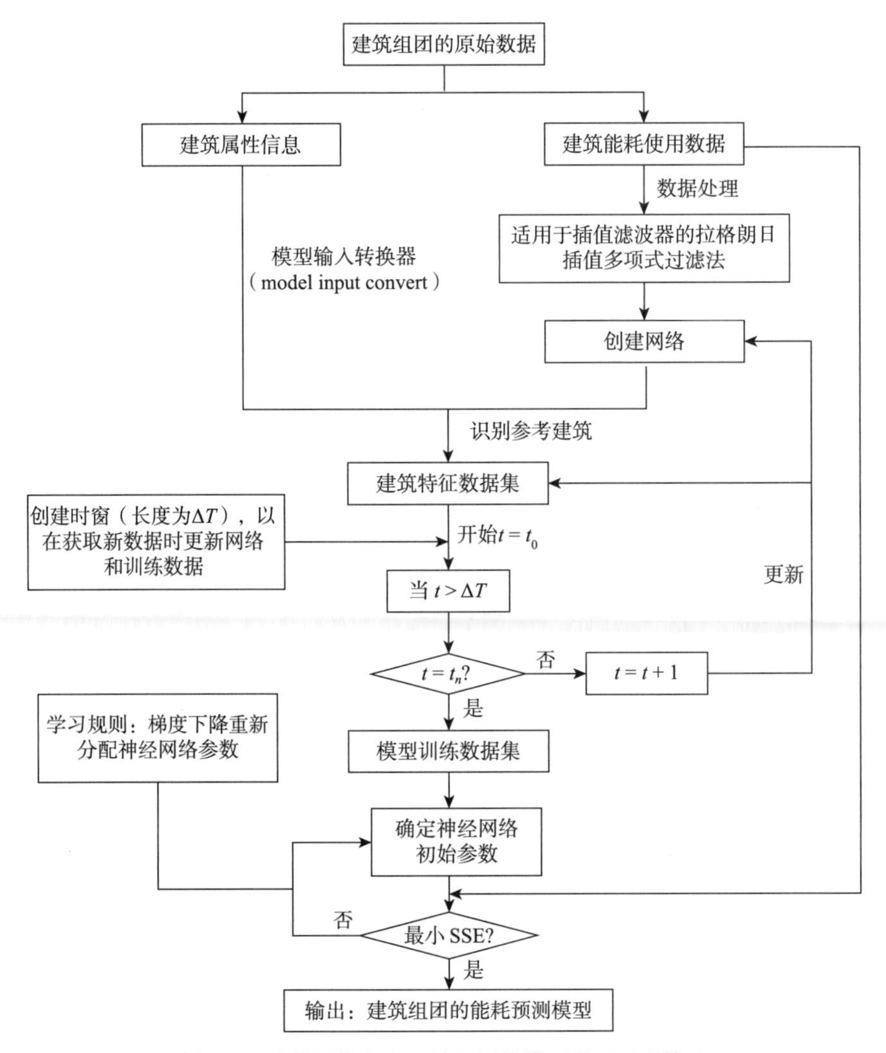

图 5-3　建筑网络和人工神经网络模型学习过程综述

注：t 表示某时刻；t_0 表示起始时刻；t_n 表示总时长；SSE 即 Sum of Square Error，表示误差平方和。

（1）平均绝对误差（MAE）表示该建筑的预测能源使用强度和实际能源使用强度之间的平均误差。

$$MAE(EUI^{\mathrm{p}})=\frac{1}{N}\sum_{i=1}^{N}\left|EUI_i^{\mathrm{a}}-EUI_i^{\mathrm{p}}\right| \qquad （式 5.23）$$

（2）平均绝对百分误差（Mean Absolute Percentage Error，MAPE）表示该建筑的预测能源使用强度和实际能源使用强度之间的平均百分误差。

$$MAPE(EUI^{\mathrm{p}})=\frac{1}{N}\sum_{i=1}^{N}\left|(EUI_i^{\mathrm{a}}-EUI_i^{\mathrm{p}})/EUI_i^{\mathrm{a}}\right| \qquad （式 5.24）$$

（3）均方根误差（Root Mean Square Error，RMSE）表示估计误差的大小。

$$RMSE(EUI^{p})=\sqrt{\sum_{i=1}^{N}(EUI_i^{a}-EUI_i^{p})^{2}/N} \qquad （式 5.25）$$

其中，EUI^{a} 和 EUI^{p} 分别是实际和预测的建筑能源使用强度；N 是样本量。

（4）绝对百分误差的标准偏差（Standard Deviation，Std）表示建筑的预测能源使用强度结果与实际能源使用强度之间的误差变化。

$$Std_{APE}=\sqrt{\frac{1}{n-1}\sum_{i=1}^{n}(MAPE_i-MAPE)^2} \qquad （式 5.26）$$

其中，$MAPE=(EUI_i^{a}-EUI_i^{p})/EUI_i^{a}$。

（5）Q-Q 标绘曲线是一种图表，用于比较标准变化时的真阳性率和假阳性率。

5.4 结果和评估

5.4.1 建筑能源使用强度结果

办公楼、教学楼、实验楼和宿舍楼的能源使用强度测量结果分别见图 5-4 至图 5-7。对于每类建筑群，给出了 2015 年、2016 年、2017 年的能源使用强度分布和总建筑能源使用强度箱线图。

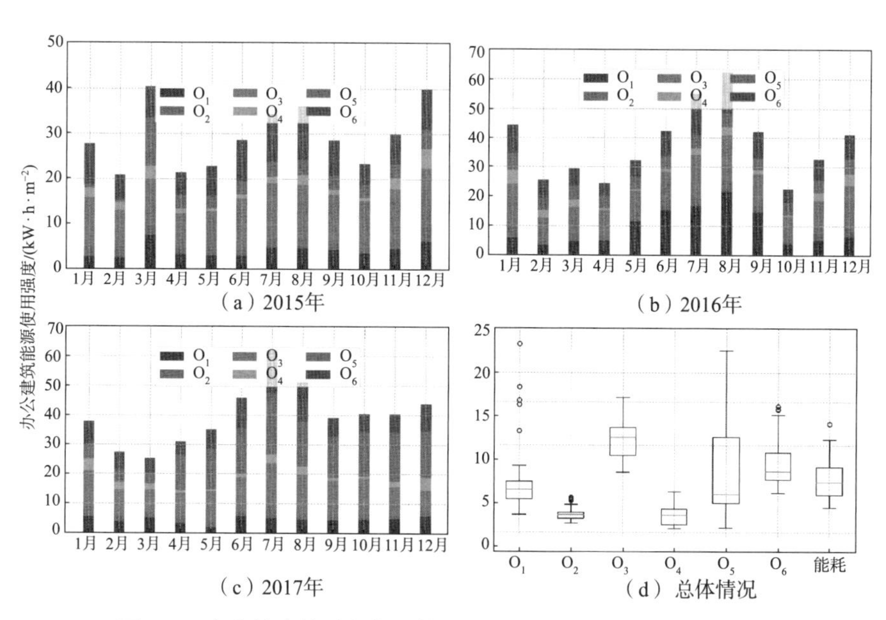

（a）2015年　（b）2016年　（c）2017年　（d）总体情况

图 5-4　办公楼建筑群的能源使用强度和建筑能源使用总体情况

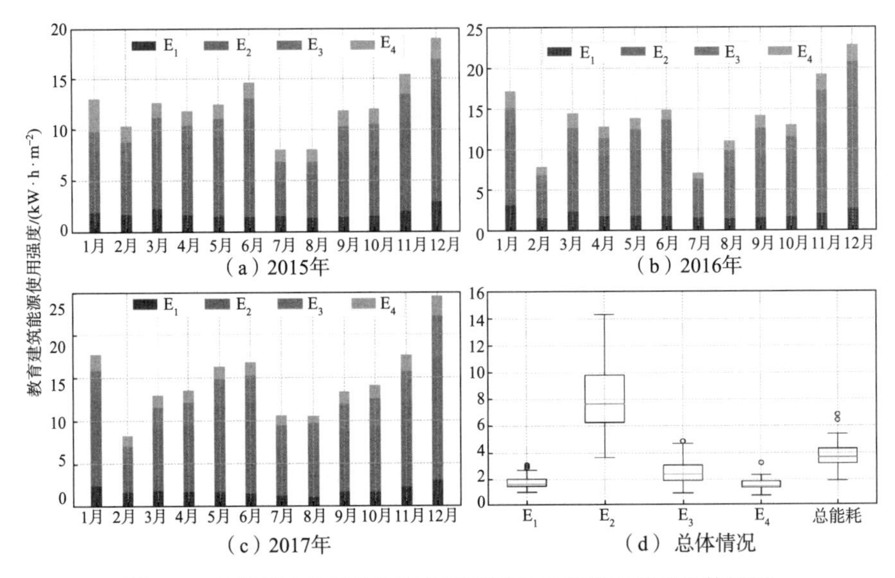

图 5-5　教学楼建筑群的能源使用强度和建筑能源使用总体情况

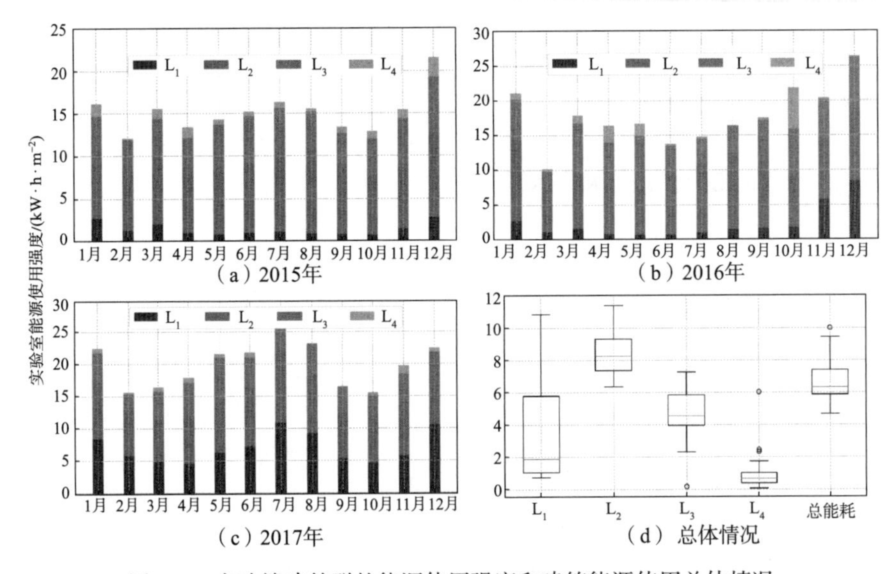

图 5-6　实验楼建筑群的能源使用强度和建筑能源使用总体情况

图 5-4（a）至（c）的结果显示，在 2015 年和 2016 年中，三栋耗电最高的建筑分别是 O_1、O_3 和 O_6；在 2017 年中，三栋耗电量最高的建筑分别是 O_3、O_5 和 O_6。图 5-4（d）显示了办公楼群能源使用强度的总和。能源使用强度趋势显示，由于典型的季节性模式，办公楼通常在冬季（12 月和 1 月）和夏季（7 月和 8 月）消耗更多的能源。结果表明，O_1 的能源使用强度为 2.01—21.64 kW · h/m^2，平均值为 6.14 kW · h/m^2，标准偏差为 4.35 kW · h/m^2。O_2 和 O_4 建筑的能耗较低，最低能源使用强度分别约为 1.05 kW · h/m^2 和 0.46 kW · h/m^2。O_2 和 O_4 建筑的平均能源使用强度约为 2 kW · h/m^2（两者均为），最大值分别为 3.97 kW · h/m^2

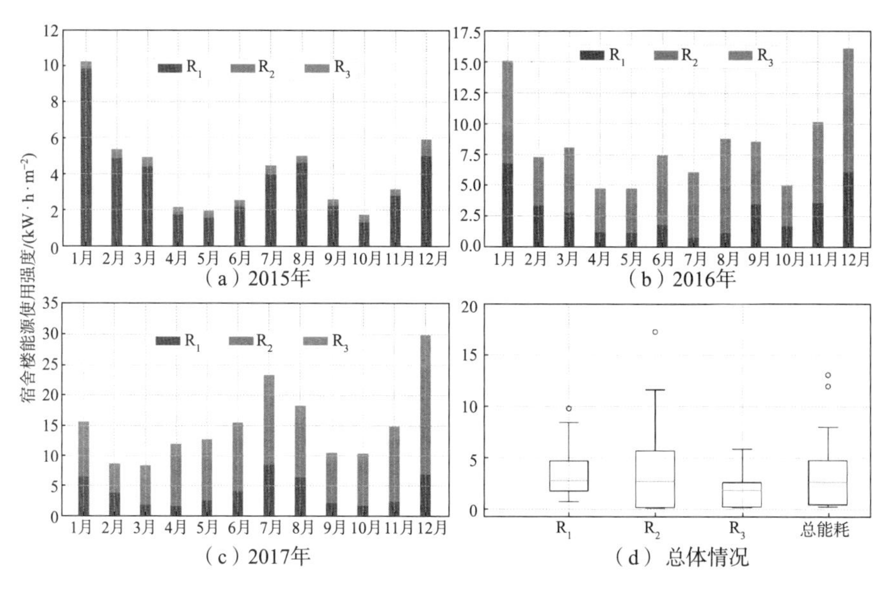

图 5-7　宿舍楼建筑群的能源使用强度和建筑能源使用总体情况

和 4.66 kW·h/m^2，标准偏差分别为 0.83 kW·h/m^2 和 1.21 kW·h/m^2。O_2 和 O_4 的占地面积比 O_1 和 O_3 大，楼龄也比 O_1 和 O_3 长。从表 5-6 可以看出，O_3 的最大平均能源使用强度约为 11 kW·h/m^2，最小能源使用强度约为 7 kW·h/m^2。整个办公楼建筑群的能源使用强度从 2.86 kW·h/m^2 到 12.46 kW·h/m^2 不等，平均为 6.15 kW·h/m^2。

表 5-6　办公楼建筑群的能源使用强度　（kW·h/m^2）

类别	最小	平均值	标准	最大
O_1	2.01	6.14	4.35	21.64
O_2	1.05	2.13	0.83	3.97
O_3	6.89	10.76	2.25	15.51
O_4	0.46	2.00	1.21	4.66
O_5	0.54	6.81	5.35	20.89
O_6	4.51	8.01	2.88	14.50
总能耗	2.86	6.15	2.29	12.46

图 5-5 和表 5-7 显示了教学楼的能源使用强度和综合总建筑能源使用强度箱线图。与办公楼相比，教学楼相对较新且较小（见表 5-2），能源使用强度结果反映了这一事实。此外，教学楼在暑假（7 月和 8 月）和寒假（2 月）空置。E_1、E_3 和 E_4 的能源使用强度分别介于 1.06 kW·h/m^2 至 3.11 kW·h/m^2、0.97 kW·h/m^2 至 4.86 kW·h/m^2 和 0.79 kW·h/m^2 至 3.22 kW·h/m^2 之间（最小值到最大值）。E_2 是耗电最高建筑，其能源使用强度介于 3.63 kW·h/m^2 至 14.34 kW·h/m^2 之间。

表 5-7　教学楼建筑群的能源使用强度　（kW・h/m²）

类别	最小	平均值	标准	最大
E_1	1.06	1.83	0.49	3.11
E_2	3.63	7.84	2.54	14.34
E_3	0.97	2.51	0.90	4.86
E_4	0.79	1.58	0.45	3.22
总能耗	1.89	3.77	1.13	6.85

图 5-6 和表 5-8 显示了实验楼的能源使用强度，没有不明朗的趋势。L_4 的平均能源使用强度远低于其他实验楼的能源使用强度。L_4 的能源使用强度在 0.04 kW・h/m^2 到 6.01 kW・h/m^2 之间变化，平均为 0.89 kW・h/m^2。虽然 L_3 的能源使用强度最大值与最小值范围与 L_4 相似（介于 0.16 kW・h/m^2 到 7.27 kW・h/m^2 之间），但其平均能源使用强度为 4.75 kW・h/m^2，远高于 L_4。L_2 的能耗最大，建筑面积也最大，其能源使用强度为 6.36—11.40 kW・h/m^2，平均为 8.48 kW・h/m^2。L_1 的能源使用强度为 0.72—11.00 kW・h/m^2，平均为 3.58 kW・h/m^2。

表 5-8　实验楼建筑群的能源使用强度　（kW・h/m²）

类别	最小	平均值	标准	最大
L_1	0.72	3.58	3.11	10.87
L_2	6.36	8.48	1.44	11.40
L_3	0.16	4.75	1.53	7.27
L_4	0.04	0.89	1.05	6.01
总能耗	4.67	6.70	1.29	10.01

图 5-7 和表 5-9 显示了宿舍楼的能源使用强度。学生宿舍楼的能源使用强度趋势与教学楼的能源使用强度趋势非常相似，因为它们采用相同的教学时间表。研究选取了三栋相邻且于同一年建成的宿舍楼，这些宿舍楼的结构墙和屋顶类型均相同。R_2 和 R_3 分别是 16 层和 15 层的高层建筑。R_2 的建筑面积为 12 906 m^2，大于 R_3。R_2 的能源使用强度为 0.16—17.24 kW・h/m^2，平均为 3.82 kW・h/m^2。R_3 的能源使用强度为 0.21—5.85 kW・h/m^2，平均为 1.89 kW・h/m^2。R_1 的能源使用强度为 0.77—9.81 kW・h/m^2，平均为 3.54 kW・h/m^2。

表 5-9　宿舍楼建筑群的能源使用强度　（kW・h/m²）

类别	最小	平均值	标准	最大
R_1	0.77	3.54	2.25	9.81
R_2	0.16	3.82	4.03	17.24
R_3	0.21	1.89	1.59	5.85
总能耗	0.27	3.35	3.12	13.08

5.4.2 网络分析和预测的准确度

本节讨论基于社会网络分析的建筑网络计算、基于建筑网络的机器学习技术的应用，并给出了建筑群预测的准确度。通过计算 2015 年至 2017 年单体建筑能源使用强度与建筑群总能源使用强度的相关性，图 5-8 说明了各组建筑之间的网络相关性。

在办公楼建筑群中，O_1、O_3 和 O_6 被确定为样本建筑［图 5-8（a）］，它们与建筑总能源使用强度的相关系数分别为 0.735、0.662 和 0.730。O_1 对建筑总能源使用强度的影响最大。观察非样本建筑和样本建筑之间的网络相关性发现，大多数非样本建筑与样本建筑之间的相关性不大，其能源使用强度趋势相关性一般小于 0.6（O_2 和 O_3 的相关性为 0.713 除外）。这对于 O_1 和 O_5 尤其如此，因为它们共享负的网络相关性。

对于教学楼建筑群，E_4 是唯一的非样本建筑［图 5-8（b）］。与建筑总能源使用强度趋势最相关的建筑是 E_2，相关系数高达 0.983。E_3 也与建筑总能源使用强度趋势高度相关，相关系数为 0.910。

考虑到实验楼建筑群中的网络相关性，L_1 和 L_2 是样本建筑，其相关系数分别是 0.722 和 0.918［图 5-8（c）］。对于非样本建筑，L_4 与 L_1、

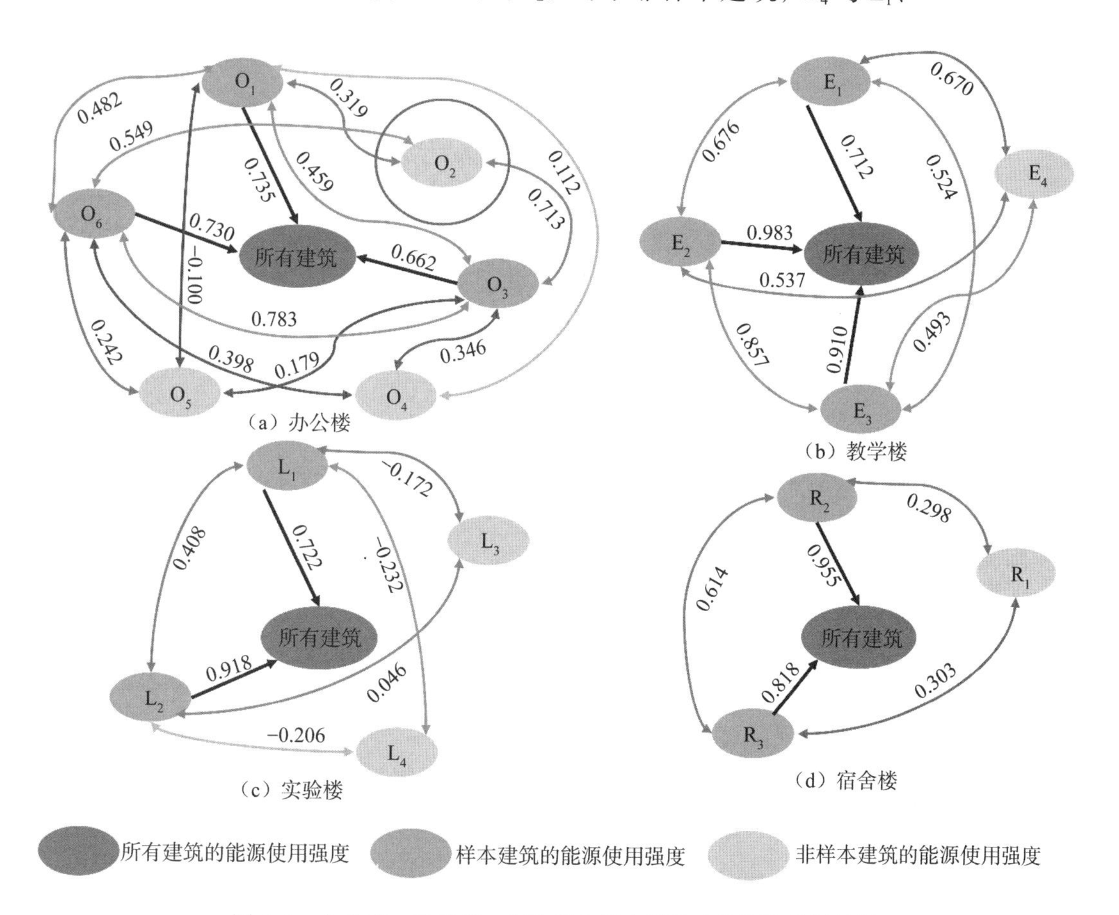

图 5-8 办公楼、教学楼、实验楼和宿舍楼的建筑网络分析结果

L_2 均呈负相关，在 L_4 和 L_1、L_2 之间分别呈现相反的能源使用强度趋势。同时，L_3 的能源使用强度趋势与 L_1 和 L_2 号样本建筑的关系要低得多。

在宿舍楼建筑群中，R_2 和 R_3 为样本建筑，其高相关系数分别为 0.955 和 0.818［图 5-8（d）］。R_1 显示与两栋样本建筑之间存在正相关性，但相关性较低。

在计算建筑之间的网络相关性之后，建筑数据集由网络、建筑物理信息和建筑能源使用强度组成。为了验证算法的有效性，将 70% 的数据集用于训练模型，而将 30% 的数据集用于测试模型。图 5-9 至图 5-12 显示了建筑网络和人工神经网络与人工神经网络对四种建筑数据集的训练和测试结果。为了比较拟建建筑网络和人工神经网络模型，应用了两个基线结果（图 5-13）。第一种基线结果使用建筑网络和人工神经网络模型，在 7 月至 12 月的 6 个月期间，将实际建筑能源使用强度与预测能源使用强度进行比较。第二种基线结果在忽略建筑之间网络相关性的情况下，将实际能源使用强度与人工神经网络模型中样本建筑的预测建筑能源使用强度进行比较。在大多数情况下，实际值和预测值都是合理的。为了进一步了解预测性能，生成了 Q-Q 标绘曲线。

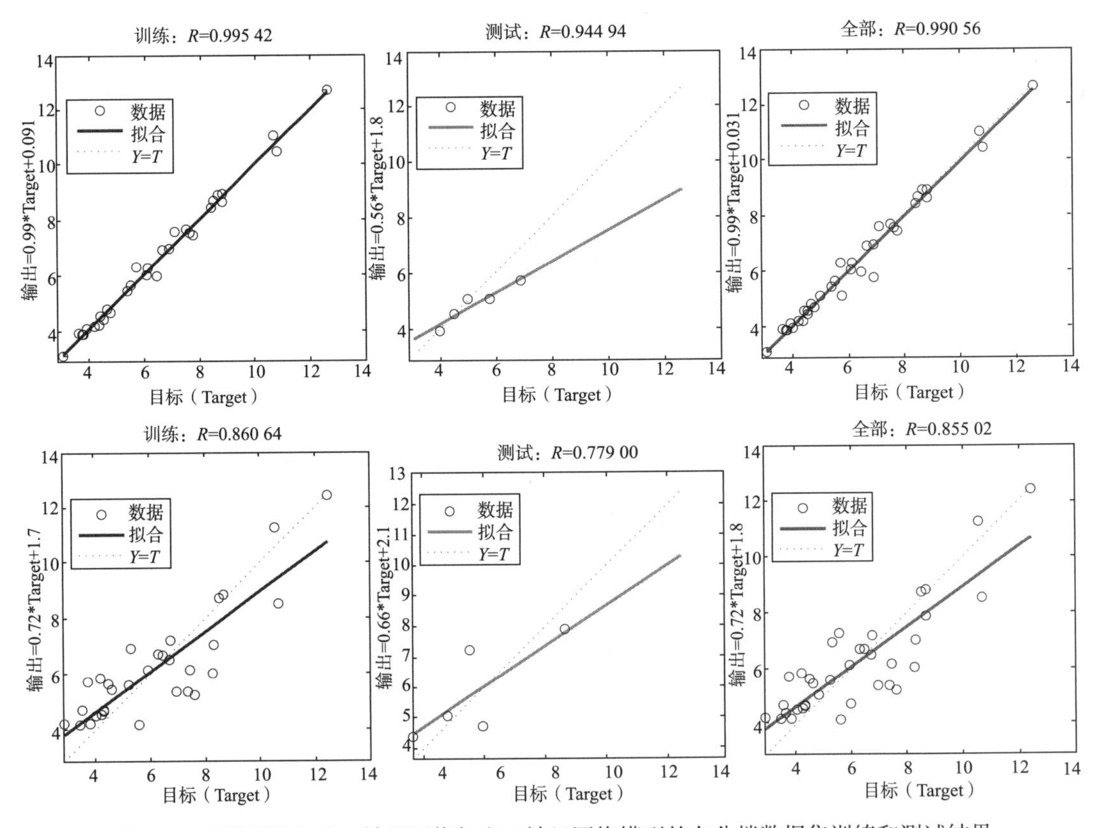

图 5-9　建筑网络和人工神经网络与人工神经网络模型的办公楼数据集训练和测试结果

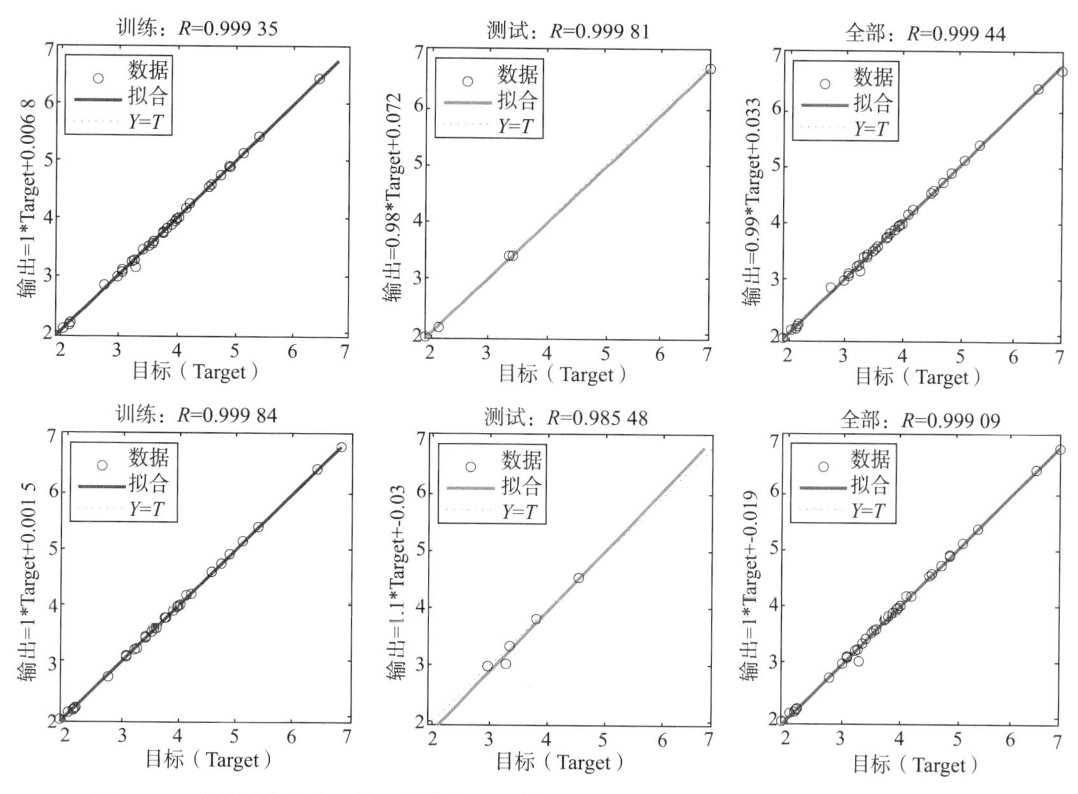

图 5-10　建筑网络和人工神经网络与人工神经网络模型的教学楼数据集训练和测试结果

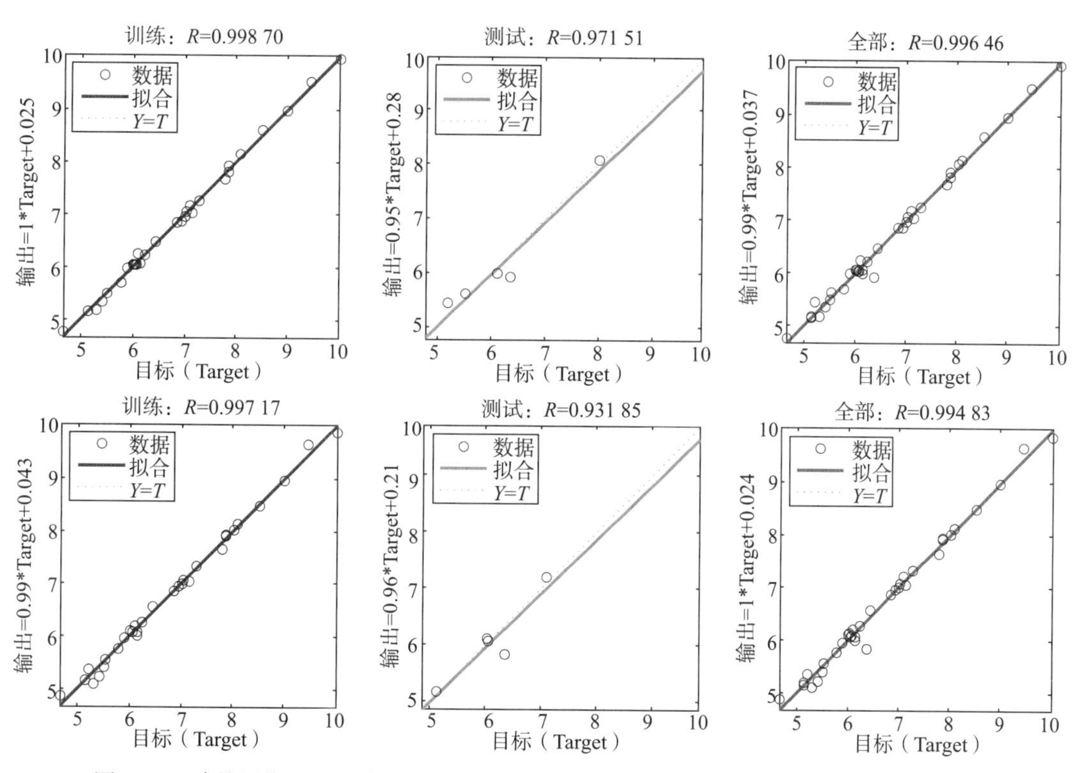

图 5-11　建筑网络和人工神经网络与人工神经网络模型的实验楼数据集训练和测试结果

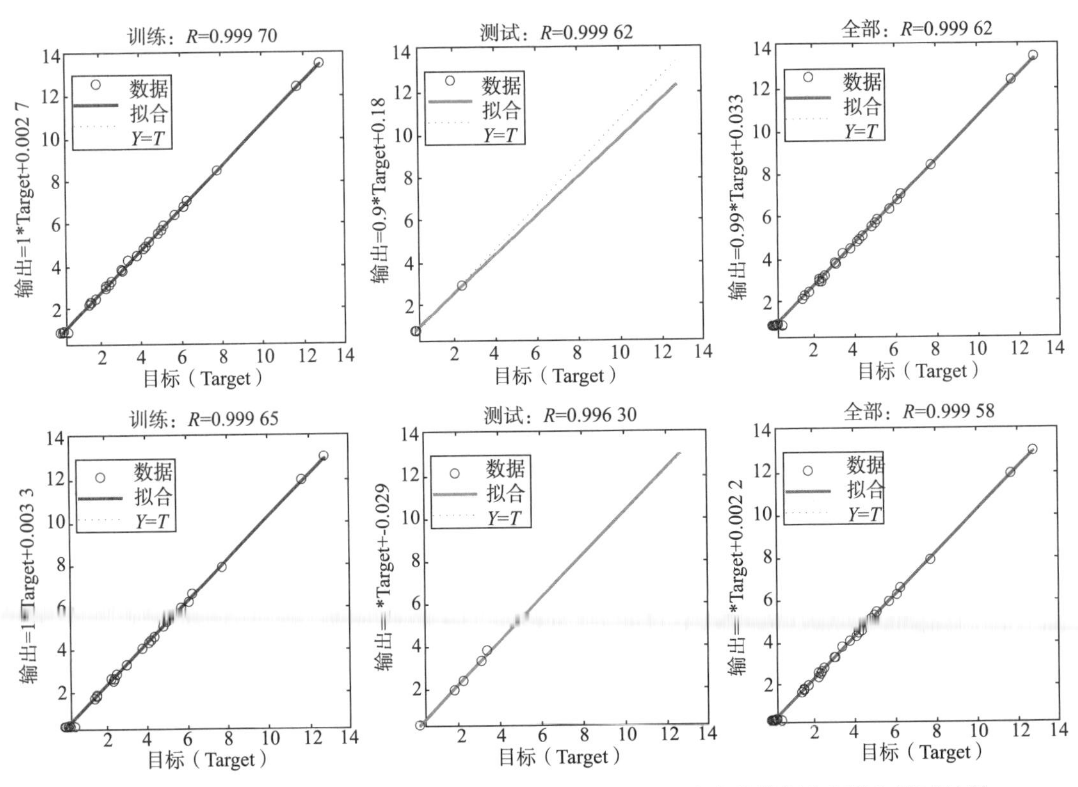

图 5-12　建筑网络和人工神经网络与人工神经网络模型的宿舍楼数据集训练和测试结果

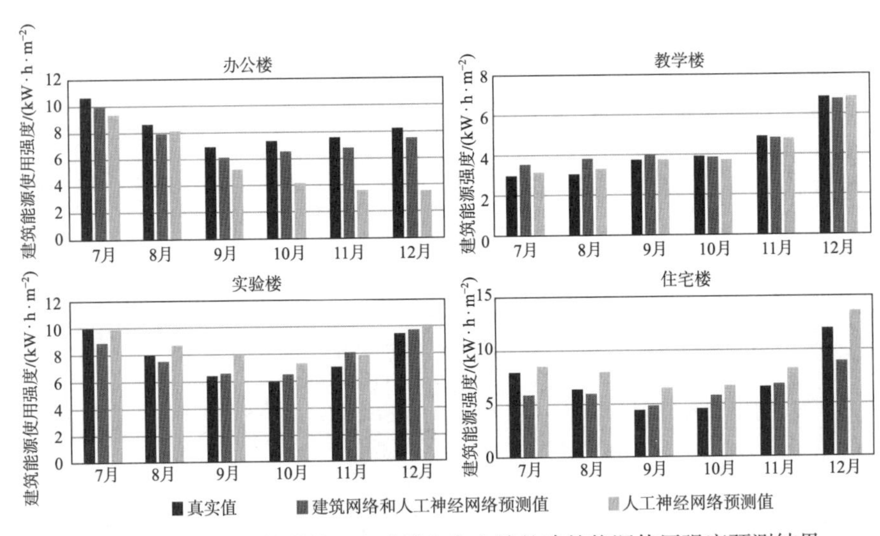

图 5-13　办公楼、教学楼、实验楼和宿舍楼的建筑能源使用强度预测结果

Q-Q 标绘曲线表示实际数据集的分位数与预测数据集的分位数的比较。图 5-14 表示对办公楼和教学楼结果的评估。办公楼 Q-Q 标绘曲线的结果验证了建筑网络和人工神经网络模型的预测结果，R^2 为 1。此外，建筑网络和人工神经网络模型的性能优于仅使用人工神经网络模型的性能（R^2 为 0.630 9）。此外，建筑网络和人工神经网络预测结果更接近 $Y=X$，

这表明建筑网络和人工神经网络模型可以更准确地预测实际的能源使用强度。然而，对于教学楼而言，虽然两个模型都取得了较好的预测效果（建筑网络和人工神经网络模型的 R^2 为 0.957 8，人工神经网络模型的 R^2 为 0.988），但人工神经网络模型在评估 $Y=X$ 时的预测结果要准确得多。

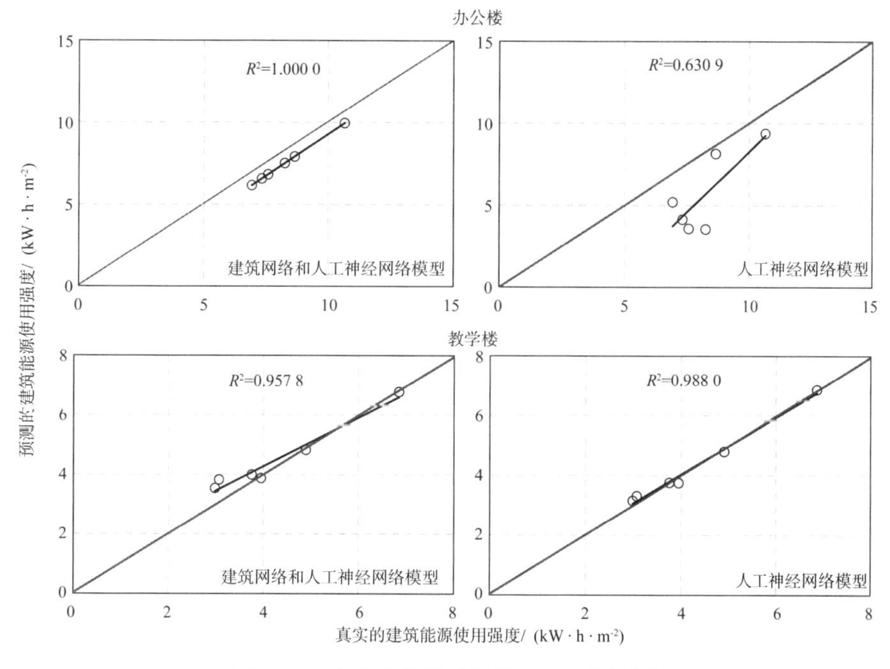

图 5-14　办公楼和教学楼的 Q-Q 标绘曲线

图 5-15 显示了实验楼和宿舍楼的 Q-Q 标绘曲线结果。观察结果可以发现，从 R^2 值可以看出，人工神经网络模型对两个建筑群的预测效果都比建筑网络和人工神经网络模型好。然而，与人工神经网络模型相比，建筑网络和人工神经网络模型预测的建筑能耗结果更多地随 $Y=X$ 下降，这意味着建筑网络和人工神经网络模型获得了更准确的预测结果。表 5-10 给出了使用平均绝对百分误差和均方根误差计算的人工神经网络、建筑网络和人工神经网络结果的数值比较。与地面实况相比，办公楼建筑群的建筑网络和人工神经网络模型对平均绝对百分误差（建筑网络和人工神经网络为 9.33%，人工神经网络为 32.6%）和均方根误差（建筑网络和人工神经网络为 9.12%，人工神经网络为 36.1%）的预测准确度都提高了 23% 以上。建筑网络和人工神经网络模型的绝对百分误差的标准偏差（Std_{APE}）为 1.62%，而人工神经网络模型的绝对百分误差的标准偏差（Std_{APE}）为 21.51%，证明拟建建筑网络和人工神经网络模型可以显著提高准确度，减小误差变异。对于教学楼而言，其建筑网络和人工神经网络、人工神经网络的平均绝对百分误差分别为 9.21% 和 3.6%。建筑网络和人工神经网络、人工神经网络的均方根误差分别为 9.56% 和 3.66%。建筑网络和人工神经网络、人工神经网络的绝对百分误差的标准

偏差分别为 10.35% 和 3.3%。结果表明，虽然建筑网络和人工神经网络模型实现了可接受的准确度，但在不考虑非样本建筑 E_4 与样本建筑 E_1、E_2 和 E_3 之间网络的情况下，人工神经网络模型可以得到更好的建筑总能源使用强度预测结果。这可能是因为有两栋样本建筑（E_1、E_2）与建筑总能源使用强度高度相关，用样本建筑预测总建筑能源使用强度就足够了。对于实验楼而言，我们可以发现，建筑网络和人工神经网络模型的性能更好，平均绝对百分误差和均方根误差分别为 7.66% 和 9.04%，而人工神经网络模型的这两个评估指标分别为 12.1% 和 12.2%。建筑网络和人工神经网络、人工神经网络的绝对百分误差的标准偏差分别为 5.01% 和 8.80%。与实验楼的人工神经网络模型相比，建筑网络和人工神经网络模型具有微弱优势。对于宿舍楼而言，从均方根误差可以看出，与人工神经网络模型相比，建筑网络和人工神经网络模型在总建筑能源使用强度预测的稳健性上改善效果甚微。然而，与人工神经网络模型相比，建筑网络和人工神经网络可以将能源使用强度预测结果的准确度从 16.68% 提高到 27.46%，将绝对百分误差的标准偏差从 10.94% 提高到 16.9%。最后，综合评估表明，基于建筑网络和人工神经网络模型的平均绝对百分误差为 10.72%，而基于人工神经网络模型的平均绝对百分误差为 18.94%。建筑网络和人工神经网络模型与人工神经网络模型相比，稳健性从 14.52% 提高到 26.06%，绝对百分误差的标准偏差从 8.25% 上升到 17.98%。可以得出如下结论：建筑网络分析通过将样本建筑与总建筑能源使用和非样本建筑之间的网络整合在一起，大大提高了人工神经网络模型的预测性能和准确度。

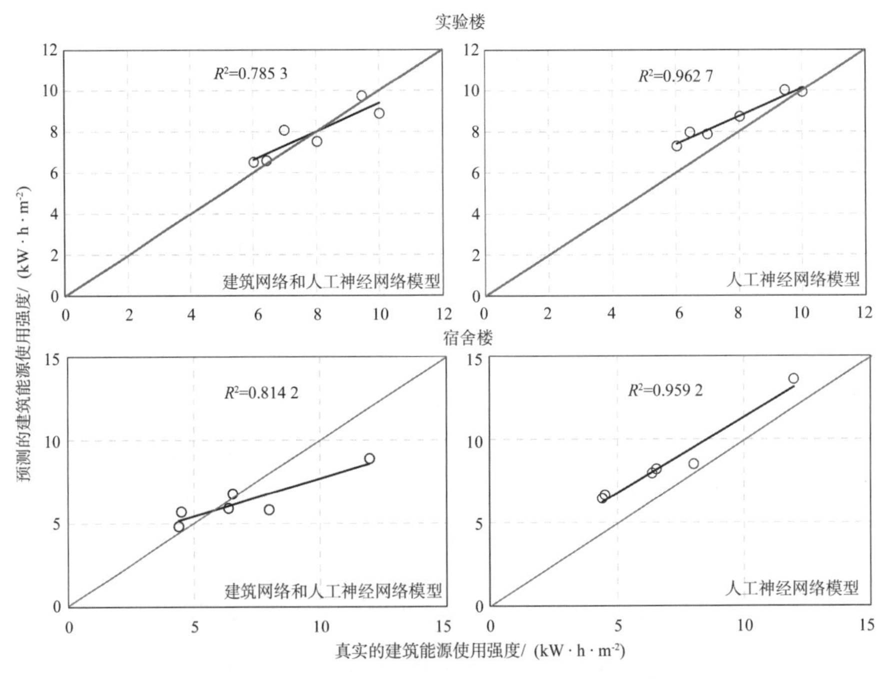

图 5-15　实验楼和宿舍楼的 Q-Q 标绘曲线

表 5-10　建筑网络和人工神经网络、人工神经网络模型预测结果比较

类别	建筑网络和人工神经网络模型					人工神经网络模型				
	平均绝对误差	平均绝对百分误差 /%	均方根误差 /%	绝对百分误差的标准偏差 /%	R^2	平均绝对误差	平均绝对百分误差 /%	均方根误差 /%	绝对百分误差的标准偏差 /%	R^2
办公楼	0.75	9.33	9.12	1.62	1.000 0	2.57	32.60	36.10	21.51	0.630 9
教学楼	0.30	9.21	9.56	10.35	0.957 8	0.12	3.60	3.66	3.30	0.988 0
实验楼	0.60	7.66	9.04	5.01	0.785 3	0.83	12.10	12.20	8.80	0.962 7
宿舍楼	1.26	16.68	23.55	10.94	0.814 2	1.60	27.46	24.19	16.90	0.959 2
合计	0.73	10.72	14.52	8.25	0.859 1	1.28	18.94	26.06	17.98	0.560 0

在拟建建筑网络和人工神经网络中，三个网络对建筑群能源使用强度的预测至关重要：一是样本建筑能源使用强度与总建筑能源使用强度之间的相关性；二是各样本建筑能源使用强度之间的相关性；三是样本建筑能源使用强度和非样本建筑能源使用强度之间的相关性。对于办公楼建筑而言，基于建筑网络和人工神经网络、人工神经网络模型的预测建筑能源使用强度小于实际建筑能源使用强度。这里可能有两个重要的原因：一是办公楼建筑群中的三个网络相关性比较弱；二是样本建筑的能源使用强度之和远远小于总建筑能源使用强度。然而，建筑网络和人工神经网络模型的准确度相较人工神经网络模型有了很大的提高，人工神经网络模型只利用样本建筑的能源使用强度来预测总建筑能源使用强度。而教学楼建筑的结果恰恰相反。各样本建筑的能源使用强度和总建筑能源使用强度之间的相关性以及样本建筑之间的相关性都很强，因此基于建筑网络和人工神经网络、人工神经网络模型的准确度都很高，但后者好一点。这表明，人工神经网络模型仅使用样本建筑的能源使用强度就可以很好地预测建筑能源使用的总体情况了。

实验楼建筑使用建筑网络和人工神经网络模型的准确度得到了提高。尽管样本建筑的能源使用强度与总建筑能源使用强度之间的相关性较强，但也表明样本建筑的能源使用强度与非样本建筑的能源使用强度之间的网络大多是负的。此现象使得基于建筑网络和人工神经网络模型的预测结果比基于人工神经网络模型的预测结果要小。宿舍楼建筑的准确度也得到了提高，样本建筑能源使用强度之间的网络以及样本建筑能源使用强度和总建筑能源使用强度之间的相关性都很强。综合考虑各建筑群能源使用强度模式的标准偏差，我们发现，办公楼群和宿舍楼群的标准偏差相对较高。将建筑网络和人工神经网络模型应用于这两组，可以提高预测总建筑能源使用强度的准确性。

研究结果表明，建筑网络和人工神经网络模型更适用于样本建筑能源使用强度与总建筑能源使用强度之间的网络（或相关性）较弱、建筑群能源使用强度标准偏差相对较高的建筑。而对于三个网络较强的其他建筑群（如教学楼），可以推断人工神经网络模型将足够准确地预测总建

筑能源使用强度。

5.5 本章小结

本章提出了跨学科的研究方法，把基于社会网络分析的建筑网络分析和人工神经网络算法相结合。首先应用社会网络分析方法开展建筑网络分析并识别：一是样本建筑，单个建筑能源使用与总建筑能源使用密切匹配（相关系数≥ 60%）；二是样本建筑之间的相关性；三是建筑能源使用总体趋势；四是非样本建筑。其次将机器学习技术与建筑网络相结合，预测建筑能源使用的总体情况。最后的验证步骤是使用东南大学校四牌楼校区内的建筑，这些建筑被分为四种类型，即办公楼、教学楼、实验楼和宿舍楼。值得注意的是，每一类型都有独特的使用时间，会导致不同的能源使用峰值。结果表明，拟建建筑网络和人工神经网络模型能够较好地预测建筑群的能源使用强度。

对于城市规划者和能源政策制定者来说，了解能源使用动态对于以下三个方面至关重要：一是了解城市形态和社会经济发展中能源消耗的地点和方式；二是提供能源使用态势感知的相关信息，以便更好地分配资源和确定政策干预的目标；三是为整个城市确定节约成本的机会。校园包含大量的建筑，且是城市的重要组成部分，优化校园内的能源分配系统有助于减少城市能源消耗和温室气体排放。这样看来，虽然建筑网络和人工神经网络是一个黑箱模型，但它能探明哪些建筑是最重要的用户，并能预测动态的建筑能源使用强度。建筑网络和人工神经网络模型可以为决策者提供多建筑能源使用预测，但所需的数据要少得多，这有助于分配能源资源并确定节能改进的优先顺序。本章提供了跨学科框架，该框架概述了如何定义样本建筑，并将其应用于预测建筑群的能源消耗。最后，建筑群能源预测模型可以估算能源使用，而能源使用正是电网交互式高效建筑的一个关键特征[52]。

当然，本章研究也存在一定的局限性。首先，仅选取东南大学四牌楼校区进行案例研究，建筑数量有限，没有在多用途建筑等其他类型的建筑群中进行测试。本章研究也没有验证拟建建筑网络和人工神经网络模型在预测城市级非校园建筑能源使用方面的性能。其次，在应用建筑网络分析方法时建立了三个网络，并将其输入建筑网络和人工神经网络模型中。然而，本章研究并未探讨是否需要所有的网络，或哪种网络更适合建筑群能源预测。此外，结果显示，建筑网络和人工神经网络模型更适合能源使用强度模式标准偏差较高的建筑群。因此，需要更多的努力和更丰富的建筑数据集来支持进一步的研究。再次，用于创建建筑网络的建筑属性受限于建筑物理信息的范围；并且，通过计算两栋建筑的这些属性之间的相关性来创建建筑网络。然而，应注意两个方面的局限性：其一，在构建建筑网络时，建议引入更多的建筑属性（如区位信息、时刻表等），这样可以提高非样本建筑对样本建筑的表示能力和预测结果的准确性。未来研究的另一个可能是每个属性对能源使用强度预测的贡献，以及如何确定和选择最有效的属性来减少模型输入的数量。这些局限性对今后建筑群能源使用建模期间的属性选择有一定启示，而不考虑统计和工程方法。最后，还需要开展进一步研究，以确定拟建建筑网络和人工神经网络模型是否可用于大型建筑群（如城市级建筑）的能源预测。为此，在城市级上识别所有样本建筑的建模可能是密集的，因此需要云计算或高性能计算来处理大型复杂问题。

本章研究将基于社会网络分析的建筑网络与机器学习技术相结合，提出了一种建筑群的能源使用预测模型。利用社会网络分析方法识别样本建筑群，并建立样本建筑与建筑能源使用总体情况和非样本建筑之间的关联。模型中考虑了重要的建筑属性信息，如建筑面积、楼层数、建造年份、屋顶类型和结构形式。为了验证拟建建筑网络和人工神经网络方法，以东南大学四牌楼校区为例，对办公楼、教学楼、实验楼和宿舍楼群进行了测试。为了检验拟建建筑网络和人工神经网络模型的性能，专门选取了建筑实际能源使用数据和基于人工神经网络的预测能源使用数据作为两条基线。结果表明，拟建建筑网络和人工神经网络模型、人工神经网络模型对办公楼建筑的平均绝对百分误差预测准确度分别为9.33% 和 32.60%；对教学楼建筑的平均绝对百分误差预测准确度分别为 9.21% 和 3.60%；对实验楼建筑的平均绝对百分误差预测准确度分别为 7.66% 和 12.10%；对宿舍楼建筑的平均绝对百分误差预测准确度分别为 16.68% 和 27.46%。考虑到均方根误差结果的稳健性，拟建建筑网络和人工神经网络模型、人工神经网络模型对办公楼建筑的预测准确度分别达到 9.12% 和 36.10%；对教学楼的预测准确度分别达到 9.56% 和 3.66%；对实验楼的预测准确度分别达到 9.04% 和 12.20%；对宿舍楼建筑的预测准确度分别达到 23.55% 和 24.19%。此外，从总体结果来看，建筑网络和人工神经网络模型可以预测建筑群的能源利用强度，平均绝对百分误差和均方根误差的准确率分别约为 10.72% 和 14.52%，表明该拟建模型可以有效、准确地预测建筑群的能源利用强度。

研究结果表明，建筑网络和人工神经网络模型更适用于样本建筑能源使用强度与总建筑能源使用强度之间的关联性较弱、建筑群能源使用强度的标准偏差较高的建筑。而对于其他三类相关性都很强的建筑群，人工神经网络模型被证明是足够精确的，可以预测总建筑能源使用强度。本章提出的跨学科建筑网络和人工神经网络模型为城市建筑能源使用预测提供了一种新的、有吸引力的实证研究法。进一步的实际应用可以帮助识别样本建筑，这些建筑与整个城区建筑能源使用强度具有更相似的模式。随着智能电表和微型电网在校园层面的广泛应用，本章研究提出的方法可以帮助设施管理者基于较少的数据快速估算总能源使用，并制定最优节能策略。在未来的研究中，根据更多的能源使用数据，可以用建筑网络和人工神经网络模型来预测整个校园、城市片区或整个城市更大规模的建筑群的能源使用状况。

第 5 章参考文献

[1] PÉREZ-LOMBARD L, ORTIZ J, POUT C. A review on buildings energy consumption information[J]. Energy and buildings, 2008, 40: 394–398.

[2] NRDC, IMT. City energy project: a joint project of NRDC + IMT[EB/OL]. (2021-11-23)[2022-07-12].https://www.cityenergyproject.org/.

[3] HONG T Z. IEA EBC annexes advance technologies and strategies to reduce energy use and GHG emissions in buildings and communities[J]. Energy and buildings, 2018, 158: 147–149.

[4] YOSHINO H, HONG T Z, NORD N. IEA EBC annex 53: total energy use in buildings: analysis and evaluation methods[J]. Energy and buildings, 2017, 152: 124–136.

[5] ZHAO H X, MAGOULÈS F. A review on the prediction of building energy consumption[J]. Renewable and sustainable energy reviews, 2012, 16(6): 3586–3592.

[6] WEI Y X, ZHANG X X, SHI Y, et al. A review of data-driven approaches for prediction and classification of building energy consumption[J]. Renewable and sustainable energy reviews, 2018, 82: 1027–1047.

[7] ZHENG Z, ZHUANG Z, LIAN Z, et al. Study on building energy load prediction based on monitoring data[J]. Procedia engineering, 2017, 205: 716–723.

[8] AMASYALI K, EL-GOHARY N M. A review of data-driven building energy consumption prediction studies[J]. Renewable and sustainable energy reviews, 2018, 81: 1192–1205.

[9] KNEIFEL J, WEBB D. Predicting energy performance of a net-zero energy building: a statistical approach[J]. Applied energy, 2016, 178: 468–483.

[10] SUN Y J, HUANG G S, XU X H, et al. Building-group-level performance evaluations of net zero energy buildings with non-collaborative controls[J]. Applied energy, 2018, 212: 565–576.

[11] KONTOKOSTA C E, TULL C. A data-driven predictive model of city-scale energy use in buildings[J]. Applied energy, 2017, 197: 303–317.

[12] HSU D. Comparison of integrated clustering methods for accurate and stable prediction of building energy consumption data[J]. Applied energy, 2015, 160: 153–163.

[13] LI W, ZHOU Y, CETIN K, et al. Modeling urban building energy use: a review of modeling approaches and procedures[J]. Energy, 2017, 141: 2445–2457.

[14] REINHART C F, CEREZO DAVILA C. Urban building energy modeling: a review of a nascent field[J]. Building and environment, 2016, 97: 196–202.

[15] HAN Y L, TAYLOR J E, LAURA PISELLO A. Toward mitigating urban heat island effects: investigating the thermal-energy impact of bio-inspired retro-reflective building envelopes in dense urban settings[J]. Energy and buildings, 2015, 102: 380–389.
[16] PISELLO A L, CASTALDO V L, TAYLOR J E, et al. Expanding inter-building effect modeling to examine primary energy for lighting[J]. Energy and buildings, 2014, 76: 513–523.
[17] PISELLO A L, TAYLOR J E, XU X, et al. Inter-building effect: simulating the impact of a network of buildings on the accuracy of building energy performance predictions[J]. Building and environment, 2012, 58: 37–45.
[18] HAN Y L, TAYLOR J E, LAURA PISELLO A. Exploring mutual shading and mutual reflection inter-building effects on building energy performance[J]. Applied energy, 2017, 185: 1556–1564.
[19] HAN Y L, TAYLOR J E. Simulating the inter-building effect on energy consumption from embedding phase change materials in building envelopes[J]. Sustainable cities and society, 2016, 27: 287–295.
[20] LI C, HONG T Z, YAN D. An insight into actual energy use and its drivers in high-performance buildings[J]. Applied energy, 2014, 131: 394–410.
[21] PANG X F, HONG T Z, ANN PIETTE M. Improving building performance at urban scale with a framework for real-time data sharing[C]. San Diego: the Symposium on Simulation for Architecture and Urban Design, 2013: 1-4.
[22] FONSECA J A, SCHLUETER A. Integrated model for characterization of spatiotemporal building energy consumption patterns in neighborhoods and city districts[J]. Applied energy, 2015, 142: 247–265.
[23] OLIVEIRA M J N, BRITO M C, et al. Modelling aggregate hourly electricity consumption based on bottom-up building stock[J]. Energy and buildings, 2018, 170: 170–182.
[24] KALOGIROU S, NEOCLEOUS C, SCHIZAS C. Building heating load estimation using artificial neural networks[C]. Toronto: the 17th International Conference on Parallel Architectures and Compilation Techniques, 1997: 1–8.
[25] JAIN R K, SMITH K M, CULLIGAN P J, et al. Forecasting energy consumption of multi-family residential buildings using support vector regression: investigating the impact of temporal and spatial monitoring granularity on performance accuracy[J]. Applied energy, 2014, 123: 168–178.
[26] HAWKINS D, HONG S M, RASLAN R, et al. Determinants of energy use in UK higher education buildings using statistical and artificial neural network methods[J]. International journal of sustainable built environment, 2012, 1(1): 50–63.
[27] KAVGIC M, SUMMERFIELD A, MUMOVIC D, et al. Application of a Monte Carlo model to predict space heating energy use of Belgrade' s housing stock[J].

Journal of building performance simulation, 2015, 8(6): 375–390.

[28] KAVGIC M, MUMOVIC D, SUMMERFIELD A, et al. Uncertainty and modeling energy consumption: sensitivity analysis for a city-scale domestic energy model[J]. Energy and buildings, 2013, 60: 1–11.

[29] AFRAM A, JANABI-SHARIFI F. Black-box modeling of residential HVAC system and comparison of gray-box and black-box modeling methods[J]. Energy and buildings, 2015, 94: 121–149.

[30] Anon. Building technology and urban systems division at Lawrence Berkeley National Laboratory: city building energy saver[EB/OL]. (2021-12-16)[2022-07-12]. https://buildings.lbl.gov/urban-science/tools.

[31] CHEN Y X, HONG T Z, ANN PIETTE M. Automatic generation and simulation of urban building energy models based on city datasets for city-scale building retrofit analysis[J]. Applied energy, 2017, 205: 323–335.

[32] FONSECA J A, NGUYEN T–A, SCHLUETER A, et al. City energy analyst(CEA): integrated framework for analysis and optimization of building energy systems in neighborhoods and city districts[J]. Energy and buildings, 2016, 113: 202–226.

[33] FELSMANN C, ROBBI S, ECKSTÄDT E. Reduced order building energy system modeling in large-scale energy system simulations[C]. Chambéry: 13th Conference of the International Building Performance Simulation Association, 2013: 1216–1223.

[34] HEIDARINEJAD M, MATTISE N, DAHLHAUSEN M, et al. Demonstration of reduced-order urban scale building energy models[J]. Energy and buildings, 2017, 156: 17–28.

[35] ZHAO F, LEE S H, AUGENBROE G. Reconstructing building stock to replicate energy consumption data[J]. Energy and buildings, 2016, 117: 301–312.

[36] U.S. Department of Energy. Commercial prototype building models[EB/OL]. (2016-04-07)[2021-12-16]. https://www.energycodes.gov/prototype-building-models.

[37] DERU M, FIELD K, STUDER D, et al. U.S. Department of energy commercial reference building models of the national building stock[R]. United States: NREL, 2011.

[38] MASTRUCCI A, BAUME O, STAZI F, et al. Estimating energy savings for the residential building stock of an entire city: a GIS-based statistical downscaling approach applied to Rotterdam[J]. Energy and buildings, 2014, 75: 358–367.

[39] CAPUTO P, COSTA G, FERRARI S. A supporting method for defining energy strategies in the building sector at urban scale[J]. Energy policy, 2013, 55: 261–270.

[40] YANG Z, ROTH J, JAIN R K. DUE-B: data-driven urban energy benchmarking of buildings using recursive partitioning and stochastic frontier analysis[J]. Energy and buildings, 2018, 163: 58–69.

[41] GAITANI N, LEHMANN C, SANTAMOURIS M, et al. Using principal component and cluster analysis in the heating evaluation of the school building sector[J]. Applied energy, 2010, 87(6): 2079–2086.
[42] DEB C, LEE S E. Determining key variables influencing energy consumption in office buildings through cluster analysis of pre- and post-retrofit building data[J]. Energy and buildings, 2018, 159: 228–245.
[43] ARAMBULA LARA R, PERNIGOTTO G, CAPPELLETTI F, et al. Energy audit of schools by means of cluster analysis[J]. Energy and buildings, 2015, 95: 160–171.
[44] TARDIOLI G, KERRIGAN R, OATES M, et al. Identification of representative buildings and building groups in urban datasets using a novel pre-processing, classification, clustering and predictive modelling approach[J]. Building and environment, 2018, 140: 90–106.
[45] OTTE E, ROUSSEAU R. Social network analysis: a powerful strategy, also for the information sciences[J]. Journal of information science, 2002, 28(6): 441–453.
[46] GRANDJEAN M. A social network analysis of Twitter: mapping the digital humanities community[J]. Cogent arts and humanities, cogent, 2016, 3: 1171458.
[47] ARAM M, NEUMANN G. Multilayered analysis of co-development of business information systems[J]. Journal of internet services and applications, 2015, 6(1): 359–371.
[48] LUO L Z, SHEN Q P, XU G Y, et al. Stakeholder-associated supply chain risks and their interactions in a prefabricated building project: a case study in Hong Kong[J]. Journal of management in engineering, 2019, 35(2): 94–107.
[49] BALE C S E, MCCULLEN N J, FOXON T J, et al. Harnessing social networks for promoting adoption of energy technologies in the domestic sector[J]. Energy policy, 2013, 63: 833–844.
[50] VANTOCH-WOOD A, Connor P M. Using network analysis to understand public policy for wave energy[J]. Energy policy, 2013, 62: 676–685.
[51] MCMICHAEL M, SHIPWORTH D. The value of social networks in the diffusion of energy-efficiency innovations in UK households[J]. Energy policy, 2013, 53: 159–168.
[52] Office of Energy Efficiency & Renewable Energy. Buildings and the grid 101: why does it matter for energy efficiency[EB/OL].(2017-12-12)[2021-12-16]. https://www.energy.gov/eere/buildings/articles/buildings-and-grid-101-why-does-it-matter-energy-efficiency.

第 5 章图表来源

图 5-1 至图 5-15 源自：笔者绘制 .

表 5-1 至表 5-10 源自：笔者绘制 .

6　数据驱动的城市街区层级建筑群能源预测

6.1　引言

数据驱动的预测模型已被广泛应用于建筑能源需求的预测，诸如不同规模的建筑制冷[1-2]、供热[3]、能源使用[4]和生产[5-6]。在模型选择方面，通常会考虑机器学习算法。例如，鲁滨逊（Robinson）等人利用少数建筑特征和机器学习算法进行能耗预测，并通过《纽约市地方法》第 84 条获得的相关能耗数据集对算法进行了验证[7]。卡洛吉普（Kalogirou）等人利用电力数据和神经网络的反向传播法预测了 225 栋建筑所需的热负荷[8]。卡夫格基（Kavgic）等人运用蒙特卡罗方法预测了贝尔格莱德（Belgrade）住宅的空间供热能源[9]，并对城市级家庭能源模型的不确定性进行了敏感性分析[10]。康托科斯塔（Kontokosta）等人提出了城市级建筑能源使用的数据驱动预测模型，并在对 20 000 栋建筑的分析中比较了三种机器学习算法：普通最小二乘（OLS）法、支持向量回归（SVR）法以及随机森林（RF）法[11]。邓恒方等人利用六种回归和机器学习算法进行城市能源预测，与统计模型相比，报告的误差降低了 10%—15%[12]。

马军等人利用多元线性回归（Multi-Linear Regression，MLR）、人工神经网络（ANN）和支持向量回归（SVR）以及地理信息系统集成数据分析框架，对纽约市 3 640 栋居民住宅的年度能源使用强度进行了估算。结果表明，与其他方法相比，基于支持向量回归的方法具有更高的精度[13]。贾因（Jain）等人基于传感器的预测方法，并结合支持向量回归，研究了时间和空间粒度对多栋住宅建筑能耗的影响[14]。霍金斯（Hawkins）等人运用人工神经网络方法确定英国高校建筑能耗的决定因素[15]，结果表明电力和供热燃料的平均绝对预测误差分别为 34% 和 25%。法尔扎纳（Farzana）等人应用了一个人工神经网络模型、两个灰色模型、一个回归模型、一个多项式模型和一个多项式回归模型来预测和比较需求[16]，最终得出结论，即人工神经网络模型最适合用于能源预测。艾哈迈德·加萨尔（Ahmed Gassar）等人利用多层神经网络（Multi-Layer Neural Networks，MLNN）、多元线性回归、随机森林和梯度提升（Gradient Boosting，GB）算法开发出数据驱动模型，用于预测伦敦中等超级输出区（Medium Super Output Zone，MSOZ）和较低超级输出区（Lower Super Output Zone，LSOZ）

住宅建筑的电力和天然气消耗[17]，结果表明多层神经网络算法的表现优于其他算法。范成等人评估了基于深层递归神经网络的短期建筑能源预测策略[18]。索姆（Somu）等人提出了 kCNN-LSTM 模型，该模型结合了 k 均值聚类、卷积神经网络（Convolutional Neural Network，CNN）和长短期记忆（LSTM）来获取能耗数据的时空特征[19]。王哲等人利用长短期记忆（LSTM）来预测办公建筑的内部热增量[20]。

就数据驱动预测中的数据选择而言，通常将气候和历史能源使用数据应用于模型中，除此之外，城市和建筑的形态参数也被应用于城市建筑能耗模型中，以提升其精确性[21]。城市形态在城市建筑能耗模型中已得到强调和应用，主要通过两种途径——关联城市设计与能源需求，以及提升城市建筑能耗模型中的能源预测。李向锋等人利用数据挖掘技术，以由 539 栋住宅建筑和 153 栋公共建筑组成的城市建筑数据集为基础，对影响建筑能耗的城市形态因素进行了分析，找出了诸如朝向、体形系数、建筑周长比等因素[22]。欧赫（Oh）等人提取了 13 种城市形态因子，利用回归分析探讨建筑节能性能的重要性，并利用机器学习和聚类方法对城市形态因子进行分类[23]。曼甘（Mangan）等人讨论了温带城市形态对建筑节能和成本效率的影响，并建立了 120 个形态模型，其中建筑高度及高宽比对能源使用的影响大于朝向[24]。克里斯滕森（Kristensen）等人利用丹麦独立式住宅长期的逐时供热数据，建立了 11 种随机模型进行原型建筑能源预测，每小时负荷的预测精度在 12% 以内；并结合建筑的物理结构，以确保原型更适合一般的能源规划目标[25]。罗思（Roth）等人尝试将数据驱动和基于物理学的方法结合起来，根据现有数据估算每小时的城市能源需求[26]，以协助可持续发展的城市规划，加快低碳分布式能源资源和城区能源系统的布局。

一般而言，边界元法通常对计算资源的要求很高，并严重依赖于数据集的大小[27]，这也带来了挑战。相关研究者提出了两种常用方法，即降阶模型[28]和原型建筑[29-30]，以缓解计算复杂性并降低对数据集的要求。诸如，建筑能耗降价模型可创建快速的城市级模型，分析各种内部、外部和系统热负荷[31]。美国能源部开发出 16 种商业参考建筑类型，跨越不同的气候区，以支持对城市能源使用的分析[32]。建筑原型研究可将相关探索扩展到独栋建筑之外，应用于大型小区或城市街区，并帮助开发能源基准工具，用来选择适当的政策[33]。此外，由于在城市环境中，建筑不再是孤立的，建筑间的相互影响不容忽视，构成了城市建筑能耗模型中的一项关键要素[34]。因此，需要明晰城市环境中的建筑间效应（IBE），用来提高城市能源模型的精确性[35]，并降低所需数据集的大小。通常，相互影响或建筑间效应可通过两种方式来描述。由于相邻建筑之间的光线遮挡构成了城市环境中的主要效应，第一种方法是在城市建筑能耗模型中模拟并计算建筑的遮挡效应[36]。韩一龙等人研究了在高密度城市环境中，建筑间的反射性建筑表皮对缓解城市热岛效应的影响[37]。

第二种方法是利用历史能源数据的相似性建立建筑网络。诸如，通过调查建筑群中能源使用趋势的接近程度，可采用整体建筑能源数据定义参考建筑[38]。研究人员还将建筑网络纳入数据驱动的预测技术中[39]。尽管如此，另一种可能的方法很少有人问津，即构建具有建筑设计参数相似性的建筑网络，并通过建筑形态对其进行分组。

综上所述，一般而言，对于独栋建筑，在历史能源使用数据集的辅助下，数据驱动模型通常采用时间序列数据集和机器学习算法来预测能源使用情况。尽管如此，随着城市建筑规模越来越大，数据采集的难度以及城市建筑能耗模型的建模难度也相应增加。概括而言，城市建筑能耗模型面临的挑战包括以下方面：

第一，城市街区层级建筑能源使用的空间和时间变化；

第二，在空间和时间层面需要充分的建筑能源使用数据；

第三，通过有限的数据精确预测有关城市街区层级建筑的能源使用情况；

第四，定义并整合城市环境中建筑群的互联网络（或效应）；

第五，城市层级建筑能耗模型中预测算法的选择。

因此，本章以 42 个住宅小区共 539 栋住宅建筑和 153 栋公共建筑的能源数据集为样本，在街区层级展开城市建筑能源预测的综合研究。在考虑源自建筑网络的时空预测和相互影响的前提下，提出了五种城市街区建筑能源预测方法。利用城市建筑能耗模型，对 K 近邻、支持向量回归和长短期记忆三种典型预测算法的表现进行了评估。

6.2 研究方法

6.2.1 城市建筑数据集描述

本章研究选取江苏省建湖县为案例所在城市。根据柯本—盖格（Koppen-Geiger）的气候分类，其属于典型的亚热带气候，总面积约为 1 160 km^2。图 6-1 显示出本章研究中 692 栋建筑的分布情况。每栋建筑的基本信息包括地址、建造年份、占地面积和物理尺寸（面积、长度、宽度和高度）。此外，还提取了更多的建筑物属性，包括建筑高宽比（Building Aspect Ratio，BAR）、体形系数（Shape Coefficient，SC）、周长面积比（Perimeter to Area，PA），以及四个方向（东、南、西、北）上的阻碍物的高度与街道宽度比（Height to Width，HW）。有关建筑数据集及属性计算过程的更详细信息，可参见早期研究论文[22]。为量化目标，本章对能源使用强度（EUI）进行了评估，利用总能源用量和建筑面积计算如下：

$$EUI_{\text{building},s} = \frac{E_{\text{building}}}{\sum S} \quad \text{（式 6.1）}$$

其中，$EUI_{building,s}$ 为建筑能源使用强度（kW · h/m^2）；$E_{building}$ 为能源用量（kW · h）；S 为建筑面积（m^2）。

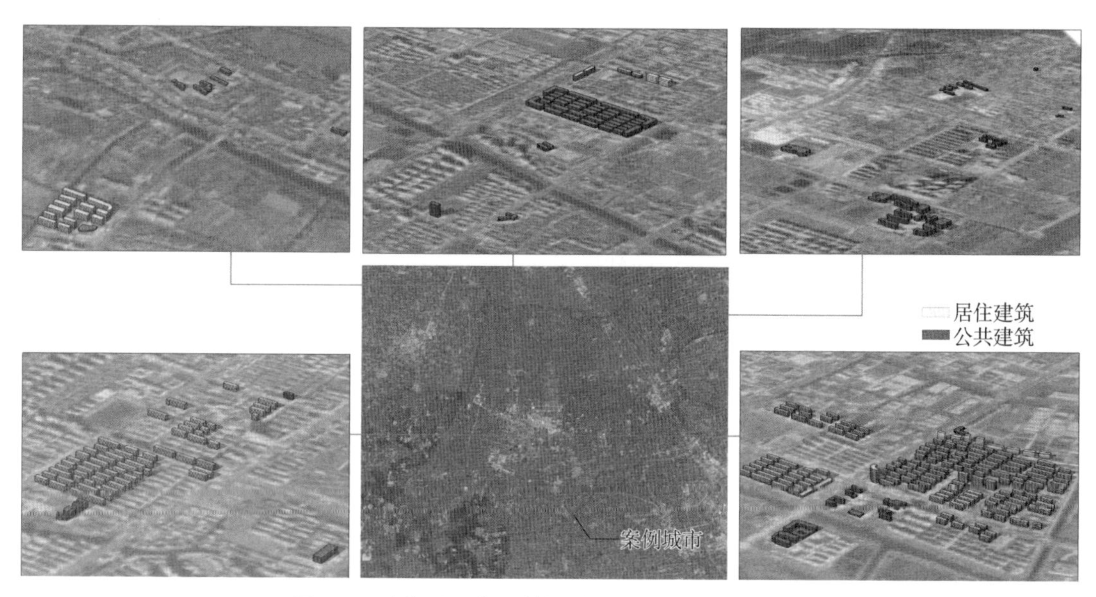

图 6-1　建湖县区位及数据分析用到的建筑群分布

注：深色为公共建筑；浅色为居住建筑。

6.2.2　数据预处理及数据驱动预测技术

1）数据预处理

建筑能源数据由供电局工作人员记录，记录过程中可能会存在人为误差。因此，首先需要对数据进行预处理，排除意外记录，并避免包括异常值等在内的误差。对于居住建筑而言，由于能源数据的分辨率为年度数据，因此该能源数据不能自行插值。此外，所有异常值均分布在面积为 1 000—6 000 m^2 的建筑中，首先根据对应的建筑面积将建筑分成五组，分别为 1 001—2 000 m^2、2 001—3 000 m^2、3 001—4 000 m^2、4 001—5 000 m^2、5 001—6 000 m^2；其次将每月大于或等于 35 kW · h/m^2 的能源使用强度定义为异常值；最后计算各组非异常值（即能源使用强度小于 35 kW · h/m^2）的中位数，并用这些中位数替换相应组中的异常值。而公共建筑数据集则忽略了所有存在月度用电量数据缺失的建筑，选择了剩余的 71 栋建筑从 2015 年 1 月至 2018 年 12 月共 48 个月的完整月度用电量记录。

2）支持向量回归

支持向量机（SVM）通常被选择作为估算变量期望值的一种方法，因其采用唯一的损失函数来计算结果。通过最小化损失，支持向量机忽略了非常接近实际结果的训练数据，旨在建立一个包含尽可能多样本的边界，以提高模型的可靠性[40]。支持向量回归（SVR）是支持向量机中用于求解回归问题的一种算法。给定训练向量 $x_i \in \boldsymbol{R}^p$（i=1，…，n），其中 $\boldsymbol{R}$ 为向量集，以及一向量 $y \in \boldsymbol{R}^n \varepsilon-$，支持向量回归求解以下主要问题：在研究中，可利用计算机语言 Python 中 scikit 学习包的支持向量回归函数来建立回归模型。

$$\min_{w,b\zeta,\zeta^*} \frac{1}{2} w^T w + c\sum_{i=1}^{n}(\zeta_i + \zeta_i^*) \qquad \text{（式 6.2）}$$

其中，w 为自变量系数；b 为常数量；c 为系数；T 为转置；ζ 为误差允许范围；ζ^* 为松弛因子。

此模型取决于

$$\begin{aligned} & y_i - w^T \phi(x_i) - b \leqslant \varepsilon + \zeta_i \\ & w^T \phi(x_i) + b - y_i \leqslant \varepsilon + \zeta_i^* \\ & \zeta_i \zeta_i^* \geqslant 0 \;\; (i=1, \cdots, n) \end{aligned} \qquad \text{（式 6.3）}$$

其中，y 为因变量；w 为自变量系数；x 为自变量；b 为常数量；ε 为误差；T 为转置；ζ 为误差允许范围；ζ^* 为松弛因子。

3）K 近邻

作为一种非参数、非线性、基于距离的模型，K 近邻（K-Nearest Neighbor，KNN）算法在早期被广泛应用于分类和预测[41]。K 近邻的原理是找到最接近新点、预先确定的训练样本数，并从中预测标签。可利用 scikit 学习包中的 K 近邻（回归）（K Neighbors Regressor）来构建模型。在研究中，一般采用标准欧氏距离作为距离度量单位。通过距离的倒数来计算权重点，这意味着与较远的查询点相比，较近的查询点的影响更大。

$$d(p, q) = \sqrt{\sum_{i=1}^{n}(p_i - q_i)^2} \qquad \text{（式 6.4）}$$

其中，p、q 为两类数据。

4）长短期记忆网络算法

本章采用长短期记忆（LSTM）网络算法来建立建筑的能源预测。长短期记忆网络算法是递归神经网络（Recurrent Neural Network，RNN）的一种改进版本[42]，可以更容易记住过往的数据。考虑到未知持续时间的时滞，长短期记忆非常适合于时间序列的分类、处理和预测。长短期记忆网络算法通常由输入层、隐藏层、输出层、环境层和遗忘层组成。在研究中，由于建筑能源用量数据为典型的时间序列数据集（时间序列数据），因此长短期记忆非常适合于预测。假设输入层和输出层分别为 X 和 Y，S 为状态层，环境层（C）用于存储下一间隔中状态层的反馈信号，遗忘层（F）用于引导信息，该信息应根据当前输入和先前输出形成：

$$y_t = f(W x_t + U h_{t-1} + b) \qquad \text{（式 6.5）}$$

其中，$x_t \in X$，$y_t \in Y$。y 表示某一层的输出，包括 f_t, i_t, z_t, o_t。f 表示每层的激活函数。W 将每层的权重表示为 W_f，W_i，W_z，W_o。U 将最后状态的权重表示为 U_f，U_i，U_z，U_o。b 将每层的偏差表示为 b_f，b_i，b_z，b_o。下标 f、i、z、o 分别表示遗忘层、针对下一隐藏层的输入层的输出和状态，以及隐藏层的输出。下标 t 表示时间步长。环境层的输出可以是遗忘层、上一时间步长的环境层和隐藏层输入的函数（式 6.6）。隐藏层的输出可被更新为式 6.7。

$$c_t = f_t\, c_{t-1} + i_t z_t \quad \text{（式 6.6）}$$

$$h_t = o_t \tanh c_t \quad \text{（式 6.7）}$$

6.2.3 城市建筑群能源预测模型

如图 6-2 所示，城市建筑群能源数据集通常具备空间性和时间性，除时间序列能源数据集外，在城市环境中，城市建筑群本身具备形态特征和建筑间的相互关系，例如，来自相邻建筑的遮挡。因此，城市建筑群的数据集可能包括能源、形态特性及相互关系。对于城市建筑群能源预测，本章研究利用城市建筑群数据集提出了五种典型的数据驱动预测模型，各自结构如图 6-3 中所示。 在每一预测模型中，运用支持向量回归、K 近邻和长短期记忆预测技术来确定最合适的预测技术。第一个模型，即模型 1，为最典型的时间序列模型，其采用历史能源数据来预测每一栋建筑的能源使用情况。为降低所要求数据集的维数，接下来提出的四个模型通过数量更少的建筑的能源数据来预测建筑群的能源使用情况。五种模型的描述如下：

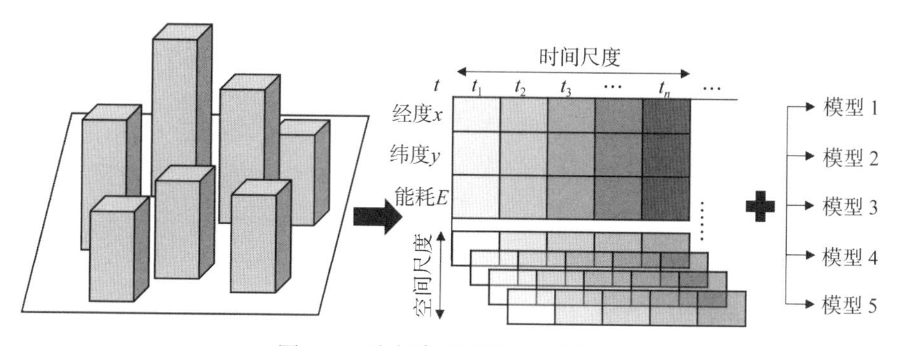

图 6-2　城市建筑能源数据集图解

1）模型 1——单栋建筑的时间序列能源预测模型

与传统典型的时间序列能源预测模型一样，模型 1 对 71 栋公共建筑的历史能源数据进行了模型输入参数格式化，并分别对单栋建筑的能源使用情况进行了预测。如图 6-3 所示，设置一时间窗口（设置为 5 个月）来创建一系列动态能源输入，其输入可由式 6.8 构建。前 42 个月的能源

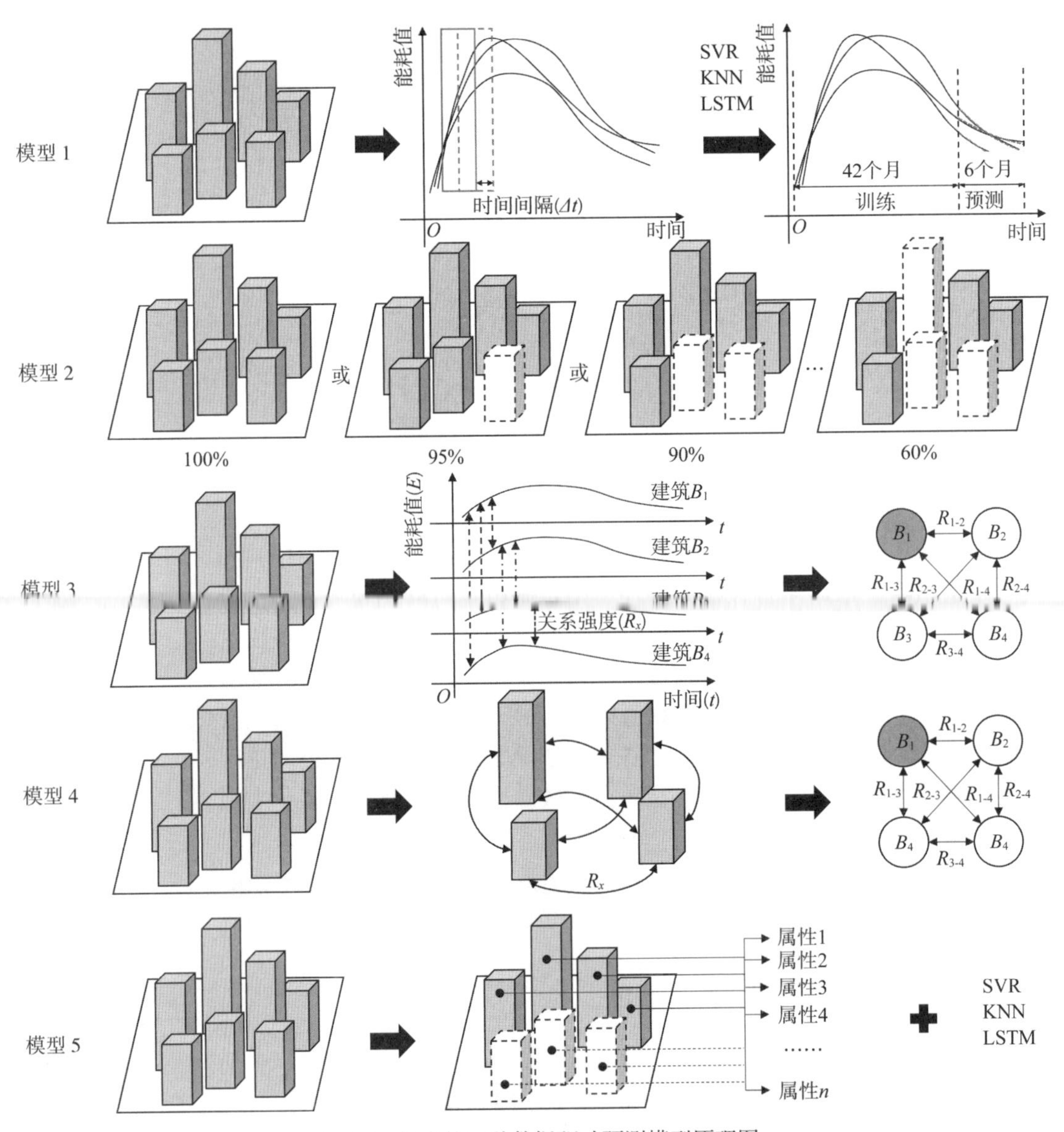

图 6-3　提出的五种数据驱动预测模型原理图

使用强度数据被用于模型训练，后 6 个月的能源使用强度数据被用于模型验证。换言之，前 42 个月的能源使用强度值作为训练集，后 6 个月的能源使用强度值用于验证模型的精确性。

$$x_{t,i} \leftarrow (x_{1,i}, x_{2,i}, x_{3,i}, \cdots, x_{t-1,i}) \quad (i=1, 2, 3, \cdots, N) \qquad \text{（式 6.8）}$$

其中，N 为建筑总数；i 为第 i 个建筑；x_i 为第 i 个建筑的能耗；t 为时间。

2）模型 2——建筑群的时间序列能源预测模型

在街区尺度建筑群的总能源使用情况已知的情况下，可为总需求估算预测提供依据并制定能源政策，模型 2 可用于预测建筑群的总能源使用情况。首先，通过 71 栋建筑的月度能源使用强度数据预测出总能源使用情况，即所有建筑的能源用量之和。随后，模型所要求的建筑数量按5% 的幅度逐渐减小。换言之，随机选取 95%、90%、85%、80%、75%、70%、65% 和 60% 的建筑来预测 71 栋建筑的总能耗。模型 2 的主要目的是为了获得所有建筑的精确能源预测，确定所要求的总建筑数量的最小百分比，以便减少所需的建筑数据量。为确保建筑的随机选择，每种情况运行 100 次以消除统计误差。模型 2 的简化程序如图 6–3 所示。模型 2 预测程序的下一步与模型 1 相同。

$$x_{t,\mathrm{total}} \leftarrow (x_{1,i}, x_{2,i}, x_{3,i}, \cdots, x_{t-1,i}), i \in [0, n]$$
$$n=100\%, 95\%, \cdots, 60\% \text{ of } N \quad \text{（式 6.9）}$$

其中，x 表示建筑能耗输入；n 表示建筑数；N 表示建筑总数。

3）模型 3——基于建筑能耗相似性建立基于建筑网络的建筑群能耗预测

相关文献表明，在城市建筑能耗模型中，目前为了确认建筑间效应而采用的主流方法是通过能源数据建立建筑网络。如图 6–3 所示，模型 3 应用式 6.9，通过计算建筑内部能源使用的相似性来定义抽象的建筑网络，将相似性阈值设置为大于或等于 0.60，可进一步参考相关前期研究[38-39]，进而确定两种建筑类型——目标建筑和相似建筑。相似建筑，即与目标建筑之间有超过 60% 的相似性，被用来预测每一栋建筑的能源使用情况。在规模更大的城市层级建筑群中，需要考虑这一问题，鉴于相似建筑的数量更多，因此有必要限制其数量。通过对相关文献[39]的总结可以发现，在其研究范畴内，平均可确定出 4.4 栋相似建筑。该项研究设定了一个假设，即如果相似建筑的数量超过 5 栋，则只能采用其中相似性最高的 5 栋建筑。随后，在下一回环中，通过运用模型 1 的时间序列能源来计算所有建筑的能源数据。

$$R_{i,j} = \mathrm{Similarity} = \cos\theta = \frac{AB}{\|A\|\|B\|} = \frac{\sum_{i=1}^{n}\sum_{j=1}^{n} A_i B_i}{\sqrt{\sum_{i=1}^{n} A_i^2}\sqrt{\sum_{j=1}^{n} B_j^2}} \quad \text{（式 6.10）}$$

$$x_{t,i} \leftarrow (x_{1,j}, x_{2,j}, x_{3,j}, \cdots, x_{t-1,j}), j \in [0, n]$$
$$n \leqslant N \quad \text{（式 6.11）}$$

其中，A 和 B 分别表示两列数据；x 表示输入，此处表示建筑的能耗。

4）模型 4——基于建筑形态相似性建立建筑网络的建筑群能耗预测

模型 4 的逻辑与模型 3 相似，不同之处在于前者采用建筑间形态数据的相似性进行计算，而非能源数据。形态数据包括第 3.1 小节中所概述出的特征，由每栋建筑的基本形态设计参数构成，且不同建筑间相互影响。采用欧氏距离法计算建筑间的相似性。图 6–3 显示出城市建筑能源预测中利用形态数据的建筑网络抽象的简化程序。将阈值设置为小于或等于 0.23（确保每栋建筑至少有一栋与之相似的建筑）。另一预测程序与模型 3 相同，且如果相似建筑的数量超过 5 栋，则只能采用其中相似性最高的 5 栋建筑。在这两个模型中，本章提出采用三种预测技术的两个场景：第一种（以下简称 Self）是在不以目标建筑能源使用为输入的情况下，应用相似建筑的能源数据集来预测目标建筑的能源需求；第二种（以下简称 Noself）则是以目标建筑能源使用为输入的情况下来预测目标建筑的能源需求。这两种方法将被用来测试预测精度，如在城市建筑能耗模型中添加附带某栋建筑历史能源使用情况的建筑网络，或仅采用相似建筑群来预测建筑的能源使用情况。

5）模型 5——基于建筑形态数据预测年度建筑能源

在模型 5 中，提出了一种能源预测模型，用其协助建筑形态数据来预测年度能源使用情况。在该模型中，可利用建筑的形态数据及其年度能源数据来预测下一年的能源使用情况。模型输入可被格式化为式 6.11，其中，$a_{n,i}$ 为建筑 i 的第 n 项形态特征。将 2017 年的形态数据和能源使用强度数据作为输入，2018 年的总能源使用强度作为输出。随机抽取数据集的 10% 用于验证，剩余的 90% 用于训练和验证。该模型在仅采用建筑的设计参数和数量更少建筑的前提下，提供了一种可行的方法来预测下一年度全部建筑的能源使用情况。

$$x_{y,i} \leftarrow (x_{y-1,i}, \ a_{1,i}, \ a_{2,i}, \ a_{3,i}, \ \cdots, \ a_{n,i}) \qquad \text{（式 6.12）}$$

6.2.4 模型参数调整与评估

表 6-1 总结出五个模型的输入、输出及可能的应用规模与适用特点。将支持向量回归、K 近邻和长短期记忆三种预测技术应用于能源预测模型。上述五个模型的输出和输入可分别参考式 6.8 至式 6.12。其中，模型 1 至模型4 采用建筑的 6 个月能源数据集进行模型试验，模型 5 则采用建筑群的 10% 进行模型试验。在模型评估中，可利用学习过程中均方误差的表现来调整三种算法的参数，以确定最佳拟合。对于支持向量回归算法，在一组线性、径向基函数、S 形函数中调整核函数。伽马（Gamma）从 0.1 循环到 5.0，步长为 0.1，将正则化参数（regularization parameter）设置为 1e−3（0.001）、1e−2（0.01）、1e−1（0.1）、1、2、4、10、100 和 1 000。对于长短期记忆，在计算机语言 Python 的开放源代码软件库 TensorFlow 中运行模型。激活函数在包中是“tanh”，优化器为 Adam 函数。学习率被设置为 0.01 和 0.001，批量大小分别为 16、32 和 72，时间段分别为 10、50、100、500 和 1 000。综合评估指标包括平均绝对百分误差（MAPE）和均方根误差（RMSE），格式如下：

$$MAPE(EUI) = \frac{1}{N}\sum_{i=1}^{N}\left|(EUI_i^{\text{actual}} - EUI_i^{\text{p}}) / EUI_i^{\text{actual}}\right| \qquad \text{（式 6.13）}$$

$$RMSE(EUI)=\sqrt{\sum_{n=1}^{N}(EUI^{\text{actual}}-EUI^{\text{p}})^2/N} \quad (式 6.14)$$

表 6-1　关于五个模型的输入、输出及可能的应用规模

模型	输入	输出	空间尺度	时间尺度	注释
模型 1	能源使用强度	能源使用强度	单独 / 城市	月度	典型时间序列预测模型
模型 2	单独建筑的能源使用强度	全部建筑的能源使用强度	城市	月度	降低所要求的建筑数据集的大小
模型 3	相互关联建筑的能源使用强度	目标建筑的能源使用强度	单独 / 城市	月度	利用历史能源数据定义的建筑网络
模型 4	相互关联建筑的能源使用强度	目标建筑的能源使用强度	单独 / 城市	月度	利用建筑形态数据定义的建筑网络
模型 5	能源使用强度及形态数据	建筑的能源使用强度	单独 / 城市	年度	在城市建筑能耗模型中结合形态数据，降低所要求的能源数据集的大小

6.3　研究结果

6.3.1　模型 1 的能源预测结果

如第 6.2 节研究方法中所述，本章提出了五种城市能源预测模型，以探索不同的做法。分析的第一个模型为单栋建筑的时间序列能源模型，采用三种预测技术：支持向量回归、K 近邻及长短期记忆。表 6-2 显示出模型 1 中每种方法的统计结果，以及评估指标平均绝对百分误差、均方根误差和 R^2 的最小值、最大值、平均值和标准差结果。图 6-4 显示出全部三种方法相关性分析的整体结果，对于 K 近邻、支持向量回归和长短期记忆，R^2 分别为 0.935、0.954 和 0.963。图 6-5 显示出模型 1 中三种预测方法的平均绝对百分误差、均方根误差和 R^2 的总体评估结果。

在模型 1 中，以最佳训练结果（总体评估的 R^2 为 0.927，均方根误差为 3.162）对所有建筑测试了三种模型的参数调整。对于 K 近邻的参数调整，邻域数为 13。对于支持向量回归，径向基函数（Radial Basis Function，RBF）核定义伽马（Gamma）为 0.7，正则化参数（regularization parameter）为 4.9。最后，对于长短期记忆，学习率为 0.001，批量大小为 72，迭代次数（epochs）为 500 代。从表 6-2 可以看出，在 71 栋建筑中，这三种技术均被认为是合适的。在单栋建筑的数据驱动技术中，长短期记忆是最精确的，最高的平均绝对百分误差为 94%，平均为 59%。而对于均方根误差，K 近邻、支持向量回归和长短期记忆的平均结果分别为 1.44 kW・h/m^2、1.3 kW・h/m^2 和 1.31 kW・h/m^2。尽管如此，比较最小差和标准差，长短期记忆是其中表现最好的模型。

从图 6-5 可以看出，针对大多数建筑的平均绝对百分误差结果，精度可介于 65% 到 85% 之间，最高超过 75%。三种技术的均方根误差结

果均小于 1 kW·h/m²，且 R^2 结果均高于 50%。总体而言，这三种数据驱动时间序列预测技术对于单独建筑均能取得较好的能源预测结果。长短期记忆相比于 K 近邻和支持向量回归更为精确；尽管如此，模型 1 的缺点在于需要对所有建筑进行大量的数据采集。粒度越高，单栋建筑或全部建筑的能源预测模型则越精确。

表 6-2　模型 1 中针对每种技术的平均绝对百分误差、均方根误差和 R^2 的统计结果

类别	K 近邻			支持向量回归			长短期记忆		
	最小 / 最大	平均	标准	最小 / 最大	平均	标准	最小 / 最大	平均	标准
平均绝对百分误差 /%	0.09	0.44	0.61	0.07	0.42	0.73	0.06	0.41	0.67
均方根误差 /（kW·h·m⁻²）	0.06	1.44	2.81	0.07	1.30	2.53	0.06	1.31	2.36
R^2	0.96	0.61	0.41	0.98	0.65	0.36	0.99	0.57	0.40

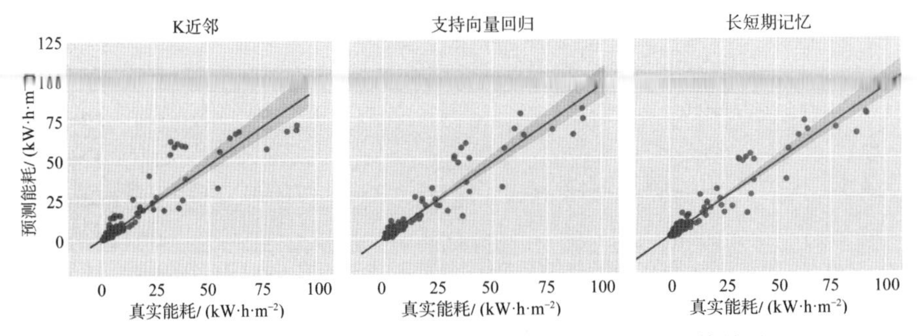

图 6-4　模型 1 中全部三种预测技术相关性分析的总体结果

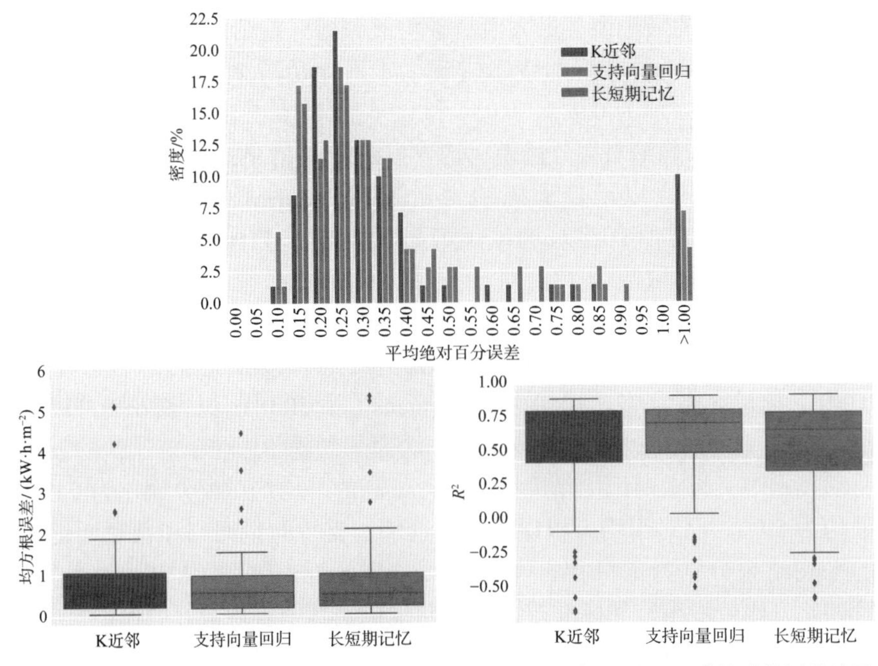

图 6-5　模型 1 中三种预测技术的平均绝对百分误差、均方根误差和 R^2 的总体评估结果

6.3.2 模型 2 的能源预测结果

为降低预测总能源使用情况所需的大量数据采集要求，模型 2 展示了针对全部建筑月度能源使用情况的时间序列预测模型。在该模型中，采用过去 6 个月的能源数据集来验证每一种预测技术。要求 100% 建筑数量的情形除外，所有建筑均随机抽取一定比例（60%—95%），执行 100 次，以降低随机误差。针对某街区内所有建筑的总能源使用情况，模型 2 在考虑降低建筑物数据集大小的前提下，测试了预测技术的表现情况。图 6-6 给出了每种情况下 100 个结果的总体相关性分析，证明了模型 2 中每种预测技术的高度相关性。表 6-3 总结出模型 2 中三种预测技术执行 100 次测试的所有百分比的相关性分析，表明 K 近邻在 100 次执行中表现最好。

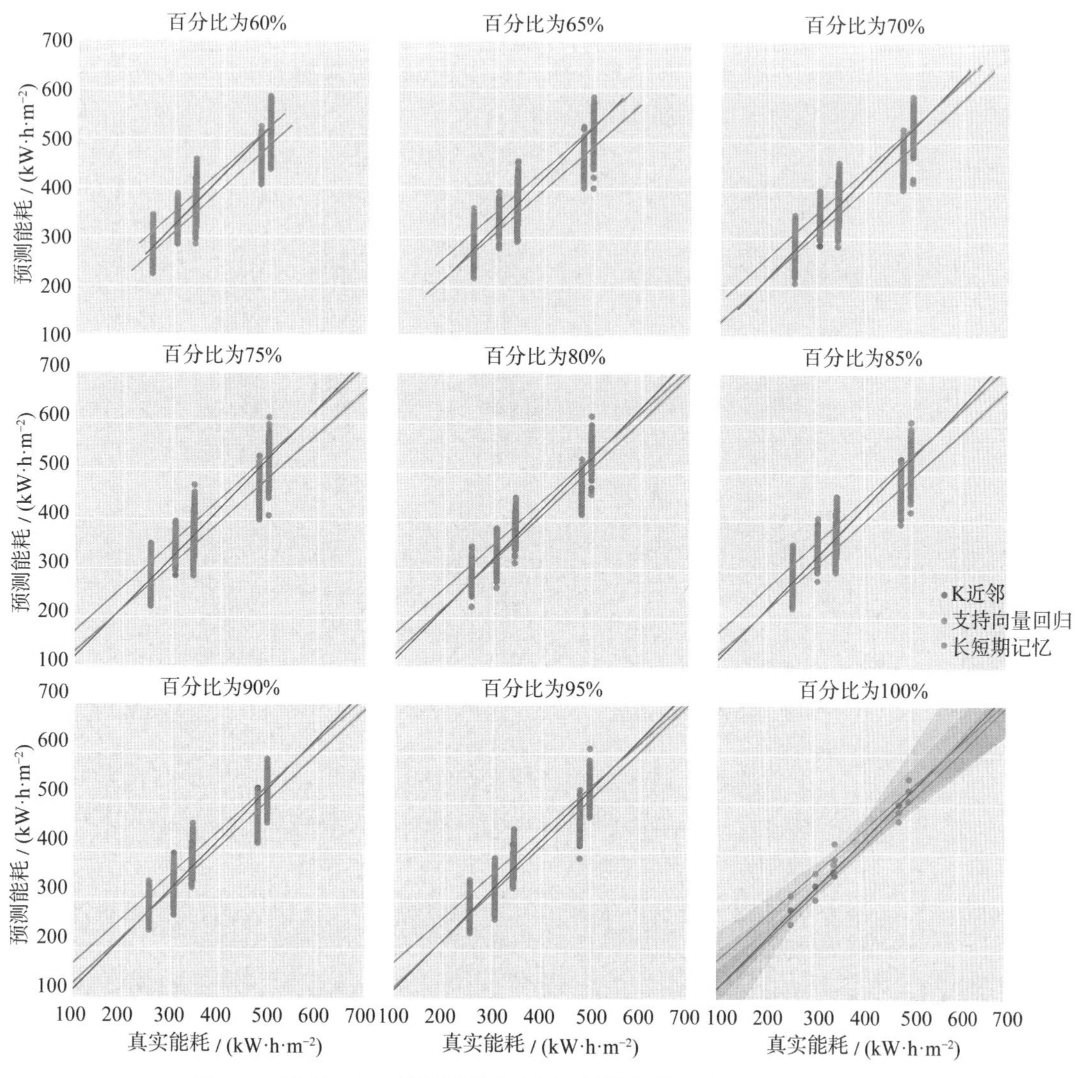

图 6-6　模型 2 中三种预测技术利用不同数据集百分比的相关性分析

表 6-3　模型 2 中三种预测技术各百分比的总体 R^2

百分比 /%	60	65	70	75	80	85	90	95	100
K 近邻	0.978	0.985	0.977	0.983	0.981	0.983	0.985	0.983	0.967
支持向量回归	0.951	0.949	0.953	0.953	0.956	0.957	0.958	0.959	0.957
长短期记忆	0.943	0.940	0.941	0.940	0.952	0.940	0.956	0.956	0.965

图 6-7 至图 6-9 绘制出分布情况，表 6-4 至表 6-6 描述出 K 近邻、支持向量回归和长短期记忆针对模型 2 中数据集不同建筑百分比的平均绝对百分误差、均方根误差和 R^2 的统计结果。结果表明，三种方法的支持向量回归性能均较差，但精度可接受。表 6-4 表明支持向量回归的平均绝对百分误差值通常不超过 15%，平均值约为 13.5%，而 K 近邻和长短期记忆的平均绝对百分误差值分别约为 7% 和 6.5%。此外，表 6-5 中的均方根误差结果表明，K 近邻和长短期记忆的预测表现优于支持向量回归——长短期记忆的预测表现最好，均方根误差和误差标准差最小。因此，与模型 1 的结果类似，长短期记忆是模型 2 总能源使用数据驱动预测模型中最精确的算法。

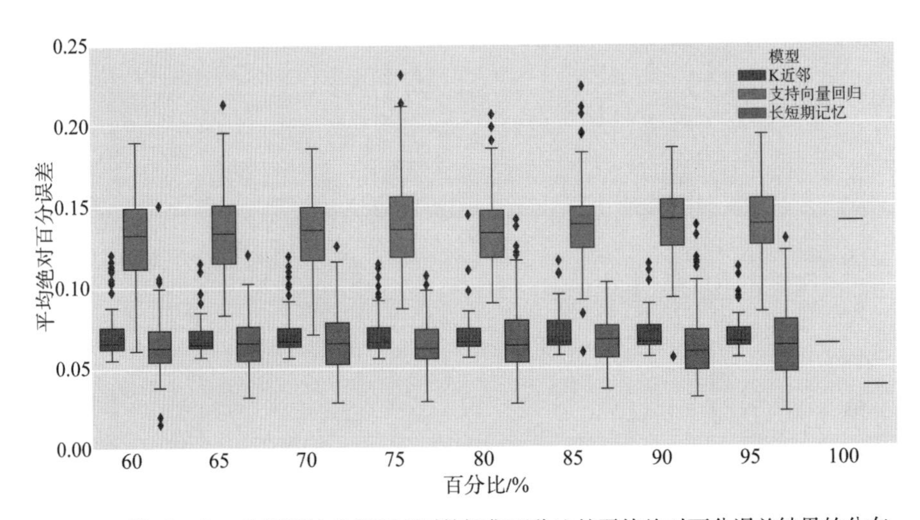

图 6-7　模型 2 中三种预测技术利用不同数据集百分比的平均绝对百分误差结果的分布

尽管如此，通过图 6-9 和表 6-6 可以看出，K 近邻预测技术似乎在定义能源使用趋势的回归分析中表现最佳，尽管这三种预测技术均具有良好的相关性。在大多数情况下，平均相关系数（R^2）均高于 95%。建筑数据集的百分比似乎并不会影响预测结果。因此，利用数量更少的建筑也可精确地预测出城市层级建筑群的总体能源使用情况。

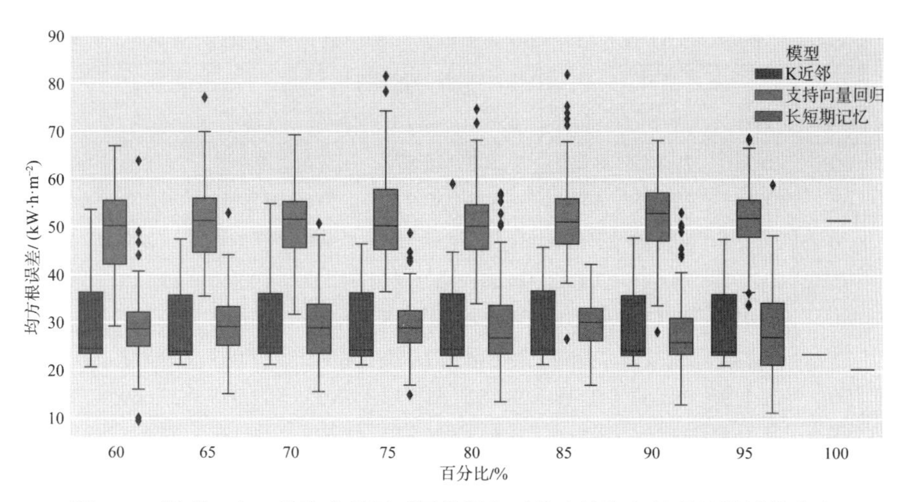

图 6-8　模型 2 中三种技术利用不同数据集百分比的均方根误差结果的分布

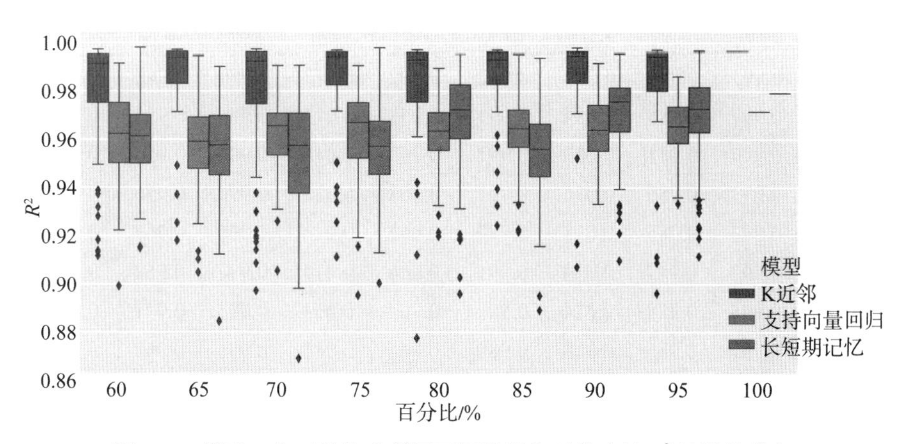

图 6-9　模型 2 中三种技术利用不同数据集百分比的 R^2 结果的分布

表 6-4　模型 2 中针对采用不同数据集百分比的平均绝对百分误差各技术的统计结果

百分比/%	K 近邻			支持向量回归			长短期记忆		
	最小	平均	标准	最小	平均	标准	最小	平均	标准
60	0.056	0.072	0.015	0.061	0.130	0.028	0.016	0.064	0.015
65	0.057	0.069	0.010	0.083	0.135	0.026	0.033	0.066	0.016
70	0.056	0.072	0.013	0.071	0.134	0.026	0.029	0.066	0.017
75	0.056	0.070	0.012	0.086	0.139	0.030	0.030	0.065	0.015
80	0.056	0.070	0.012	0.090	0.134	0.024	0.028	0.069	0.024
85	0.058	0.071	0.012	0.060	0.139	0.026	0.037	0.067	0.013
90	0.057	0.069	0.010	0.056	0.137	0.021	0.032	0.064	0.021
95	0.056	0.069	0.010	0.084	0.139	0.023	0.023	0.064	0.021

表 6-5　模型 2 中针对采用不同数据集百分比的均方根误差各技术的统计结果

百分比/%	K 近邻			支持向量回归			长短期记忆		
	最小	平均	标准	最小	平均	标准	最小	平均	标准
60	20.716	29.873	8.202	29.208	48.872	9.226	9.498	28.696	6.609
65	21.195	27.915	6.849	35.538	50.911	8.586	15.155	29.402	6.799
70	21.251	30.089	7.827	31.712	50.522	8.590	15.601	29.273	7.083
75	21.192	28.611	7.152	36.513	52.377	9.658	14.980	29.380	6.091
80	21.010	29.113	7.398	34.058	50.448	7.963	13.575	29.637	9.491
85	21.342	29.329	7.369	26.644	52.220	8.449	17.047	29.772	5.379
90	21.119	28.063	6.818	28.132	51.732	7.051	12.973	27.669	7.829
95	21.161	28.204	6.860	33.658	51.832	7.528	11.284	27.925	8.860

表 6-6　模型 2 中针对采用不同数据集百分比的 R^2 各技术的统计结果

百分比/%	K 近邻			支持向量回归			长短期记忆		
	最大	平均	标准	最大	平均	标准	最大	平均	标准
60	0.997	0.982	0.020	0.992	0.962	0.017	0.999	0.960	0.016
65	0.997	0.988	0.014	0.994	0.958	0.017	0.998	0.955	0.019
70	0.997	0.981	0.023	0.991	0.962	0.015	0.996	0.954	0.022
75	0.997	0.986	0.016	0.991	0.963	0.018	0.996	0.956	0.019
80	0.997	0.985	0.018	0.989	0.962	0.014	1.000	0.967	0.021
85	0.997	0.987	0.014	0.995	0.964	0.014	0.997	0.954	0.019
90	0.998	0.988	0.014	0.992	0.964	0.014	0.995	0.971	0.017
95	0.997	0.986	0.018	0.986	0.965	0.012	0.996	0.969	0.019

6.3.3　模型 3 和模型 4 的能源预测结果

在本研究中，模型 3 和模型 4 提出在城市环境中创建一个建筑网络，以强化能源预测。为预测目标建筑的能源使用，利用每一个模型对两种情况进行测试：第一种情况将网络中相似建筑的历史能源数据与目标建筑进行结合作为输入。第二种情况仅涉及相似建筑的历史能源数据。模型 3 和模型 4 针对三种预测技术的相关性进行了分析，并总结出对应的相关性结果（表 6-7，图 6-10、图 6-11）。在不考虑预测技术的前提下，图 6-12 和表 6-8 表明模型 3 在第一种情况下（Self）比在第二种情况下（Noself）表现更好；即便如此，在第二种情况下，依然取得了精确的预测结果。

表 6-7　模型 3 和模型 4 中各种预测技术每一百分比的总体 R^2

类别	模型 3			模型 4		
	K 近邻	支持向量回归	长短期记忆	K 近邻	支持向量回归	长短期记忆
第二种情况	0.935	0.947	0.941	0.923	0.938	0.958
第一种情况	0.961	0.965	0.967	0.927	0.955	0.974

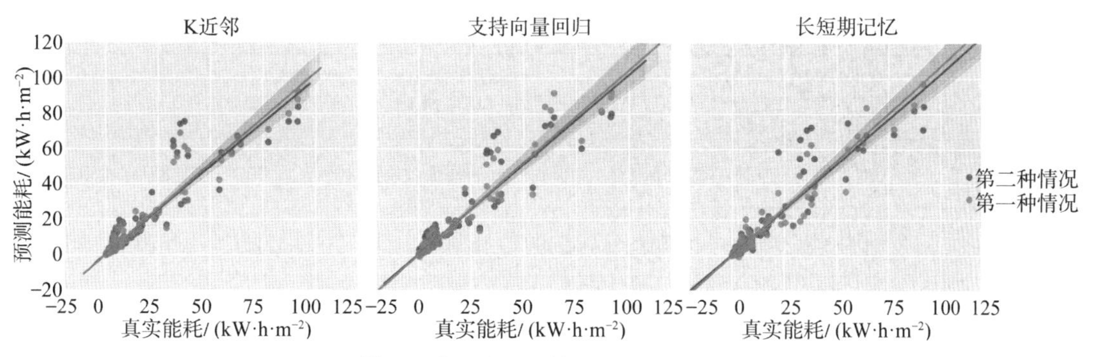

图 6-10　模型 3 中三种预测技术相关性分析的总体结果

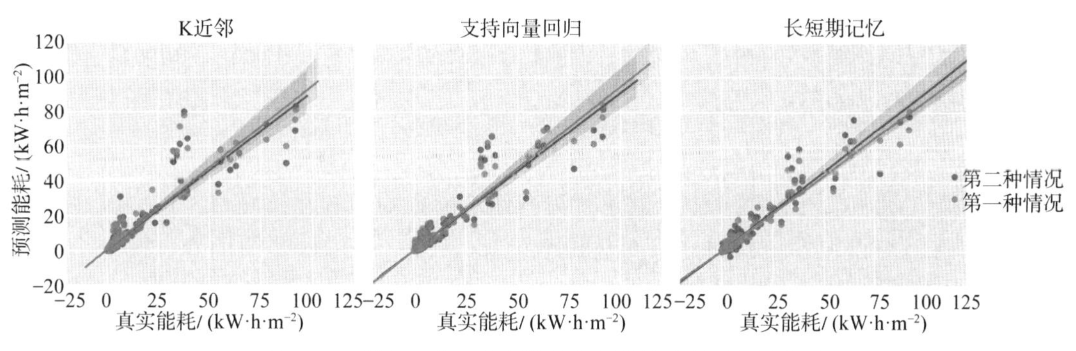

图 6-11　模型 4 中三种预测技术相关性分析的总体结果

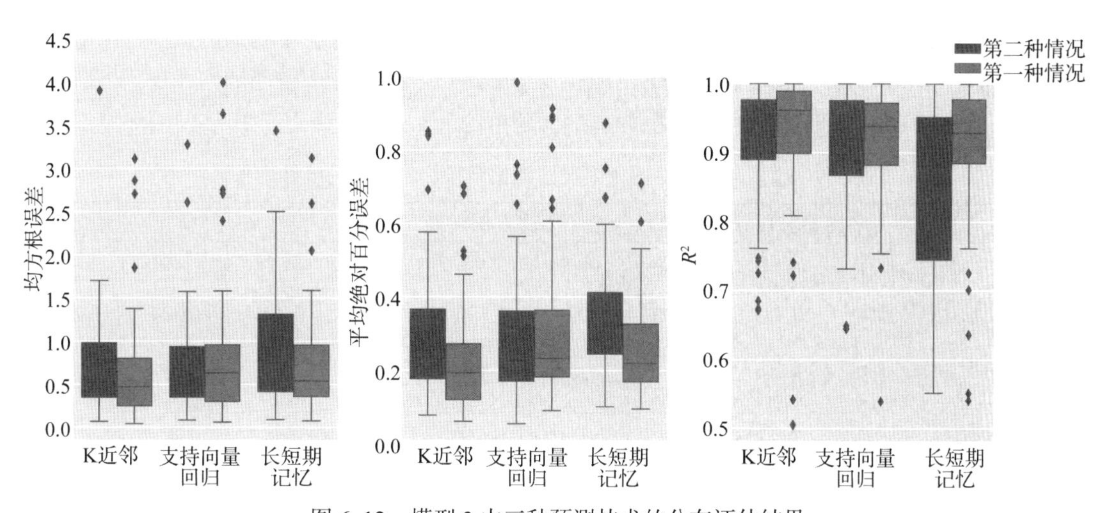

图 6-12　模型 3 中三种预测技术的分布评估结果

表 6-8　模型 3 中针对两种情况的评估结果、各技术的统计结果

类别	平均绝对百分误差			均方根误差			R^2		
	最小	平均	标准	最小	平均	标准	最大	平均	标准
第二种情况下的 K 近邻	0.077	0.426	0.550	0.066	1.955	4.240	1.000	0.838	0.289
第一种情况下的 K 近邻	0.061	0.309	0.367	0.040	1.518	3.437	1.000	0.890	0.194
第二种情况下的支持向量回归	0.054	0.527	0.661	0.083	1.925	3.853	1.000	0.816	0.330
第一种情况下的支持向量回归	0.090	0.410	0.475	0.058	1.708	3.104	1.000	0.820	0.314
第二种情况下的长短期记忆	0.101	0.487	0.778	0.086	1.936	3.771	1.000	0.796	0.236
第一种情况下的长短期记忆	0.095	0.361	0.525	0.075	1.530	2.650	1.000	0.857	0.204

在模型 4 中，创建了具有建筑形式属性的建筑网络，这些属性通常较为容易获得。表 6-9 和图 6-13 表明，除 K 近邻情形外，模型 4 也可得出类似的结果。即便如此，模型 3 和模型 4 解决了两个问题：其一为是否可通过结合建筑网络来提高能源使用的预测精度，被称为第一种情况。与表 6-2 和图 6-5 比较，平均绝对百分误差和均方根误差的预测精度略有提高，但相关性显著提高。其二是如何在没有足够能源信息的前提下预测一栋建筑的能源需求，第二种情况给出了答案。特别是在模型 4 中，当一个能源使用数据集为空时，本研究成功地通过形式属性创建网络来预测其能源应用。

表 6-9　模型 4 中针对两种情况的评估结果、各技术的统计结果

类别	平均绝对百分误差			均方根误差			R^2		
	最小	平均	标准	最小	平均	标准	最大	平均	标准
第二种情况下的 K 近邻	0.042	0.387	0.485	0.029	1.790	4.214	0.994	0.824	0.208
第一种情况下的 K 近邻	0.078	0.455	0.611	0.054	1.779	4.188	0.979	0.710	0.239
第二种情况下的支持向量回归	0.122	0.578	1.025	0.051	1.852	3.654	0.956	0.586	0.347
第一种情况下的支持向量回归	0.088	0.498	0.938	0.049	1.570	3.126	0.992	0.695	0.349
第二种情况下的长短期记忆	0.109	0.548	0.755	0.076	1.789	2.817	0.941	0.504	0.412
第一种情况下的长短期记忆	0.082	0.387	0.689	0.050	1.377	2.490	0.983	0.629	0.413

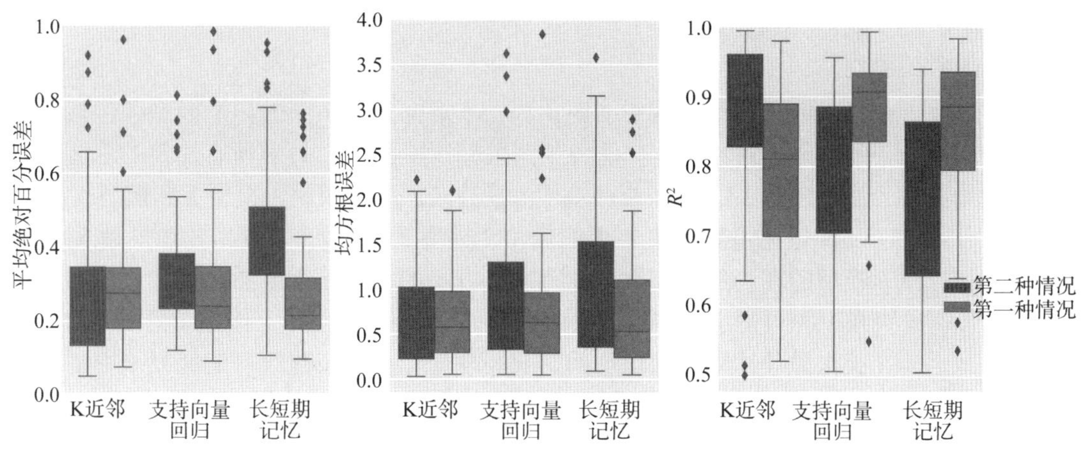

图 6-13 模型 4 中三种预测技术的分布评估结果

6.3.4 模型 5 的能源预测结果

模型 5 是根据当前年度的能源数据预测下一年各建筑的总能源使用情况。为预测 2018 年的能源需求，本章将建筑形态属性和 2017 年的能源用量作为模型输入。表 6-10 分别汇总出住宅和公共建筑群的评估结果。建筑有 17 种形态属性，本章用其来确定《从城市建筑数据集确定建筑能源分析的关键决定因素》[22] 中所述参数选择是否可以提高总能源预测性能。从表 6-10 中可以看出，与公共建筑群不同，无论替住宅建筑群选择何种参数，该模型均能准确预测其能源需求。长短期记忆技术的精确率最高，为 90.7%，无论对于住宅建筑群还是公共建筑群，都是最准确的预测技术，尤其是对于公共建筑群而言。利用长短期记忆进行参数选择，使预测精度从 40.7% 显著提高到 80.6%。

表 6-10 针对模型 5 中住宅和公共建筑群的评估结果、各技术的统计结果

类别	参数选择	K 近邻		支持向量回归		长短期记忆	
		是	否	是	否	是	否
住宅建筑群	平均绝对百分误差	0.176	0.250	0.116	0.127	0.093	0.125
	均方根误差	2.108	2.784	1.875	1.955	1.526	2.077
	R^2	0.958	0.913	0.964	0.959	0.975	0.956
公共建筑群	平均绝对百分误差	1.012	0.656	0.329	0.520	0.194	0.593
	均方根误差	16.416	16.269	10.148	13.891	3.616	11.414
	R^2	0.857	0.928	0.973	0.834	0.990	0.968

6.4 本章小结

针对城市建筑群能源预测，本章探索了不同的预测模型，包括典型的时间序列数据驱动能源预测模型（模型 1），针对所有建筑的总能源模型（模型 2），在城市环境中考虑建筑网络的模型（模型 3 和模型 4），以及降低建筑数据集要求的模型（模型 2、模型 3、模型 4 和模型 5）。各模型的算法选择和代表性特征见表 6-11。从结果来看，三种选定的预测模型均可得出可接受的结果，诸如高于 90% 的 R^2，长短期记忆通常可以获得最佳结果，这也证明了长短期记忆在城市建筑群能耗模型中更接近预测选择，特别是在城市数据有限的情况下。本章旨在从五种典型的城市建筑群能源需求预测模型中，提供更具代表性的城市建筑群能耗模型。除了传统的时间序列模型外，本章还提供了在城市层级整合城市建筑及其形态度量间的网络模型方法，以提高城市建筑群能源需求预测的准确性和鲁棒性，降低城市能源模型对数据的高要求。特别是本章充分利用了城市建筑形态设计参数，这些参数较能源数据更易获得，创新性建立建筑网络，找出设计相似的建筑群（模型 4），上述方法也可被整合到更大规模的建筑能源预测中（模型 5）。

表 6-11 关于五个模型的输入、输出及可能的应用规模

模型	算法选择	时间变化	空间变化	简化数据集	精准预测	建筑间效应	形态数据
模型 1	长短期记忆、支持向量回归、K 近邻	√	×	×	√	×	×
模型 2	长短期记忆、K 近邻、支持向量回归	√	×	√	√	×	×
模型 3	K 近邻、长短期记忆、支持向量回归	√	—	√	√	√	×
模型 4	长短期记忆、K 近邻、支持向量回归	√	—	√	√	√	√
模型 5	长短期记忆、支持向量回归、K 近邻	√	—	√	√	×	√

注：“√”表示相应模型中考虑了城市建筑群能耗模型的特性；“×”表示不考虑；“—”表示考虑程度较弱。算法的选择按其相应的精度排序。

数据驱动预测技术既为城市建筑群能源使用的稳健、有效分析提供了可能，也为城市形态与建筑能耗数据的关联性提供了一个全新的研究视角。城市能源使用模式可在不同的城市建筑单元内进行评估，以提高数据驱动城市建筑群能耗模型的鲁棒性和准确性，提升城市建筑能源的动态分析。除城市建筑能耗模型外，也可透过预测城市层级能源需求，为城市能源规划提供参考。为此，预测建筑能源需求是必不可少的，尤其是在新城开发过程中。数据驱动技术要求训练数据向模型提供反馈，因此，利用本章研究所提出的模型 5，现有城市区域内的建筑能源和设计参数可协助预测新规划地区的能源需求。对于新建和已建成的城市区

域，本章研究亦可为动态能源预测、能源互联网以及其他与能源相关的基础设施建设提供有力的分析支持。

尽管如此，本章研究仍存在一定的局限性。首先，为方便起见，并未测试模型 2 中所有可能的百分比降低情况，另外机器学习技术似乎很好地适应了不同大小的输入和输出。此外，在这些技术中，能源数据背后的形态含义也未被识别出。尽管如此，从另一个角度来看，虽然数据获取是其中最大的障碍之一，但研究结果证明，在数据集要求较低或不完善的情况下，机器学习技术在准确预测城市层级能源使用方面仍存在巨大潜力。其次，在相似建筑群的选择上，为简洁起见，本章研究将 5 栋建筑作为建筑群大小的阈值。尽管如此，在城市建筑群能耗模型的后续研究中，更科学的相似建筑搜索和阈值设置方法值得进一步研究。再次，如在大多数的能源研究中所述，入住率的不确定性对城市建筑群能耗模型存在显著影响[43]。莫哈马齐亚兹（Mohammadi）等人为此提出了一个新视角，即基于人员流动驱动的城市能源时空预测方法[44]。另一项研究运用手机信令数据建立城市入住率概况，用于模拟城市建筑能耗模拟与分析平台 CityBES 中的 900 多栋建筑，最终使制冷能源需求降低了近 40%，供热能源需求降低了 60%[45]。尽管如此，该项研究并未考虑入住率信息，因为要获得上百栋建筑为期三年的相关信息是非常困难的。这些研究整合了城市开放数据，以提取入住率概况，提供潜在的解决方案。最后，本章研究的局限性还表现在只有住宅建筑的年度能源数据可考，从而导致研究缺乏模型 1 至模型 4 所要求的能源数据。同时，还需要获得更多的建筑能源数据样本来验证不同的城市建筑群能源预测模型。

本章提出并检验了五种小区 / 街区级数据驱动城市建筑群能源预测模型，包括针对单栋建筑的典型数据驱动能源预测模型（模型 1）和针对所有建筑的总能源模型（模型 2），利用能源数据创建建筑网络的模型（模型 3）和城市环境中的建筑形态度量模型（模型 4），以及利用减少百分比的建筑数据或形态来降低数据需求的模型（模型 2、模型 3、模型 4 和模型 5）。选取支持向量回归、K 近邻和长短期记忆算法作为数据驱动预测技术。以江苏建湖县 539 栋住宅建筑和 153 栋公共建筑的月度、年度能源数据集为例，对模型进行了验证。结果表明，全部三种预测算法均能取得较好的预测效果。综合来看，长短期记忆是五种模型中最为有效的城市建筑能源预测算法。利用长短期记忆，模型 1 得出的平均绝对百分误差为 0.41，R^2 为 0.57，而模型 2 的平均绝对百分误差为 0.065，R^2 为 0.95。在结合建筑网络的模型 3 和模型 4 中，平均绝对百分误差的大部分取值分别小于 0.40 和 0.36，大多数 R^2 值分别大于 0.85 和 0.80。这些结果表明，模型 4 中的建筑形式度量比模型 3 中的能源数据更适合构建建筑网络。最后，利用建筑形态指标在模型 5 中进行了年度总能源预测，得出住宅建筑和公共建筑的平均绝对百分误差值分别为 0.093 和 0.194，R^2 值分别为 0.975 和 0.990。

第 6 章参考文献

[1] DING Y, ZHANG Q, YUAN T H. Research on short-term and ultra-short-term cooling load prediction models for office buildings[J]. Energy and buildings, 2017, 154: 254–267.

[2] NGO N T. Early predicting cooling loads for energy-efficient design in office buildings by machine learning[J]. Energy and buildings, 2019, 182: 264–273.

[3] GUO Y B, WANG J Y, CHEN H X, et al. Machine learning-based thermal response time ahead energy demand prediction for building heating systems[J]. Applied energy, 2018, 221: 16–27.

[4] WEI Y X, XIA L, PAN S, et al. Prediction of occupancy level and energy consumption in office building using blind system identification and neural networks [J]. Applied energy, 2019, 240: 276–294.

[5] SANDRO MASAKI M, ZHANG L J, XIA X H. A hierarchical predictive control for supercapacitor-retrofitted grid-connected hybrid renewable systems[J]. Applied energy, 2019, 242: 393–402.

[6] GONZÁLEZ-APARICIO I, ZUCKER A. Impact of wind power uncertainty forecasting on the market integration of wind energy in Spain[J]. Applied energy, 2015, 159: 334–349.

[7] ROBINSON C, DILKINA B, HUBBS J, et al. Machine learning approaches for estimating commercial building energy consumption[J]. Applied energy, 2017, 208: 889–904.

[8] KALOGIROU S, NEOCLEOUS C, SCHIZAS C. Building heating load estimation using artificial neural networks[C]. Toronto: the 17th International Conference on Parallel Architectures and Compilation Techniques, 1997: 1–8.

[9] KAVGIC M, SUMMERFIELD A, MUMOVIC D, et al. Application of a Monte Carlo model to predict space heating energy use of Belgrade' s housing stock[J]. Journal of building performance simulation, 2015, 8(6): 375–390.

[10] KAVGIC M, MUMOVIC D, SUMMERFIELD A, et al. Uncertainty and modeling energy consumption: sensitivity analysis for a city-scale domestic energy model[J]. Energy and buildings, 2013, 60: 1–11.

[11] KONTOKOSTA C E, TULL C. A data-driven predictive model of city-scale energy use in buildings[J]. Applied energy, 2017, 197: 303–317.

[12] DENG H F, FANNON D, ECKELMAN M J. Predictive modeling for US commercial building energy use: a comparison of existing statistical and machine learning algorithms using CBECS microdata[J]. Energy and buildings, 2018, 163: 34–43.

[13] MA J, CHENG J C P. Estimation of the building energy use intensity in the urban scale by integrating GIS and big data technology[J]. Applied energy, 2016, 183: 182–192.

[14] JAIN R K, SMITH K M, CULLIGAN P J, et al. Forecasting energy consumption of

multi-family residential buildings using support vector regression: investigating the impact of temporal and spatial monitoring granularity on performance accuracy[J]. Applied energy, 2014, 123: 168–178.

[15] HAWKINS D, HONG S M, RASLAN R, et al. Determinants of energy use in UK higher education buildings using statistical and artificial neural network methods[J]. International journal of sustainable built environment, 2012, 1(1): 50–63.

[16] FARZANA S, LIU M, BALDWIN A, et al. Multi-model prediction and simulation of residential building energy in urban areas of Chongqing, South West China[J]. Energy and buildings, 2014, 81: 161–169.

[17] AHMED GASSAR A A, YUN G Y, KIM S. Data-driven approach to prediction of residential energy consumption at urban scales in London[J]. Energy, 2019, 187: 115973.

[18] FAN C, WANG J Y, GANG W J, et al. Assessment of deep recurrent neural network-based strategies for short-term building energy predictions[J]. Applied energy, 2019, 236: 700–710.

[19] SOMU N, RAMAN M R G, RAMAMRITHAM K. A deep learning framework for building energy consumption forecast[J]. Renewable and sustainable energy reviews, 2021, 137: 110591.

[20] WANG Z, HONG T Z, ANN PIETTE M. Data fusion in predicting internal heat gains for office buildings through a deep learning approach[J]. Applied energy, 2019, 240: 386–398.

[21] DEB C, LEE S E. Determining key variables influencing energy consumption in office buildings through cluster analysis of pre- and post-retrofit building data[J]. Energy and buildings, 2018, 159: 228–245.

[22] LI X F, YING Y, XU X D, et al. Identifying key determinants for building energy analysis from urban building datasets[J]. Building and environment, 2020, 181: 1–12.

[23] OH M, KIM Y. Identifying urban geometric types as energy performance patterns[J]. Energy for sustainable development, 2019, 48: 115–129.

[24] MANGAN S D, KOCLAR ORAL G, ERDEMIR KOCAGIL I, et al. The impact of urban form on building energy and cost efficiency in temperate-humid zones[J]. Journal of building engineering, 2021, 33: 101626.

[25] KRISTENSEN M H, HEDEGAARD R E, PETERSEN S. Long-term forecasting of hourly district heating loads in urban areas using hierarchical archetype modeling[J]. Energy, 2020, 201: 117687.

[26] ROTH J, MARTIN A, MILLER C, et al. SynCity: using open data to create a synthetic city of hourly building energy estimates by integrating data-driven and physics-based methods[J]. Applied energy, 2020, 280: 115981.

[27] HONG T Z, CHEN Y X, LUO X, et al. Ten questions on urban building energy

modeling[J]. Building and environment, 2020, 168: 106508.

[28] ZHAO F, LEE S H, AUGENBROE G. Reconstructing building stock to replicate energy consumption data[J]. Energy and buildings, 2016, 117: 301–312.

[29] BALLARINI I, PAOLO CORGNATI S, CORRADO V. Use of reference buildings to assess the energy saving potentials of the residential building stock: the experience of TABULA project[J]. Energy policy, 2014, 68: 273–284.

[30] FILOGAMO L, PERI G, RIZZO G, et al. On the classification of large residential buildings stocks by sample typologies for energy planning purposes[J]. Applied energy, 2014, 135: 825–835.

[31] HEIDARINEJAD M, MATTISE N, DAHLHAUSEN M, et al. Demonstration of reduced-order urban scale building energy models[J]. Energy and buildings, 2017, 156: 17–28.

[32] U.S. Department of Energy. Commercial prototype building models[EB/OL]. (2016-04-07)[2021-12-16]. https://www.energycodes.gov/prototype-building-models.

[33] YANG Z, ROTH J, JAIN R K. DUE-B: data-driven urban energy benchmarking of buildings using recursive partitioning and stochastic frontier analysis[J]. Energy and buildings, 2018, 163: 58–69.

[34] HAN Y L, TAYLOR J E. Simulating the inter-building effect on energy consumption from embedding phase change materials in building envelopes[J]. Sustainable cities and society, 2016, 27: 287–295.

[35] PISELLO A L, CASTALDO V L, TAYLOR J E, et al. Expanding inter-building effect modeling to examine primary energy for lighting[J]. Energy and buildings, 2014, 76: 513–523.

[36] HAN Y L, TAYLOR J E, LAURA PISELLO A. Exploring mutual shading and mutual reflection inter-building effects on building energy performance[J]. Applied energy, 2017, 185: 1556–1564.

[37] HAN Y L, TAYLOR J E, LAURA PISELLO A. Toward mitigating urban heat island effects: investigating the thermal-energy impact of bio-inspired retro-reflective building envelopes in dense urban settings[J]. Energy and buildings, 2015, 102: 380–389.

[38] XU X D, WANG W, HONG T Z, et al. Incorporating machine learning with building network analysis to predict multi-building energy use[J]. Energy and buildings, 2019, 186: 80–97.

[39] WANG W, HONG T Z, XU X D, et al. Forecasting district-scale energy dynamics through integrating building network and long short-term memory learning algorithm[J]. Applied energy, 2019, 248: 217–230.

[40] CORTES C, VAPNIK V. Support-vector networks[J]. Machine learning, 1995, 20(3): 273–297.

[41] ALTMAN N S. An introduction to kernel and nearest-neighbor nonparametric regression[J]. The American statistician, 1992, 46(3): 175–185.
[42] HOCHREITER S, SCHMIDHUBER J. Long short-term memory[J]. Neural computation, 1997, 9(8): 1735–1780.
[43] WANG W, HONG T Z, LI N, et al. Linking energy-cyber-physical systems with occupancy prediction and interpretation through WiFi probe-based ensemble classification[J]. Applied energy, 2019, 236: 55–69.
[44] MOHAMMADI N, TAYLOR J E. Urban energy flux: spatiotemporal fluctuations of building energy consumption and human mobility-driven prediction[J]. Applied energy, 2017, 195: 810–818.
[45] WU W, DONG B, WANG Q (RYAN), et al. A novel mobility-based approach to derive urban-scale building occupant profiles and analyze impacts on building energy consumption[J]. Applied energy, 2020, 278: 115656.

第 6 章图表来源

图 6-1 至图 6-13 源自：笔者绘制 .

表 6-1 至表 6-11 源自：笔者绘制 .

7 从模拟到数据驱动的低能耗城市形态生成机制

7.1 引言

中国城镇化进程十分迅速，截至2019年底，城镇化率已达到60.60%，较1949年增长了49.96%，年均增长0.71%[1]。与此同时，大规模城市建设也带来巨大挑战，导致能源消耗和温室气体排放大幅增加。城市能耗占全球一次能源的2/3以上，排放的温室气体占全球的70%以上[2]。作为重要的终端用户，建筑的碳排放量占全球的28%，该比重在未来还会继续增长，特别是在亚洲和非洲的广大发展中国家和地区[3]。近年来，不少国家纷纷出台了减少能源使用和温室气体排放的计划，以实现更加生态和低碳的城市发展目标，包括微观层面的绿色建筑设计、中观层面的绿色城市设计以及宏观层面的低碳城市规划，这些都是重要的实现手段。

近年来，有关城市建筑能耗建模的研究成果日益增多，其目标是通过分析城市建筑的能源需求和可再生能源利用潜力，为节能型城市设计、城市能源规划和城市更新提供技术支持。同时，随着太阳能成为一种用于减少温室气体排放可行的、清洁的可再生能源，越来越多的研究者开始探索节能型城市设计，以降低能源需求，提高太阳能利用率。利用城市建筑群能耗模型的优点，本章提出了一种低能耗城市街区形态生成与自动寻优的技术框架，利用城市建筑群能耗模型中常用的城市能源模拟和数据驱动方法，并结合长短期记忆（LSTM）网络算法来探索切实可行的城市街区节能机会。

7.2 研究背景

7.2.1 城市建筑能耗建模研究综述

城市建筑能耗模型主要包括工程模拟模型和数据驱动模型。前者利用建筑能耗模拟软件EnergyPlus等模拟建筑能耗，形成建筑群的物理模拟模型；利用地理信息系统软件ArcGIS显示建筑能耗的空间分布，并最终展示城市建筑能源的时空分布。数据驱动模型采用与建筑群能源使用相关的已知数据集，诸如能源利用率、建筑物理特性等，来学习和训练建筑能源使用。为加快计算速度，城市建筑群能耗模型中一般采用简化的物理模型[4]。卢尼（Looney）比较了几种城市能源模拟工具，并以杭州南站地区为例，评估了不同工具的有效性及其所面临的相关挑战[3]。燕达等人提出了一种基于建筑能耗模拟软件 DeST 的街区级建筑群的能源估算方法，验证实例表明，在乌鲁木齐、北京、上海的气候条件下，街区建筑的年供热量估算值与模拟值相差小于 6%[5]。在无法获得建筑街区的真实能源数据时，工程模拟方法成为最佳选择，尽管如此，其对计算资源和时间成本都有很高的要求。

数据驱动方法也被广泛应用于城市街区层级的快速能源评估。奥瓦诺维奇（Jovanović）等人利用三种人工神经网络预测大学校园的供热能源使用，分别为前馈神经网络（FFNN）、径向基函数网络（RBFN）和自适应神经模糊推理系统（ANFIS）。结果表明，这些方法均能很准确地预测供热能耗状况[6]。马军等人利用多元线性回归、人工神经网络、支持向量回归（SVR）和地理信息系统集成数据分析框架来估算纽约市 3 640 栋住宅的年能源使用强度（EUI）[7]。康托科斯塔（Kontokosta）等人利用普通最小二乘（OLS）、随机森林（RF）和支持向量回归算法来预测城市的能源用量。结果表明，当线性回归模型被推广到整个城市时，获得了最佳效果[8]。马振军等人利用聚类分析法对学校建筑的日常热负荷分布进行预测，确定了典型的日常热负荷分布，并根据这些分布对建筑进行分类[9]。塔迪奥利（Tardioli）等人利用随机森林、k 均值聚类以及主成分分析建立机器学习模型，识别城市数据集中具有代表性的居住和商业建筑以及建筑群，最终识别出 67 栋具有代表性的建筑[10]。鲁滨逊（Robinson）等人在商业建筑能耗调查中采用随机森林、支持向量回归和梯度提升法来预测纽约市商业建筑的年能耗量[11]。

在最新的研究成果中，许多探索开始将工程模拟与数据驱动方法相结合来获取建筑群能耗数据，其中前者应用模拟数据作为后者学习的输入，可有效克服其自身的不足。董冰等人将数据驱动模型集成到物理模型中，对居住建筑每小时或一天的负荷进行提前预测，结果表明混合模型可提高预测精度，并降低传统工程模型的计算复杂度[12]。努特基耶维茨（Nutkiewicz）等人提出了一种数据驱动的城市能源模拟（DUE-S）框架，将残差神经网络（ResNet）与物理模型相结合，模拟出不同时空尺度下的建筑能耗[13]。罗思（Roth）等人提出了一种全新的增强型城市建筑能耗模型，结合了数据驱动和基于物理学的能源模拟方法，为城市中的每栋建筑生成实时数据[14]。

7.2.2 城市微气候与建筑能源研究综述

诸多研究表明，城市形态通过太阳辐射、温度、相对湿度和风速等微气候因素对建筑能耗产生重要影响。温度被认为是直接影响建筑供热和制冷需求的最重要的微气候因素之一。津兹（Zinzi）等人通过对意大利罗马某一社区的实际微气候环境测量发现，与乡村地区相比，城市地区供热天数最多可减少 18%，而制冷天数最多可增加 157%。热岛效应可使居住建筑的供热能耗降低 21%，办公建筑的供热能耗降低 18%[15]。博卡拉特（Boccalatte）等人探讨了不同城市形态街道峡谷的温度，以评估热岛效应对建筑能耗的影响。研究表明，当采用标准的年度气象数据作为建筑能耗模拟软件 EnergyPlus 工具的输入值时，建筑的年度制冷需求被低估了 10%[16]。莫索里（M' Saouri）等人分析了摩洛哥丹吉尔（Tangier）街区层峡高宽比对建筑表面温度和表面辐射吸收的影响，发现与单体建筑相比，街区层峡外墙的辐射吸收增加，促使其地表温度升高，并最终导致夏季制冷需求增加，冬季供热需求降低[17]。

太阳辐射也与建筑物的能源需求密切相关，并被公认为重要的可再生能源，因此，其在街区层峡的应用受到广泛关注。瓦拉蒂（Vallati）等人研究了街区层峡多次反射后，发现了短波辐射对街道建筑供热需求的影响。研究发现，街道越窄，辐射捕获现象越强，会导致空间制冷需求的增加远远高于空间供热需求的降低[18]。李京宜等人提出了四种基本的城市街区模型，并探讨了不同街区之间的关系以及主动和被动太阳能利用的潜力。结果表明，太阳辐射可达性与建筑密度直接相关[19]。莫哈杰里（Mohajeri）等人探讨了瑞士日内瓦 16 个社区（11 418 栋建筑）各种紧凑度指标与太阳能利用潜力之间的关系，并评估了光伏建筑一体化（BIPV）、太阳能集热器（Solar Thermal Collector，STC）和被动式太阳能供热系统中不同紧凑度下的太阳能利用潜力[20]。徐燊等人对武汉市不同形式城市街区的光伏潜力进行了评估，结果表明，商业街区受到的太阳辐射最大，住宅街区次之，工业街区排在最后[21]。

7.2.3 城市形态与能源建模研究综述

在研究城市微气候的同时，也有学者提出从建筑学和城市设计的角度直接分析城市形态与能源表现的耦合关系，试图为城市街区找出节能、可持续的最优形态策略。纳塔纳尼亚（Nataniana）等人运用理想建筑原型来模拟不同建筑容积率和地中海气候条件下的城市形态。结果表明，随着建筑容积率的增加，办公建筑和居住建筑的制冷能源需求呈下降趋势[22]。权纪戈等人对上海一些街区进行了能源模拟，发现街区容积率越高，建筑物的能耗强度越大[23]。权纪戈等人对俄勒冈州波特兰市的城市街区进行了模拟，发现当建筑密度增加到一定水平后再继续增加时，建筑能源使用强度会下降[24]。欧赫（Oh）等人提取了 13 种城市形态因子，利用回归分析探讨了其在建筑能源使用中表现出的重要性，并通过机器学习和聚类方法对城市形态因子进行分类[25]。曼甘（Mangan）等人讨论了温带城市形态对建筑能源和成本效率的影响，并建立了 120 个形态模型，其中建筑高度和高宽比对能源使用的影响大于建筑朝向[26]。

潘文健等人以深圳 11 个城市社区为对象，研究了城市形态对室外夜间照明的影响，并从节能的角度提出了相应的照明布局优化策略[27]。李向锋等人利用数据挖掘技术，以由 539 栋居住建筑和 153 栋公共建筑组成的城市建筑数据集为基础，对影响建筑能耗的城市形态因素进行了分析，找出了诸如朝向、体形系数、建筑周长比等因素[28]。

曾有研究调查了四个城市的能源使用和建筑类型，分别为英国伦敦、法国巴黎、德国柏林以及土耳其伊斯坦布尔。研究发现，独立式住宅供热所需能耗最高，高层住宅、板式建筑和联排别墅的供热能耗差别不大[29]。瓦尔托洛马约斯（Vartholomaios）研究了希腊地中海城市塞萨洛尼基（Thessaloniki）的三种建筑类型对供热和制冷所需能源的影响，结果表明紧凑布局、朝南建筑和庭院式街区形式是最节能的[30]。谢晓彤等人证明了庭院形态可以减少建筑夜间供热需求，并可提高其夜间通风和制冷能力[31]。潘媛等人建立了一个参数化模型对上海不同建筑类型的能源使用情况进行研究，结果表明，当建筑密度为 0.169 时，庭院式建筑类型的能源使用表现最好，其次是板式和点式建筑[32]。

7.3 研究方法

7.3.1 研究框架

图 7-1 展示了低能耗城市设计的主要框架，利用模拟工具和数据驱动方法将城市形态生成与微气候环境提升有机结合。第一步，该框架构建了一个理想城市街区来测试和验证低能耗城市设计流程，并建立了用于数据驱动学习的形态参数和能源基本训练数据集。第一步借助真实的城市街区数据，抽象概括出若干个基本的城市形态。第二步，该框架在犀牛（Rhino）中分别生成理想的与真实的城市街区，确定了构建优化的可控因素。第三步，提供了城市形态的量化指标。第四步，提出了以最大光伏发电量、建筑首层最大日照小时数和最小建筑能源需求为目标的城市设计优化过程，并在犀牛—瓢虫（Rhino-Ladybug）模块中进行模拟，在瓢虫（Ladybug）多目标优化插件 Wallacei 模块中进行优化。第五步，利用机器学习算法对实际的城市街区性能表现进行学习，用以揭示方案设计与实际场景之间的差异性。第六步，从可再生能源发电量、日照小时数、冷负荷、热负荷、建筑能耗等方面对生成的城市设计方案进行评估并优选。

7.3.2 城市街区案例

本章选取的案例城市依然为江苏省建湖县（图 7-2），研究的数据集涵盖分布在 42 个居住小区内的 539 栋住宅建筑。上述建筑信息包括地址、建造年份、占地面积、几何形状（面积、长度、宽度和高度）以及

2018 年的能耗量。建湖位于太阳能资源中等类型区，适合发展太阳能利用，其平均南向垂直太阳辐射照度为 60—70 W/m^2。

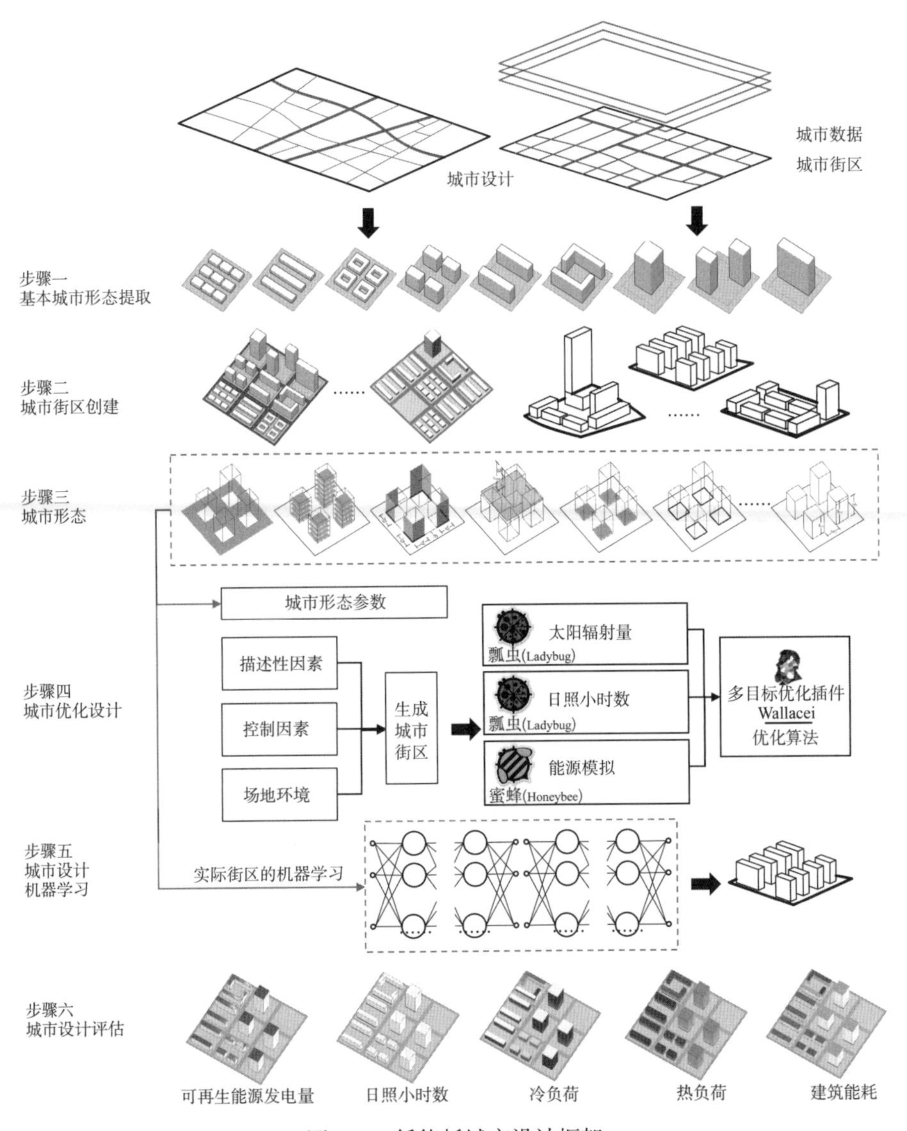

图 7-1　低能耗城市设计框架

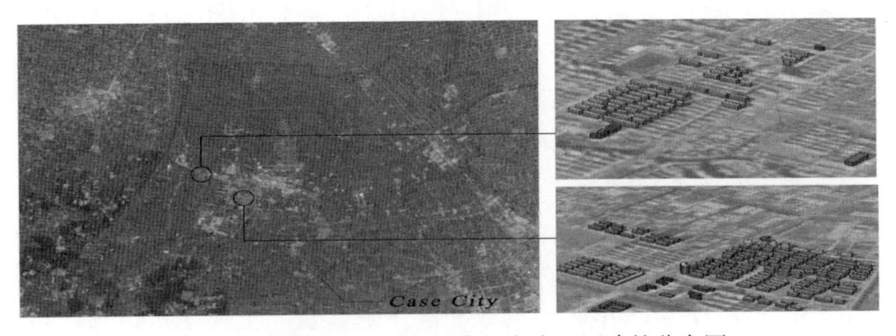

图 7-2　建湖县区位以及本章研究中可用建筑分布图

注：深色为公共建筑；浅色为居住建筑。

在研究建湖县实际城市路网规模的基础上，选取一个 240 m × 240 m 的街区作为理想街区，通过 3 × 3 的网格生成 9 个 80 m × 80 m 的地块单元（图 7-3）。单位用地红线向内退让 5 m，作为街区内道路红线。距单位用地内侧 5 m 作为建筑红线。单位用地建设范围为 60 m × 60 m，并规定只能设置一种建筑类型。

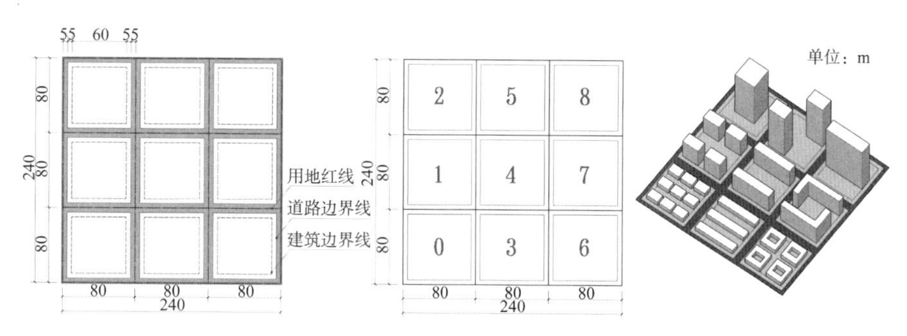

图 7-3　理想城市街区图解

7.3.3　城市形态

1）城市基本类型与形态抽象

本章从 3 大类（点式建筑、板式建筑、庭院式建筑）中提取建湖县城区常见的 9 种建筑类型，其中 4 种为点式建筑类型，标注为 P-1至 P-4；板式建筑类型有 3 种，分别标注为 S-1至S-3；还有两种类型的庭院式建筑，分别标注为 C-1 与 C-2。需要注意的是，建筑类型和高度与建筑密度密切相关。建筑类型决定了建筑高度的不同上限。本章将建筑类型的高度区间分为三类：1—3 层、4—12 层及 13—30 层。由于 30 层以上的建筑通常为 100 m 以上或接近于 100 m 的超高层建筑，此类建筑在中小城市的建设必须经过充分论证并严格实施，因此，本章不讨论 30 层以上的建筑。每一高度区间包含三种建筑类型。为便于建筑面积计算和数据处理分析，同一高度区间内各建筑类型的建筑面积和建筑密度应相同，详见表 3-1。

城市街区设计方案一旦建立，就可以定义多个城市形态参数来描述街区，这些参数也与能源需求和能源生产高度对应。形态参数包括朝向（OR）、容积率（FAR）、建筑密度（BCD）、平均层数（ANS）、错落度（SD）、四个方向的高宽比（HW）、开敞空间比（OSR）、体形系数（SF）、平均面积周长比（APR）。

2）城市设计场景与优化

在可变容积率条件下，组织由能源性能驱动理想街区形态的自动优化实验，包括五个模块，分别为参数预置模块、街区生成模块、性能计算模块、多目标优化模块以及数据记录模块。首先，确定街区的最小建筑能源使用强度、最大太阳能光伏发电总量、街区首层最大平均日照小时数为优化目标。其次，建筑层数、开放空间布局、街区朝向和建筑类型被视为控制形态因素，其取值范围如表 7-1 中所示。再次，选取研究所用的描述性形态因子和现场环境参数，构建一个街区形态参数化模型。接下来，确定现场天气数据和其他能源模拟设置，并计算每一个城市街区模型的建筑能源使用、太阳能小时数和光伏发电量。最后，根据遗传算法设置自动启动帕累托最优解，数据记录插件同时记录每一个城市街区的形态因子和模拟结果。在城市街区的 9 个单元中，选择一个作为开放空间，其余 8 个单元的用地可自由配置不同高度和类型的建筑。模拟范围为全年，冬天太阳计算时间为 8：00—16：00，建筑层高设置为 3 m，优化算法中的种群规模设置为 33，迭代次数为 100 代。

表 7-1　城市街区设计的控制因素

城市形态	范围	注释
建筑类型	P-1、S-1、C-1、P-2、S-2、C-2、P-3、P-4、S-3	表 3-1
建筑层数	3 层、6 层、9 层、12 层、18 层、24 层、30 层	表 3-1
开放空间布局	0 号、1 号、2 号、3 号、4 号、5 号、6 号、7 号、8 号	附图 3
街区朝向	−45° 、−30° 、−15° 、0° 、15° 、30° 、45°	大于 0° 指南偏东；小于 0° 指南偏西；0° 指正南朝向

通过输入现场环境和可控的城市形态因素，在犀牛（Rhino）工具中创建城市街区。应用犀牛（Rhino）中的瓢虫（Ladybug）和蜜蜂（Honeybee）插件对太阳辐射、日照小时数和建筑能源使用进行了模拟，能源模拟时需要注意的是，研究应用蜻蜓（Dragonfly）插件模拟时高度依赖于城市街区形态的微气候，修改 epw 相关文件，并为能源模拟提供本地气象文件。在多目标优化插件 Wallacei 平台 2.5 中，Wallacei X 是关键的内置集成多目标优化遗传算法 NSGA-2。数据记录模块 TT 工具箱用于记录优化过程和描述形态因子的输出。

7.3.4　城市建筑节能模拟调节

为便于比较不同街区的节能表现，整个街区采用相同的原型和预设参数。参考《夏热冬冷地区居住建筑节能设计标准》（JGJ 134—2010）[33] 和《民用建筑供暖通风与空气调节设计规范》（GB 50736—2012）[34]，每年 6 月 15 日至 8 月 31 日为空调制冷季，12 月 1 日至 2 月 28 日为供热季，冬季室内供暖温度设为 18℃，夏季室内制冷温度设为 26℃。其中，每小时换气次数为 1.0 次（即 1ACH），这意味着每小时室内空气被全部替换为新鲜的室外空气。人均最小新风量为 30 m^3/h，并采用了理想的空调系统。具体参数见表 7-2。

表 7-2　城市街区的能源模拟调整

参数		设置
模拟周期		1 月 1 日至 12 月 31 日
内荷载	照明	5 W/m^2
	设备	1.9 W/m^2
	入住人数	0.03 ppl/m^2
暖通空调系统	供热 / 制冷范围和温度	供热：12 月 1 日至 2 月 28 日，26 ℃ 制冷：6 月 15 日至 8 月 31 日，18 ℃
	换气次数	1 次
	最小新风	30 m^3/（h·人）
传热系数	屋顶	0.5 W/（m^2·K）
	墙体	0.8 W/（m^2·K）
	地板	1.5 W/（m^2·K）
	窗户	2.70 W/（m^2·K）（SHGC = 0.78；VT = 0.55）

注：SHGC 即太阳能得热系数；VT 即可见光透射率。

根据光伏发电板表面的太阳辐射量计算光伏发电量。考虑到建筑立面大规模利用太阳能可能会对城市外观产生影响，本章仅考虑利用屋顶太阳能的情形。将屋顶太阳能光伏发电的阈值设定为 800 kW·h/（m^2·a）[35]。多晶硅光伏组件发电效率高，透光性差。鉴于光电转换系数一般介于 10%—18.5%，故将其设为 17%。将直流电到交流电的转换率设定为 85%。由于实际建筑屋顶不能全部用于安装太阳能光伏板，可将屋顶面积的利用率设为 90%。屋顶光伏板的实际安装通常不平行于屋顶，而是有一定的倾斜。但鉴于不同形态的街区理论光伏容量潜力的比较，而非精确的能源生产，故未考虑倾角。

7.4　研究结果

7.4.1　城市街区设计过程的优化结果

本实验在微软操作系统 Windows10（i7-9700、8 核、3.00 GHz、32G 内存）上进行，耗时近 240 h，迭代 100 代，直至优化目标值收敛到稳定状态。优化实验产生了 297 组非支配解，剔除 161 组重复解后得到 136 组非支配解，总大小为 4 821 组。在多目标优化插件 Wallacei 分析部分调用计算器可实现对优化操作过程中优化目标变化趋势的可视化。

优化过程中所有可行解组成解集的空间分布图中的每一个浅色小立方体，在每次迭代中代表一个可行解。由深色直线连接并与深色空间曲面相交的每一个浅色立方体表示在该优化过程中计算的非支配解（即帕累托最优解）。立方体离三维坐标原点越近，发电量越大，照明性能越好，街区总能耗越大。由图可以看出，非支配解集分布在整体可行解的最前沿，最接近坐标原点，说明与优化过程中生成的其他可行解相比，非支配解的表现更好。

三个目标的迭代趋势如前图 4-8 所示。由于多目标算法采用逐步约简作为默认的优化方向，在优化时将太阳能光伏发电量和平均日照小时数设为负值，因此（a)(b）和（e)(f）分别表示其负值的变化趋势。在前图 4-8 中，(a)(c)(e）是相应目标的标准偏差变化趋势。每条曲线代表 33 组实验目标在一次迭代中结果的标准差。曲线越宽，表明大部分目标值与本次迭代的平均值之差越大；曲线越陡，表明大多数目标值与平均值之间的差值越小。前图 4-8(b)(d)(f)是对应目标平均值的趋势图。每一值代表 33 组实验目标结果在一次迭代中的平均值。

在前图 4-8（a）中，从深色到浅色的曲线继续向左移动，表明随着迭代的进行，该街区的太阳能光伏发电量继续增加，但浅色曲线跨越了更大更平缓的坡度，这表明在以后的迭代中，不同实验的目标值有很强的离散度，与总体平均值相差较大。从前图 4-8（b）中可以清楚地看出，随着优化过程的进行，从第一代 1.76×10^6 kW・h 的平均发电量开始，每代街区的太阳能光伏发电量的平均值迅速增加。当迭代进入到第 63 代时，发电量的平均值趋于稳定在 2.27×10^6 kW・h 左右。

从前图 4-8（c）可以推断，当曲线从深色变为浅色时，优化继续向左移动。曲线变化不大，但斜率逐渐减小，表明每次迭代的能源使用强度值增大，与平均值相差较大。前图 4-8（d）显示，从第 1 代到第 18 代，街区总能源使用强度的平均值急剧下降，从 73.8 kW・h/m^2 下降到 70.4 kW・h/m^2，随后从第 19 代到第 66 代，总能源使用强度的平均值稳步上升，经过第 67 代之后最终趋于稳定，在 71.6 kW・h/m^2 左右波动。从前图 4-8（e）可以推断，在每次迭代中，街区平均日照小时数均增加。从前图 4-8（f）中可以清楚地观察到，从第 1 代到第 22 代，街区平均日照小时数迅速增加，从 4.7 h 增加到 6.84 h，直至稳定在 6.9 h 左右。

7.4.2 城市街区设计优化的结果

三个目标的帕累托最优解结果及其分布如前图 4-10 所示。该街区年太阳能光伏发电量主要集中在 2.1×10^6 kW・h 以上的区间，表明大多数非支配解具有良好的光伏发电能力。建筑的总能源年使用强度平均分布在 70.4 kW・h/m^2 左右，日照小时数则集中在 7.14 h 左右。此外，可以得出建筑的能源年使用强度与太阳能光伏年发电量之间 0.935 36 的高相关系数，其原因可能包括：一方面，为提高街区的发电量，在优化中选择了屋顶面积较大的多层建筑或低层建筑；尽管如此，这两种类型的建筑往往也存在更高的能源需求。另一方面，优化算法试图降低建筑的分散度，增加发电量，同时也减少了建筑间的遮挡，并提高了建筑能源的使用。

街区平均日照小时数与太阳能光伏年发电量的相关系数为 -0.398 14，表明两者之间存在较低的负相关，这可能是由于两者均与建筑之间的相互遮挡密切相关。理论上，减少遮蔽将提高建筑的整体采光性能和屋顶太阳能光伏发电能力。这是因为，一方面，减少建筑间的遮蔽对上层楼面采光的改善效果更明显，而对一层采光的改善效果不明显。另一方面，可能是因为优化算法倾向于选择发电量大的低层、多层建筑，但这类建筑的底部采光较差，尤其是庭院式。总能源使用强度和日照小时数的负相关系数相同，原因亦相似，大致为 -0.365。

在非支配解中，仅选取 3 号、4 号、5 号场地作为开放空间的布局位置，频次分别为 71 次、60 次、5 次，表明这三个场地作为开放空间可以获得较好的优化效果。需要注意的是 3 号、4 号、5 号场地都位于用地中间，特别是 4 号地块。中央开放空间在减少街区内建筑能源使用强度、改善建筑采光和增加光伏发电方面起着重要作用。中央开放空间还可以大大降低街区内热量集中的可能性，改善街区内部的自然通风，从而减少建筑的能源使用。

一般情况下，非支配解中会出现大量多层建筑，这有利于提高街区屋顶的光伏发电量。高层建筑集中在 0—5 号场地，其中 1 号、2 号场地较为直观，说明西北高、东南低的布局更有利于发电：一方面，这种布局可以让街区大部分区域的采光更好。另一方面，在建湖，夏季盛行东南风，风可以直接进入街区中心，带走热量，起到降温作用。同时，位于西部的高层建筑可以提供遮蔽，减少夏季西部强烈日照的热增量，且位于西北部的高层建筑也可以在冬季起到防风作用。

频次为 111 次和 25 次的非支配解中仅包括 -15° 和 0° 的方向，表明这两个方向的街区在优化目标上的性能较好。一般来说，在夏热冬冷地区，南向也是能接收到最大太阳辐射的最佳方向。可以看出，在非支配解中，东侧 6 号、7 号、8 号场地的建筑类型以低层板式和塔式建筑为主，西侧 0 号、1 号、2 号场地以塔式建筑为主。中央 3 号场地以低层板式建筑为主，4 号以高层塔式建筑为主，5 号则以板楼和院落建筑为主。

为了对 136 组非支配解进行快速分类，并提取具有代表性的街区形态，在多目标优化插件 Wallacei 的非支配解模块中进行了 k 均值聚类算法研究。通过反复比较，当聚类数 k 为 5 个时，分类效果较好。用不同的颜色显示了聚类分析后的非支配解集的空间地图。黑线连接聚类的质心与其他非支配解。

根据太阳能光伏发电优化目标（x）和街区建筑的总能源使用强度（y），聚类 1 和聚类 3 位于总体非支配分布的末端，其中，聚类 1 的总能源使用强度最低，太阳能光伏发电量最低，而聚类 3 的太阳能光伏发电量最高，总能源使用强度也最高；然而，聚类 2、聚类 4 和聚类 5 的性能更加平衡，从聚类 5、聚类 2 到聚类 4，街区的总能源使用强度和光伏发电量都在增加。就日照小时数的平均数而言，聚类 5 表现最好，聚类 4 表现最差，聚类 1、聚类 2 和聚类 3 表现得更为均匀。优化目标的性能差异可参见前图 4-25。对于每一组非支配解，都有可行的城市设计解决方案，参见附图 1 至附图 5。表 7-3 给出了城市设计示例，在非支配解集中随机选取单目标最优方案和 5 个聚类质心，在适宜解中随机选取单目标最差方案。

表 7-3　考虑太阳光伏年发电量、建筑总能源年使用强度和日照小时数的城市设计示例

容积率	2.19	聚类	1	容积率	1.88	聚类	1	容积率	1.30	聚类	2
太阳光伏年发电量 /（10^6 kW・h）	1.81	日照小时数 /h	6.07	太阳光伏年发电量 /（10^6 kW・h）	1.87	日照小时数 /h	6.89	太阳光伏年发电量 /（10^6 kW・h）	2.43	日照小时数 /h	7.19
总能源年使用强度 /（kW・h・m^{-2}）		68.81（最小）		总能源年使用强度 /（kW・h・m^{-2}）		68.92		总能源年使用强度 /（kW・h・m^{-2}）		71.53	
容积率	0.89	聚类	3	容积率	0.89	聚类	3	容积率	1.15	聚类	4
太阳光伏年发电量 /（10^6 kW・h）	1.45（最小）	日照小时数 /h	5.09	太阳光伏年发电量 /（10^6 kW・h）	2.65（最大）	日照小时数 /h	6.88	太阳光伏年发电量 /（10^6 kW・h）	2.50	日照小时数 /h	6.50
总能源年使用强度 /（kW・h・m^{-2}）		70.09		总能源年使用强度 /（kW・h・m^{-2}）		75.33		总能源年使用强度 /（kW・h・m^{-2}）		72.47	
容积率	1.51	聚类	5	容积率	1.56	聚类	5	容积率	2.86	其他解	
太阳光伏年发电量 /（10^6 kW・h）	2.10	日照小时数 /h	7.32	太阳光伏年发电量 /（10^6 kW・h）	2.01	日照小时数 /h	7.53（最大）	太阳光伏年发电量 /（10^6 kW・h）	1.98	日照小时数 /h	5.48
总能源年使用强度 /（kW・h・m^{-2}）		70.84		总能源年使用强度 /（kW・h・m^{-2}）		70.76		总能源年使用强度 /（kW・h・m^{-2}）		78.39（最大）	

7.4.3 实际城市街区能源预测分析

对于这一小节，应用了长短期记忆算法，通过城市形态学对 41 个实际城市街区（不包括 1 个无效街区）的能源性能进行机器学习。在参数调整中，隐藏层数范围为 [72，72 × 2，72 × 5]，时期范围为 [200，500，1 000]，学习率为 [0.005，0.01，0.02]。在机器学习过程中记录了训练损失和均方根误差，以确定长短期记忆的参数。70% 的数据集用于训练，30% 用于验证。最后，隐含层数、最大时期和学习率分别为 72、1 000 和 0.01，训练时间为 7 646 s。表 7-4 显示了长短期记忆的验证结果和五个输出量的准确性，确定了太阳能利用面积（太阳辐射大于 800W 的累计面积），测试了供暖、制冷和整个建筑的能源使用强度，以及光伏板的发电量。通过上述分析可以明显发现，长短期记忆在所有预测中都能达到很好的准确度。其中，发电量和建筑总能源使用强度的预测准确度最高，平均绝对百分误差分别为 1.21% 和 1.37%，均方根误差分别为 6.88 和 1.64，平均预测结果与地面实况得到了较好的验证。

表 7-4　太阳能利用面积、供暖能源使用强度、制冷能源使用强度、建筑总能源使用强度、光伏发电量的验证结果

类别	面积 /m^2	供暖能源使用强度 /（kW · h · m^{-2} · a^{-1}）	制冷能源使用强度 /（kW · h · m^{-2} · a^{-1}）	总能源使用强度 /（kW · h · m^{-2} · a^{-1}）	光伏发电量 /（kW · h · a^{-1}）
平均绝对百分误差 /%	3.3	5.27	2.08	1.37	1.21
均方根误差	499.51	1.10	0.75	1.64	6.88
平均预测	12 463.64	14.73	32.85	72.90	164.17
平均地面实况	12 732.90	15.14	32.74	73.20	163.94

通过高准确度验证，使用长短期记忆法，通过表 7-1 中定义的实际城市街区形态，了解其实际能源使用情况。为了粗略地比较预测能源需求、实际能源使用和光伏发电量，选择制冷系数（Coefficient of Performance，COP）为 4（一般为 3 到 5），将建筑供热和制冷负荷转换为用电量。图 7-4 显示，在大多数城市街区，预测能源需求（也被认为是设计能源需求）高于实际能源使用。在现实的城市环境中，建筑的运行能源可以由许多因素决定和影响，特别是业主的行为，尽管中国城市街区的空置率也很高。然而，这些建筑的能源使用量远远高于预期能源需求，仍然是巨大的潜在节能来源。与发电量和实际能源相比，大部分街区的发电量不能满足能源需求和实际使用。

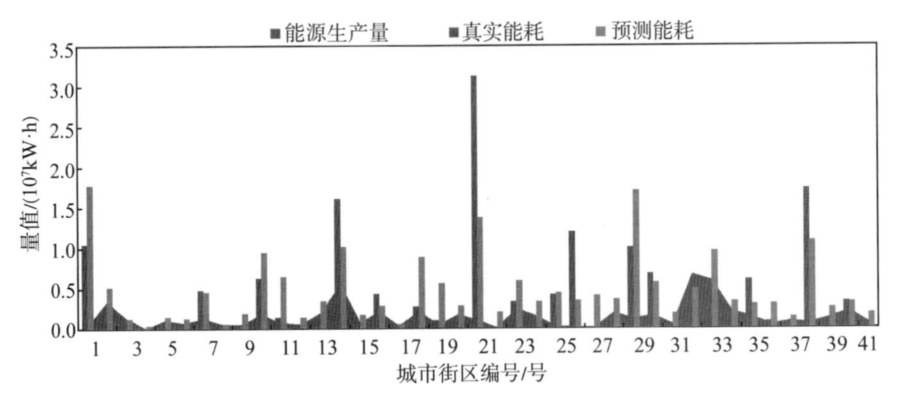

图 7-4　41 个城市街区的预测能源需求和实际的能源使用量及发电量结果

7.5　本章小结

本章研究的主要工作是在城市建筑能耗模型中提出一个从模拟到数据驱动的自动低能耗城市设计框架。在城市设计框架中，将城市形态融入优化过程，也可以将其作为城市设计场景与实际城市街区之间的桥梁，反之亦然。为了验证框架的可行性，使用犀牛（Rhino）工具生成一个城市街区，其中包含从实际城市环境提取的基本城市形态，自动优化运行有三个目标：最大太阳辐射、底楼的日照小时数和最小建筑能源需求。将长短期记忆网络应用于实际城市街区的能源性能推断，结果表明，这三个目标可以达到一组优化结果，并针对城市设计策略的不同关注点定义了五个聚类。虽然不同的优化目标会相互冲突，但可以找到一个平衡点。

城市建筑能耗建模是近年来备受关注的一种鼓舞人心的重要方法。在此基础上，本章提出了一个将模拟与数据驱动相结合的低能耗城市设计方法框架。前者应用于设计阶段，在预设目标下寻找最优城市设计方案，包括最大太阳能利用率和日照小时数，以及最小建筑能源需求。后者预测实际城市街区的性能，用以揭示能源使用差距。因此，该框架的主要贡献在于:（1）提供一种自动方式，实现最优低能耗城市设计以及最大化太阳能利用;（2）创建一个可行的方法，建立城市形态、能源需求和太阳能的训练数据集，用于机器学习算法分析其他城市设计或实际案例。

从图 7-7 所示的若干代城市设计优化中可以发现，城市设计是所有可用目标的一组结果，而不是单一最优的优化结果。本章研究还将所有可行的解决方案按照三个目标进行分类，为城市设计师提供了最大限度地利用太阳能或减少能源需求的方法。这些也有利于该框架的实际应用，为城市设计提供不同的参考场景。虽然该框架是从设计（理想城市街区）引入实践（实际城市街区），但反过来也是可行的，更为科学合理，可以从城市大数据为新的城市设计或城市更新项目提供技术支持。

第 7 章参考文献

[1] National Bureau of Statistics. 2019 economic and social development statistical communique of People's Republic of China[R]. Beijing: National Bureau of Statistics, 2020.

[2] STOCKER T F, et al. Climate change 2013: the physical science basis: Working Group I contribution to the fifth assessment report of the Intergovernmental Panel on Climate Change[M]. Cambridge: Cambridge University Press, 2014.

[3] LOONEY B. Energy Outlook 2020 edition explores the forces shaping the global energy transition out to 2050 and the surrounding that transition[R]. London: British Petroleum, 2020.

[4] CEREZO DAVILA C, REINHART C F, BEMIS J L. Modeling Boston: a workflow for the efficient generation and maintenance of urban building energy models from existing geospatial datasets[J]. Energy, 2016, 117: 237-250.

[5] ZHU P, YAN D, SUN H, et al. Building blocks energy estimation (BBEE): a method for building energy estimation on district level[J]. Energy and buildings, 2019, 185: 137-147.

[6] JOVANOVIĆ R Ž, SRETENOVIĆ A A, ŽIVKOVIĆ B D. Ensemble of various neural networks for prediction of heating energy consumption[J]. Energy and buildings, 2015, 94: 189-199.

[7] MA J, CHENG J C P. Estimation of the building energy use intensity in the urban scale by integrating GIS and big data technology[J]. Applied energy, 2016, 183: 182-192.

[8] KONTOKOSTA C E, TULL C. A data-driven predictive model of city-scale energy use in buildings[J]. Applied energy, 2017, 197: 303-317.

[9] MA Z J, YAN R, NORD N. A variation focused cluster analysis strategy to identify typical daily heating load profiles of higher education buildings[J]. Energy, 2017, 134: 90-102.

[10] TARDIOLI G, KERRIGAN R, OATES M, et al. Identification of representative buildings and building groups in urban datasets using a novel pre-processing, classification, clustering and predictive modelling approach[J]. Building and environment, 2018, 140: 90-106.

[11] ROBINSON C, DILKINA B, HUBBS J, et al. Machine learning approaches for estimating commercial building energy consumption[J]. Applied energy, 2017, 208: 889-904.

[12] DONG B, LI Z, RAHMAN S M M, et al. A hybrid model approach for forecasting future residential electricity consumption[J]. Energy and buildings, 2016, 117: 341-351.

[13] NUTKIEWICZ A, YANG Z, JAIN R K. Data-driven urban energy simulation (DUE-S): a framework for integrating engineering simulation and machine learning

methods in a multi-scale urban energy modeling workflow[J]. Applied energy, 2018, 225: 1176-1189.

[14] ROTH J, MARTIN A, MILLER C, et al. SynCity : using open data to create a synthetic city of hourly building energy estimates by integrating data-driven and physics-based methods[J]. Applied energy, 2020, 280: 115981.

[15] ZINZI M, CARNIELO E, MATTONI B. On the relation between urban climate and energy performance of buildings. A three-years experience in Rome, Italy[J]. Applied energy, 2018, 221: 148-160.

[16] BOCCALATTE A, FOSSA M, GAILLARD L, et al. Microclimate and urban morphology effects on building energy demand in different European cities[J]. Energy and buildings, 2020, 224: 110129.

[17] M' SAOURI EL BAT A, ROMANI Z, BOZONNET E, et al. Thermal impact of street canyon microclimate on building energy needs using TRNSYS: a case study of the city of Tangier in Morocco[J]. Case studies in thermal engineering, 2021, 24: 100974.

[18] VALLATI A, MAURI L, COLUCCI C. Impact of shortwave multiple reflections in an urban street canyon on building thermal energy demands[J]. Energy and buildings, 2018, 174: 77-84.

[19] LEE K S, LEE J W, LEE J S. Feasibility study on the relation between housing density and solar accessibility and potential uses[J]. Renewable energy, 2016, 85: 749-758.

[20] MOHAJERI N, UPADHYAY G, GUDMUNDSSON A, et al. Effects of urban compactness on solar energy potential[J]. Renewable energy, 2016, 93: 469-482.

[21] XU S, HUANG Z J, WANG J H, et al. Evaluation of photovoltaic potential by urban block typology: a case study of Wuhan, China[J]. Renewable energy focus, 2019, 29(June): 141-147.

[22] NATANIANA J, AUER T. Balancing urban density, energy performance and environmental quality in the Mediterranean: a typological evaluation based on photovoltaic potential[J]. Energy procedia, 2018, 152: 1103-1108.

[23] QUAN S J, WU J, WANG Y, et al. Urban form and building energy performance in Shanghai neighborhoods[J]. Energy procedia, 2016, 88: 126-132.

[24] QUAN S J, ECONOMOU A, GRASL T, et al. An exploration of the relationship between density and building energy performance[J]. Urban design international, 2020, 25(1): 92-112.

[25] OH M, KIM Y. Identifying urban geometric types as energy performance patterns[J]. Energy for sustainable development, 2019, 48: 115-129.

[26] MANGAN S D, KOCLAR ORAL G, ERDEMIR KOCAGIL I, et al. The impact of urban form on building energy and cost efficiency in temperate-humid zones[J]. Journal of building engineering, 2021, 33: 101626.

[27] PAN W J, DU J. Impacts of urban morphological characteristics on nocturnal outdoor lighting environment in cities: an empirical investigation in Shenzhen[J]. Building and environment, 2021, 192: 107587.
[28] LI X F, YING Y, XU X D, et al. Identifying key determinants for building energy analysis from urban building datasets[J]. Building and environment, 2020, 181: 1-12.
[29] RODE P, KEIM C, ROBAZZA G, et al. Cities and energy: urban morphology and residential heat-energy demand[J]. Environment and planning B: planning and design, 2014, 41(1): 138-162.
[30] VARTHOLOMAIOS A. A parametric sensitivity analysis of the influence of urban form on domestic energy consumption for heating and cooling in a Mediterranean city[J]. Sustainable cities and society, 2017, 28: 135-145.
[31] XIE X X, SAHIN O, LUO Z W, et al. Impact of neighbourhood-scale climate characteristics on building heating demand and night ventilation cooling potential[J]. Renewable energy, 2020, 150: 943-956.
[32] PAN Y, YANG Y, et al. A parametric study on the community form and its influences on energy consumption of office buildings in Shanghai[J]. Procedia engineering, 2017, 205: 548-555.
[33] 中国建筑科学研究院，重庆大学，中国建筑西南设计研究院，等. 夏热冬冷地区居住建筑节能设计标准(JGJ 134—2010)[S]. 北京：中国建筑工业出版社，2010.
[34] 中国建筑科学研究院，北京市建筑设计研究院，中国建筑设计研究院，等. 民用建筑供暖通风与空气调节设计规范(GB 50736—2012)[S]. 北京：中国建筑工业出版社，2012.
[35] NATANIAN J, KASTNER P, DOGAN T, et al. From energy performative to livable Mediterranean cities: an annual outdoor thermal comfort and energy balance cross-climatic typological study[J]. Energy and buildings, 2020, 224: 110283.

第 7 章图表来源

图 7-1 至图 7-4 源自：笔者绘制.

表 7-1 至表 7-4 源自：笔者绘制.

8 气候与城市形态耦合的街区尺度建筑能耗监测数据驱动框架

8.1 背景介绍

2020年中国的城镇化率达到64.72%，已成为全球最大的能源消费和碳排放国家之一。据统计，建筑施工面积从1996年的不到20亿 m^2 增加到2017年的130亿 m^2 以上，20年来增长了6倍多，建筑产值从5 000亿元增加到4 000亿元[1]。世界各地的城市开始设定减少温室气体排放的目标，以实现对环境的低影响和对气候变化的可持续应对[2]，例如中国提出了到2030年左右其碳排放量将达到峰值[3]。在城市中，建筑占总的一次能源消耗量的75%[4]，且占与能源相关的二氧化碳排放总量的28%，其中2/3来自迅速增长的能源消耗[5]。因此，通过能源管理和节能政策提高建筑能效已成为一个优先策略，要求严格执行新建筑的建筑能源法规，并对现有建筑的能源需求进行有效预测[6-7]。建筑管理人员可以使用建筑能源需求检测系统来调整建筑的管理与布局方式，提前为可能的高电力需求做好准备。向居住者提供相关信息还可鼓励他们减少建筑物的能源消耗[8]。展望未来，了解建筑物的能源使用情况不仅有助于确定谁的能源使用可能高于其作为警告信号的额定需求，而且有助于确定极端气候下的能源使用是否增加；这种知识可以帮助城市决策者通过检测系统确定更好的能源管理和高效利用战略[9]。

反之，开发一个基于建筑能源需求的合理的检测系统，需要了解哪些因素不仅影响城市背景下的建筑能源和建筑形态，而且影响城市建筑能源预测的准确性和高效性[10]。因此，本书结合城市设计相关因素和气候条件，提出了一种基于机器学习的高能耗检测系统。该系统包括两种模式：其一，基于城市形态参数和城市气候数据识别城市背景下能源需求增加的建筑；其二，从城市形态参数和城市气候数据中识别影响建筑能源需求的关键能源相关参数，然后根据其去识别哪些建筑增加了能源需求。为此，本书旨在开发一种基于建筑设计模式和当地气候参数的高建筑能耗检测系统。该系统可以为城市能源政策制定者和建筑管理人员提供预测城市建筑用电量的新思路和新方法。

8.1.1 文献综述

近年来，城市能源研究成为本领域亟待关注的前沿与热点问题，进而在更大范围内更好地激发节能潜力。个人层面的节能措施，如改装成套设备、更高效的高压空调系统、可再生能源利用等仍然可以调整并应用于城市层面[11-12]，但后者需要考虑这些措施的普遍性。由于建筑物的多样性，同样的措施不一定普遍适用于其他建筑物[13]，因此有必要充分了解城市建筑群，尤其是其能源消耗行为。还需向建筑用户、管理人员和能源政策制定者提供与能源相关的信息，以确定需要采取哪些行动来节约能源[14]。然而，除非能清楚地提供能源信息，否则向前者提供能源信息是一项艰巨的任务，它与前者的利益也没有多大关系。后者制定更好、更及时的节能政策是至关重要的。出于上述原因，需要一种检测系统来告知那些在一定条件下能耗较高的建筑。在该系统中，以下三个方面最为重要：首先是作为与能源相关指标的建筑物理属性和用户行为；其次为天气条件；最后是促进未来历史能源使用动态的预测。

8.1.2 城市能源使用的主要决定因素

在建筑能源使用的决定因素中，居住率是城市能源分析的关键决定因素。研究人员将居住类型和数量等数据与空调系统的运行和管理时间表相结合，然后应用集成机器学习算法来预测建筑群的用电量[15]。此外，研究人员还表明，基于移动互联网的入住率数据在改善建筑能源模型的运行方面卓有成效[16]。占有率数据是预测建筑能耗的一个非常有效的变量，但要获得大规模的占有率数据是困难和昂贵的。气象数据也是建筑能耗预测模型中的一个基本参数，尤其是用于工程模拟[17]。值得注意的是，在开放数据库中，气象数据往往比入住率信息更容易获得。气象参数通常包括干球温度、露点温度、相对湿度、降雨量、风速、风向、气压等。研究人员使用温度进行采暖天数评估并对 89 栋教育建筑的能源使用情况进行预测[18]。相对湿度已被证明在决定适应性舒适范式中居住者的敏感性方面具有重要的相关性，从而影响到建筑的热负荷和冷负荷[19]。研究人员还发现，风向会影响城市建筑的能源消耗[20]，而在建筑能耗预测模型中要考虑大气压力[21]。在之前的研究中，研究人员使用干球温度作为唯一的气象变量来模拟和研究建筑能耗。某一数据驱动的模型使用日平均温度、直接太阳辐射和散射预测了大型商业办公楼的建筑能耗[22]。

在文献中，越来越多的注意力集中在城市形态如何影响城市建筑的能源方面[23-24]。不同的建筑设计参数对建筑能耗的影响不同，可以有效解释能耗的变化[25]。在城市街区尺度城市形态变量的变化会影响室外的小气候参数，从而影响到建筑物的能源消耗[26]。通过在设计初期选择合适的建筑形式或在改造过程中进行适当的调整，可以减少城市建筑的能源使用[27]。同样，建筑设计参数也可用于预测能源消耗，以弥补建筑能源数据的不足[28]。之前研究人员还发现，城市形态的关键参数可以有效用于建筑能源模型[29]。例如，建筑形式类型和屋顶面积会影响能源需求和接收到的太阳辐射量，进而影响到潜在的能源生产[30]。此外，太阳能控制技术的节能和立面遮阳系统的战略布局包括最佳建筑方向[31]。城市密度决定了一定区域内建筑的开发强度和紧凑度，可以通过建筑覆盖率、建筑容积率、天空可视度等具体指标进行量化，这些都与建筑能耗有关。黄玉贤等人通过模拟城市密度、建筑覆盖率和建筑容积率的变化，研究了城市几何结构对环境温度的影响，最终建立了能耗模型来揭示城市密度与能源需求之间的相关性[32]。天空可视度可以揭示建筑密度和高度如何通过太阳辐射衰减和遮挡来改变城市微气候环境[33]，进而影响城市热岛与能源消耗[34]。

8.1.3 数据驱动的城市能源使用预测

为了报告能源使用情况以回应气候变暖，模拟工具较易于调整，以帮助设计人员在设计过程的早期阶段来评估不同的能源效率策略，但这样做通常很耗时。另一种解决方案是数据驱动的方法，一些研究人员已经认识到数据驱动的城市建筑能耗预测模型在大规模分布式建筑群中的重要性[35-36]，其中通过使用机器学习工具，可以提供对大规模建筑能源使用模式和节能机会的有用见解[37-38]。数据驱动的预测模型已被广泛应用于预测建筑物的能源需求，如建筑制冷[39-40]、供暖[41]、能源使用[42]和生产[43-44]，随着可用技术和数据源越来越多，规模也变得更大[45]。鲁滨逊（Robinson）等人利用少量建筑特征和机器学习算法进行能耗预测，并使用《纽约市地方法》第 84 条能耗数据集验证了这一算法[46]。卡洛吉鲁（Kalogirou）等人利用 225 栋建筑物的电力数据并应用反向传播神经网络来预测所需的热负荷[47]。谈忠富等人使用多任务学习和最小二乘支持向量机的组合模型来准确预测工业园区的能源消耗负荷[48]。卡夫格基（Kavgic）等人应用蒙特卡罗方法预测贝尔格莱德住房的空间供暖能耗需求[49]和城市规模能源模型不确定性的敏感性分析[50]。法姆（Pham）等人使用随机森林模型预测了多个建筑物短期内每小时的建筑能耗[51]。

各种机器学习算法已经被应用到城市能源预测中，并取得了很好的效果。不同的机器学习算法也被应用于相同的数据集，以比较预测性能。康托科斯塔（Kontokosta）等人提出了城市规模建筑能耗的数据驱动预测模型，并在对 20 000 栋建筑的分析中比较了普通最小二乘（OLS）、支持向量回归（SVR）和随机森林（RF）算法[52]。多元线性回归（MLR）、人工神经网络（ANN）和支持向量回归（SVR）被集成到一个基于地理信息系统的框架中，以估算纽约 3 640 栋住宅的年度能源使用强度值[53]。艾哈迈德·加萨尔（Ahmed Gassar）等人使用多层神经网络（MLNN）、多元线性回归（MLR）、随机森林（RF）和梯度提升（GB）算法开发了数据驱动的模型，用于预测伦敦居民楼在中等超级输出区（MSOZ）和较低超级输出区（LSOZ）的电力和天然气消耗[54]。利用迁移学习技术，李（Li）等人提出了一种新的迁移学习方法。在缺乏足够数据，特别是对于那些没有丰富传感器的建筑，提出了一种基于人工神经网络的建筑能耗预测模型[55]，类似的研究[56]也可以在应用有限信息的数据驱动的能耗预测模型中找到。范成等人评估了基于深度递归神经网络（RNN）的短期建筑能耗预测策略[57]。索姆（Somu）等人提出了一种 kCNN-LSTM 模型，该模型结合了 k 均值聚类集群、卷积神经网络（CNN）和长短期记忆（LSTM）来捕捉能源消耗数据的空间—时间特征[58]。

8.1.4 研究贡献

当下城市能源研究对能源决定因素和各种预测模型进行了梳理与分析，以确定它们如何影响能源并了解能源需求的潜能，而后者大多侧重于预测某一地区建筑群的能源消耗实际值。提前预测能源需求对于管理和节约能源显然很重要。然而，对于政策制定者来说，知道哪些建筑的能源使用量会增加更重要，以确定采取何种行动能减少能源使用量，同时通过设计与当地气候数据来综合考虑建筑的特殊性。因此，与之前研究不同的是，本章侧重于检测不同形式的建筑在天气条件变化下的异常高耗电量，关于算法的应用，采用了机器学习算法进行分类。以江苏建湖 71 栋公共建筑为例展开研究，三种基本的机器学习算法——随机森林（RF）、支持向量机（SVM）和人工神经网络（ANN）——被用于根据建筑设计参数和气象参数的组合来识别不同建筑的异常高耗电月份，并预测每栋建筑可能的异常高耗电月份，进而有助于提供一个能在更大范围内预先识别异常高能耗的预警框架，帮助建筑物业主或官员采取相应的节能措施或政策，同时充分考虑建筑物的特点与当地气候条件。此外，该框架还揭示了能源的关键决定因素，对在特定气候下的潜在能源改造举措有着借鉴与启发作用。

8.2 研究方法

8.2.1 检测系统概述

本章的主要目的是评估基于建筑形态与当地气象参数的高能源需求检测系统的可行性，包括进一步探讨在不完全数据的情况下，该系统是否能在有限的关键变量下保持模型预测的稳定性。整个系统分为两个部分：模式 I 系统和模式 II 系统。模式 I 适用于所有建筑设计参数和气象参数都有完整数据的情况。在模式 I 中，首先将每栋建筑的设计参数与气象参数以及相应月份的气象参数逐一结合起来，形成机器学习模型的输入变量。然后，根据每栋建筑物的月用电量分布，为其设定一个高用电阈值，并将建筑物的每月用电量划分为“警告”和“正常”两类，作为预测模型的输出变量。在模式 II 中，进行与模式 I 相同的预测，但只使用几个关键变量来简化系统或考虑到任何缺失的变量。在模式 I 的基础上，再分别对建筑设计和气象变量进行过滤，并将过滤后的变量作为模式 II 的输入变量。输出变量与模式 I 相同，即分类和标记后的耗电量。最后用模式 II 来研究该系统在没有完整变量时和有完整数据时的性能差异。图 8-1 显示了整个检测系统的流程图。

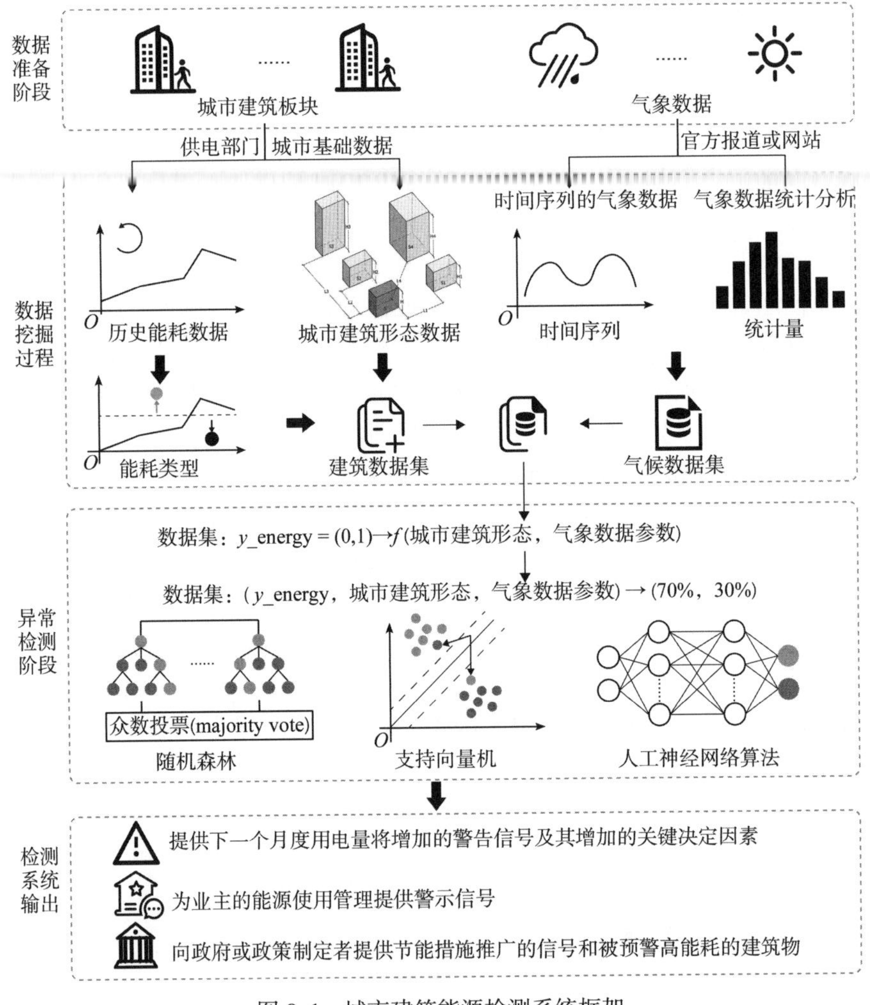

图 8-1　城市建筑能源检测系统框架

8.2.2　城市建筑案例研究

样本案例位于江苏省建湖县每栋建筑的基本信息包括地址、建成年份、占地面积和几何尺寸（面积、长度、宽度和高度）。更多的建筑属性被提取出来，包括建筑长宽比、体形系数、周长与面积之比，以及东、南、西、北四个方向的障碍物高度与峡谷宽度之比。

8.2.3 数据清理与处理

1）城市建筑的用电数据

用电数据包括住宅建筑从 2016 年到 2018 年的年度数据以及公共建筑从 2015 年到 2018 年的月度数据。本次研究仅使用公共建筑的历史用电数据。每个区域和每个月的能源使用强度被选来作为量化本次研究的目标变量。虽然原始数据集包含 153 栋公共建筑，其中仅 71 栋建筑有 4 年（2015—2018 年）的逐月用电数据，本次研究便选取了这些建筑，以确保具有尽可能长的时间序列数据，以及作为模型输入数据的所有建筑同一时期的能源消耗。为了更清楚地呈现 4 年期间每个月的耗电量及其趋势，所有的能源使用强度数据都通过使用式 8.1 以建筑物为单位进行归一化：

$$EUI_{i,j}^{\text{normalized}}=\frac{EUI_{i,j}-EUI_i^{\min}}{EUI_i^{\max}-EUI_i^{\min}} \quad （式 8.1）$$

其中，$EUI_{i,j}^{\text{normalized}}$ 是第 i 栋楼第 j 个月的归一化能源使用强度；$EUI_{i,j}$ 是第 i 栋楼第 j 个月的实际能源使用强度；$EUI_i^{\min}$ 是第 i 栋楼 4 年内的月能源使用强度最小值；$EUI_i^{\min}$ 是第 i 栋楼 4 年内的月能源使用强度最大值。就输出而言，需要将目标变量转换为标记数据，并利用目标建筑的平均能源使用强度加上其能源使用强度的标准差，为每栋建筑设定一个阈值。具体的计算方法见式 8.2：

$$EUI_i^{\text{threshold}}=\frac{1}{n}\sum_{j=1}^{n}EUI_{i,j}+\sqrt{\frac{\sum_{j=1}^{n}\left(EUI_{i,j}-\frac{1}{n}\sum_{j=1}^{n}EUI_{i,j}\right)^2}{n}} \quad （式 8.2）$$

其中，$EUI_i^{\text{threshold}}$ 是第 i 栋楼的临界值；n 是研究期间的总月数（在本例中，n=48）；$EUI_{i,j}$ 是第 i 栋楼第 j 个月的能源使用强度。

然后，目标变量按照以下逻辑进行标注：

$$\begin{aligned}&\text{IF } EUI_{i,j}>EUI_i^{\text{threshold}},\ \text{label}=1\\&\text{ELSE label}=0\end{aligned} \quad （式 8.3）$$

换言之，如果每月的能源使用强度大于阈值，相应的数据点就被标记为 1；否则，就被标记为 0。数据处理后，2 790 个数据点被标记为 0，618 个数据点被标记为 1。

2）建筑设计参数

表 8-1 总结了本章中使用的建筑设计参数。基本的建筑信息数据集包含了建筑的物理参数，这些参数可以比较容易地从数字在线地图、城市地理信息系统数据或开源的三维城市模型中获得。这些参数通常是在建筑物的设计阶段就设置的，不会随着建筑物的老化而改变。建筑物间的效应数据集包括两个主要类别：一类是由基本建筑设计参数计算出的各种建筑属性，如体形系数与基本建筑信息数据一样，不会随时间变化；另一类是周围环境对建筑的影响，如阳光遮挡。原始数据集还包含公共建筑的功能信息，该数据集使用了五个类别，具体为公共服务、教育、工业、医院和酒店。

表 8-1　检测系统中应用的建筑设计参数

指标类型	参数	参数解释	单位
基本建筑形态参数	floor_area	数据集中目标建筑总的楼层面积	m^2
	floor_number	数据集中目标建筑总的楼层数	层
	height	数据集中目标建筑的高度	m
	width	数据集中目标建筑的宽度	m
	long	数据集中目标建筑的长度	m
	perimeter	数据集中目标建筑的周长	m
	surface	数据集中目标建筑的表面积	m^2
	volume	数据集中目标建筑的体积	m^3
	orientation	数据集中目标建筑的朝向	°
建筑间相互影响参数	HW_South	南向障碍物高度与街道峡谷宽度之比	—
	HW_West	西向障碍物高度与街道峡谷宽度之比	—
	HW_North	北向障碍物高度与街道峡谷宽度之比	—
	HW_East	东向障碍物高度与街道峡谷宽度之比	—
	S_V	数据集中目标建筑的体形系数	—
	P_A	数据集中目标建筑的周长和面积的比值	—
	BAR	数据集中目标建筑的长度和宽度的比值	—
建筑功能	function	—	—

3）历史天气数据

历史气象数据来自免费的天气预报接口 OpenWeather Map；原始数据包括建湖市 2015 年至 2018 年当地每小时的气象数据。这些数据包括可直接测量的气象参数（如温度、湿度、气压、降雨量和通过特定公式计算的体感温度参数）和分类天气描述信息。由于建筑能耗数据是按月记录的，气象数据也按月汇总，以确保气象条件与能耗数据时间粒度的一致性。此外，按照美国国家职业安全与健康研究所（National Institute for Occupational Safety & Health，NIOSH）对理想室内环境的总结，温度在20—27 ℃范围之外或湿度在30%—65%范围之外被认为是不舒适的[59]。为了更好地利用气象数据了解天气状况对人类活动的影响，还统计了每个月不舒适的温度与湿度的小时数。在气象参数中，根据美国国家海洋和大气管理局（National Oceanic and Atmospheric Administration，NOAA），体感温度（或称之为热指数）可以用以下公式计算：

$$\begin{aligned}\text{Feels\_like} = &-42.379+2.049\,015\,23\times T+10.143\,331\,27\times rh-\\ &0.224\,755\,41\times T\times rh-6.837\,83\times 10^{-3}\times T^2-\\ &5.481\,717\times 10^{-2}\times rh^2+1.228\,74\times 10^{-3}\times T^2\times rh+\\ &8.528\,2\times 10^{-4}\times T\times rh^2-1.99\times 10^{-6}\times T^2\times rh^2\end{aligned} \quad (式 8.4)$$

其中，T是空气温度；rh是相对湿度。

显然，体感特征值结合了常规的温度和湿度，可以更好地表达环境状态，判断该环境状态下的潜在能耗需求。表 8-2 显示了所有气象参数的变量和总结方法。

表 8-2　检测系统中应用的城市气象条件说明

参数	参数解释	单位	计算方法
temp	城市大气温度	℃	每个月所有小时的平均值
feels_like	人类对温度和湿度的天气感知	℃	
pressure	大气压力（在海平面上）	100 Pa	
humidity	城市大气湿度值	%	
wind_speed	城市大气的风速值	m/s	
wind_deg	城市大气的风向	°	
rain_1h	小时内的降雨量	mm	
snow_1h	小时内的降雪量	mm	
clouds_all	云量	%	
weather_description	城市的天气状况描述数量	—	不同天气描述的每月小时数
temp_count	温度不舒服的小时数	h	每月不舒服的温度 / 湿度 / 感觉温度的小时数
humidity_count	令人不舒服的湿度的小时数	h	
feels_like_count	感受不舒服的温度的小时数	h	

8.2.4 探测系统两种模式的数据描述

前述 71 栋建筑的所有设计参数和 48 个月的气象参数被组合成 3 408 个数据点，作为机器学习模型的输入数据，每个数据点包含一组建筑设计参数和每月天气汇总数据的组合。相应的带标签的电力消耗数据被用作模型的输出数据。在实际的城市能源管理和预测中，很难获得所有的天气和建筑设计参数，预测模型需要太多的变量，这将增加能源管理的成本，并且在某些数据缺失时会导致包容性差。因此，我们对模型 2 中的输入变量进行了过滤。根据之前基于相同建筑设计参数数据集的研究，对于公共建筑的朝向，西向和南向的障碍物高度与峡谷宽度之比、体形系数、周长与面积之比、建筑长宽比是决定建筑能耗的关键因素。数据处理结果如图 8-2 所示。

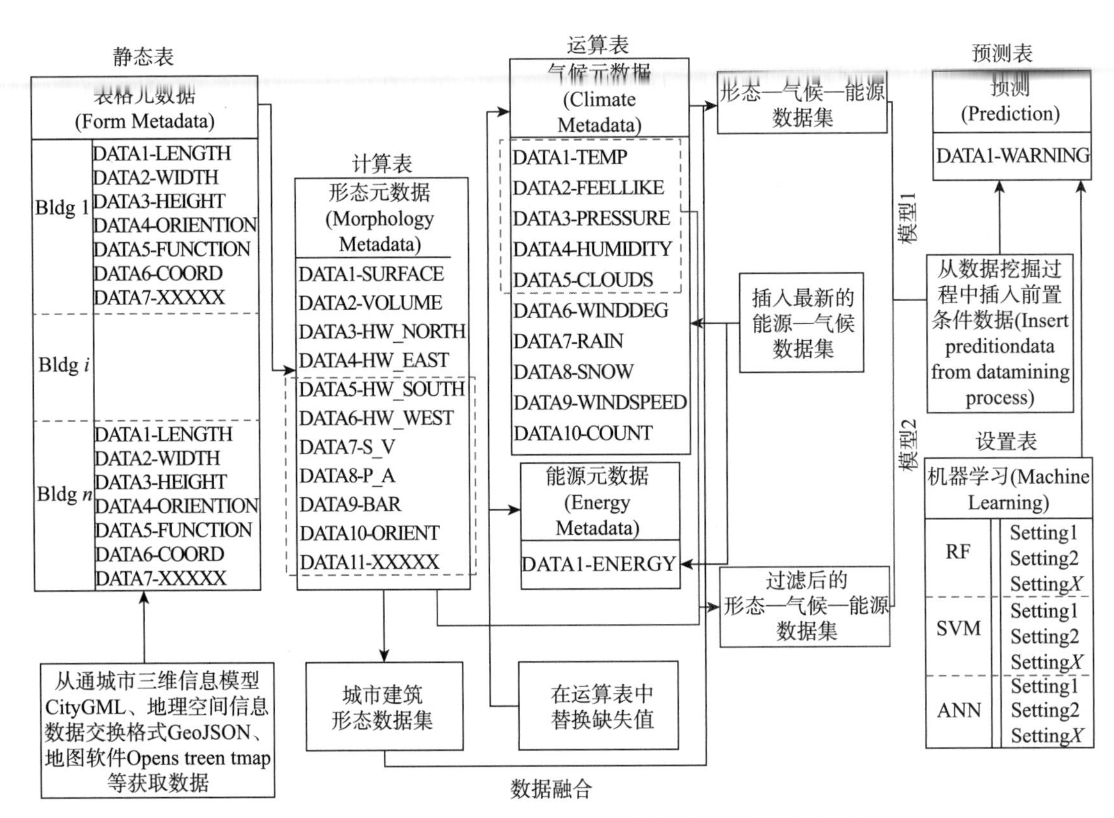

图 8-2 检测系统中两个模型的数据处理和数据流程图

8.2.5 检测系统中的预测技术

选择原理是使用基本的机器学习算法进行测试，以实现对异常高能量使用的检测，但机器学习只是框架组件之一，重点是运行整个框架。如前所述，本章采用了易于实现且具有良好预测性能的随机森林（RF）、支持向量机和人工神经网络算法。

将网格搜索（GridSearchCV）用于模型调整，以帮助每个模型获得最优预测结果，以准确度和 F1 得分为评价标准对模型进行评价。由利奥·布雷曼（Leo Breiman）于 2001 年提出的随机森林（RF）算法，作为一种通用的分类和回归方法已取得了很大成功。随机森林（RF）是一种元估计器，适用于数据集的不同子样本上的几个决策树分类器，并使用平均各子样本分类器的结果来提高预测精度和控制过拟合[60]。布雷曼的原始出版物将随机森林（RF）定义为由一组树形结构的分类器 $\{h(x, \theta_k), k=1, \cdots\}$ 组成的分类器，其中$\{\theta_k\}$是独立的同分布随机向量，每一个决策树模型在输入 x 处设一个最受欢迎类别的权重投票。本章使用机器学习算法库 scikit-learn 软件包中的随机森林分类（RandomForestClassifier）来实现该算法。与最初的版本不同，机器学习算法库 scikit-learn 实现通过平均分类器的概率预测来组合分类器。在本章中，随机森林（RF）算法并不是预测模型中唯一的算法，但我们也使用了随机森林（RF）算法来选择模式 2 中的关键大气变量。具体来说，使用随机森林分类器中的特征重要性函数来探索天气变量对建筑用电量的影响，并选择其中最重要的 20% 作为模式 2 中的天气变量。

支持向量机在高维或无限维空间中构造一个或一组超平面，可用于分类、回归或其他任务。支持向量机模型可以通过求解以下方程来确定：

$$\min \frac{1}{2}\|\omega\|^2 \quad \text{（式 8.5）}$$

$$\text{Subject to}\begin{cases} y_k - \langle \omega, x_i \rangle - b \leqslant \varepsilon \\ \langle \omega, x_i \rangle + b - y_k \leqslant \varepsilon \end{cases}, \quad \text{（式 8.6）}$$

其中，y_k 是因变量值；w 是自变量的系数；x_i 是带有标签 y_k 的训练样本；内积加上截距 $\langle \omega, x_i \rangle + b$ 是样本的预测；ε 是任意参数并被用作阈值。本章使用了机器学习算法库 scikit-learn 软件包中的支持向量回归（SVR）方法来实现该算法。

人工神经网络模仿人脑的工作原理进行学习和预测。网络的学习可以定义为修改、激活函数和传递函数的权值和变量，以满足所期望的功能。前馈是最常用和最常用的神经网络策略，它已经被用来解决大多数问题。人工神经网络已被广泛应用于城市能源系统研究和建筑能耗预测。本章使用开放源代码软件库 TensorFlow 来实现该算法。

8.2.6 模型训练和参数调谐

对于模型训练和参数调整，数据集被分成两组。3/4 的数据用作训练集，其余的用作测试集。为了避免过拟合问题，对训练数据集应用了三次交叉验证的网格搜索。F1 分数用于网络搜索（GridSearchCV）函数中的分数，以进行参数调整。具体来说，在随机森林（RF）算法中，调谐的参数包括最大深度、最大特征、最小样本分割和 n_ 估计器。对于支持向量机算法，调整的参数包括 C、伽马和核。在人工神经网络（ANN）算法中对优化器、迭代次数、样本大小和学习率进行了调整。模型 1 和模型 2 的搜索范围和这些参数的选定值分别如表 8-3 和表 8-4 所示。

表 8-3　模型 1 中算法的网络搜索超参数调整

算法	参数	调参范围	调参结果
随机森林（RF）	max_depth	（1，6，1）	5
	max_features	（1，6，1）	5
	min_samples_split	（1，6，1）	2
	n_estimators	（0，320，20）	20
支持向量机（SVM）	C	（0.1，1，10，100，1000，10 000）	10 000
	gamma	（0.01，0.1，1，10）	0.01
	kernel	（“linear”“rbf”“sigmoid”）	rbf
人工神经网络（ANN）	optimizer	（“Adam”“SGD”）	SGD
	epochs	（100，500，1 000）	500
	batch_size	（8，16，32）	8
	learning_rate	（0.001，0.01，0.1）	0.01

表 8-4　模型 2 中算法的网络搜索超参数调整

算法	参数	调参范围	调参结果
随机森林（RF）	max_depth	（1，6，1）	5
	max_features	（1，6，1）	5
	min_samples_split	（1，6，1）	2
	n_estimators	（0，320，20）	120
支持向量机（SVM）	C	（0.1，1，10，100，1 000，10 000）	10 000
	gamma	（0.01，0.1，1，10）	1
	kernel	（“linear”“rbf”“sigmoid”）	rbf
人工神经网络（ANN）	optimizer	（“Adam”“SGD”）	SGD
	epochs	（100，500，1 000）	500
	batch_size	（8，16，32）	16
	learning_rate	（0.001，0.01，0.1）	0.1

在用训练集的数据训练这三种算法后，可以评估每种算法在测试集上的性能。在本章研究中，模型在训练集上的性能被用来评估和比较算法。具体的评估指标包括准确度分数（Accuracy）和 $F1$ 分数，其计算公式如下：

$$Accuracy = \frac{True\ Positive + True\ Negative}{Total} \quad (式 8.7)$$

$$F1 = \frac{2 \times True\ Positive}{2 \times True\ Positive + False\ Positive + False\ Negative} \quad (式 8.8)$$

其中，*True Positive* 表示正向类正确估计数；*True Negative* 表示负向类正确估计数；*Total* 表示总数；*False Positive* 表示正向类错误估计数；*False Negative* 表示负向类错误估计数。

8.3 研究结果

8.3.1 城市建筑设计和能耗数据

图 8-3 显示了数据集中几个随机抽样建筑的月度用电量趋势，以及每个月所有建筑的归一化月度能源使用强度分布。几乎所有建筑的月度用电量都呈现周期性变化，但每栋建筑的最大值和最小值并不同时出现。此外，每栋建筑的归一化能源使用强度分布在月份之间差异很大；一些月份的归一化能源使用强度分布相对集中，而另一些月份的分布则较为分散。从数据集中建筑用电量的整体趋势来看，4 年间整体用电量呈上升趋势，且在周期变化上，冬季的用电量要多于夏季。这种差异可能与建筑所在地区的气候特点和冬季采暖政策有关。由于集中供暖没有政策要求，电力是冬季供暖的主要能源。

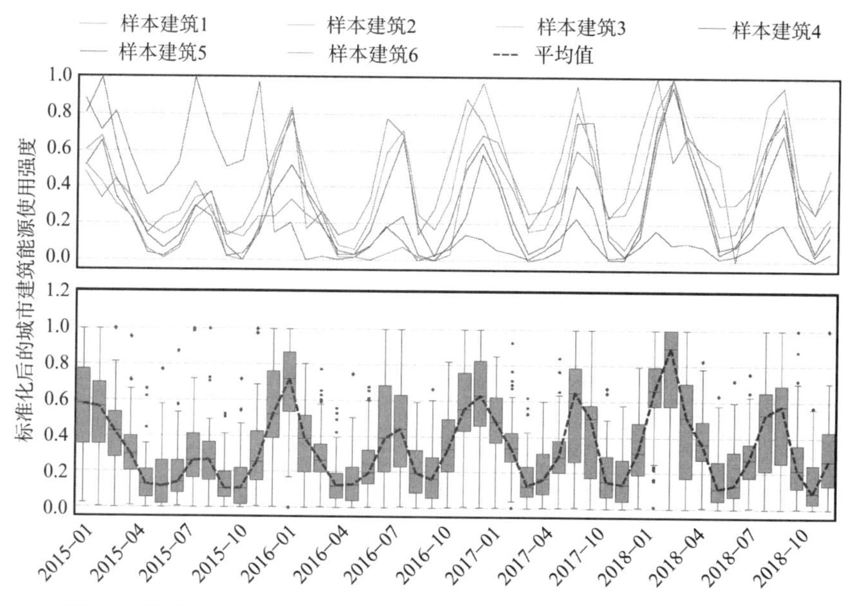

图 8-3 样本楼宇每月的归一化能源使用强度趋势（上）及所有楼宇每月的归一化能源使用强度分布（下）

表 8-5 包含了有关建筑物设计参数的信息。为了说明这些数据的分布情况，图 8-4 中绘制了建筑物的一些基本几何参数与关键建筑物之间的影响。建筑物的宽度和高度分布相对集中，其长度分布则相对离散。这些建筑的形状系数和周长与面积之比分别分布在 0.28—0.40 和 0.2—0.27 之间。这些指标将影响建筑的室内外热交换。四个方向的建筑高度与峡谷宽度，在一定程度上可以反映出建筑所处城市环境的差异性。四个方向之间只存在很小的差异。关于建筑朝向，大多数建筑都是朝向正南或接近正南。就功能而言，这 71 栋建筑大多用于公共服务（public service，50.6%），其次是教育（education，21.1%）、工业（industry，15.6%）、医院（hospital，9.9%）和酒店（hotel，2.8%）。

表 8-5　建筑物设计参数摘要

参数	参数解释	平均值	标准差	最小值	最大值
floor_number/层	数据集中目标建筑总的楼层数	4.127	2.918	1.000	18.000
height /m	数据集中目标建筑的高度	12.353	8.742	3.000	54.000
floor_area /m^2	数据集中目标建筑总的楼层面积	806.522	1 142.954	158.270	7 549.180
width /m	数据集中目标建筑的宽度	9.739	4.647	1.790	24.840
length /m	数据集中目标建筑的长度	40.040	24.626	15.850	190.630
perimeter /m	数据集中目标建筑的周长	137.429	95.325	55.950	493.920
surface /m^2	数据集中目标建筑的表面积	2 446.024	2 150.222	327.590	11 640.250
volume /m^3	数据集中目标建筑的体积	9 468.223	11 622.254	474.810	67 942.660
orientation	数据集中目标建筑的朝向	12.659	37.269	−30.000	131.000
HW_South	南向障碍物高度与街道峡谷宽度之比	0.615	1.469	0.000	9.000
HW_West	西向障碍物高度与街道峡谷宽度之比	2.765	14.352	0.000	119.541
HW_North	北向障碍物高度与街道峡谷宽度之比	1.558	5.299	0.000	38.679
HW_East	东向障碍物高度与街道峡谷宽度之比	1.444	4.576	0.000	31.083
S_V	数据集中目标建筑的体形系数	0.358	0.169	0.145	1.465
P_A	数据集中目标建筑的周长和面积的比值	0.244	0.124	0.060	1.130
BAR	数据集中目标建筑的长度和宽度的比值	5.947	5.660	1.150	32.660

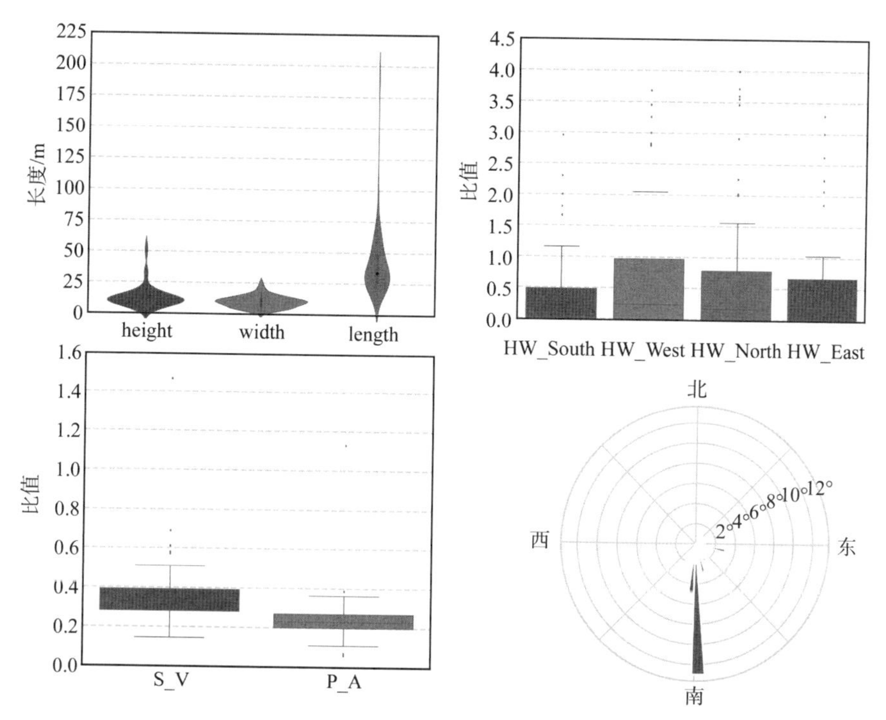

图 8-4　建筑的基本几何形状（左上）、障碍物高度与峡谷宽度（右上）、建筑形态因素（左下）和建筑朝向（右下）

8.3.2　天气数据

表 8-6 描述了从案例研究地点的每小时数据中总结出来的每月天气数据。图 8-5 显示了 4 年期间全天候描述的频率，其中“雾”出现的频率最高，其次是“阴天”和“晴天”。降雪的概率很低，而降雨的频率相对较高，不过大多数降雨都是小到中等。

表 8-6　本地月度天气汇总特点

参数	参数解释	平均值	标准差	最小值	最大值
temp	城市大气温度 /℃	15.597	8.822	1.343	29.655
feels_like	人类对温度和湿度的天气感知 /℃	14.755	11.733	−3.324	34.970
pressure	大气压力（在海平面上）/100 Pa	1 016.924	8.476	1 004.337	1 029.331
humidity	城市大气湿度值 /%	76.563	5.862	65.371	86.220
wind_speed	城市大气的风速值 /（$m \cdot s^{-1}$）	2.959	0.283	2.362	3.527
wind_deg	城市大气的风向 /°	159.161	20.730	113.751	224.840
rain_1h	小时内的降雨量 /mm	0.090	0.076	0.004	0.289
snow_1h	小时内的降雪量 /mm	0.001	0.005	0.000	0.030
clouds_all	云量 /%	61.707	8.776	40.312	83.250

续表 8-6

参数	参数解释	平均值	标准差	最小值	最大值
temp_count	温度不舒服的小时数 /h	545.188	185.485	182.000	744.000
humidity_count	令人不舒服的湿度的小时数 /h	551.250	91.265	406.000	719.000
feels_like_count	感受不舒服的温度的小时数 /h	596.229	159.306	192.000	744.000
light rain	小雨 / 天	51.021	30.234	6.000	140.000
moderate rain	中雨 / 天	12.646	13.877	0.000	56.000
heavy intensity rain	强降雨 / 天	1.646	3.049	0.000	16.000
very heavy rain	大雨 / 天	0.021	0.144	0.000	1.000
light intensity shower rain	小强度阵雨 / 天	2.000	3.626	0.000	12.000
shower rain	阵雨 / 天	0.313	0.926	0.000	3.000
heavy intensity shower rain	大强度阵雨 / 天	0.125	0.606	0.000	3.000
light snow	小雪 / 天	1.875	6.743	0.000	35.000
snow	雪 / 天	0.438	2.475	0.000	17.000
heavy snow	暴雪 / 天	0.063	0.433	0.000	3.000
mist	薄雾 / 天	177.604	154.343	0.000	530.000
haze	霾 / 天	50.250	63.935	0.000	257.000
fog	雾 / 天	15.625	18.967	0.000	73.000
sky is clear	天空晴朗 / 天	115.375	86.769	3.000	362.000
few clouds	较少的云 / 天	32.000	17.029	0.000	86.000
scattered clouds	散云 / 天	44.396	25.459	3.000	119.000
broken clouds	碎云 / 天	61.167	28.147	6.000	124.000
overcast clouds	阴云密布 / 天	163.938	89.388	19.000	304.000

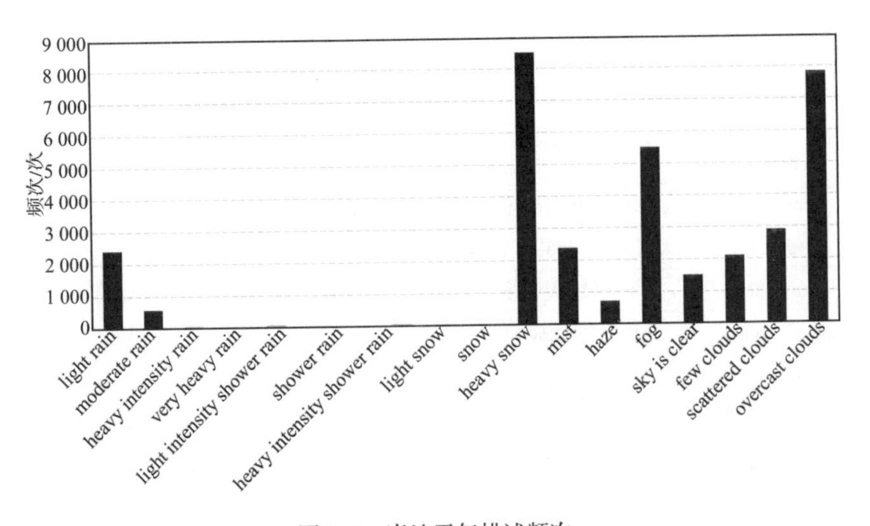

图 8-5 当地天气描述频次

图 8-6 上图描述了 4 年期间月平均测量温度和体感温度的趋势。如图所示，体感温度在达到峰值时往往高于测量温度，在最低点时则低于测量温度。图 8-6 下图显示了每个月出现的令人不舒服的测量温度、类比温度、湿度和警告（warning）频率。令人不舒服的体感温度和测量温度的频率趋势几乎相同，但其在 7 月和 8 月差别最大；令人不舒服的湿度的频率在同一时期趋向于峰值。大致可以看出，建筑用电量异常高的频率与令人不舒服的温度的频率基本相同。但是，二者的峰值并不完全重合，建筑用电量异常高的频率有一定的滞后性。

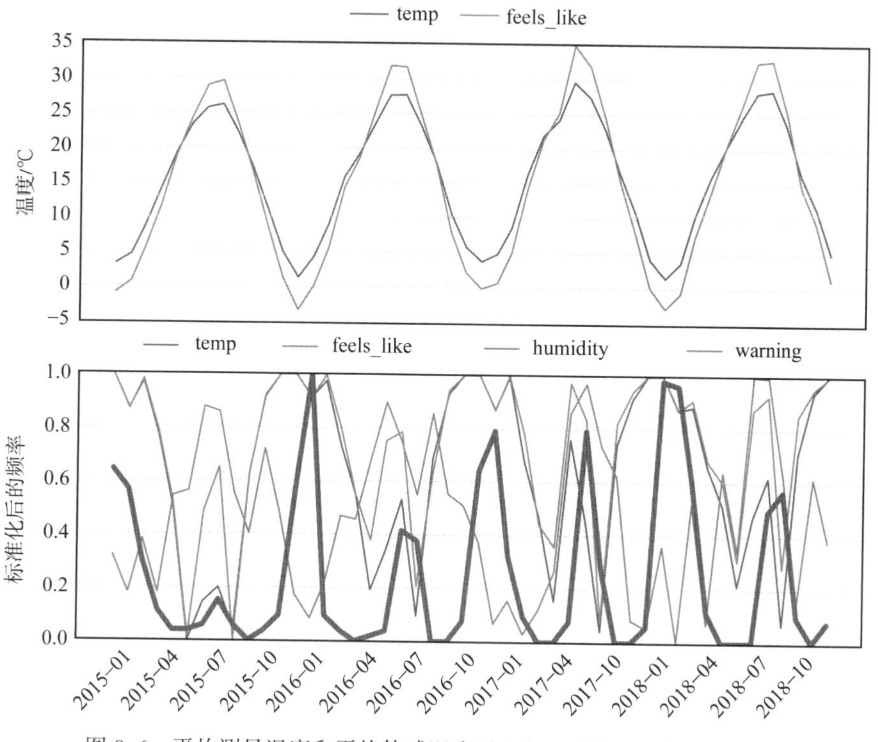

图 8-6 平均测量温度和平均体感温度（上）以及令人不舒服的天气和警告的正常化频率（下）

然后，利用随机森林（RF）算法探索关键天气参数对建筑能耗波动的影响，并为模型 2 选择关键天气特征。图 8-7 显示了模型中所有变量的特征重要性。显然，最重要的三个特征依次是 feels_like、pressure 和 temp。在这三个变量中，feels_like 的重要性明显高于其他两个变量，这是唯一直接使用人体感觉作为标准的变量。在模型 2 中，选择所有天气变量中最重要的 20% 作为模型的输入。结合前文所指出的建筑设计参数的关键决定因素，模型 2 中最终使用的变量是“orientation”“HW_South”“HW_West”“S_V”“P_A”“BAR” 和“feels_like”“temp”“pressure”“scattered_clouds”“humidity_count” 和“clouds_all”。

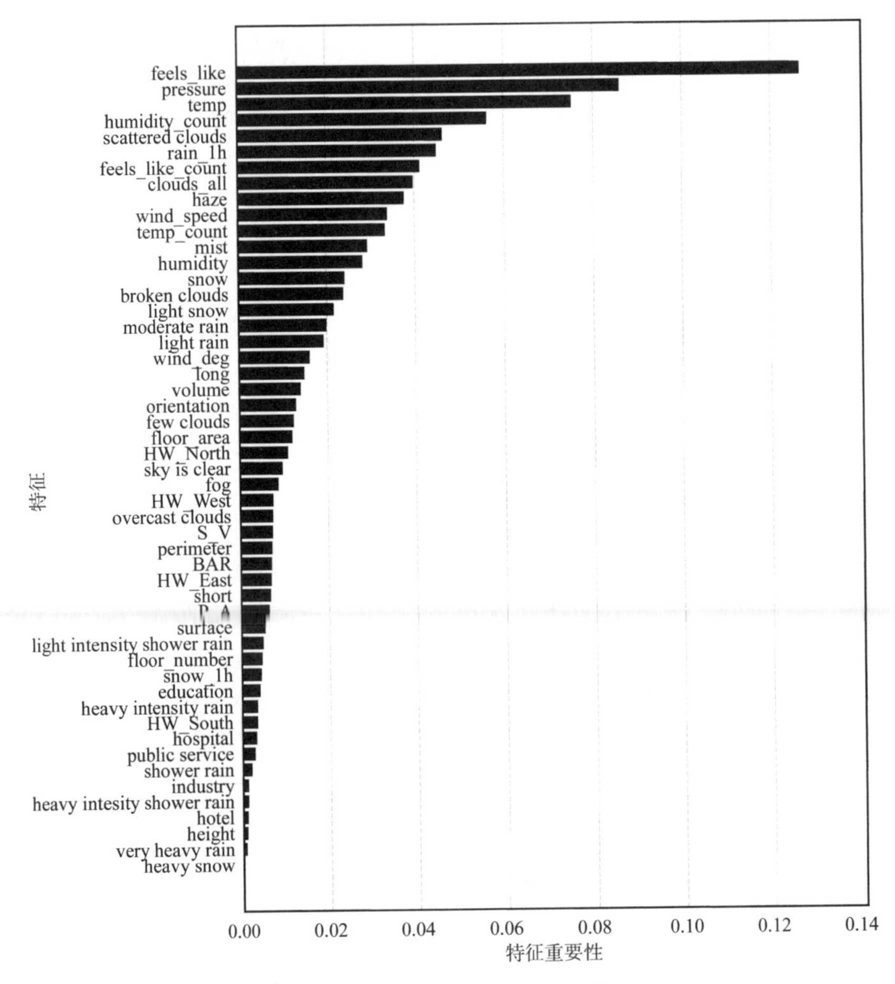

图 8-7　天气变量的特征重要性

8.3.3　模式 1 下的模型评价和结果比较

机器学习模型通过其在测试数据集上的性能来评估。模式 1 下每种算法的 F1 分数和准确度分数如表 8-7 所示。图 8-8 显示了混淆矩阵。这三种算法的准确度分数几乎相同。然而，F1 成绩的表现存在较大差距。支持向量机算法的性能最好，F1 评分为 0.569，其次是人工神经网络，而随机森林算法的性能最差。

表 8-7　模式 1 下的算法性能

算法	F1 评分	准确度
随机森林	0.429	0.853
支持向量机	0.569	0.854
人工神经网络	0.560	0.849

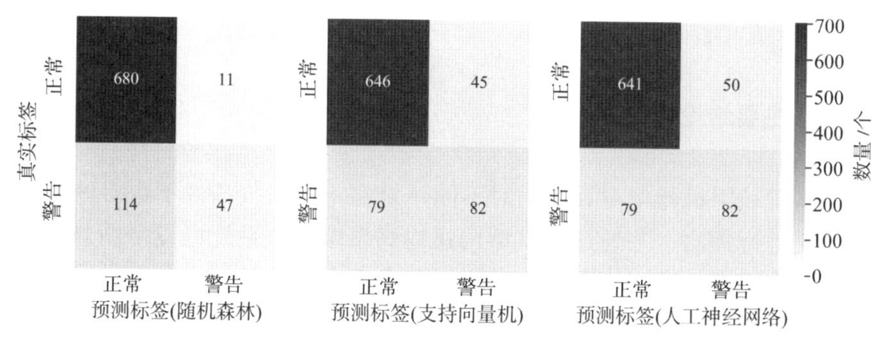

图 8-8　模式 1 预测结果的混淆矩阵

8.3.4　模式 2 下的模型评价和结果比较

在模式 2 中使用与模式 1 相同的算法和调整方法。如表 8-8 和图 8-9 所示，与使用所有变量的模式 1 相比，在模式 2 中，随机森林算法是性能最好的算法，其准确度和 F1 评分分别为 0.865 和 0.549，并且随机森林算法是仅将关键变量用作模型输入时唯一提高其性能的算法。支持向量机算法成为性能最差的算法，准确度和 F1 评分分别下降到 0.803 和 0.475。

表 8-8　模式 2 下的算法性能

算法	F1 评分	准确度
随机森林	0.549	0.865
支持向量机	0.475	0.803
人工神经网络	0.511	0.825

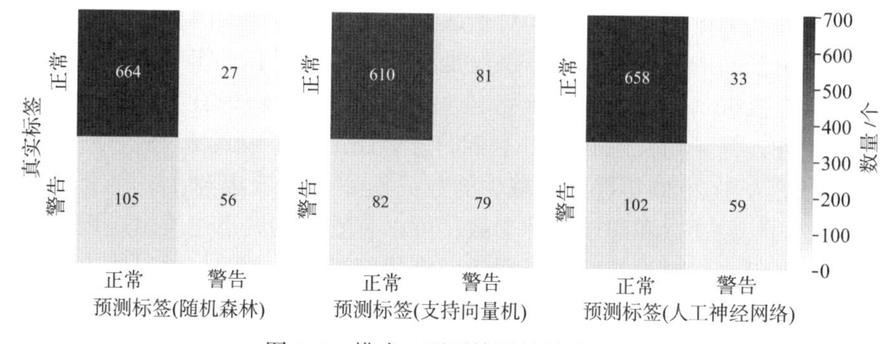

图 8-9　模式 2 预测结果的混淆矩阵

8.4 本章小结

8.4.1 主要结论

本章利用机器学习算法，对不同建筑在不同天气条件下数月的异常高能耗进行预测，并通过该模型构建检测系统。该系统可以帮助当地公共建筑管理者、城市管理者和城市规划者在合适的范围内制定和采用更好的建筑能源管理策略。研究结果表明，天气参数比建筑设计参数对建筑能耗的影响更为关键。然而，不同建筑形式仍然以不同方式对相同天气较为敏感。在相同的天气变化条件下，不同建筑的用电量变化幅度不同，不同建筑的用电需求异常高的月份也不同。研究还表明，与天气有关的参数比与建筑形态有关的参数对建筑在给定月份是否具有异常高的能耗的影响更大。在这些参数中，feels_like 对建筑能耗波动的影响比测量温度更显著，这意味着与人类活动关系越密切的变量越有可能影响建筑能耗。

在算法选择和模型性能方面，预测模型的结果表明，支持向量机是性能最好的具有完整数据的算法（模型 1），而随机森林算法在模型 2（只有关键变量可用）中的性能最好。值得注意的是，在这种情况下，当完全变量不可用时，另外两个算法显示出预测性能的下降，而随机森林算法则有所改善。在整体性能方面，支持向量机是最适合该检测系统的算法，在没有特征选择的情况下，可以获得完整的当地天气数据和建筑设计参数，准确度得分为 0.854。当无法获得完整数据时，可以优先收集建筑设计参数和天气数据中的关键特征，并切换到随机森林算法。在此情况下，系统获得的准确度分数为 0.865。

与已有文献相比，本章的三个模型都获得了与大多数工作相似且相对较好的准确度分数。此外，对于数据的选择，本章的两种模式都包含了一个更全面的数据集，而不仅仅是能量数据或现有工作中发现的少量其他补充数据。因此，这项研究也通过扩展数据集对现有文献做出了贡献。此外，为了与文献相符，本章的框架还采用了模式 2，其中采用了李向锋等人于 2020 年提到的减少的数据集[28]。在此基础上，结合检测系统中的气象参数和建筑设计参数，可以有效预测城市建筑出现用电高峰期的月份。在对没有完整数据的城市建筑进行预测时，可以优先收集关键变量的数据，这样就可以节省能源管理成本和时间，同时确保模型的预测能力在可接受的范围内。

8.4.2 意义与启示

掌握建筑能耗动态，预测高能耗的发生，可以有效帮助建筑师、城市规划者和政策制定者更好地了解城市环境下建筑能耗的特点，以及影响建筑能耗的因素。这种理解有助于实现节能减排的可持续目标。因此，能源模型通常可以将能源使用分析本地化，并在微观尺度上考虑更大尺度的属性（如社区或城市），进而将单个能源最终用途估算扩大到城市、地区和国家范围。该模型还提供了一种根据特定设计或气候条件下能耗的增加或减少来揭示城市群中单栋建筑的能源性能方法。

本章提出的系统可以在以下几个方面获得有效利用：（1）与依赖居住行为的建筑能耗预测相比，该框架可以有效降低部署成本，避免潜在的隐私问题，故其也可以被应用于市级能源对标。（2）对于政策制定者来说，该框架可以快速了解在感知的气候条件下，未来几个月辖区内所有建筑的能源增长情况，然后为建筑设定节能或更细粒度的目标，因为该框架考虑了单栋建筑的特点。（3）对于公共建筑管理者来说，该系统需要的数据比较容易获得；建筑设计参数可以从建筑施工图和城市的三维（3D）模型中获得，而天气参数可以从当地的天气预报和记录中获得。因此，如果预测到能源使用量异常高，该框架可以帮助公共建筑管理者遵循政府的节能目标。（4）该检测框架还有助于城市能源规划者预测规划区内现有建筑的异常高用电量，并提前采取有效措施。该框架还可用于探索规划中的新建筑的能耗波动，并调整新地区的供电计划和相关政策。

8.4.3 局限性和未来工作

综上，本章亦可得出以下结论：首先，虽然检测框架可以实现良好的性能，但增加用电量数据的样本大小和时间粒度将使系统能够预测更广泛的时间间隔和空间跨度异常高的电力需求，因此，在未来的工作中应该包括更多的样本和数据。其次，由于本章的主要目的是检验天气参数和建筑形态参数能否预测建筑物的高用电需求，因此不包括直接反映居住行为的参数。同样，可能影响公共建筑能耗的其他变量（如建筑管理、假期安排等）均难以获得，因此没有被引入。未来的研究可能会考虑加入一些居住行为数据或其他间接相关的数据，以进一步探索提高模型预测能力的可能性。最后，目前的框架只测试了具有一个阈值的微小能级（异常高或正常），未来应根据应用场景，在更多的气候区域和更多的城市应用该框架，以测试其稳定性。

第8章参考文献

[1] ZHU C, CHANG Y, LI X, et al. Factors influencing embodied carbon emissions of China 's building sector : an analysis based on extended STIRPAT modeling[J]. Energy and buildings, 2022, 255: 111607.

[2] SOKOL J, CEREZO DAVILA C, REINHART C F. Validation of a Bayesian-based method for defining residential archetypes in urban building energy models[J].

Energy and buildings, 2017, 134: 11-24.

[3] ZHANG Y, YAN D, HU S, et al. Modelling of energy consumption and carbon emission from the building construction sector in China, a process-based LCA approach[J]. Energy policy, 2019, 134: 110949.

[4] NRDC, IMT. City energy project: a joint project of NRDC + IMT[EB/OL].(2021-11-23)[2022-07-12]. http://www.cityenergyproject.org/.

[5] SUGAWARA E, NIKAIDO H. Perspectives for a clean energy transition. The critical role of buildings[J]. Energy transition progress and outlook to 2020, 2014, 58(12): 7250-7257.

[6] ZHAO H X, MAGOULÉS F. A review on the prediction of building energy consumption[J]. Renewable and sustainable energy reviews, 2012, 16(6): 3586–3592.

[7] WANG Z Y, SRINIVASAN R S. A review of artificial intelligence based building energy use prediction: contrasting the capabilities of single and ensemble prediction models[J]. Renewable and sustainable energy reviews, 2017, 75: 796-808.

[8] CHOU J S, TELAGA A S, CHONG W K, et al. Early-warning application for real-time detection of energy consumption anomalies in buildings[J]. Journal of cleaner production, 2017, 149: 711-722.

[9] FARZANA S, LIU M, BALDWIN A, et al. Multi-model prediction and simulation of residential building energy in urban areas of Chongqing, South West China[J]. Energy and buildings, 2014, 81: 161-169.

[10] AMASYALI K, EL-GOHARY N M. A review of data-driven building energy consumption prediction studies[J]. Renewable and sustainable energy reviews, 2018, 81: 1192-1205.

[11] TORABI MOGHADAM S, LOMBARDI P. An interactive multi-criteria spatial decision support system for energy retrofitting of building stocks using communtiy VIZ to support urban energy planning[J]. Building and environment, 2019, 163: 106233.

[12] MARY REENA K E, MATHEW A T, JACOB L. A flexible control strategy for energy and comfort aware HVAC in large buildings[J]. Building and environment, 2018, 145: 330-342.

[13] CAPUTO P, COSTA G, FERRARI S. A supporting method for defining energy strategies in the building sector at urban scale[J]. Energy policy, 2013, 55: 261-270.

[14] HSU D. Comparison of integrated clustering methods for accurate and stable prediction of building energy consumption data[J]. Applied energy, 2015, 160: 153-163.

[15] CAO L, LI Y, ZHANG J, et al. Electrical load prediction of healthcare buildings through single and ensemble learning[J]. Energy reports, 2020, 6: 2751-2767.

[16] WANG W, CHEN J, SONG X. Modeling and predicting occupancy profile in office space with a Wi-Fi probe-based Dynamic Markov Time-Window Inference approach [J]. Building and environment, 2017, 124: 130-142.

[17] BHANDARI M, SHRESTHA S, NEW J. Evaluation of weather datasets for building energy simulation[J]. Energy and buildings, 2012, 49: 109-118.

[18] MENG Q L, XI Y, ZHANG X X, et al. Evaluating multiple parameters dependency of base temperature for heating degree-days in building energy prediction[J]. Building simulation, 2021, 14(4): 969-985.

[19] VELLEI M, HERRERA M, FOSAS D, et al. The influence of relative humidity on adaptive thermal comfort[J]. Building and environment, 2017, 124: 171-185.

[20] ZOU H, FUHUA Y, ZHANG Q. Research on the impact of wind angles on the residential building energy consumption[J]. Mathematical problems in engineering, 2014, 2014: 794650.

[21] CANDANEDO L M, FELDHEIM V, DERAMAIX D. Data driven prediction models of energy use of appliances in a low-energy house[J]. Energy and buildings, 2017, 140: 81-97.

[22] LIU Y, CHEN H, ZHANG L, et al. Energy consumption prediction and diagnosis of public buildings based on support vector machine learning: a case study in China[J]. Journal of cleaner production, 2020, 272: 122542.

[23] HUEBNER G, SHIPWORTH D, HAMILTON I, et al. Understanding electricity consumption: a comparative contribution of building factors, socio-demographics, appliances, behaviours and attitudes[J]. Applied energy, 2016, 177: 692-702.

[24] YUAN C, SUKMA ADELIA A, MEI S J, et al. Mitigating intensity of urban heat island by better understanding on urban morphology and anthropogenic heat dispersion [J]. Building and environment, 2020, 176: 106876.

[25] GUERRA SANTIN O, ITARD L, VISSCHER H. The effect of occupancy and building characteristics on energy use for space and water heating in Dutch residential stock[J]. Energy and buildings, 2009, 41(11): 1223-1232.

[26] SHAREEF S. The impact of urban morphology and building' s height diversity on energy consumption at urban scale: the case study of Dubai[J]. Building and environment, 2021, 194: 107675.

[27] FANG Y, CHO S. Design optimization of building geometry and fenestration for daylighting and energy performance[J]. Solar energy, 2019, 191: 7-18.

[28] LI X F, YING Y, XU X D, et al. Identifying key determinants for building energy analysis from urban building datasets[J]. Building and environment, 2020, 181: 1-12.

[29] CHEN H C, HAN Q, DE VRIES B. Urban morphology indicator analyzes for urban energy modeling[J]. Sustainable cities and society, 2020, 52: 101863.

[30] HORVÁTH M, KASSAI-SZOÓ D, CSOKNYAI T. Solar energy potential of roofs

on urban level based on building typology[J]. Energy and buildings, 2016, 111: 278-289.

[31] VALLADARES-RENDÓN L G, SCHMID G, LO S L. Review on energy savings by solar control techniques and optimal building orientation for the strategic placement of façade shading systems[J]. Energy and buildings, 2017, 140: 458-479.

[32] WONG N H, JUSUF S K, SYAFII N I, et al. Evaluation of the impact of the surrounding urban morphology on building energy consumption[J]. Solar energy, 2011, 85(1): 57-71.

[33] MIRZAEE S, ÖZGUN O, RUTH M, et al. Neighborhood-scale sky view factor variations with building density and height: a simulation approach and case study of Boston[J]. Urban climate, 2018, 26: 95-108.

[34] WANG Y, AKBARI H. Effect of sky view factor on outdoor temperature and comfort in Montreal[J]. Environmental engineering science, 2014, 31(6): 272-287.

[35] SUN Y J, HUANG G S, XU X H, et al. Building-group-level performance evaluations of net zero energy buildings with non-collaborative controls[J]. Applied energy, 2018, 212: 565-576.

[36] WANG W, LIN Q, CHEN J, et al. Urban building energy prediction at neighborhood scale[J]. Energy and buildings, 2021, 251: 111307.

[37] LI W, ZHOU Y, CETIN K, et al. Modeling urban building energy use: a review of modeling approaches and procedures[J]. Energy, 2017, 141: 2445-2457.

[38] REINHART C F, CEREZO DAVILA C. Urban building energy modeling: a review of a nascent field[J]. Building and environment, 2016, 97: 196-202.

[39] DING Y, ZHANG Q, YUAN T H. Research on short-term and ultra-short-term cooling load prediction models for office buildings[J]. Energy and buildings, 2017, 154: 254-267.

[40] NGO N T. Early predicting cooling loads for energy-efficient design in office buildings by machine learning[J]. Energy and buildings, 2019, 182: 264-273.

[41] GUO Y B, WANG J Y, CHEN H X, et al. Machine learning-based thermal response time ahead energy demand prediction for building heating systems[J]. Applied energy, 2018, 221: 16-27.

[42] WEI Y X, XIA L, PAN S, et al. Prediction of occupancy level and energy consumption in office building using blind system identification and neural networks[J]. Applied energy, 2019, 240: 276-294.

[43] SANDRO MASAKI M, ZHANG L J, XIA X H. A hierarchical predictive control strategy for renewable grid integrated hybrid energy storage systems[J]. Applied energy, 2018: 393-402.

[44] GONZÁLEZ-APARICIO I, ZUCKER A. Impact of wind power uncertainty forecasting on the market integration of wind energy in Spain[J]. Applied energy, 2015, 159: 334-349.

[45] FAN C, YAN D, XIAO F, et al. Advanced data analytics for enhancing building performances: from data-driven to big data-driven approaches[J]. Building simulation, 2021, 14: 3-24.
[46] DENG H F, FANNON D, ECKELMAN M J. Predictive modeling for US commercial building energy use: a comparison of existing statistical and machine learning algorithms using CBECS microdata[J]. Energy and buildings, 2018, 163: 34-43.
[47] KALOGIROU S, NEOCLEOUS C, SCHIZAS C. Building heating load estimation using artificial neural networks[C]. Toronto: the 17th International Conference on Parallel Architectures and Compilation Techniques 1997: 1-8.
[48] TAN Z F, DE G, LI M L, et al. Combined electricity-heat-cooling-gas load forecasting model for integrated energy system based on multi-task learning and least square support vector machine[J]. Journal of cleaner production, 2020, 248: 119252.
[49] KAVGIC M, SUMMERFIELD A, MUMOVIC D, et al. Application of a Monte Carlo model to predict space heating energy use of Belgrade' s housing stock[J]. Journal of building performance simulation, 2015, 8(6): 375-390.
[50] KAVGIC M, MUMOVIC D, SUMMERFIELD A, et al. Uncertainty and modeling energy consumption: sensitivity analysis for a city-scale domestic energy model[J]. Energy and buildings, 2013, 60: 1-11.
[51] PHAM A-D, NGO N-T, HA TRUONG T T, et al. Predicting energy consumption in multiple buildings using machine learning for improving energy efficiency and sustainability[J]. Journal of cleaner production, 2020, 260: 121082.
[52] KONTOKOSTA C E, TULL C. A data-driven predictive model of city-scale energy use in buildings[J]. Applied energy, 2017, 197: 303-317.
[53] MA J, CHENG J C P. Estimation of the building energy use intensity in the urban scale by integrating GIS and big data technology[J]. Applied energy, 2016, 183: 182-192.
[54] AHMED GASSAR A A, YUN G Y, KIM S. Data-driven approach to prediction of residential energy consumption at urban scales in London[J]. Energy, 2019, 187: 115973.
[55] LI A, XIAO F, FAN C, et al. Development of an ANN-based building energy model for information-poor buildings using transfer learning[J]. Building simulation, 2021, 14(1): 89-101.
[56] SUN S, CHEN H. Data-driven sensitivity analysis and electricity consumption prediction for water source heat pump system using limited information[J]. Building simulation, 2021, 14(4): 1005-1016.
[57] FAN C, WANG J Y, GANG W J, et al. Assessment of deep recurrent neural network-based strategies for short-term building energy predictions[J]. Applied energy, 2019, 236: 700-710.

[58] SOMU N, RAMAN M R G, RAMAMRITHAM K. A deep learning framework for building energy consumption forecast[J]. Renewable and sustainable energy reviews, 2021, 137: 110591.
[59] Centers for Disease Control and Prevention. Indoor environmental quality: building ventalation resource[R]. Washington, D.C.: Centers for Disease Control and Prevention, 2022.
[60] PEDREGOSA F, VAROQUAUX G, GRAMFORT A, et al. Scikit-learn: machine learning in python[J]. Journal of Machine learning research, 2011, 12: 2825-2830.

第 8 章图表来源

图 8-1 至图 8-9 源自：笔者绘制 .

表 8-1 至表 8-8 源自：笔者绘制 .

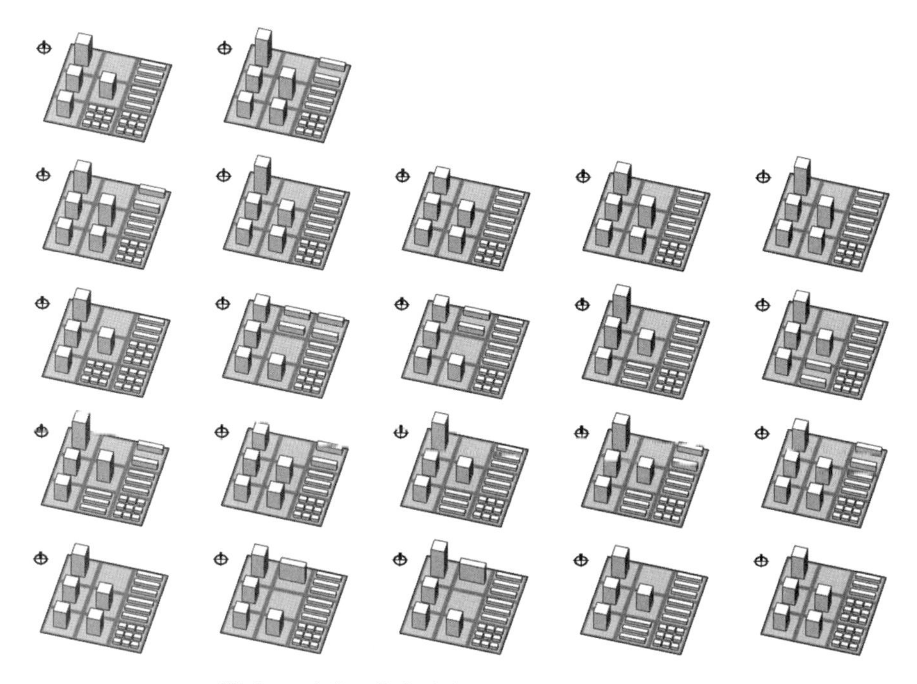

附图 1　聚类 1 优化非支配解中的可行城市设计

附图 2　聚类 2 优化非支配解中的可行城市设计

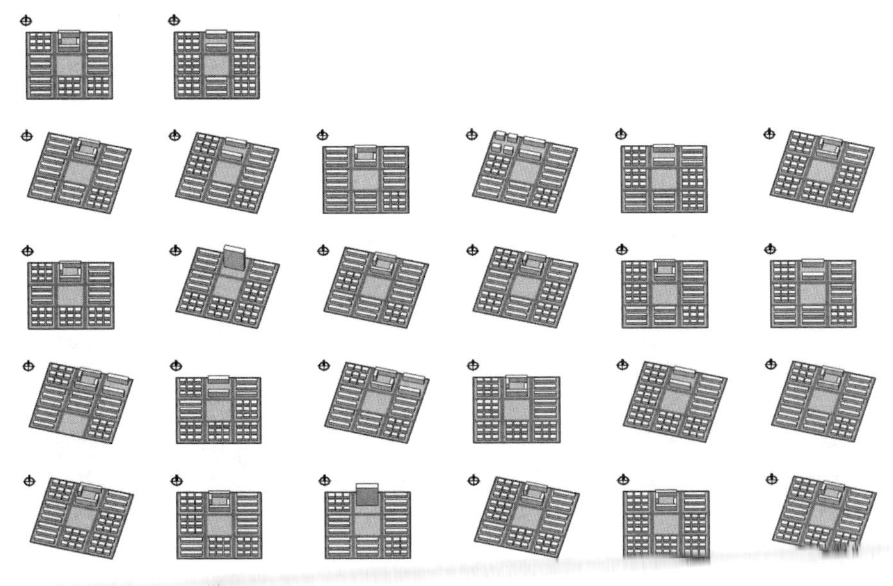

附图 3　聚类 3 优化非支配解中的可行城市设计

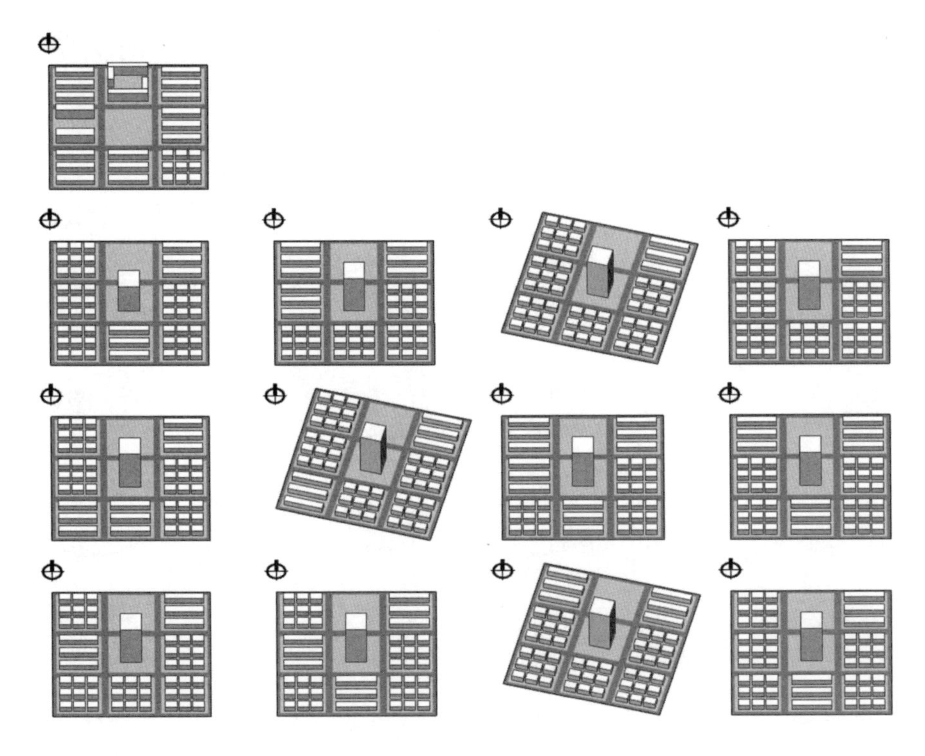

附图 4　聚类 4 优化非支配解中的可行城市设计

附图 5　聚类 5 优化非支配解中的可行城

本书作者

徐小东，男，江苏宜兴人。东南大学建筑学院教授、博士生导师，建筑系副系主任，曾任中国香港中文大学、美国劳伦斯国家实验室访问学者，兼任中国民族建筑研究会建筑遗产数字化保护专业委员会副主任委员、中国建筑学会城市设计分会理事、中国建筑学会地下空间学术委员会理事、中国城市科学研究会绿色建筑与节能委员会委员等。主要从事城市设计与理论、传统村落保护与利用的教学、科研与实践工作。主持完成“十二五”国家科技支撑计划课题、“十三五”国家重点研发计划课题各 1 项，主持或为主参与完成国家自然科学基金 7 项。在国内外重要学术刊物上发表论文 100 余篇，出版专著 8 部，参编教材 2 部。相关成果获国家级或省部级教学、科研与设计一等奖、二等奖等 30 余项。

刘可，男，安徽宿松人。东南大学建筑学院在读博士研究生，2018 年获得合肥工业大学建筑学学士学位，2021 年获得东南大学建筑学硕士学位。主要从事城市形态与能源绩效耦合机理与优化设计、人工智能辅助的高性能城市设计等方面的研究。参与国家“十三五”重大专项课题 1 项，国家自然科学基金面上项目 1 项。参与第三届河北国际城市规划设计大赛（邯郸）、宜兴市陶都路沿线概念性城市设计等多项城市设计项目。在《建筑与环境》（*Building and Environment*）、《能源与建筑》（*Energy and Buildings*）、《建筑学报》等国内外核心刊物上发表学术论文 10 余篇。

王伟，男，湖北广水人。东南大学建筑学院建筑技术与科学研究所副研究员（副教授），博士生导师，江苏省“双创”博士，东南大学至善学者 A 类。2014 年获得华中科技大学建筑环境与能源应用工程专业学士学位，2018 年获得香港城市大学建筑学与土木工程学博士学位，2017—2018 年劳伦斯国家实验室访问学者。主要从事城市能源系统规划设计、低碳建筑与城市设计等开展教学与研究工作。主持国家自然科学基金，国家重点研发计划子课题，江苏省自然科学基金，南京市科技创新项目。在科学引文索引（SCI）/社会科学引文索引（SSCI）刊物上共发表论文 35 篇，其中担任一作和通讯作者的共 23 篇。担任科学引文索引（SCI）期刊《建筑模拟》青年编委，《日照期刊》（*Journal of Daylighting*）编委，《建筑环境前沿》（*Frontier in Built Environment*）编审，《当代社会科学》（*Current Social Sciences*）城市研究板块创刊编辑。